Cutting-Edge Technologies in
Smart
Environmental
Protection

智慧环保前沿技术丛书

智慧环保前沿技术丛书

水环境智能感知与智慧监控

Intelligent Sensing and Smart Surveillance
of Water Environment

乔俊飞　杨翠丽　毕　敬　著

化学工业出版社

·北京·

内容简介

本书针对水环境数据海量、异构、多源、非结构化的特点，提出了水环境非结构性数据融合技术；针对水环境水质监测问题，介绍了河流断面水质时空预测、河流断面水质动态预警、水环境水质多元信息遥感监测技术，研究了水环境水质在线评价和饮用水源地水质安全在线评估技术；最后，针对水环境管控问题，介绍了重点污染区域识别、投诉举报和水环境网络舆情关联分析、水环境污染源溯源，以及京津冀区域智慧管控平台设计。

本书为人工智能、自动控制工程、环境工程的专业技术人员提供理论和应用方面的参考，也可作为高等院校相关专业高年级本科生及研究生的教材参考书。

图书在版编目（CIP）数据

水环境智能感知与智慧监控 / 乔俊飞，杨翠丽，毕敬著. —北京：化学工业出版社，2023.10
（智慧环保前沿技术丛书）
ISBN 978-7-122-43679-5

Ⅰ. ①水⋯ Ⅱ. ①乔⋯②杨⋯③毕⋯ Ⅲ. ①水资源管理-计算机监控系统 Ⅳ. ①TV213.4-39

中国国家版本馆CIP数据核字（2023）第111407号

责任编辑：宋　辉

文字编辑：李亚楠　陈小滔

责任校对：王　静

装帧设计：王晓宇

出版发行：化学工业出版社
　　　　　（北京市东城区青年湖南街13号　邮政编码100011）

印　　装：天津图文方嘉印刷有限公司

710mm×1000mm　1/16　印张25½　字数483千字

2023年10月北京第1版第1次印刷

购书咨询：010-64518888

售后服务：010-64518899

网　　址：http://www.cip.com.cn

凡购买本书，如有缺损质量问题，本社销售中心负责调换。

定　　价：138.00元

序

　　环境保护是功在当代、利在千秋的事业。早在 1983 年，第二次全国环境保护会议上就将环境保护确立为我国的基本国策。但随着城镇化、工业化进程加速，生态环境受到一定程度的破坏。近年来，党和国家站在实现中华民族伟大复兴中国梦和永续发展的战略高度，充分认识到保护生态环境、治理环境污染的紧迫性和艰巨性，主动将环境污染防治列为国家必须打好的攻坚战，将生态文明建设纳入国家五位一体总体布局，不断强化绿色低碳发展理念，生态环境保护事业取得前所未有的发展，生态环境质量得到持续改善，美丽中国建设迈出重大步伐。

　　环境污染治理应坚持节约优先、保护优先、自然恢复为主的方针，突出源头治理、过程管控、智慧支撑。未来污染治理要坚持精准治污、科学治污，构建完善"科学认知 – 准确溯源 – 高效治理"的技术创新链和产业信息链，实现污染治理过程数字化、精细化管控。北京工业大学环保自动化研究团队从"人工智能 + 环保"的视角研究环境污染治理问题，经过二十余年的潜心钻研，在空气污染监控、城市固废处理和水污染控制等方面取得了系列创新性成果。"智慧环保前沿技术丛书"就是其研究成果的总结，丛书包括《空气污染智能感知、识别与监控》《城市固废焚烧过程智能优化控制》《城市污水处理过程智能优化控制》《水环境智能感知与智慧监控》和《城市供水系统智能优化与控制》。丛书全面概括了研究团队近年来在环境污染治理方面取得的数据处理、智能感知、模式识别、动态优化、智慧决策、自主控制等前沿技术，这些环境污染治理的新范式、新方法和新技术，为国家深入打好污染防治攻坚战提供了强有力的支撑。

　　"智慧环保前沿技术丛书"是由中国学者完成的第一套数字环保领域的著作，作者紧跟环境保护技术未来发展前沿，开创性提出智能特征检测、自组织控制、多目标动态优化等方法，从具体生产实践中提炼出各种专为污染治理量身定做的智能化技术，使得丛书内容新颖兼具创新性、独特性与工程性，丛书的出版对于促进环保数字经济发展以及环保产业变革和技术升级必将产生深远影响。

清华大学环境学院教授
中国工程院院士

随着人类社会文明的进步和公众环保意识的增强，科学合理地利用自然资源、全面系统地保护生态环境，已经成为世界各国可持续发展的必然选择。环境保护是指人类科学合理地保护并利用自然资源，防止自然环境受到污染和破坏的一切活动。环境保护的本质是协调人类与自然的关系，维持人类社会发展和自然环境延续的动态平衡。由于生态环境是一个复杂的动态大系统，实现人类与自然和谐共生是一项具有系统性、复杂性、长期性和艰巨性的任务，必须依靠科学理论和先进技术的支撑才能完成。

面向国家生态文明建设，聚焦污染防治国家重大需求，北京工业大学"环保自动化"研究团队瞄准人工智能与自动化学科前沿，围绕空气质量监控、水污染治理、城市固废处理等社会共性难题，从信息学科的视角研究环境污染防治自动化、智能化技术，助力国家打好"蓝天碧水净土"保卫战。作为环保自动化领域的拓荒者，研究团队经过二十多年的潜心钻研，在水环境智能感知与智慧管控、城市污水处理过程智能优化控制、城市供水系统智能优化与控制、城市固废焚烧过程智能优化控制和空气质量智能感知、识别与监控等方面取得了重要进展，形成了具有自主知识产权的环境质量感知、自主优化决策、智慧监控管理等环境保护新技术。为了促进人工智能与自动化理论发展和环保自动化技术进步，更好地服务国家生态文明建设，团队在前期研究的基础上总结凝练成"智慧环保前沿技术丛书"，希望为我国环保智能化发展贡献一份力量。

本书的主要内容包括水环境监控技术现状分析、非结构化数据融合、河流断面水质预测和动态预警、河流断面和饮用水源地水质评价、水环境水质遥感检测、重点污染源区域识别、水环境投诉举报数据挖掘与网络舆情关联分析、水环境污染溯源和水环境智慧管控大数据平台构建等，为水环境感知与监控提供了理论方法和技术基础。本书致力于科学治污、精准治污，研究人工智能赋能水资源、水环境精细化管理的基础理论和关键技术，旨在解决水环境治理中的共性问题，助力实现人与自然和谐共生。

本书的工作得到水体污染控制与治理科技重大专项（2018ZX07111005）、科技创新 2030—"新一代人工智能"重大项目（2021ZD0112301、2021ZD0112302）和国家自然科学基金项目（62021003、61890930）资助。感谢国家自然科学基金委员会、科技部长期以来的支持，使我们团队能够心无旁骛地潜心研究。感谢我的同事张会清、范青武、李煜和团队研究生林永泽、陈中林、张鸿业、武战红、许博文、张春辉、王仔超、张璐瑶、李艺博等，他们在资料查找、公式整理、图形绘制、数值试验等方面做了大量的工作，为加快本书出版进程和提高出版质量做出了贡献。感谢人工智能和水资源、水环境、水生态研究领域的专家学者，你们的成功实践激励了我们继续创新的勇气，你们的前期探索使本书内容得到进一步升华。

鉴于人工智能、自动化、环境工程领域知识体系的不断丰富和发展，而作者的知识积累有限，书中难免有不妥之处，敬请广大读者批评指正。

目录

CONTENTS

第 1 章

绪论

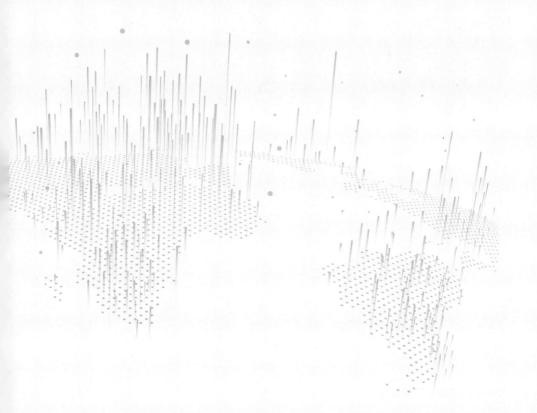

目前，水环境水质感知和监控技术普遍存在成本高、消耗大、精度低、离线、滞后严重以及人工参与度高等特点，因此，研究和发展水环境水质智能感知和智慧监控技术具有重要的现实意义。近年来，人工智能技术的迅猛发展深刻改变了世界、改变了人类生活，为水环境智能监测和防治提供了重要理论支撑。当前，我国水环境水质感知和监控技术正朝着智能化、自动化、网络化的方向发展，研究和发展水环境智能感知和智慧监控技术已逐渐成为一个重要研究热点。

1.1
水环境概述

1.1.1 水环境和水资源

水环境是自然界中水的形成、分布和转化所处的空间环境。水环境主要由地表水环境和地下水环境两部分组成。地表水环境包括河流、湖泊、水库、海洋、沼泽、冰川等，地下水环境包括浅层地下水、深层地下水等。

水资源是地球上供人类直接或者间接利用的水量的总和，是自然资源的一个重要组成部分。广义水资源是指地球上水的总体，包括地面水体、土壤水体、地下水体以及生物水。狭义的水资源包括河流、湖泊等由大气降水所补给的各种地表水、地下水。

生态环境是指影响人类生存和发展的水资源、土地资源、生物资源以及气候资源数量和质量的总称，是关系社会和经济可持续发展的复合生态系统。水资源是生态环境的基本要素，是保障良好生态环境系统结构与功能的基本组成部分。

1.1.2 我国水环境特点

（1）有限性

当前，我国的水环境主要存在两大问题。一是我国的水资源极为短缺，二是我国的水污染问题较为严重。首先，我国的淡水总量居世界第六位，但人均水资源仅为世界平均水平的四分之一。其次，我国江河湖泊整体污染严重，城市周围的湖泊大多处于富营养化状态。在我国的七大水系中，只有长江、珠江的水质情况较好，辽河、淮河、黄河、松花江的水质相对较差。

（2）时空分布不均特性

从空间分布上看，我国降水量和径流量的地区分布极不均匀，水资源总体分布趋势是由东南沿海向西北内陆递减，南方拥有的水资源总量占据全国水资源总量的81%。从时间分布上看，我国属显著的大陆性季风气候，降水量和径流量的年内年际变化极大，呈现夏季丰富、冬季欠缺这一特点。我国南方地区，最大年降水量一般是最小年降水量的2～4倍，北方地区为3～6倍。水资源的年内变化剧烈，是造成我国水旱灾害频繁的根本原因。

1.2
水环境质量评价概述

1.2.1　我国水环境质量

良好的水环境质量，离不开严格的水环境质量标准，目前我国水环境质量标准主要有《地表水环境质量标准》（GB 3838—2002）、《海水水质标准》（GB 3097—1997）、《渔业水质标准》（GB 11607—1989）、《农田灌溉水质标准》（GB 5084—2021）和《地下水质量标准》（GB/T 14848—2017）等。污水排放标准主要包括《污水综合排放标准》（GB 8978—1996）、《城镇污水处理厂污染物排放标准》（GB 18918—2002），以及各行业、各工业门类的水污染物排放标准，如《制浆造纸工业水污染物排放标准》（GB 3544—2008）等。

2019年《中国生态环境状况公报》显示[1]，2019年，全国地表水监测的1931个水质断面（点位）中，Ⅰ～Ⅲ类水质断面（点位）占74.9%，比2018年上升3.9个百分点；劣Ⅴ类占3.4%，比2018年下降3.3个百分点。主要污染指标为化学需氧量、总磷和高锰酸盐指数。

在河流方面，2019年，长江、黄河、珠江、松花江、淮河、海河、辽河七大流域和浙闽片河流、西北诸河、西南诸河监测的1610个水质断面中，Ⅰ～Ⅲ类水质断面占79.1%，比2018年上升4.8个百分点；劣Ⅴ类占3.0%，比2018年下降3.9个百分点。主要污染指标为化学需氧量、高锰酸盐指数和氨氮。

湖泊（水库）方面，2019年开展水质监测的110个重要湖泊（水库）中，Ⅰ～Ⅲ类湖泊（水库）占69.1%，比2018年上升2.4个百分点；劣Ⅴ类占7.3%，比2018年下降0.8个百分点。主要污染指标为总磷、化学需氧量和高锰酸盐指数。2019年开展营养状态监测的107个重要湖泊（水库）中，贫营养状态湖泊（水库）占9.3%，中营养状态占62.6%，轻度富营养状态占22.4%，中度富营养状态占 5.6%。

全国地级及以上城市集中式生活饮用水水源方面，2019 年监测的 336 个地级及以上城市的 902 个在用集中式生活饮用水水源断面（点位）中，830 个全年均达标，占 92.0%。其中地表水水源监测断面（点位）590 个，565 个全年均达标，占 95.8%，主要超标指标为总磷、硫酸盐和高锰酸盐指数；地下水水源监测点位 312 个，265 个全年均达标，占 84.9%，主要超标指标为锰、铁和硫酸盐，主要是天然背景值较高所致。

2019 年，全国 10168 个国家级地下水水质监测点中，Ⅰ～Ⅲ类水质监测点占 14.4%，Ⅳ类占 66.9%，Ⅴ类占 18.8%。与 2018 年相比，Ⅰ～Ⅲ类水质占比上升 0.6 个百分点，Ⅳ类占比下降 3.8 个百分点，Ⅴ类占比上升 3.3 个百分点。全国 2830 处浅层地下水水质监测井中，Ⅰ～Ⅲ类水质监测井占 23.7%，Ⅳ类占 30.0%，Ⅴ类占 46.2%，与 2018 年基本持平。超标指标为锰、总硬度、碘化物、溶解性总固体、铁、氟化物、氨氮、钠、硫酸盐和氯化物。

上述数据显示了我国水环境存在的问题：大部分河流因化学需氧量、总磷、高锰酸盐指数超标致使水体污染严重；部分湖泊（水库）因总磷超标，造成水体富营养化问题严重；生活饮用水水源方面，8% 的点位存在污染问题；地下水方面Ⅳ、Ⅴ类水质占比超过 80%。这些问题导致我国水环境质量下降，严重影响社会的可持续发展。尽管我国已经出台一系列水质标准和水污染防治法律法规，但水环境污染问题尚未得到有效控制。因此，亟待发展先进的水环境水质评价和监测技术。

1.2.2 水环境质量评价

水环境质量评价（又称水质评价），是根据水体的用途，按照一定的评价参数、质量标准和评价方法，对水域的水质或水域综合体的质量进行定性或定量评定的过程。水环境质量评价的目标是确定水体单元水质类别，评定其污染的程度，了解和掌握主要污染物对水体水质的影响程度以及将来的发展趋势[2]。因此，水环境质量评价是建立可靠水质模型、计算河流水环境容量和水域纳污能力的基础，能够为水环境功能分区、水体污染治理，以及水环境的规划与管理提供科学合理建议的依据。

水环境质量现状评价和预测评价是水环境质量评价的主要组成部分[2]，是进行水环境保护和综合利用的前提。水环境质量现状评价是指在水质调查和监测研究的基础上，按照一定的数学方法评估区域当前的水体质量，划分水环境污染的等级、类型和污染程度，为水环境污染防治提供重要依据。通过水环境质量预测评价，可以大致了解水环境污染程度的未来发展趋势，有利于针对污染的形式采取有效的减免或者改善措施。

水环境质量现状评价主要通过数值统计，辅之文字分析和描述，利用超标率、检出率等统计数值和水质污染指数说明水域的当前水环境质量状况，具有计算简单、时效性高等特点。水环境质量预测评价与水环境现状密切相关，但更依托长期观测、类比资料和未来建设规划建立水质预测模型，预测内容包括单项或者多项污染物时、空变化趋势。

水环境质量预测评价涉及多学科、多领域，预测评价的过程中需要综合考虑环境因子、建模方法等诸多因素，致使预测评价工作具有较高的复杂度和难度。当前，水环境质量评价领域，现状评价研究已经具有丰富的研究成果，而预测评价的研究仍然处于起步阶段。

水环境质量评价结果的可靠性不仅取决于准确的监测数据，更依赖于水环境质量评价技术。早期的水环境质量评价方法主要包括生物学评定分类方法和专家评价法，这些方法与水质的物理、化学、生物特性密切相关，在缺乏足量数据资料的情况下，难以做出定性和定量的可靠判断。进入 20 世纪 60 年代，随着对水质评价的深入研究，逐步提出了基于数学模型的水质评价方法，例如单因子指数评价方法、综合评价方法等。其中，单因子指数评价方法具有计算简便、直观的优点 [3]，但其仅对单个污染因子进行独立评价，因此评价结果过于片面，而综合评价方法能够比较全面、客观地反映水体质量状况。在综合评价方法中，模糊综合评价方法最为常见 [4]，包括模糊综合评判法、模糊综合指数法、模糊概率法等。模糊综合评价法体现了水环境质量评价中客观存在的模糊性和不确定性，具有一定的合理性，符合客观规律。但是该类方法普遍使用线性加权平均值模型获取评判集，容易出现失真、失效、跳跃等现象，导致可操作性较差。

近年来，随着人工智能技术的不断发展，基于人工神经网络的水环境质量评价技术得到了广泛研究。人工神经网络能够模拟人类思维方式，对事物的判断、分类不需要预先建立某种模式，只根据事物的本质特征，采用直观的推理判断。与传统的综合评价法相比，基于人工神经网络的水环境质量评价技术能够自组织学习，无需特定计算模式的约束，自动分析计算水质评价结果，因此获取的水环境评价结果更为客观全面。

水环境质量评价是进行水环境管理和污染防治的重要依据，也是进行区域水质治理和水资源开发的前期工作。水环境质量评价结果的好坏与评价内容、目的、手段和评价方法等密切相关。然而，当前水环境质量评价的研究仍缺乏认知度高、可靠性强的水环境质量评价框架，当前普遍存在的评价方法都存在一定的局限性。因此，为了更加科学合理地评价水环境质量，需要基于现有评价方法，研究和发展更加简单、规范和实用的水质评价技术。

1.3

水环境监控概述

1.3.1 我国水环境质量管理

水环境质量是指水环境中各参数指标的优劣程度。水环境质量管理是指为了保证水环境中各参数指标维持在某一合理区间而进行的各项管理工作，其主要包括水质标准制定、水质评价、水质监测、水环境污染控制管理、水质管理规划制定等。水环境质量管理的目的是既要保证水质又要有足够的水量[5]。监测机构为了实现水环境质量管理，建立了水环境质量管理体系，从而指导质检机构的工作人员、设备及程序的协调活动。构建水环境质量管理体系是实现水利工作国际化、标准化以及规范化的客观要求，同时也是水环境监测机构保障其监测能力的重要基础。此外，建立一个良好的水环境质量管理体系是质检机构提高自身管理水平的有效方法，同时也是实现水环境高效治理的重要途径。

科学的水环境质量管理体系既需要满足相关机构内部的管理需求，又需要满足社会对质检机构的工作要求。因此，水环境质量管理体系应形成一个有机整体。首先，水环境质量管理体系必须具备相应的检测条件，包括符合要求的仪器设备、设施以及专业人员等资源；其次，按工作范围设置适合的组织机构，分析确定各检测工作的过程，分配协调各项工作的职责和接口，指定检测工作的工作程序及检测依据方法，使各项检测工作有效、协调地进行；最后，采用管理评审、外部审核、实验室比对等方式，不断使管理体系完善和健全，以保证质检机构为社会出具更准确、更可靠的检测报告。在此过程中，所有影响水环境质量管理体系的活动都应得到有效控制，各项活动应相互配合、相互促进、相互制约。

2015 年，国务院先后发布《中共中央国务院关于加快推进生态文明建设的意见》和《生态文明体制改革总体方案》，指出加强水污染防治和水生态环境保护，需要进一步加强我国水环境质量管理体系的建设。首先，要强化全国各地水环境监测机构的仪器设备的管理，正确配备检测所需的样本及设备，及时对所有仪器进行检查与维护；其次，解决全国各地水环境监测机构内部审核过程中诸如工作形式化、信息处理性能差等问题，保证有效的水环境信息来源；同时，探索水质管理新模式和新途径，以适应当今环境监测的需要；最后，需要大力整合资源来健全水环境质量监控体制，保障水环境监测数据的真实性、可靠性，加强水环境质量管理系统性的建设效果，提高人民群众的生活质量。

1.3.2　水环境监控

水环境监控是水环境管理的重要组成部分，以工业废水、生活污水、江河湖库等为研究对象，利用各种先进的科技手段来对水体水质进行监测，并根据监测到的水质是否符合国家标准来进一步采取相应的治理措施。水环境监控主要包括水环境监测与管控两方面。

水环境监测是评价水质状况的重要过程，可以研究出水体各污染物的主要来源及分布情况，进而对水体水质的变化趋势进行有效预测[6]。此外，水环境监测还可以在分析预测水质变化趋势的基础上，确定水环境治理的主要控制对象，从而为水资源管理与防治提供重要参考依据。

水环境管控是根据水体水质与水量、排放标准、处理成本以及经济价值等内容，通过调查、分析与比较，利用各种技术方法将污染物分离或转化为无害物质的过程[7]。

综上，水环境监控能够全面反映水环境质量状况和变化趋势，科学评估水污染防治成效，在水污染防治与环境标准制定等方面发挥着重要作用。

目前，我国水环境管控技术以物理和化学方法为主。物理法主要对水体污染性质做出判断，通常只作为定性描述，需要与化学方法相结合。化学法主要包括化学分析方法和仪器分析方法两种，前者以物质的化学特性为基础，适用于常量分析，但操作费时；后者利用特定仪器分析物质的物理特性，适用于微量分析，但对设备要求较高。

我国水环境管控技术大体可以分为分类法和转化法两种。其中，分类法是通过各种外力把有害物质从废水中分离出来，转化法是通过化学或生化反应，将有害物质转化为无害物质或可分离的物质，再把分离出的物质予以去除。由于水环境污染种类繁多，包括无机的、有机的、无毒的、有毒的、物理的、化学的、生物的、易降解的、难降解的等；众多的污染物含量也各不相同，污染源和污染物不停变化，导致水环境管控技术的发展较为缓慢。另外，我国建立了多个水环境监控平台，通过控制污水的排放量，达到保护水环境的目的。

水环境监控效果不仅与监测数据密切相关，同时更依赖先进的水环境监测和控制技术。目前，我国水环境监控技术仍存在一定的局限性。首先，现有水质监测技术以物理化监测为主体，生物监测和水质自动监测都处于初级发展阶段，与国外的监测水平差距较大。其次，没有建立相应的水环境监测数据库，对已有的水环境监测数据综合利用不够，缺乏对数据的深入利用，监测及信息处理水平偏低，无论是基础储备、监测手段还是人才素质都与理想指标仍存在一定差距。另外，实际水环境动态特性较强，过程因素多，致使控制目标难以确定，而且现行的环境监控网络条块管理现象严重，各管理部门间环境信息共享程度低，严重影响环境管控系统整体能力的发挥。面对这些问题，应持续不断地发展水环境监控技术，将人工智能与大数据等新兴领域运用在实际监控过程中，进一步提升水环境监控的能力和效率，为人民生活安全和国家水资源保护提供必要保障。

1.3.3 水环境智慧监控

水环境智慧监控技术是集合计算机技术、传感器技术以及无线通信技术等于一体的监控技术，通过自动采集与分析水环境相关的监测数据，结合数据分析与可视化等技术来对水环境污染物含量、监测数据进行自动展示与智能分析，基于控制系统设定的规则对相关设备进行自动调控，进而保障水环境各监测数据维持在一个合理的区间，因此具有高效化、便捷化等特点。水环境监控智慧化是水环境管控技术的必然发展趋势。

近年来，人工智能技术有了迅猛发展，其能够在特定的环境中自主或交互式地执行各类人工任务，主要包含人工神经计算、模糊计算、专家系统以及分布式人工智能等形式。由于人工智能技术具有处理海量数据、自学习和数据挖掘等优势，已广泛应用于各个领域，如智慧海洋、智慧农业、智能交通、智能医护、智能家居、智能安防等。人工智能技术的快速发展及应用，为水环境的监测和防治提供了新技术、新方法和新思路，使得水环境监控技术不断朝着智能化、自动化、数字化、网络化的方向发展[8]。

基于人工智能的水环境智慧监控技术是水环境管控技术走向智能化、自动化、数字化、网络化的重要体现。该技术在实现对水质信息进行自动采集的基础上，将采集到的相关数据通过网络传输到上位机系统或指挥中心，通过应用智能计算与统计分析方法等对获取的相关水质数据进行分析，指挥中心根据得到的分析结果传达相应的控制指令，进而通过相关控制器来对水环境进行动态管控[8]。与传统水环境管控技术比较，智慧监控技术能够在短时间内获得相应水质参数的监测结果，且成本比较低，可对水环境进行实时有效的管控，在降低人力资源消耗的同时极大程度地提高了水环境管控系统的工作效率[9]。此外，水环境智慧监控技术能够结合周边水环境状况合理安排监测周期，全面提高资源利用率，在控制污染范围的同时，加强严重污染源的管控，有效降低水污染的危害。

人工智能技术作为当今世界新一轮经济和科技发展的战略制高点，已被国家列为重点发展的战略性新兴产业，是信息产业未来竞争的制高点和传统产业升级的核心驱动力[10]。基于人工智能的水环境智慧管控技术，可有效提高水环境管控的实时性、有效性，实现信息共享及辅助决策，在推进水污染减排、水资源循环利用、加强水环境保护等方面具有重要的意义。为响应国家号召，将人工智能技术应用在水环境管控领域，实现对我国水环境的智慧监控已成为必然趋势。

通过综合信息服务平台以及云数据中心，构建水环境管控服务系统[11]，实现污染源自动监控、水环境质量监测，通过运用人工智能技术，实现监测精细化和分析智能化，在污水处理过程管控、数据综合分析等重点关键领域实现突破，建立集水污染源自动监控、污水处理过程监控、水质监测功能于一体的水环境智慧监控服务系统，可以为水环境管理、水污染治理，以及防灾减灾等工作提供必要的基础信息，为环境监督、执法提供有力且可靠的证据。因此，研究和开发先进的水环境智慧监控技术对于制定科学合理的治理方案，加强水环境污染治理，保障人们的生产生活，以及实现我国国民经济的稳定增长，有着十分重要的意义。

1.4
水环境水质数据

水质数据是进行水资源保护规划、管理，衡量水环境生态质量的重要依据。水质数据指标种类繁多，可达百种以上。其中，一部分水质数据指标代表水中某一种或某一类杂质的含量，可直接用其浓度来表示，如汞、铬、硫酸根等的含量；另一部分水质数据指标是利用某一类杂质的共同特性来间接反映其含量，如用耗氧量、化学需氧量、生化需氧量等指标间接表示有机污染物的种类和数量。水环境中各个水质数据指标是关于排放量、时间和空间的复杂函数，容易受工业布局、生化反应、气象条件及季节等多种因素的影响。

1.4.1　水环境水质数据获取方式

目前，水环境水质数据的获取途径主要分为两大类：人工采集和自动监测。
我国从 20 世纪 50 年代开始，逐步建立了区域性、流域性以及全国性的水污染监测网，根据环境的质量变化情况进行定点、定时的人工采样与监测，积累了部分水质数据，加以分析后得出相应的水质现状和污染物的动态变化规律，并取得了一定的效果。

人工采集的数据通常主要包括两大类：未电子化结构的数据和电子化结构后的文档数据。未电子化结构的数据一般是指需要利用纸介质存储的具有文件（例如文档、报告、表格等）特征的数据，分析数据时需要按相应要求筛选并抄录至计算机系统中。未电子化结构的数据的录入方式一般包括手工抄录和电子扫描录入两种方式。

手工抄录数据过程中，工作人员需要对各传感器数据进行多次检查、核实和校对，在确保无误后记录在纸介质文件中，然后转录进计算机数据库系统。这种录入方式可以根据不同的工作需求将数据文件保存为不同格式，在选择性地进行剪切和粘贴等编辑操作后可以再利用。但是，这种记录方式工作量大且出错率高，在人工抄录、编辑处理和转移过程中容易产生数据丢失、缺漏等问题。

电子扫描录入文档数据过程中，可以通过扫描设备将原始文档数据扫描整理后以电信号的形式直接保存在计算机系统中。这种录入方式能够有效减少工作人员的工作量，降低错误的发生率。但是在文档扫描后，为了最大程度保持文档原稿的原貌，需要对原始扫描件进行拼接、去噪等处理。如果存在内容缺失、字迹不清等情况，需要通过有经验的专家对其进行补充处理[12]。

电子化结构后的文档数据是指数据源通常满足一定的编码规则，按照某种确定的关联关系存储在计算机数据库中，如存储在 Oracle、Access 等数据库或其他类型数据库中。通过工作人员给出相应的读取权限，在确定目标数据库的数据类型、长度及命名后，将所需数据直接读取并存入到目标数据库中。电子化结构后的文档数据具有存储容量大、存储种类及内容丰富的特点，便于用户查询、管理及数据维护[12]。

水环境自动监测站的在线自动监测系统运用现代传感器技术、自动测量技术、自动控制技术和计算机应用技术等建立了在线自动监测体系，可以对水环境的温度、pH 值、溶解氧、氨氮、总磷、总氮等水质指标进行实时、连续的监测，具有灵敏度高、数据传输快等优点[13-14]。工作人员通过自动监测站客户端和网络中心后台服务器的数据交互，可以直接完成相应的数据处理、导出等操作，实现水质自动监测站和服务器的水质数据共享，并能够及时反映水体的水质状况，为后期水体控制决策提供科学依据。基于自动监测的水环境水质数据的获取途径省时省力，避免了大量的人员操作。但是，当自动监测站中某传感器出现问题导致数据出现缺失、异常等问题时，导出的水质数据如果不能够被及时发现，则无法直接使用。

1.4.2　水环境水质多源数据

水环境水质数据是表征水环境及与其相关的环境因素的种类、数量、质量、时空分布和变化规律的数字、文字、图像和影音等信息的总称。水环境水质数据获取途径广泛，具有时空维度多样性、数据源结构不同、数据应用区间多尺度等特征。根据水环境数据特性的不同，水质多源数据基本分为数值数据、图像数据、文本数据等。下面简单介绍不同的水质数据的特点。

① 数值数据一般也称为数字数据，是进行数据分析的一种重要原始素材。通过数值数据分析可以实现水体污染物的定量和定性分析，得到进行水体污染管控的重要依据。数值数据包括水环境水质指标中可测量、可计数的参数变量，例如矢量空间数据、水质实测数据等，从不同角度表征与水环境要素相关的联系。

矢量空间数据主要用来表达水环境的空间位置，包括目标水域所在的行政区域、水域分布以及监测点（站）的分布等地理信息。水质实测数据一般是监测点监测的水质指标数据，通常包括水质富营养化综合指数、COD（化学需氧量）、TP（总磷）、TN（总氮）等监测指标，可以用来反映水体的物理、化学和生物等相关特性，以及整体水质的状况。数值数据一般可通过水环境监测站进行采集，或者通过数据库、网络等途径获取数据。但是，由于监测传感器、传输媒介可能存在老化、故障等问题，会出现数据异常、丢失或者不完备的现象，因此数值数据需要进行处理后才能使用。

② 图像数据是对水环境水质生动性描述的一种表示形式。水环境图像一般指用高分辨率摄像头拍摄水环境水体外貌，或运用遥感技术通过对某些水质指标如氨氮、总磷等进行电磁波反射后得到的图像，可以根据相应的图像颜色特征和纹理特征对水污染指数、富营养化指数进行分析。例如，水环境污染图像在分析其各部分对应的颜色对比度后，可以判断水环境的污染程度。对计算机来说，图像数据包括位图图像数据（以像素形式存在）和矢量图形数据（以数学方法描述）两种。为了完整表示图像所包含的信息，图像数据通常包含大量的像素点，每个像素点由 3 个字节表示颜色信息，因此需要占用大量内存[15]。

③ 文本数据是一种非结构化的以文本形式存储的数据，如英文字母、汉字、不作为数值使用的数字（以单引号开头）和其他可输入的字符。文本数据结构较为复杂，一般是不能参与算术运算的任意字符，也被称为字符型数据。水环境水质文本数据获取方式广泛，主要包括来自全国生态环境投诉举报平台的群众投诉监督举报数据、网络舆情、新闻报道和第三方论坛等。

水环境水质数据长度一般可以任意变化，但无法在计算机中用逻辑值 0 和 1

进行表示，因此对其进行处理时较为困难。为了获取高质量的文本数据信息，通常需要利用聚类、模式识别、观点挖掘、关键词提取和语义分析等方法，对相关的事物规律进行总结、归纳和分析，并结合推理过程和专家经验形成相关知识，进而为水环境管理部门做出下一步的决策方案提供理论支撑。

1.4.3　水环境水质数据特征

2016 年 3 月，生态环境部办公厅印发了《生态环境大数据建设总体方案》，指出"通过生态环境大数据发展和应用，推进环境管理转型，提升生态环境治理能力，为实现生态环境质量总体改善目标提供有力支撑"。目前，大数据分析已经广泛渗透到生态环境领域，通过大数据分析可以有效管理和挖掘水质数据中的信息。全面、准确的水质数据是水环境分析和保护的重要前提。

与其他领域大数据一样，水环境水质数据具有"4V"特征，即海量性特征（Volume）、快速性特征（Velocity）、多样性特征（Variety）和价值性特征（Value）。

① 海量性特征　从内容上，水环境水质数据包括河流、湖泊、水库、沼泽和冰川等地表水体的水质指标参数，其数据体量大，实现合理数据分类和整理具有一定难度；从时间尺度上，水环境水质数据实时更新且历史数据保有量大，为数据收集和存储带来挑战；从空间尺度上，水环境水质数据来源于不同地区，在水质监测网络中，不仅包含固定的监测点，还包含移动的实时的监测点以及遥感监测与无人机监测等，为水质数据的整理和融合带来挑战。因此，研究如何对海量的水质数据进行处理、管理以及有效利用具有重要意义。

② 多样性特征　水环境水质数据包括复杂的物理和化学过程，具有时空分布复杂的特点。此外，水环境水质数据来源于生态环境、气象、水利等不同部门，包括了数值数据、图像数据、文本数据和影音数据等多种数据类型。其中，数值数据属于结构化数据，图像数据、文本数据和影音数据属于非结构化数据。非结构化数据占比逐渐升高，处理方式复杂，如何有效处理和挖掘其中的有用信息是当前亟待解决的问题。

③ 快速性特征　生态系统结构与功能的动态变化导致水环境水质数据具有动态变化特性，因此，水环境水质数据的实时、连续监测尤为重要。此外，水质数据自身具有时效性，其所能挖掘的价值可能稍纵即逝，如果数据来不及处理，数据价值就消失了，那么就变成了无效数据。因此，为了充分挖掘水环境水质数据中的有效信息，需要对水质数据进行快速、实时处理。

④ 价值性特征　水环境水质数据中包含的整体价值巨大，但由于水质数据的海量性、多样性和快速性的特征，原始水质数据价值密度较低，因此，研究如何

从低价值密度的水质数据中挖掘出最有价值的信息具有重要研究意义[1]。

1.5
水环境水质数据监测技术

水环境水质多源数据的获取途径方式众多。水环境领域的应用研究中，一般通过借助现场仪器监测、物理实验、数值模拟和遥感监测等手段获取不同的水质数据。根据采集方式的不同，现有水环境水质多源数据的获取方式可以分为现场监测、在线监测和遥感监测三种类型。

1.5.1 现场监测

现场监测一般分为水质现场监测和污染现场监测。现场监测是在固定监测仪器不能准确测定某一水环境水体质量时，带仪器深入现场进行监测。在水质现场监测过程中，监测仪器通常较容易获得水体的物理、化学等指标数据，一般在现场监测过程中不会把大型监测仪器拿到现场，而是用便携仪器仪表进行监测。

现场监测原理如图 1-1 所示。传感器直接将待测监测环境介质中的水质状况转化为模拟信号，经过信号变换和模数转换装置将模拟信号转化为可供计算机处理的数字信号。用于水质现场监测的大多是电化学类传感器，例如使用热敏电阻监测水温，使用电导池监测电导变化，使用各种选择性电极监测 pH 值、DO（溶解氧）、Cl^-、S^{2-} 等。

图 1-1　现场监测原理图

在现场检测过程中，首先需要确定水环境监测断面，然后在断面的不同位置设置多个监测点，再将传感监测器直接放置在待监测水环境介质中来监测河流、水库的流速、水温和水质（pH 值、溶解氧、氨氮、总磷等）的变化情况。

污染现场监测主要是在发生污染事故后进行的监测，也可以被称为应急监测或突发事故监测，是一种特定目的的监测，通常要求监测员第一时间就要到达污染现场，根据相关预案按照一定顺序开展工作，在现场使用小型便捷的快速监测仪器在尽可能短的时间内确定污染物的类型和浓度、污染范围、扩散速度及危害程度等。

1.5.2　在线监测

水环境水质在线监测可以通过无线传输的方式来实时获取各水域断面各监测点的水域温度、pH 值、溶解氧、氨氮等参数，通过预测这些水质参数的变化规律来判断是否需要对该断面进行相应的调控。

水环境水质在线监测原理如图 1-2 所示。主要由环境介质、连续取样装置、间歇供样装置和传感器等组成[13]。其工作过程是首先由连续取样装置从环境介质中连续取样，其次由间歇供样装置中的多通道水泵将试样和试剂分别输入到反应管道中，然后在反应管道中反应后进入检测器中，接着由传感器在检测器中检测并输出连续信号，最后由信号变换和模数转换装置将其转换为供计算机处理的数字信号。为了确保各试样不混淆，保证试剂与试样充分反应，在试样混合前，会由外接管道注入空气将试样隔断，保证反应独立有效进行。

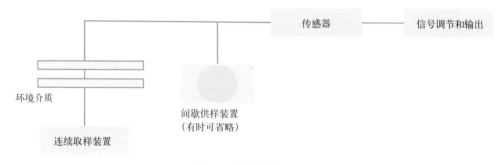

图 1-2　在线监测原理图

水环境水质在线监测需要合理选择能够全面、真实而准确地反映大部分水域断面内水质情况的监测点，因此在选择水质监测点的过程中，应结合所在水域环境的复杂程度，尽量选择具有代表性的滞留区和薄弱区域作为水质监测点，同时还应考虑监测点的设置是否方便管理和维护。

目前，水质在线监测可实现多指标监测，如色度、浊度、pH 值、高锰酸盐指数、氨氮和叶绿素等[14]。水质在线监测的优点是可避免传感器受工作环境条件影响，维修方便，但与现场监测相比，所得样品代表性较差，例如在水质监测系统中温度、压力等条件与实际环境介质相比有差异时，可能引起试样发生脱气、溶解、沉淀等变化。

1.5.3　遥感监测

遥感监测是指不接触被探测的目标，利用传感器获取目标数据，通过对数据进行分析，获取被探测目标、区域和现象的有用信息[16]。水环境遥感监测的工作原理是不同组分的水体在可见光波段表现出不同的光学特性，呈现不同的水色，因此可以利用机载/星载传感器探测与水色有关的参数（如叶绿素、悬浮颗粒物、溶解有机物等）。

在各种地表水水环境中，污染物可分为许多类别。为了便于用遥感方法研究各种水污染，一般将其分为泥沙污染、石油污染、废水污染、热污染和富营养化等几种类型，不同的污染类型具有不同的遥感影像特征。例如，废水污染的遥感影像特征是单一性质的工业废水随含物质的不同，色调有差异；城市污水及各种混合废水在彩色红外图像上呈黑色；富营养化污染的类型是在彩色红外图像上呈红褐色或紫红色，在遥感图像上呈浅色调。

水环境遥感监测的优点主要包括三个方面[17]：第一是实时性，即水环境遥感监测能迅速确定环境污染的范围；第二是连续性，即水环境遥感监测能连续监测并预报污染的动态变化，便于掌握污染的发展趋势；第三是区域性，即水环境遥感监测能帮助研究人员从区域性和全球性的角度研究环境问题。

水环境遥感监测存在的问题主要有三个方面。首先，当前遥感能监测的主要是水溶性有色物质浓度的变化，难以监测到不会引起颜色变化的物质浓度变化。其次，水体颜色变化的成因复杂，遥感水质定量反演模型的时空移植性差，有效性评估存在欠缺，进一步影响了水质卫星遥感监测的效果。最后，当前水质遥感监测算法多是基于多光谱或高光谱遥感数据，利用水色遥感理论和统计回归等数学方式建立模型来反演水质参数，实现水质状况的监测，但是水质遥感监测精度无法满足使用要求，需要进一步研究水质参数监测算法，以获得更精准通用的水质参数反演模型。

1.6
水环境水质数据监测装置与系统

水环境水质监测需要借助相应的监测仪器以及平台，根据仪器监测方式的不同可以分为现场监测仪器、在线监测仪器和遥感监测仪器等。

1.6.1 水质监测仪器

（1）现场监测仪器

用于水质现场监测的监测分析仪器大多是电化学类传感器，如热敏电阻可用来监测水温，电导池可监测水体电导率的变化，各种选择性电极可被用来监测 pH 值、DO、Cl⁻、S²⁻ 等水质指标。此外，还有气相色谱仪、液相色谱仪、离子色谱仪、原子吸收光谱仪、等离子体质谱仪、原子荧光光度计等水质监测分析仪器[18, 19]。

针对水质现场监测多存在于野外现场的特点，目前水质现场监测一般采用便携式水质现场监测仪，可以长时间浸泡在水中，无需担心仪器损坏。水质监测完成后，可以通过现代红外数据传输技术将测试分析的结果传输到计算机端口上，实现结果的存储及打印功能。

（2）在线监测仪器

水质在线监测仪器一般具有自动量程切换、遥控、自动清洗、断电保护等功能，自动化水平较高。目前常用的水质在线监测仪器众多[18,19]，如美国的哈希 Amtax 型氨氮在线监测仪［图 1-3（a）］可以基于纳氏比色法测量氨氮浓度，包含自动校准功能，测量范围广且响应速度快，适用于不同种类污水的要求；在线电导率仪［图 1-3（b）］通过在监测管线上安装仪表测量补充水和循环水的电导率，并可以实时传输到 PLC 控制器和上位机进行数据分析；在线 pH 仪［图 1-3（c）］可以控制硫酸投加泵向吸水井中加入一定剂量的浓硫酸来实现系统 pH 值的自动控制；美国 HACH CODmax 铬法化学需氧量（Chemical Oxygen Demand,COD）在线监测仪可以检测重铬酸根离子氧化时的颜色变化，并达到理论氧化值的 95% ~ 100%，实现仪器的自动校准和清洗功能；总磷在线监测仪［图 1-3（d）］通常以钼蓝法为基础，采用碱性过硫酸钾消解紫外分光光度法 - 磷钼蓝分光光度法进行在线检测。

（3）遥感监测仪器

遥感监测仪器主要是指遥感平台及相应传感器。遥感平台是将传感器运到适当位置以便获取与目标有关信息的运载工具。

根据运载工具的不同，遥感可以分为以人造卫星为平台的航天遥感、以飞机为平台的航空遥感和以汽车等为平台的地面遥感。遥感平台水环境监测通常使用卫星遥感和航空遥感平台。

根据监测仪器的工作原理不同，遥感监测分为被动遥感和主动遥感。主动遥感是由传感器先向目标发射一定波长的电磁波，然后记录反射波的信息，如气象雷达和侧视雷达等。被动遥感中最常用的传感器有照相机和多光谱扫描仪两类。照相机依靠太阳光照射摄取目标特征；多光谱扫描仪通过对目标特征进行扫描，记录目标反射和辐射电磁波的信息。

(a) 氨氮在线监测仪

(b) 在线电导率仪

(c) 在线pH仪

(d) 总磷在线监测仪

图 1-3　在线监测仪器

1.6.2　水质监测系统

水质监测系统是一个综合利用传感器、人工智能、电子和计算机理论与技术对水质进行监测的系统，通过组建监测网络可以对大范围的水体进行实时在线远程监测。水质监测系统主要由采样单元、分析测试单元、数据采集传输单元和检测中心组成[20]。

自动采样系统采集具有代表性的水样，确保监测数据真实反映实际水质状况；预处理系统用于消除各种杂质对仪器设备的影响，减少分析误差，避免数据异常；数据分析系统完成设定的各项水质监测操作，提供稳定可靠的监测数据；通信传输系统担负监测数据远程传输及监测系统远程操控的双向通信任务；辅助系统可为仪器设备提供各种辅助保障，维持监测系统整体长期稳定地运行。各系统之间相互关联、互为协助，共同构成一套完整、可靠的水质在线监测系统。

水质自动监测系统可以通过将传感器采集到的数据经过实时传输方式汇总到后台数据库服务器中，避免了人工采集数据的缺陷。另外，通过客户端和后台服务器的交互，工作人员可以在客户端直接查看工作区传感器中的数据，然后完成相应的数据处理、导出等操作。这种方式省时省力，避免了大量的人员操作，能够较为有效地查询所需的水质数据。然而，当工作区中某传感器出现问题导致数据出现缺失、异常等问题时，导出的水质数据不能够被及时发现，无法直接进行使用[20,22]。

1.6.3 水质自动监测站

目前，世界上很多国家都建立了以监测水质污染综合指标及特定项目为基础的水质污染自动监测系统，它是在一个水系或一个地区设置若干个连续自动监测仪器的监测站，由一个中心站控制若干个子站，随时对该区的水质污染状况进行连续自动监测，形成一个连续自动水质监测系统。

地表水自动监测是对地表水样品进行自动采集、处理、分析、数据传输的整个过程。地表水自动监测站是指完成水质自动监测的现场部分，水站由监测站房、采水单元、配水及预处理单元、辅助单元、分析测试单元、控制单元和数据采集与传输单元等组成，水站系统结构见图1-4。

水质在线自动监测系统是以自动在线分析仪器为核心，通过运用自动控制技术、计算机技术、网络技术以及相关的分析软件等组成一个从水样采集、水样预处理、水样测量到数据处理及存储的综合性系统。水质自动监测站配置有相应的采水单元、配水单元、仪器测试单元和系统控制单元[20-22]。其中，采水单元通常选择在总出水管上开孔，在开孔处装有阀门，以便后期的系统维护，通过管线连接至水站的监测站房内，在室外的水管埋在地面下 50cm 左右深，防止冬天采水水管结冰。

配水单元是将原水通过采水管路送至水质监测站房控制柜的水箱中，通过水箱内的水位传感器来实现水位的自动控制，并可以在水箱内安装各种水质参数（如温度、pH 值、氨氮、电导率、浊度等）分析仪探头，通过蠕动泵从水箱抽水进行水质检测，采配水通过 PLC 控制系统定时自动运行，无需人员值守。系统在采水、配水单元设计上考虑了过滤、沉沙、清洗、补水系统，确保仪器对样品水的要求得到满足。

水质在线自动监测系统控制单元的控制柜主要负责系统控制功能，主要包括

PLC控制器、工控机、控制软件、VPN和通信网络，主要功能是通过对采水单元、配水单元及预处理单元、分析单元等进行控制，实现数据采集和接收、数据传输和存储，并通过通信网络直接上传到总站管理和发布平台，以保证水站自动监测系统连续、可靠和安全运行。

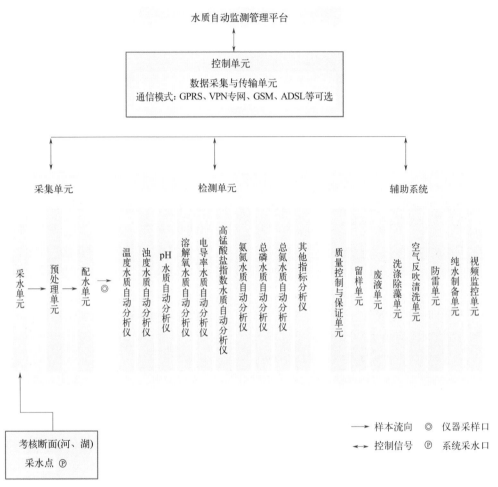

图1-4　地表水水质自动监测系统结构图

　　每个水质在线自动监测系统必须具备自动采样、自动分析、自动数据采集与处理及传输功能，并保证连续稳定运行。水站系统对于断电、断水等意外事件具有智能诊断、自动保护及自动恢复功能。水质在线自动监测系统内各单元之间必须实现合理的连接，形成一个独立自动运行的完整系统，并保证稳定运行。

参考文献

[1] 《中国能源》编辑部. 2019 中国生态环境状况公报发布 [J]. 中国能源, 2020, 42 (07): 1.

[2] 夏青, 陈艳卿, 刘宪兵. 水质基准与水质标准 [M]. 北京: 中国标准出版社, 2004.

[3] 张宇红, 胡成. 单因子标识指数法在浑河抚顺段水质评价中的应用 [J]. 环境科学与技术, 2011, 34 (S1): 276-279, 320.

[4] 杜娟娟. 基于不同赋权方法的模糊综合水质评价研究 [J]. 人民黄河, 2015, 37 (12): 69-73.

[5] 彭文启, 张祥伟. 现代水环境质量评价理论与方法 [M]. 北京: 化学工业出版社, 2005.

[6] Yang C L, Qiao J F, Wang L, et al. Dynamical regularized echo state network for time series prediction [J]. Neural computing and applications, 2019, 31 (10): 6781-6794.

[7] Qiao J F, Zhang W, Han H G. Self-organizing fuzzy control for dissolved oxygen concentration using fuzzy neural network [J]. Journal of Intelligent & Fuzzy Systems, 2016, 30 (6): 3411-3422.

[8] Qiao J F, Wang L, Yang C L. Adaptive Lasso Echo State Network Based on Modified Bayesian Information Criterion for Nonlinear System Modeling [J]. Neural Computing & Applications, 2019, 31 (10): 6163-6177.

[9] Qiao J F, Zhou H B. Modeling of energy consumption and effluent quality using density peaks-based adaptive fuzzy neural network [J]. IEEE/CAA Journal of Automatica Sinica, 2018, 5 (5): 968-976.

[10] Wang G M, Jia Q S, Qiao J F, Bi J, Liu C X. A Sparse Deep Belief Network with Efficient Fuzzy Learning Framework. Neural Networks, 2020, 121 (11/12): 430-440.

[11] Han H G, Zhang L, Liu H X, et al. Multiobjective design of fuzzy neural network controller for wastewater treatment process [J]. Applied Soft Computing, 2018, 67: 467-478.

[12] 王雪琴, 童塞红, 陈萍花. 水质监测与评价 [M]. 成都: 西南交通大学出版社, 2017.

[13] Bi J, Lin Y Z, Dong Q X, et al. Large-Scale Water Quality Prediction with Integrated Deep Neural Network [J]. Information Sciences, 2021, 571: 191-205.

[14] Wang G M, Qiao J F, Bi J, et al., An Adaptive Deep Belief Network with Sparse Restricted Boltzmann Machines [J]. IEEE Transactions on Neural Networks and Learning Systems, 2020, 31 (10): 4217-4228.

[15] Guo N, Gu K, Qiao J, et al. Improved deep CNNs based on Nonlinear Hybrid Attention Module for image classification [J]. Neural Networks, 2021, 140: 158-166.

[16] 周艺, 周伟奇, 王世新, 等. 遥感技术在内陆水体水质监测中的应用 [J]. 水科学进展,

2004, 15（3）: 312-317.

[17] 王桥, 朱利. 城市黑臭水体遥感监测技术与应用示范 [M]. 北京: 中国环境出版集团, 2018.

[18] 聂凯哲. 基于随机权神经网络的氨氮预测模型研究与应用 [D]. 北京: 北京工业大学, 2021.

[19] 马士杰. 基于自组织递归 RBF 神经网络的出水氨氮软测量研究 [D]. 北京: 北京工业大学, 2018.

[20] 郁建桥, 张涛. 江苏省太湖流域主要水污染物总量监控与预警实用技术 [M]. 南京: 河海大学出版社, 2019.

[21] 李青山, 李怡庭. 水环境监测实用手册 [M]. 北京: 中国水利水电出版社, 2003.

[22] 张尧旺. 水质监测与评价 [M]. 2 版. 郑州: 黄河水利出版社, 2008.

Cutting-Edge Technologies in
**Smart
Environmental
Protection**

第 2 章

水环境非结构化数据融合

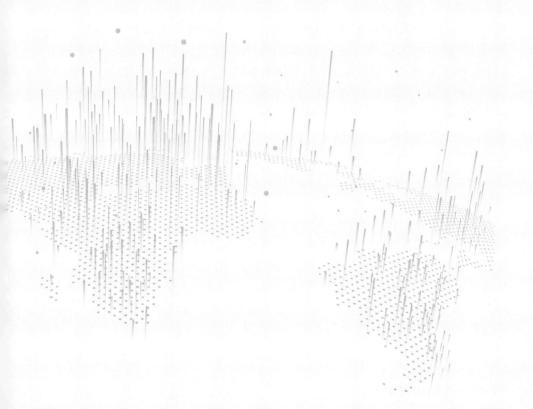

水环境数据量十分庞大，包含了不同时间、不同特征、不同类型以及多个维度的水环境数据，为实现面向环境的质量评价、环境监督、形式预测等多方面的服务，进行水环境复杂多样特征的数据融合是十分必要的。但是，当前水环境信息数据与传统结构化数据不同，具有多源化、多样化、多维度、海量化等特点，不能直接采用传统的数据融合方法进行数据整合。因此，针对多源异构数据，进行高效的收集和融合是进行数据分析的前提保障。

2.1
水环境数据融合技术概述

　　在数据融合方面，国外的研究相对较早。美国在 20 世纪 80 年代建立了数据融合相关研究机构。Waltz、Linas 等发表的 *Multisensor Data Fusion*（《多传感数据融合》），通过数学方面的理论，从多传感器的概念与定义、采集过程、融合算法等多个角度对该技术进行了全面的分析[1]。Ghosh N 等人提出了一种基于人工神经网络的数据融合方法，包括数据预处理、特征提取和特征融合，应用于在线刀具磨损估计中[2]。Li Shi 等人采用多目标粒子群优化算法（SMPPSO）对 BP 神经网络进行优化，利用优化后的 BPNN 对无线传感器采集的数据进行融合，减少了冗余数据[3]。Chen Xihui 等人利用自组织特征映射神经网络（SOM）和 D-S 证据理论，其中特征级数据融合由 SOM 完成，决策级数据融合由 D-S 证据理论完成，对齿轮故障进行识别[4]。Jamil Amanollahi 等人提出了基于人工神经网络的方法，对 Landsat8 卫星的遥感数据进行特征级数据融合，以此来评估 Zarivar（扎里瓦尔湖）水质类别[5]。Zhao Wenke 等人提出了一种新的基于时变加权策略用于多频探地雷达的数据融合，将不同的频率数据集融合到一个复合显示的轮廓中，以在穿透深度和分辨率之间进行权衡[6]。Cai Ken 等人设计了一种基于特征信息融合的反馈卷积神经网络（CNN）架构，应用于水稻样品中硒含量的近红外快速定量检测，并提出了误差反馈迭代机制来优化每个段的卷积滤波器，多段特征连续融合以缓解稀疏信息问题[7]。

　　我国在数据融合领域的研究起步较晚，但是发展迅速。杨万海撰写的《多传感器数据融合及其应用》[8]为数据融合技术奠定了基础。李娟等人对数据挖掘与数据融合技术进行了调研分析，根据现状探讨当前研究的不足与前景[9]。大数据环境下的信息更加复杂，北京大学化柏林、李广建等人综合考虑了数据融合的思路与应用，针对多源异构融合中的流程建模以及算法思路进行重构[10]。为解决工厂数据冗余过高问题，赵皓等人提出了一种采用相空间重构的多源数据融合方法[11]。胡永利等人重点研究多源异构数据的处理、特征表示和数据融合方法,挖掘无线信号、视频和深度等多源异构数据内在的关联性[12]。魏之皓等人基于改进残差网络的高维卷积单元,对异构遥感数据进行深层特征提取[13]。冀振燕等人提出了一种基于深度学习的混合推荐模型,充分利用多源异构数据所提供的信息来提高推荐准确度[14]。罗丹等利用 Levenberg Marquardt 算法对 BP 神经网络进行改善后,对监测森林火灾的无线传感器采集的数据进行数据级融合,减少了大量冗余的数据,提高了火灾识别的准确度[15]。Yan Jianzhuo 等人针对水事信息集成的需要,采用编辑距离算法和潜在狄利克雷分配(LDA)算法构建了水事结构化数据和非结构化数据组合知识图谱,并基于语义距离算法对该图进行了验证,充分利用水事知识图谱提高推荐有效性和准确性[16]。

按照功能,现有的数据融合技术可以分为如下几类。

基于权系数的融合方法。此类方法是一种实时信息处理方法,收集不同传感器冗余信息,并且对这些信息进行加权,最终的结果是加权平均值,例如最小二乘估计[17]。

基于参数估计的信息融合方法中,极大似然估计在静态环境中多用于融合多传感器信息,主要将信息合并作为似然函数极值的估计值。贝叶斯估计与极大似然估计一样,也经常被用于在静态环境中融合信息,在处理带有加性高斯噪声的不确定信息时非常适用[18]。

基于 Dempster-Shafer 推理理论的融合方法将严格的假设与仅是条件的可能性分开,从而允许检测到任何缺乏涉及先验概率的信息。在多传感器提供的信息融合过程中,这些信息作为证据建立目标决策集[19]。基于证据的推理,使用 Dempster 的关联规则将不同的信息组合成同一决策框架内信息并统一表示。

基于卡尔曼滤波(包括扩展的卡尔曼滤波和强跟踪滤波)的融合方法的主要功能是将来自实时传感器的冗余信息混合到动态环境中。由于白噪声的系统和传感器噪声具有高斯分布,且系统模型是线性的,因此可以获得统计意义上融合信息的最佳估计。通常将基于强跟踪的卡尔曼滤波器应用于系统模型发生变化或系统状态逐渐或突然变化的时候[20]。

多个传感器提供的环境信息从根本上来讲具有或多或少的不确定性,而这种不确定性信息之上的融合也是一个不确定的过程。输入一个大于 0 并且小于 1 的实数,用这个数来评价传感器提供的目标观测信息真实与否,最后把这些数组成数据集。用模糊规则对这个模糊数据集进行一定的处理,最后得到有价值的结果[21]。

很多具有非线性映射能力的神经元连接在一起,就组成了人工神经网络,其中,神经网络中的每一个神经元都通过权系数连接。通过在每个网络连接权中分配信息,让网络在很多信息同时出错的情况下仍可以正常工作。最后由各个传感器提供的信息，经过神经网络的学习算法进行学习运算，得到不确定性推理机制后，对数据进行合并并且再学习[22]。

由贝叶斯估计和 Dempster-Shafer 两种方法合并出来的方式必须提前确定先验概率，用神经网络进行信息融合的时候，存在一系列样本的选择上的问题，由于模糊规则的建立存在一定困难，所以隶属度函数的确定工作有一定难度。以上问题可以用粗糙集理论的融合来解决，这个融合方法主要是将每个传感器采集到的数据看作一个等价类，利用化简、核和相容性等概念对一样的信息进行删除，得出最小的信息集，从而最快找出有用的决策信息[23,24]。

然而，当前大部分数据融合往往集中于结构化或简单的非结构化数据融合，对于多源、异构、非结构化海量数据融合技术研究依然不够全面[25-27]，而且针对的场景大多数集中在军事、遥感、机械等领域，缺乏针对水环境数据结构特点的改进型研究。

因此，当前水环境非结构化数据融合还存在以下挑战。

第一，非结构化数据的准确性不足。面对大量异构的数据，由于数据信息来源的多样化，其特征描述可能存在不完全或不准确等问题。因此，需要对相应的数据信息进行特征提取，对一些不完全或不准确的数据信息进行补充，进而提高数据融合的有效性。

第二，缺乏高效的非结构化数据融合方法。相同实体的信息内容可能在多个不同数据源中以不同形式体现，应该降低大量相同数据信息间的冗余和实现不同类型数据间的管理与融合，进一步提高数据融合的统一性和简洁性。因此，需要高效的数据融合方法对不同类型的数据进行整合。

第三，缺少统一的数据融合架构。面对海量、异构的水环境数据，为实现数据高效、智能地融合与应用，应该综合考虑进行数据融合操作时的多种影响因素。因此，需要统一的数据融合架构对非结构化数据进行采集、处理与融合等操作，进而有效提高数据服务的完整性。

2.2
非结构化数据融合架构

为实现水环境智慧管控大数据平台海量、异构、多源的结构化数据和非结构化数据的高效、智能融合与应用，需针对目前水环境非结构化数据特征，设计一套具有统一规范采集、存储、处理和融合模块的数据融合架构，并形成规范化标准，辅助水环境智慧管控大数据平台的建设和实施。

2.2.1 架构设计

(1) 大数据平台架构

基于大数据时代对于水环境所提出的新要求以及数据应用中的技术层级体系，面向水环境智慧管控管理大数据平台IT技术框架如图2-1所示。面向水环境智慧管控大数据平台IT技术框架分为以下层级。

数据源：在水环境智慧管控大数据平台中，数据可能来自不同的资源，从内部渠道以及外部渠道分别采集数据，数据类型包括结构化数据、半结构化数据、非结构化数据，同时也包含各类系统中所积累的流数据。

数据存储：数据存储层中，首先将水环境各数据源中获得的数据分别存储在主数据存储库和操作型数据存储库中，随后经过进一步数据整合、清理等操作，将精炼的数据存入企业级数据仓库中，同时在数据仓库关键数据的基础上，构建不同功能域对应的数据集市。

数据处理：数据处理层中，综合使用实时监控反馈、时间序列分析、推荐引擎、关联分析、协同过滤和深度学习等方法，支持数据服务层中的服务应用。另一方面，对于数据集中的数据进行知识挖掘，可以构建生成知识管理平台，将数据在知识层面进行组织，这些经过索引和整合的知识，既可以直接被用户使用，也可以作为对数据服务的支持而提供。

数据服务：数据服务层是对基础数据、大数据平台、知识管理平台中各工具的综合应用，将基础的工具与具体的应用场景相结合，使得基础的功能被封装为可以直接集成到当前各系统中的数据服务。这些服务覆盖了水环境综合管理大数据平台的综合决策功能，以及水环境公众参与网络平台中的监督管理功能。

门户应用：门户应用层是直接呈现给终端用户的企业级应用，通过权限控制机制，用户可以访问这些应用，门户应用层通过面向水环境智慧管控大数据共享平台和公众监督投诉举报与信息公开平台，两个平台中对于数据的保密级别进行分级处理，可以保证水环境不同部门、不同层级，以及相关部门之间，甚至整个社会层级对于水环境数据的共享。

其他：在门户应用层与用户之间，需要增加相应的权限控制机制，针对不同的访问用户进行权限级别的访问控制。同时，在整个系统层面还提供了数据、服务接口规范及技术标准，用于支持不同系统、层级之间通信和数据交换，数据安全模块为整个系统提供安全保障。

(2) 数据收集与融合架构

水环境智慧管控大数据平台数据收集和融合涉及大数据平台中数据源、数据存储、数据处理和数据服务的多个层次，收集和融合架构如图2-2所示，主要步骤包括数据收集、数据预处理、数据存储共享、数据融合和应用服务。

图 2-1 面向水环境智慧管控大数据 IT 技术框架

服务接口规范　数据接口规范　数据安全　复杂事件处理　分布式系统

访问权限控制

门户应用
京津冀区域水环境综合管理大数据共享平台门户　公众监督投诉举报与信息公开平台门户
水环境大数据共享平台　公众信息公开平台

数据服务
基于控制单元的水质动态分析与模拟　治理方案的绩效评估　排污许可证管理
突发性水环境风险预警　饮用水水源地风险评估　区域水环境质量排名监督管理
水质监督管理　工程项目监督管理
大数据服务

数据处理
实时监控反馈　推荐引擎　大数据工具集　知识搜索
时间序列分析　深度学习　OLAP工具　可视化工具　知识分类
知识管理平台　知识地图

数据存储
主要数据存储　操作型数据
数据仓库
水环境数据仓
控制单元数据　水文数据　遥感影像数据　水质数据　气象数据

数据源
文本　音视频　外部数据　水质系统数据　水文系统数据　气象系统数据　网络点击流　IT监控数据
文档数据　遥感影像数据　污染源数据　饮用水水源地数据　视频监控数据　日志文件
半结构化、非结构化数据　结构化数据　流数据

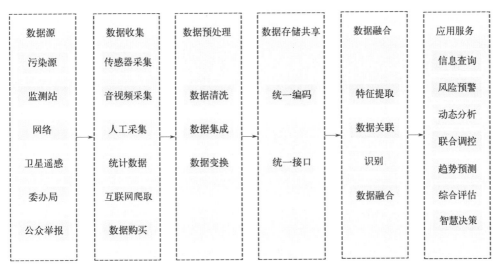

图 2-2　水环境智慧管控大数据平台收集与融合架构

数据收集：水环境智慧管控大数据平台数据采集可采用终端数据采集、数据购买、人工采集、统计数据、遥感监测、互联网爬取等方式，收集数据的数据周期、格式、精度、传输需满足规范。

数据预处理：通过数据清洗、数据集成、数据变换等操作提高收集数据的质量，汇总多源数据，实现数据规范化。

数据存储共享：建立统一的数据编码标准体系和接口规范，对数据进行存储和共享。

数据融合：将多源数据通过数据匹配、时空对齐等方式进行数据关联。按照融合对象层次将数据融合分为数据级融合、特征级融合和决策级融合三种类型，并按照三种融合类型分别进行特征提取及语义分析，使提取的数据更具有代表性和可分析性，提高后期进行数据融合的精度以及工作效率。

2.2.2　模型设计

（1）数据收集

针对水环境智慧管控大数据平台中的海量多源异构数据，水环境大数据平台的数据收集需要建立多个源头协同收集、多种方式可靠采集、多类数据有效转换、海量数据稳定传输的收集规范。

当前，水环境智慧管控大数据平台数据主要来源于污染源、监测站、网络平台、卫星遥感、委办局材料、公众举报等。其中，数据按业务类型具体可以分为以下几个类别。

① 基础类数据：包括与水环境相关的自然类数据、工程与设施类和管理类基础数据等。

② 监测类数据：包括水文、水质、气象类监测信息和评价信息等。

③ 业务关系类数据：包括各类自然对象、业务对象之间的隶属关系、业务关系等。

④ 统计类数据：包括经济社会人口、土地利用以及水文年鉴信息等。

⑤ 元数据：主要包括元数据相关信息。

水环境大数据平台收集数据按数据类型具体可以分为以下几个类别。

① 结构化数据：包括水质数据、水文数据、污染源数据、社会经济数据等。

② 半结构化数据：包括日志文件、XML 文档、Email 文件等。

③ 非结构化数据：包括音视频、遥感图像、图片、文档数据等。

水环境智慧管控大数据平台数据收集包括终端数据采集、数据购买、人工采集、统计数据、遥感监测、互联网爬取等在内的多种数据采集方式，具体分为以下几种。

① 传感器采集数据：企业、政府通过在污染源、监测站布设的包括水量、水质、污染物浓度等多种不同监测类型和监测内容的传感器进行数据采集和上传。

② 音视频采集数据：城市、企业布设的监控摄像头采集的水环境音视频和图像数据。

③ 人工采集数据：来自工作人员走访、调查的环境数据。

④ 统计数据：来自政府、企业年报统计的包括经济人口、地理信息和水文年鉴等统计数据。

⑤ 卫星遥感数据：来自卫星遥感的水环境遥感图像数据。

⑥ 互联网爬取数据：包括来自网络平台、投诉举报等公众参与数据以及相关水环境数据。

⑦ 数据购买：来自专业网站购买的水环境专业数据。

水环境智慧管控大数据平台数据采集周期应根据应用服务需求合理设定，典型的数据采集周期分为小时测数据、日测数据、月测数据和年测数据。

① 小时测数据主要包括水质测站、气象测站、水文测站和污染测站等数据。

② 日测数据主要包括水质测站的水质监测数据、水文测站的水文监测数据等。

③ 月测数据主要包括水库月出流量数据、断面水质人工监测数据等。

④ 年测数据主要包括污染源数据、区县经济的基本信息、工业企业的基本信息等。

同时，水环境智慧管控大数据平台中负责收集各种类型和内容的传感器、信息平台等。数据收集终端在收集数据后，需有效、可靠和安全地将数据传输至数据中心进行处理。数据收集终端与数据中心之间的数据传输应满足以下要求。

① 传输有效性：保证各个信息采集设备处有基本的传输基础设施，保证传输带宽、传输接口、速率、实时性均符合应用要求。

② 传输可靠性：具有超时重发、传输稳定机制，保证数据传输完整、实时和准确性。

③ 传输安全性：具有安全机制，保证传输安全性。

具体的收集数据传输方式有移动无线网络、物联网、IP 骨干网络传输等多种方式。

（2）数据预处理

数据预处理的主要内容包括数据清洗、数据集成、数据变换等，即在进行数据清洗后接着进行或同时进行数据集成／变换等一系列处理。数据预处理一方面可以提高数据的质量，另一方面可让数据更好地适应后续过程中特定的技术。

数据清洗一般通过填充缺失的数据值、识别并清除异常数据、平滑有噪声的数据、清除重复数据、纠正数据不一致等方法，达到提高收集数据质量的目的。

数据集成为用户提供统一的数据访问接口，提高信息共享利用效率。基于数据集成模式，可选择采用联邦集成、中间件集成和数据仓库等方法来构造集成的系统。京津冀区域水环境智慧管控大数据采用了数据仓库方法来实现数据集成。

数据变换是通过数据平滑、数据聚集、数据规范化等方式将数据转换为符合数据存储共享要求的描述形式。

（3）数据存储共享

为了汇聚存储海量的监测、统计等多元数据，水环境数据库应满足以下要求。

① 存储高可靠：数据库需首先具备充分的存储硬件和软件条件，满足海量数据的存储和管理需求；其次应通过对存取策略、存取方法等优化，实现无冲突低冗余的数据存储。

② 服务高可用：数据库需具备处理多样异构数据的能力，可实现平台数据读写的实时性和查询处理的高性能服务，满足水环境复杂数据的检索和分析需要。

③ 运维高便利：数据库应具备可移植性、可恢复性、高安全性，为系统运维提供便利。

④ 性能可扩展：数据库应具备高度的扩展性和容错性，可支持未来功能扩展和性能提升。

数据存储应建立统一的数据编码标准体系，包括各类型的分类方法、元数据、编码规则、标识语言、数据格式等方面的一系列标准规范要求。数据共享安全应满足数据共享完整性、数据共享可用性、数据共享隐私保护、数据共享身份信任，并遵循正式的数据共享策略、程序和控制措施及数据共享协议。数据共享接口应满足统一的接口协议规范、格式规范，规定接口的访问服务时间以及同一用户的最小访问时间间隔。

（4）数据融合

随着水环境管理的信息化、智能化水平的不断提高，多个水环境管理部门、多种监测系统和不同数据系统为水环境智慧管控大数据平台提供了海量的多源异构数据。针对水环境大数据平台中的水质预测预警、污染扩散模拟、污染源溯源、检测数据矫正等各类具体数据应用要求，数据融合具有以下特点：需汇聚存储的数据内容海量；需检索查询的数据多源异构；需拟合分析的数据时空多维；需融合决策的数据应用多样。因此，水环境智慧管控大数据平台数据融合需要针对以上特征，对若干数据源获得的数据进行关联，并利用数据融合算法实现多源数据的协调优化和综合处理。

由于不同数据源收集的数据在时间、空间和模式上有所不同，且各数据源数据之间彼此存在一定相关性，为了有效实现数据融合，需要将这些数据进行一定方式的关联和转换操作。数据关联是指为了保证多源数据之间的相关性和一致性而进行的数据匹配、时空对齐等操作。

时间对齐问题是数据融合系统要解决的关键问题之一，指的是在同一时间片内，对各个监测点所采集的数据中不同采样精度观测到的数据进行转换。

数据空间对齐就是将来自不同来源的空间异构数据都统一到同一坐标系下，并结合控制单元、行政区划、流域等进行空间关联映射。空间对齐应满足以下标准：

① 转换基准统一：选取一个通用的基准坐标系，如经国务院批准使用的新一代国家大地坐标系（CGCS2000）。

② 转换方式合理：计算需要进行空间对齐的数据所在的坐标系对于基准坐标系的转换模型参数，且模型参数要符合转换误差要求。

③ 转换参数一致：同一坐标系的所有数据坐标要使用同一转换参数进行坐标转换。

数据融合即是在多源数据收集、处理和关联的基础上，对多个数据源信息进行验证分析、综合处理和预测估计，最终实现对融合后数据的有效利用、分析和管控。按照数据融合模型特点，数据融合分为三个基本层次和模型——数据级融合、特征级融合和决策级融合，分别对应基础数据层面的融合、数据特征层面的融合和决策层面的融合。

（5）应用服务

在多源数据融合基础上，在水环境大数据平台中，可利用大数据深度挖掘相关技术，利用水环境大数据平台中基础数据、监测数据、统计报表类数据、多媒体文件和业务关系表等多源异构数据，实现水环境智慧管控大数据平台从监测信息到监测服务的转变。

2.3
非结构化数据时空对齐技术

实现非结构化数据的数据关联和有效融合，需对多源、多制、多维非结构化数据进行统一数据格式、时间和空间规范，以及数据特征识别和提取，其中非结构化数据的时空对齐和特征提取尤为重要。因此，需对非结构化数据时空对齐与特征提取关键技术进行研究。

2.3.1　技术原理

由于不同数据源收集的数据在时间、空间和模式上有所不同，且各数据源数据之间彼此存在一定相关性，因此为了有效时空数据融合，需要将这些数据进行一定方式的关联和转换操作。为了保证多源数据之间的相关性和一致性，需要对待融合的数据进行时空对齐。针对由于数据采集设备和规范的差异而导致的空间和时间尺度等方面的显著差异，为有效利用和实现时空数据决策优化和大数据可视化，提出时空对齐方法。

（1）时间对齐

本部分主要应用的时间对齐方法有基于最小二乘准则的时间配准法、内插外推方法。基于最小二乘准则的时间配准法结合各传感器或监测器提供的观测目标位置信息及监测精度，将高精度观测时间上的数据推算到低精度的观测时间上，旨在消除监测精度对数据的影响。首先划分时间片，将整个观测过程划分为若干时间片，然后再对各个时间片上的数据进行处理。之后进行时间对准，在同一时间片内，对各监测点采集的数据进行内插、外推，将高精度时间上的数据推算到低精度时间上。

（2）空间对齐

本部分主要应用的空间对齐方法是基于重合点选取模型空间参数进行转换和映射。由于空间数据的位置信息在数据融合前的观测坐标系不同，在空间对齐操作中首先选定统一的 CGCS2000 国家大地坐标系作为基准坐标系，在原有坐标系和基准坐标系下初步选择已知坐标的若干个同名控制点作为重合点，然后通过转换参数计算出重合点坐标残差，利用重合点和最小二乘法计算出模型的转换参数。

根据以上步骤，确定了转换参数和满足精度指标的转换模型，则相应的数据集中的其他数据的待变换点可以使用该转换模型进行坐标转换。

2.3.2 技术架构

（1）时间对齐

采用基于最小二乘准则的时间配准法、内插外推方法对各监测点采集到的数据进行处理，将不同采样精度下观测到的数据进行转换，以消除时间偏差对数据观测及使用的影响。其流程如图 2-3 所示。

（2）空间对齐

空间对齐就是将不同来源的空间异构数据都统一到同一坐标系下，并结合控制单元、行政区划、流域等进行空间关联映射。空间对齐应满足转换基准统一、转换方式合理、转换参数一致等要求。选择经国务院批准使用的新一代国家大地坐标系（CGCS2000）作为基准坐标系，把来自不同来源的空间异构数据都统一到该坐标系下，并结合控制单元、行政区划、流域等进行空间关联映射。其流程如图 2-4 所示。

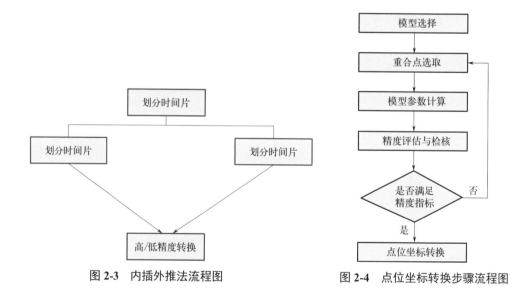

图 2-3 内插外推法流程图　　　　图 2-4 点位坐标转换步骤流程图

2.3.3 技术实现

2.3.3.1 时间对齐

本部分主要应用的时间对齐方法有基于最小二乘准则的时间配准法、内插外推方法。

（1）基于最小二乘准则的时间配准法

假设有两个不同类别的传感器 a 和传感器 b，用 τ 和 T 分别代表两者的采样，且 $\tau : T = n$，如果前一种传感器 a 相对于目标状态上一次的更新时刻为 $(k-1)\tau$，下一次更新时刻为 $k\tau = (k-1)\tau + \overline{nTu}$，从中可以得出结论：传感器 a 这两次目标状态更新期间传感器 b 测量了 n 次。因此可以采用最小二乘法将 n 次测量值进行处理来消除时间偏差造成的一系列影响。

（2）内插外推法

该方法结合各传感器或监测器提供的观测目标位置信息及监测精度，将高精度观测时间上的数据推算到低精度的观测时间上，旨在消除监测精度对数据的影响。

① 划分时间片　划分时间片就是将整个观测过程划分为若干时间片之后再分片处理，这里有两种时间片划分方法：固定时间片和灵活时间片。

固定时间片就是人为取定时间片，在整个观测过程中分成若干个等值或不等值的时间片，例如，以 24h、12h、6h 等为基准划分等值时间片。接下来，对固定时间片上的数据继续进行融合处理。此方法较为机械，容易出现在划定的时间片中监测到极少数据的情况，也可能出现在划定的时间片中监测到极多数据的情况，不利于后续的处理，但其优点是可以对划分后的固定时间片内的数据进行比较分析，这样可以较为直观地看出在每一个时间段内被监测目标数据的变化。

灵活时间片即假定整个观测过程中在 $t_1, t_2, \cdots, t_m$ 这些时刻有传感器采集到数据，将 $t_1, t_2, \cdots, t_m$ 进行时间聚类，采用最邻近规则方法获得数据采集时刻集 T_i（ $i=1,2,\cdots,n$）。按照这样的方法，划分出来的时间片可能会各不相同，这种方法处理起来比较灵活，将采集的数据时刻分别聚类到其相对应的几个时间点上，既有效地解决了数据时间对齐的问题，也可减少相应的工作量。

② 配准方法　前面也提到，同一时间片内对各监测点采集的数据进行处理来将高精度时间上的数据转换到低精度上就是时间对准，其步骤如下所述。

步骤 1：取定时间片 T，该时间片划分方法如上述。

步骤 2：将每个传感器（或监测点）的观测数据按照测量精度进行排序。

高精度 1：

低精度 2：

高精度的传感器（或监测点）1 每一检测时刻为 $T_{a_1}, T_{a_2}, \cdots, T_{a_n}$；低精度的传感器（或监测点）2 每一检测时刻为 $T_{b_1}, T_{b_2}, \cdots, T_{b_n}$。

步骤 3：将高精度检测数据向低精度检测数据归结。

高精度的传感器（或监测点）1 在 T_{a_i} 时刻的测量数据为（X_{a_i}，Y_{a_i}，Z_{a_i}，V_{xa_i}，V_{ya_i}，V_{za_i}）；

低精度的传感器（或监测点）2 在 T_{b_j} 时刻的测量数据为（X_{b_j}，Y_{b_j}，Z_{b_j}，V_{xb_j}，V_{yb_j}，V_{zb_j}）。

由传感器（或监测点）1 向传感器（或监测点）2 进行时间配准，配准后的数据用（$X_{a_ib_j}$，$Y_{a_ib_j}$，$Z_{a_ib_j}$）表示。

配准公式为：

$$
\begin{bmatrix}
X_{a_1b_1} & X_{a_2b_1} & \cdots & X_{a_nb_1} \\
X_{a_1b_2} & X_{a_2b_2} & \cdots & X_{a_nb_2} \\
\vdots & \vdots & & \vdots \\
X_{a_1b_m} & X_{a_2b_m} & \cdots & X_{a_nb_m}
\end{bmatrix}
=
\begin{bmatrix}
X_{a_1} & X_{a_2} & \cdots & X_{a_n} \\
X_{a_1} & X_{a_2} & \cdots & X_{a_n} \\
\vdots & \vdots & & \vdots \\
X_{a_1} & X_{a_2} & \cdots & X_{a_n}
\end{bmatrix}
+
$$

$$
\begin{bmatrix}
T_{b_1}-T_{a_1} & T_{b_1}-T_{a_2} & \cdots & T_{b_1}-T_{a_n} \\
T_{b_2}-T_{a_1} & T_{b_2}-T_{a_2} & \cdots & T_{b_2}-T_{a_n} \\
\vdots & \vdots & & \vdots \\
T_{b_m}-T_{a_1} & T_{b_m}-T_{a_2} & \cdots & T_{b_m}-T_{a_n}
\end{bmatrix}
\begin{bmatrix}
V_{xa_1} & 0 & \cdots & 0 \\
0 & V_{xa_2} & \cdots & 0 \\
\vdots & \vdots & & \vdots \\
0 & 0 & \cdots & V_{xa_n}
\end{bmatrix}
\tag{2-1}
$$

$$
\begin{bmatrix}
Y_{a_1b_1} & Y_{a_2b_1} & \cdots & Y_{a_nb_1} \\
Y_{a_1b_2} & Y_{a_2b_2} & \cdots & Y_{a_nb_2} \\
\vdots & \vdots & & \vdots \\
Y_{a_1b_m} & Y_{a_2b_m} & \cdots & Y_{a_nb_m}
\end{bmatrix}
=
\begin{bmatrix}
Y_{a_1} & Y_{a_2} & \cdots & Y_{a_n} \\
Y_{a_1} & Y_{a_2} & \cdots & Y_{a_n} \\
\vdots & \vdots & & \vdots \\
Y_{a_1} & Y_{a_2} & \cdots & Y_{a_n}
\end{bmatrix}
+
$$

$$
\begin{bmatrix}
T_{b_1}-T_{a_1} & T_{b_1}-T_{a_2} & \cdots & T_{b_1}-T_{a_n} \\
T_{b_2}-T_{a_1} & T_{b_2}-T_{a_2} & \cdots & T_{b_2}-T_{a_n} \\
\vdots & \vdots & & \vdots \\
T_{b_m}-T_{a_1} & T_{b_m}-T_{a_2} & \cdots & T_{b_m}-T_{a_n}
\end{bmatrix}
\begin{bmatrix}
V_{ya_1} & 0 & \cdots & 0 \\
0 & V_{ya_2} & \cdots & 0 \\
\vdots & \vdots & & \vdots \\
0 & 0 & \cdots & V_{ya_n}
\end{bmatrix}
\tag{2-2}
$$

$$
\begin{bmatrix}
Z_{a_1b_1} & Z_{a_2b_1} & \cdots & Z_{a_nb_1} \\
Z_{a_1b_2} & Z_{a_2b_2} & \cdots & Z_{a_nb_2} \\
\vdots & \vdots & & \vdots \\
Z_{a_1b_m} & Z_{a_2b_m} & \cdots & Z_{a_nb_m}
\end{bmatrix}
=
\begin{bmatrix}
Z_{a_1} & Z_{a_2} & \cdots & Z_{a_n} \\
Z_{a_1} & Z_{a_2} & \cdots & Z_{a_n} \\
\vdots & \vdots & & \vdots \\
Z_{a_1} & Z_{a_2} & \cdots & Z_{a_n}
\end{bmatrix}
+
$$

$$
\begin{bmatrix}
T_{b_1}-T_{a_1} & T_{b_1}-T_{a_2} & \cdots & T_{b_1}-T_{a_n} \\
T_{b_2}-T_{a_1} & T_{b_2}-T_{a_2} & \cdots & T_{b_2}-T_{a_n} \\
\vdots & \vdots & & \vdots \\
T_{b_m}-T_{a_1} & T_{b_m}-T_{a_2} & \cdots & T_{b_m}-T_{a_n}
\end{bmatrix}
\begin{bmatrix}
V_{za_1} & 0 & \cdots & 0 \\
0 & V_{za_2} & \cdots & 0 \\
\vdots & \vdots & & \vdots \\
0 & 0 & \cdots & V_{za_n}
\end{bmatrix}
\qquad (2\text{-}3)
$$

由此，可以得到配准后的数据（$X_{a_ib_j}$，$Y_{a_ib_j}$，$Z_{a_ib_j}$），通过上述过程，可以实现数据的时间对准。

除上述两种方法外，也可以通过取采样时间片内数据的最大 / 最小 / 平均值来将数据采样到规定时间片上，从而将高精度时间数据转换到低精度上，并且可通过补零 / 线性拟合等方式对低精度数据进行插值，从而将低精度时间上的数据转换到高精度上。

2.3.3.2　空间对齐

（1）模型选择
数据库中各来源数据集的点位坐标采用了不同的坐标系，所以在坐标转换时选用的转换模型也有所不同。首先按照原始坐标系种类分为常规坐标系（如北京54、西安 80、WGS84 等）和相对独立的平面坐标系统两种。然后将原始坐标系为常规坐标系的数据集按照其中数据的点位坐标分布范围的不同分为全国及省级范围和省级以下范围两种。坐标转换时选用的转换模型具体为：对于全国及省级范围的常规坐标系与 2000 国家大地坐标系（CGCS2000）的转换采用二维七参数转换模型；对于省级以下范围的转换采用三维四参数模型或平面四参数模型；而对于相对独立的平面坐标系统的数据点位坐标的转换可采用平面四参数模型或多项式回归模型。

（2）重合点选取
在确定转换模型后，由于各模型中的转换参数未知，则需要找到在两个坐标系中坐标均已知的部分公共点作为基准点确定模型中的转换参数，这些公共点即为重合点。

（3）模型参数计算
根据选定的重合点坐标，利用最小二乘法计算坐标转换公式，可以得到一个具有确定的转换参数的坐标转换模型，若该模型满足了精度评估指标，那么这个数据集中的其他的数据点位坐标，可以利用该模型直接进行坐标转换。

（4）精度评估与检核

用建立的模型进行坐标转换时需要满足相应的精度指标。在确定模型参数后，选择部分不参与转换参数计算的重合点作为外部检核点，用转换参数计算这些重合点的转换坐标与相应的已知坐标比较进行外部检核。其中用于检核坐标转换精度的重合点应选择 6 个以上的均匀分布的坐标点。

其精度评估指标为：对于 1954 年北京坐标系（北京 54）、1980 年西安坐标系（西安 80）与 2000 国家大地坐标系的点位坐标转换的平均精度应小于图上的0.1mm。具体为，对于 1 : 5000 坐标转换，1980 年西安坐标系与 2000 国家大地坐标系转换分区转换平均精度 ≤ 0.5m；1954 年北京坐标系与 2000 国家大地坐标系转换分区转换平均精度 ≤ 1.0m；1 : 50000 基础地理信息数据库坐标转换精度 ≤ 5.0m；1 : 10000 基础地理信息数据库坐标转换精度 ≤ 1.0m；1 : 5000 基础地理信息数据库坐标转换精度 ≤ 0.5m。

（5）点位坐标转换

经过上述步骤，即可得到确定转换参数且满足精度指标的转换模型，则相应的数据集中的其他数据的待变换点可以使用该转换模型进行坐标转换。

2.4
非结构化数据特征提取技术

非结构化数据的数据融合可根据其特点进行划分，数据融合模型包括数据级融合、特征级融合和决策级融合。针对不同模型的应用特征，需有针对性地对数据融合模型和算法进行研究和设计。因此，需解决好非结构化数据不同层次数据融合关键技术。

2.4.1 技术原理

水环境智慧管控大数据平台是区域业务系统和数据资源进行汇总、整合、共享、分析和使用的平台，面临的是多种类型、多种来源、不同时间和不同特征的水环境多源异构大数据，其中包括文本、图像、视频等大量非结构化数据。对于典型的非结构化数据，如文本和图像数据，本书分别采用不同的特征提取和语义分析方法，使提取的数据更具有代表性和可分析性，从而提高后期进行数据融合的精度以及工作效率。

文本特征提取是指在最原始的特征集合中，根据某种特征评估函数挑选出最能反映类别特征的特征集合，从而达到降维效果的过程。根据特征评估函数不同，产生了各种各样的文本特征提取方法。常见文本特征提取方法有TF-IDF（词频-逆文档频率）、信息增益等方法。

图像特征提取是将初始获得的具有较大维数和冗余的原始特征进行数学运算处理，从而获得一系列新的特征。特征提取能够减少特征空间的维度，消除特征间的相关性，从而减少特征中冗余的无用信息。传统的特征提取方法主要分为线性和非线性两种，常见的图像特征提取方法有PCA（主成分分析）法和流形学习算法LLE（局部线性嵌入）。视频的特征提取之所以非常重要，是因为视频的内容需要通过视频特征来描述，并且会影响到后面相似度的比较计算。视频特征提取的方法有很多，比如通过深度卷积神经网络CNN来对特征表示进行学习、通过提取HOG特征可将视频中文本区域与背景区域进行区分等。

2.4.2　技术架构

针对水环境大数据中包含大量文本、图像等非结构化数据的特点，为充分有效地利用丰富的水环境数据，提高后期数据融合的精度以及工作效率，需要对现有水环境数据进行特征提取及语义分析。由于现有水环境数据存在数据量大、数据类型复杂等问题，需要对不同类型的水环境数据分别采用适合的特征提取方法。此外，为提高数据信息的精度，还需要对某些特定区域进行局部特征提取，或者结合机器学习、神经网络等方法来实现更高精度的信息提取。

文本数据的特征提取的步骤可概括为：通过对文本进行预处理，从而获得文本的初始特征集合；利用特征评估函数计算出各特征项的权值，并按照权值降序对特征项进行排序；选取符合阈值要求的特征项，构成最优特征集合。文本数据特征提取和语义分析主要是通过分析和处理大量的文本数据来准确、快速地获取有效的特征和语义信息。目前传统的文本特征提取流程如图2-5所示。传统方法有基于词语分析的TF-IDF（词频-逆文档频率）和TextRank（文本排序）。TF-IDF通过计算TF（词频）和IDF（逆文档频率）来评估某个词语对整篇文本的语义贡献。TextRank通过将计算得到的各词语节点权重排序对文本特征和语义进行分析。

图2-5　文本特征提取流程图

图像数据特征提取方法可以分为线性方法与非线性方法。线性方法中典型的PCA（主成分分析）算法是一种无监督的线性方法，当数据满足高斯分布时，对特征进行最优的正交变换的求解，从而获得一组相互间方差最大的无相关的特征、唯一确定主成分，实现原始数据的降维及简化。非线性方法中典型的流形学习算法 LLE（局部线性嵌入）通过局部领域内点的线性组合来重构系数表达对应的点，在实现降维的同时保留样本局部的线性特征，计算复杂度相对较小，实现容易。图 2-6 为图像特征提取流程图。

图 2-6　图像特征提取流程图

视频数据特征提取的主要目的是消除特征信息与底层的视觉特征间的"语义鸿沟"。视频特征提取的方法有很多，如利用深度卷积网络对标签视频和视频数据特征进行提取，实现视频特征标注及学习。有基于概率统计方法的贝叶斯分类器和隐马尔可夫模型（HMM）等，HMM 模型可以处理有时空关系的数据，能够计算不同条件下的概率密度函数。图 2-7 为视频特征提取流程图。

图 2-7　视频特征提取流程图

2.4.3　技术实现

2.4.3.1　文本数据

（1）TF-IDF

传统特征提取多采用 TF-IDF（词频 - 逆文档频率）。TF-IDF 评估了某一个词语对于数据集中某一个文档的语义贡献，其值随着词语在此文档中出现频率的增加而增大，同时也随着该词语在其他文档中出现频率的增加而下降。TF-IDF 主要由 TF（词频）和 IDF（逆文档频率）两部分组成。

TF 计算公式如下：

$$词频(TF) = \frac{某个词在文章中出现的次数}{文章的总词数} \tag{2-4}$$

IDF 计算公式如下：

$$\text{逆文档频率(IDF)} = \lg\left(\frac{\text{语料库的文档总数}}{\text{包含该词的文档数} + 1}\right) \tag{2-5}$$

TF 与 IDF 的乘积为一个词的 TF-IDF 值，该乘积值越大，则该词的重要性越高。

$$\text{TF - IDF} = \text{TF} \times \text{IDF} \tag{2-6}$$

TF-IDF 特征提取步骤为：计算出原特征空间中每个特征项的 TF 值、IDF 值，通过对特征词的 TF 与 IDF 的乘积权值进行计算并降序排序，然后挑选出满足阈值要求的前 n 个特征词，从而实现对原特征空间的降维操作。其工作流程图如图 2-8 所示。

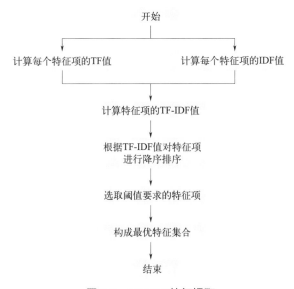

图 2-8 TF-IDF 特征提取

（2）互信息

互信息（Mutual Information，简称 MI）是常用的特征提取算法，它可以作为一种评价两个事物之间关联程度大小的尺度。该方法和卡方统计方法较为相似，都是利用计算特征词 t 和类别的统计相关性大小来进行特征提取。其思想是：MI 值越大，则表示特征 t 和类别 c_i 共同出现的频率就越大。互信息的定义为：

$$\begin{aligned} MI(t, c_i) &= \lg\frac{P(t, c_i)}{P(t)P(c_i)} \\ &\approx \lg\frac{AN}{(A+C)(A+B)} \end{aligned} \tag{2-7}$$

其中，A 代表属于类别 c_i 且包含特征 t 的文档数量；B 代表不属于类别 c_i 且包含 t 的文档数量；C 代表属于类别 c_i 且不包含 t 的文档数量；D 代表不属于类别 c_i 且不包含 t 的文档数量；N 为文档的总数。

如果特征 t 和类别 c_i 相互独立，则满足 $P(t, c_i) = P(t)P(c_i)$，$MI(t, c_i) = 0$。对于文本多分类问题，其最大值和平均值方法如式（2-8）和式（2-9）所示。

$$MI_{max}(t) = \max_{1 \leqslant i \leqslant m} \{P(c_i)MI(t, c_i)\} \tag{2-8}$$

$$MI_{avg}(t) = \sum_{i=1}^{m} P(c_i)MI(t, c_i) \tag{2-9}$$

2.4.3.2　图像数据

（1）卷积神经网络

经典的卷积神经网络结构包括二维句子矩阵、卷积层、池化层、全连接层四个部分。将由 word2vec 训练好的语句词向量矩阵作为卷积神经网络的输入数据，通过卷积层中不同尺寸的卷积核对输入数据进行过滤，从而获得更多的局部特征；通过池化层的 max-pooling 运算，可以从卷积得到的特征图中提取出每个局部最大值，同时避免了卷积运算后句子长度的差异，从而使池化后各列向量的维数保持一致；同时在全连接层增加一个 softmax 层，以实现将池化层的输出矢量转换为本书想要的预测结果的目的。

（2）主成分分析（Principal Component Analysis，PCA）

PCA 在数据压缩和分析、特征提取等领域使用广泛。PCA 是一种无监督的降维方法，目的是最大化低维子空间中原始数据的方差信息，利用 PCA 可以对数据的协方差矩阵求特征分解，并选取那些最大特征值所对应的特征向量来构成最优投影矩阵，从而对原有数据进行简化，去除噪声和冗余信息，得到一个由特征向量表示的子空间。可见主成分包含了数据特征，所以 PCA 是一种数据分析方法的同时也可以用作特征提取。当数据满足满足高斯分布时，可以通过数据的二阶统计唯一确定主成分。PCA 算法简单无参数，通过寻找原始数据中最重要的元素来将原始数据降维，从而对原有数据进行简化，去除冗余数据。将 m 维数据样本集 $D = (x^{(1)}, x^{(2)}, \cdots, x^{(m)})$ 维度降低到 n' 维 D'，PCA 算法具体过程如下所示：

第一步：中心化处理数据样本集，即 $x^{(i)} = x^{(i)} - \dfrac{1}{m}\sum_{j=1}^{m} x^{(j)}$；

第二步：求出数据样本集的协方差矩阵 $\boldsymbol{XX}^{\mathrm{T}}$；

第三步：对协方差矩阵进行特征值分解；

第四步：选出最大 n' 个特征值对应的特征向量 $(w_1, w_2, \cdots, w_{n'})$，组成特征向量矩阵 $\boldsymbol{W}$；

第五步：对样本中的每一个样本 $x^{(i)}$，转化为新的样本 $\boldsymbol{Z}^{(i)} = \boldsymbol{W}^{\mathrm{T}} x^{(i)}$；

第六步：得到输出样本集 $D' = (\boldsymbol{Z}^{(1)}, \boldsymbol{Z}^{(2)}, \cdots, \boldsymbol{Z}^{(m)})$。

2.4.3.3 视频数据

传统的机器学习算法只学习了一个模型中的一个模块，而在深度学习中，它还包含了特征提取，通过层层计算，最后得出一个深度学习的学习任务。深度学习经过层层抽象和一系列的非线性变换处理，将原始的数据抽象为任务所需的高层最终特征表示，并将其转化为最终的特征。从初始数据到最终的任务，没有人工的干预，如图 2-9 所示。深度学习中的经典代表算法是卷积神经网络算法 CNN。

卷积神经网络模型中主要包含两种类型的网络层，分别为卷积层和池化层。卷积层利用多个卷积核对输入的信息进行卷积运算，从而能够从具有不同特征的视频内容中抽取出具有不同特征的图像信息；而池化层可以对输入视

图 2-9 深度学习过程

频内容信息进行池化采样并对特征进行非线性抽象操作。在将原视频图像输入到 CNN 模型时，要按顺序进行卷积、池化、非线性变换、向前传播运算等步骤，因此，对视频图像的信息进行了连续的提取。由于局部的细节特性，最终的输出也会被抽象为更高级的语义信息。卷积神经网络在自然语言处理领域的文本分类任务相比传统方法取得了更优异的表现。

2.5
非结构化数据融合处理技术

2.5.1 技术原理

数据级融合是最低层次的融合，它直接对同等量级的传感器上采集到的原始数据进行融合，并在各种传感器的原始数据未经处理前就进行数据分析和综合处理，然后基于融合的传感器数据进行估计和特征提取。其优点是可以最大限度地

保留原始数据，拥有其他层次融合不能提供的细微的信息。但是，由于传输的数据量太大，实时性和抗干扰能力较差，处理时间长。此外，由于数据级融合大多时候会涉及图像的融合，所以一般数据集融合也成为像素级融合。

数据级融合的典型方法有加权平均法、卡尔曼滤波法、参数估计法等。加权平均法把来自多个传感器的众多数据进行综合平均，将数据源提供的冗余信息加权，取加权之后的平均值作为融合值。卡尔曼滤波法是一种高效率的递归滤波器，能够在存在噪声干扰的条件下进行状态估计，并推理出最优的融合数据估计，可以对低层次的冗余多源数据进行实时动态的融合。

特征级融合属于中间层次，利用各个传感器观测目标并进行特征提取来获得每个传感器的特征向量，然后对这些特征信息进行分类、汇总以及综合处理。其优点是实现了信息压缩，这样有利于进行实时处理，并且由于提取出来的特征与决策分析直接相关，所以融合结果能最大限度地给出决策分析所需的特征信息。特征级融合中，每种传感器提供从观测数据中提取的有代表性的特征，这些特征融合成单一的特征向量，然后运用模式识别的方法进行处理。

特征级融合的典型方法有贝叶斯估计、聚类分析法、D-S证据理论、模拟退火法等。贝叶斯估计对于具有高斯噪声的不确定信息处理具有适应性，可用于融合静态环境中多检测器特征数据。在数据融合时，会以概率的形式表示多检测器提供的各种不确定性信息，并使用贝叶斯条件概率公式进行处理。D-S证据理论根据推理模式，采用概率区间和不确定区间确定的多证据假设的似然函数进行推理，证据是各个检测器提取的特征参数，利用证据构造的基本概率分布函数形成证据体。D-S理论的数据融合是一个过程，就是建立在同归辨识框架下用Dempster合并规则将各个证据体合并成一个新的证据体。

决策级融合是一种高层次融合。融合的结果为控制、决策、指挥提供了依据。在这一级别中，首先从具体决策问题的需求出发，利用提取的特征信息采取适当的融合技术将多个传感器的识别结果进行融合。决策级融合的优点是具有很高的灵活性和容错性，对传感器的依赖性小、分析能力强、处理时间短。但由于决策级融合需要对原传感器的信息进行预处理和特征提取，所以预处理代价较高。

决策级融合的典型方法有模糊推理、产生式规则、人工神经网络等。模糊推理通过建立模糊命题和模糊隶属度函数，利用多值逻辑推理，根据各种模糊推演对各个命题进行合并，从而实现多源数据的融合。人工神经网络具有分布式存储、并行计算、容错性大以及非线性处理能力强等诸多优点。这些特性使神经网络具有良好的自适应学习能力，更加满足多传感器数据融合技术的发展需求，尤其是随着非线性科学研究的发展，人工神经网络应用于多传感器数据融合的实例越来越多。

2.5.2 技术架构

数据级融合是指直接在水环境智慧管控大数据平台各数据源处收集到的原始数据基础上进行数据综合分析和处理,是最底层的融合。数据级融合的优点是尽可能多地保持了原有的信息,缺点是需要处理的信息量庞大,所需处理的时间较长,实时性与抗干扰能力比较差,往往适用于多源图像分析、多传感器数据融合等方面。图 2-10 为数据级融合模型。

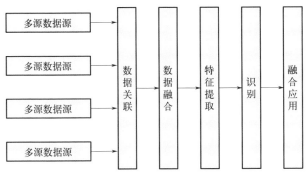

图 2-10 数据级融合模型

特征级融合是指先对水环境智慧管控大数据平台各数据源处收集到的原始数据进行特征提取后,针对特征信息进行的综合分析和处理,是中间层次的融合。特征级融合的优点是实现了信息压缩,减少了处理数据量,有利于实时处理,主要用于实时性要求较高的多传感器数据联合识别和目标跟踪等方面。图 2-11 为特征级融合模型。

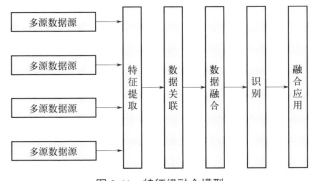

图 2-11 特征级融合模型

决策级融合是从具体的决策问题需求出发,首先将在水环境智慧管控大数据平台各数据源处收集的数据在本地完成基本的特征提取、识别判决之后,充分利用本地对各数据源数据得出的初步结论，采用适宜的融合方法对初步结论进行决策层面的融合，是高层次的融合。决策级融合数据量小、分析能力强、处理时间短，适用于指挥控制决策应用。图 2-12 为决策级融合模型。

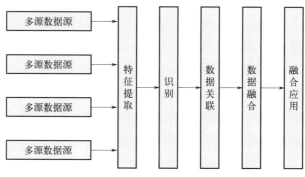

图 2-12 决策级融合模型

2.5.3 技术实现

2.5.3.1 数据级融合

典型的数据级融合算法有加权平均法、卡尔曼滤波法、参数估计法等。下面主要介绍加权平均法。

加权平均法是把多源数据按照一定规则进行加权平均后输出融合结果，该算法的模型如图 2-13 所示。根据 n 个传感器的数据 $X_i, i=1,\cdots,n$，与原始响应数据的标准差为 σ_i，各响应数据的加权因子分别为 $W_i, i=1,\cdots,n$，则融合后的数据和加权因子需满足：

$$\hat{X} = \sum_{i=1}^{n} W_i X_i \tag{2-10}$$

$$\sum_{i=1}^{n} W_i = 1 \tag{2-11}$$

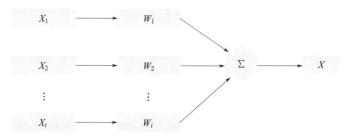

图 2-13 加权平均算法模型

总均方误差 σ^2 是关于各加权因子的多元二次函数。对于一个实际的问题，σ^2 必然存在最小值，该最小值就是满足约束条件的多元函数的极值。根据多元函数求极值理论，求出总均方误差最小时所对应的加权因子为：

$$W_i = \frac{1}{\sigma_i^2 \sum_{j=1}^{n} (1/\sigma_j^2)} \qquad (i=1,2,\cdots,n) \tag{2-12}$$

此时对应的总均方误差最小：

$$\sigma_{\min}^2 = \frac{1}{\sum_{i=1}^{n} (1/\sigma_i^2)} \tag{2-13}$$

2.5.3.2 特征级融合

典型的特征级融合算法有贝叶斯估计、聚类分析法、D-S 证据理论、模拟退火法等。下面主要介绍贝叶斯估计算法和 D-S 证据推理算法。

（1）贝叶斯估计

贝叶斯估计在人工智能及专家系统上应用广泛。贝叶斯估计适用于具有高斯噪声的不确定信息处理，是融合静态环境中多检测器特征数据的一种常用方法。在数据融合时，将多检测器提供的各种不确定性信息表示为概率，利用概率论中的贝叶斯条件概率公式进行处理。在同一检测组观测到的坐标相同的情况下可以对数据进行直接融合，但一般情况下，多检测器会利用不同的坐标结构进行观测，此时需要采用间接贝叶斯估计法进行数据的融合。

英国学者贝叶斯（Thomas Bayes）于 1763 年提出贝叶斯估计法。贝叶斯法则的基本原理是：假设在新的观测样本或试验之前，对未知参数的统计信息总有一定的了解，可以用一定的分布概括，成为关于参数的先验分布。当获得新的样本数据或信息后，调整参数的估计，从而随着新的观测值的加入，根据给定假设的先验概率给出后验概率，可表示为：

$$P(E_i \mid A_j) = \frac{P(A_j \mid E_i)P(E_i)}{P(A_j)} \tag{2-14}$$

式中，$E_i(i=1,2,\cdots,n)$ 为假设的事件空间；$A_j(j=1,2,\cdots,m)$ 为观测值组成的事件空间；$P(E_i)$ 为先验概率，即不同观测情况下观测到事件 E_i 的概率总和；$P(A_j)$ 为归一化常数。$P(A_j) = \sum_{i=1}^{m} P(A_j \mid E_i)P(E_i)$；$P(E_i \mid A_j)$ 为在假设事件 E_i 发生的情况下，获得观测值 A_i 的概率。

使用贝叶斯估计进行数据融合主要分为以下三步。

步骤1：检测器$1,2,\cdots,m$得到某观测对象的观测值，关于观测对象有n个可能的假设事件，这n个假设事件必须相互独立，并且构成一个完备集。

步骤2：每一个检测器都会根据自己的观测值得到一个判决，选择一个关于观测对象的假设事件。根据检测器上已建立的分类算法，已知实际发生事件为E_τ的条件下，判断发生事件E_d的概率为$P_k\left(E_d\mid E_\tau\right)$，$k=1,2,\cdots,m$。对于每个检测器而言，所有的$P_k\left(E_d\mid E_\tau\right)$构成一个$n\times n$的矩阵，所以对于$m$个检测器，共有$m$个这样的矩阵。

步骤3：融合各检测器得出的判断，得到一个新的联合概率分布：

$$P(E_\tau\mid E_{d1},E_{d2},\cdots,E_{dk},\cdots,E_{dm})=\frac{P(E_{d1},E_{d2},\cdots,E_{dk},\cdots,E_{dm}\mid E_\tau)}{P(E_{d1},E_{d2},\cdots,E_{dk},\cdots,E_{dm})} \tag{2-15}$$

式中，E_{dk}（$k=1,2,\cdots,m$）为第k个检测器的判断结果。

由于各假设相互独立，所以可得：

$$P(E_{d1},E_{d2},\cdots,E_{dk},\cdots,E_{dm}\mid E_\tau)=\prod_{i=1}^{n}P(E_{dk}\mid E_\tau),k=1,2,\cdots,m \tag{2-16}$$

一旦得到了联合概率分布$P(E_\tau\mid E_{d1},E_{d2},\cdots,E_{dk},\cdots,E_{dm})$，就要根据这个分布函数对各种候选事件进行评价，找出最优的选择。选择最优的方法很多，下列是假设事件是离散情况下最常用的方法。

极大似然概率（Maximum Likelihood）假设：

$$O_{\text{ML}}=\arg_r\max P(E_{d1},E_{d2},\cdots,E_{dk},\cdots,E_{dm}\mid E_\tau) \tag{2-17}$$

极大后验概率（Maximum A Posterior）假设：

$$O_{\text{MAP}}=\arg_r\max P(E_\tau\mid E_{d1},E_{d2},\cdots,E_{dk},\cdots,E_{dm}) \tag{2-18}$$

极小均方误差（Minimum Mean Square Error）假设：

$$O_{\text{MMSE}}=\arg_{\hat{y}}\max E_{P(y\mid x)}\left\{(\hat{y}-y)(\hat{y}-y)^{\text{T}}\right\} \tag{2-19}$$

式中，O为得到的最优选择。

(2) D-S 证据推理

证据理论又称 Dempster-Shafer（D-S）理论或信任函数理论，是经典概率理论的扩展和发展。在20世纪60年代 Dempster 提出了不确定性推理模型的一般框架，建立了命题与集合间的对应关系，将命题的不确定问题转换为集合的不确定问题。70年代中期，Dempster 的学生 Shafer 又在该理论上继续发展，并用信任函数与似真度量对该理论进行了重新的诠释，形成了处理不确定信息的证据理论，拓宽了贝叶斯理论，并解决了一般情况下的不确定性分配问题，采用概率区间和不确定区间来确定多证据下假设的似然函数，还能计算任意假设为真条件下的似然函数值，有很大的应用前景。任何一个完整的推理系统都需要利用多个推理级保证其可信度。D-S证据推理方法的推理结构见图2-14，自上而下分为三级：

第一级是目标合成，假设有几个独立传感器的报告，它能将其结合并形成一个总的输出（ID）。

第二级是推断，它将会获取传感器报告并推断扩展该报告为一个目标报告，因为在逻辑上一定的传感器报告以某种可信度定会产生可信的某些目标报告。

第三级是更新，各种传感器一般都存在着随机误差，因此在时间上独立的来自同一传感器的连续报告比任意单一报告都会更加可靠。所以一般在进行推断及多传感器的融合前，必须重新组合更新传感器级的信息。

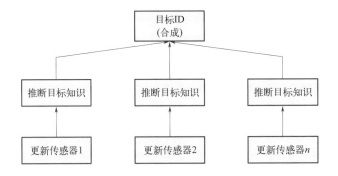

图 2-14　D-S 证据推理的推理结构

2.5.3.3　决策级融合

典型的决策级融合算法有模糊推理、产生式规则、人工神经网络等。下面介绍模糊推理方法和人工神经网络方法。

（1）模糊推理

多传感器提供的环境信息都具有一定程度的不确定性，可以利用模糊量将这种不确定性表现出来。基于模糊规则，利用模糊推理中输入与输出的关系对模糊集合进行模糊推理，获得环境信息的融合结果。

采用模糊推理的方法，可以融合多种不确定的传感器数据，其实质是把输入数据通过模糊逻辑的方法映射到一个输出空间的过程。模糊推理的结构包括四个部分：规则库、推理机、模糊化和解模糊。规则库是利用已有的知识和经验建立的，这些规则一般以"IF-THEN"的形式描述；推理机是指对规则进行匹配的过程，即对比现有的推理机，将现有的状态与规则库里的规则进行比较，从而评价每条规则的可信度；模糊化就是将实际的变量用模糊的数值表示的过程，包括对隶属度函数的选取以及定义模糊变量等；解模糊是把模糊值转化为一个确定的输出，也是模糊化的逆过程。由于可能会受到传感器设备以及环境的影响，通常测量结果会存在不确定性的影响，因此需要进行模糊处理，这也为模糊推理方法的应用提供了保证。

模糊推理融合方法的原理图如图 2-15 所示，其中"输入模糊化"是依据传感器以及确定的隶属度函数的特点对输入的数据进行模糊处理；"输出模糊化"是对输出的数据进行模糊处理；"模糊推理"是根据输入量的范围判断出最大兼容的输出隶属度函数；"解模糊"是叠加所有的有效结果产生一个明确的融合输出的过程。

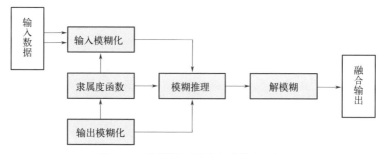

图 2-15　模糊推理融合方法的原理图

（2）人工神经网络

神经元是组成神经网络的基本单元。如图 2-16 所示，一般来说，神经网络中的神经元模型主要包括输入、状态处理和输出三个部分。

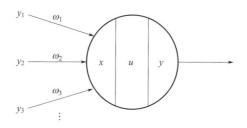

图 2-16　神经元模型的基本结构

神经元的输入反映了生物学中神经元在时间和空间上以总和的形式体现相互作用的过程。在任意时刻 t，第 j 个神经元的输入 x_j 等于与其相连的神经元的输出 y_i 分别乘以相应的权值 ω_{ij} 后的总和，即

$$x_j = \sum_{i=1}^{n} \omega_{ij} y_i(t) \qquad (2\text{-}20)$$

神经元的状态 u_j 由神经元的状态转换函数 g 决定，这一过程可以看作是神经元对输入信号进行处理的过程，即

$$u_j(t+1) = g[x_j, u_j(t)] \qquad (2\text{-}21)$$

为了使神经网络可以逼近任何非线性函数，在神经元的输出 y_j 中引入了激活函数 f，从而让神经网络适用于众多的非线性模型，即

$$y_j(t) = f[u_j(t)] \qquad (2\text{-}22)$$

人工神经网络就是利用很多个简单的神经元有机构成一个网络从而实现一个复杂的规则。人工神经网络具有较强的学习、计算和容错能力以及各种智能处理能力。

对于多层神经网络，为计算隐含层的神经元的误差，引出了误差反向传播（BP，Back Propagation）算法。基本原理是计算目标值与期望值的均方误差，并将该误差函数进行反向传播，通过更新网络权值使均方误差不断变小直至收敛。均方误差的定义为：

$$E = \frac{1}{2} \sum_{j=1}^{l} (y_j^2 - a_j^l)^2 \qquad (2\text{-}23)$$

x_i 经过神经网络传播后得到的预测输出为 y_i，于是 y_i 与真实值 a_j 之间存在误差，用均方误差来衡量预测值与真实值之间的误差。

BP 神经网络不断地对学习样本进行处理，并将计算目标值与预期值的误差由输出层连续反向传递回输入层，以此不停地更新网络的权值与偏置，最终得到收敛的最优网络。对于 BP 神经网络，一般要经历几百到几千次的不断学习过程才能达到收敛。

BP 神经网络的算法流程如下：

步骤 1：BP 网络进行初始化，设定最大学习次数，初始化各层权重及偏置，制定好计算精度；

步骤 2：分析实际问题，选取网络的输入和输出样本；

步骤 3：计算隐藏层中各神经元的输入及输出；

步骤 4：计算误差函数；

步骤 5：更新权值，通过输出层和隐含层来更新输出层和隐含层之间连接权值；

步骤 6：更新权值，通过隐含层和输入层来更新隐含层和输入层之间连接

权值；

步骤 7：更新整个网络参数。

在数据融合中，神经网络的应用极为广泛，大致可分为以下两种：一是将 BP 神经网络视为一种计算的工具应用到现有的融合模型中；二是将数据融合的方法应用在神经网络结构中。在利用 BP 神经网络进行数据融合时，融合过程（见图 2-17）可分为以下三步：

第一步，依据融合的要求及数据特点，构建合适的 BP 神经网络模型，充分考虑神经元的特点和一些学习的规则。

第二步，要在各层级之间建立相应关系，确定权值，方便高效完成网络的训练。

第三步，借助训练好的神经网络，进行数据的融合处理。

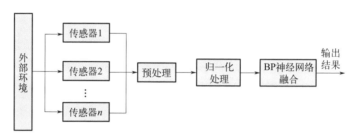

图 2-17 BP 神经网络的数据融合过程

2.6
技术应用及成效

上述提出的各个数据融合技术在京津冀区域水环境智慧管控平台中得到了应用。京津冀区域水环境智慧管控平台从业务分类、空间、时间、粒度、频度等各环节对入库数据进行了规范，保障了大数据平台基础数据、监测数据、业务数据、空间数据、统计数据等多个维度的数据汇聚，支撑了水环境智慧管控大数据平台的建设与实施。目前，平台大数据库已经汇聚形成各类数据超过 1400 万条，如图 2-18 所示。

京津冀区域水环境智慧管控大数据平台数据交换共享规范，对数据共享交换的软硬件环境、交换方法、数据资源管理要求等进行定义，保障数据交换的规范性、稳定性。规范发布后，确保了水环境智慧管控大数据平台各节点如北京工业大学、生态环境部环境规划研究院、中国水科院、海河流域北海海域生态环境监督管理局、某市环保局等多个功能用户之间的数据交换与共享。京津冀区域水环境智慧管控大数据平台服务接口规范发布之后，为平台各个功能模块间的数据调用、功能复用、算法服用提供了高效、稳定、灵活、开放的服务接口。2021年1月29日平台上线试运行后，至2021年7月6日，支撑平台各应用模块对外提供数据检索与服务调用17000多次。

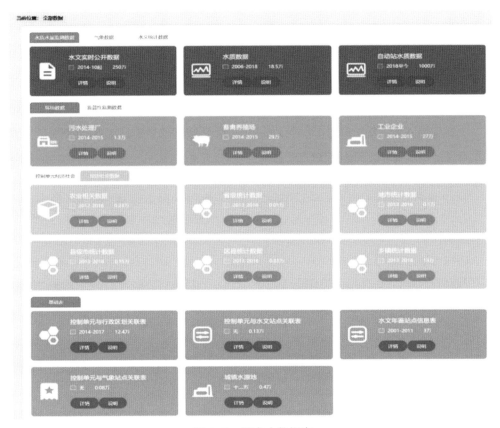

图 2-18　平台大数据库

参考文献

[1] Waltz E, Linas J. Multisensor Data Fusion [M]. Boston: Artech House, 1990.

[2] Ghosh N, Ravi Y B, Patra A, et al. Estimation of tool wear during CNC milling using neural network-based sensor fusion [J]. Mechanical Systems and Signal Processing, 2007, 21 (1): 466-476.

[3] Li S, Liu M Y, Xia L. WSN data fusion approach based on improved BP algorithm and clustering protocol [C]//

The 27th Chinese Control and Decision Conference (2015 CCDC). Qingdao, China: IEEE, 2015: 1450-1454.

[4] Chen X H, Li H Y, Cheng G, et al. Study on Planetary Gear Degradation State Recognition Method Based on the Features With Multiple Perspectives and LLTSA [J]. IEEE Access, 2019, 7: 7565-7576.

[5] Amanollahi J . Effect of the influence of heat and moisture changes of desert area around the Euphrates on the recent dust storms in Iran using Landsat satellite images processing [J]. International Journal of Physical Sciences, 2012, 7 (5).

[6] Zhao W K, Lu G Z. A Novel Multifrequency GPR Data Fusion Algorithm Based on Time-Varying Weighting Strategy [J]. IEEE Geoscience and Remote Sensing Letters, 2022, 19: 1-4.

[7] Cai K, Chen H Z, Ai W, et al. Feedback Convolutional Network for Intelligent Data Fusion Based on Near-Infrared Collaborative IoT Technology [J]. IEEE Transactions on Industrial Informatics, 2022, 18 (2): 1200-1209.

[8] 杨万海 . 多传感器数据融合及其应用 [M]. 西安: 西安电子科技大学出版社, 2004.

[9] 李娟, 李甦, 李斯娜, 等 . 多传感器数据融合技术综述 [J]. 云南大学学报 (自然科学版), 2008, 30 (S2): 241-246.

[10] 化柏林, 李广建 . 大数据环境下多源信息融合的理论与应用探讨 [J]. 图书情报工作, 2015, 59 (16): 5-10.

[11] 赵皓, 高智勇, 高建民, 等 . 一种采用相空间重构的多源数据融合方法 [J]. 西安交通大学学报, 2016, 50 (8): 84-89.

[12] 胡永利, 朴星霖, 孙艳丰, 等 . 多源异构感知数据融合方法及其在目标定位跟踪中的应用 [J]. 中国科学: 信息科学, 2013, 43 (10): 1288-1306.

[13] 魏之皓, 贾克斌, 贾晓未 . 多尺度特征融合的多源异构遥感数据水体提取 [J]. 遥感信息, 2021, 36 (5): 41-48.

[14] 冀振燕, 宋晓军, 皮怀雨, 等 . 基于深度学习的融合多源异构数据的推荐模型 [J]. 北京邮电大学学报, 2019, 42 (6): 35-42.

[15] 魏文晖, 罗丹, 张迪 . 基于 BP 神经网络的城市地震次生火灾起火率研究 [J]. 武汉理工大学学报, 2014, 36 (10): 99-104.

[16] Yan J Z, Lv T T, Yu Y C. Construction and Recommendation of a Water Affair Knowledge Graph [J]. Sustainability, 2018, 10 (10): 3429.

[17] 刘志, 张恩迪 . 一种权系数两级自调整的融合定位精度提高方法 [J]. 传感器与微系统, 2013, 32 (12): 19-22.

[18] Khaleghi B, Khamis A, Karray F O, et al. Multisensor data fusion: A review of the state-of-the-art [J]. Information Fusion, 2013, 14 (1): 28-44.

[19] Bracio B R, Horn W, Moller D P F. Sensor fusion in biomedical systems [C]// Proc. of the 19th Annual International Conference of the IEEE Engineering in Medicine and Biology Society. Chicago, IL, USA: IEEE, 1997: 1387-1390.

[20] Welch G，Bishop G. An Introduction to the Kalman Filter [C]. Department of Computer Science, University of North Carolina: Tech. Rep. TR, 1995.

[21] Mahler R P S. Statistical Multisource-Multitarget Information Fusion [M]. Boston: Artech House, 2007.

[22] Bi J, Lin Y Z, Dong Q X, et al. Large-Scale Water Quality Prediction with Integrated Deep Neural Network [J]. Information Sciences, 2021, 571: 191-205.

[23] Yan J, Chen X, Yu Y, et al. Application of a Parallel Particle Swarm Optimization-Long Short Term Memory Model to Improve Water Quality Data [J]. Water, 2019, 11 (7): 1317.

[24] Yan J, Liu J, Yu Y, et al. Water Quality Prediction in the Luan River Based on 1-DRCNN and BiGRU Hybrid Neural Network Model [J]. Water, 2021, 13 (9): 1273.

[25] Yan J, Gao Y, Yu Y, et al. A Prediction Model Based on Deep Belief Network and Least Squares SVR Applied to Cross-Section Water Quality [J]. Water, 2020, 12 (7): 1929.

[26] Yan J, Xu T, Yu Y, et al. Rainfall Forecast Model Based on the TabNet Model [J]. Water, 2021, 13 (9): 1272.

[27] Yan J, Xu Z, Yu Y, et al. Application of a Hybrid Optimized BP Network Model to Estimate Water Quality Parameters of Beihai Lake in Beijing [J]. Applied Sciences, 2019, 9 (9): 1863.

Cutting-Edge Technologies in
**Smart
Environmental
Protection**

第 3 章

河流断面水质时空耦合预测

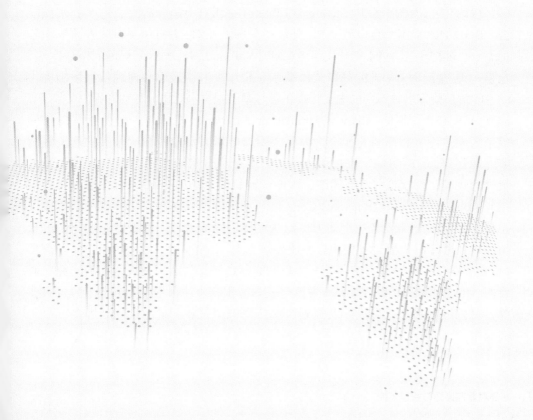

传统的河流断面水质机理模型通过研究水质的物理过程与生化原理，将这一过程总结归纳为计算公式，通过一系列精确的参数进行水质仿真模拟，得到水质预测结果。机理模型的核心是物理规律，因而能够准确地获取长期的响应关系。但是，由于地区流域水体污染成因复杂，其并不适用于短期响应。随着物联网技术的发展，在河流湖泊大规模部署水质监测传感器，利用大量传感器可以记录海量高频多源数据。因此，利用新一代信息技术手段，设计基于数据驱动的河流断面水质时空预测方法，可以有效改善水环境。

3.1

河流断面水质预测概述

按照模型内理性质，现有的水质预测模型可分为机理性水质预测模型和非机理性水质预测模型两大类。

机理性模型本质上是依据水环境系统的基本物理、生物、化学特性，利用系统结构数据推导出的模型。水环境水质变化受较多的外界环境因素影响，具有非常复杂的非线性，仅依靠传统的机理建模方法并不能很好地感知细微的水质变化。

1925 年，美国工程师 Streeter 和 Phelps 提出具有里程碑意义的 S-P 水质模型（BOD-DO 平衡耦合模型）[1]。随后，美国农业部（USDA）的农业研究中心 Jeff Arnold 博士于 1994 年开发了 SWAT（Soil and Water Assessment Tool）[2,3]，这是一种基于 GIS 基础的分布式流域水文模型，利用遥感和地理信息系统提供的空间信息模拟多种不同的水文物理化学过程。根据水质组分移动方程，文献 [7] 建立了 WASP（Water Analysis Simulation Program）模型[4]，对得克萨斯州的一个大型水库进行富氧化研究，分析表明对叶绿素和总磷影响最大的是流域的非点源污染。CE-QUAL-W2 模型[5]，它通过耦合求解水动力方程和热输运方程进行建模，可模拟河流、湖泊、水库及河口的水动力和水质变化过程。EFDC（Environmental Fluid Dynamics Code）模型[6]是环境流体动力学模型，集成了包括一维、二维和三维的水动力、泥沙输运、物质输移、水质动态变化、沉水植物以及底泥沉积成岩等模块，水质模块共有 22 个变量，可同时模拟 4 种藻类（蓝藻、绿藻、硅藻和大型藻类）生长和衰减的动态过程。丹麦水动力研究所研发的 MIKE 模型[7]利用对水动力模型基本方程与水质模型基本方程求解进行建模，可以进行水利工程设计及规划、水质模拟预报和环境治理规划等多方面研究应用。

非机理性水质预测模型是一种黑箱方法，通过挖掘历史数据的隐含的复杂依赖关系来预测未来一段时间内的各项指标。随着物联网技术的发展，地表水水质自动监测站点能够实时获取所处断面的水质状况。基于水质数据，结合污染源、水文等相关数据，发展基于数据驱动的河流断面多要素时空耦合水质预测方法，可以有效提升地表水精细化管理。

时间序列水质预测法[8]是对时间序列进行深入分析，构建恰当的数学模型，对目标之后将要如何发展进行预测。其优点为简便、直观，能迅速求出预测值。但是，时间序列法忽视了水域的发展趋势，也忽略了其他各种因素可能带来的影响，直接导致预测结果误差较大。

马尔可夫水质预测法[9]预测波动大，用离散时间参数和状态参数来分析繁复的系统。该算法对样本数量的要求较少，使用近期数据就可以对发展态势进行测量，适用于中长期预测。

差分整合移动平均自回归模型[10]是一种传统的时间序列预测与分析的统计学模型，根据时间序列的散点图、自相关函数和偏自相关函数识别时间序列的平稳性。传统线性回归模型只能处理线性问题，而水质时序变化是非线性的。

灰色系统理论法[11]主要包括灰色预测建模、灰色关联分析、灰色综合评价、灰色聚类等。灰色系统理论法的好处是需要较少的训练数据，且不需要训练数据规律分布，计算方法简捷，具有可以检查的特性。但是，如果训练数据有很大的波动性，则水质预测结果的准确度降低。

神经网络是一种非线性模型[12]，基于统计学的方法，神经网络可以对函数进行近似和估计，有效地处理非线性问题。例如，递归神经网络被用来解决污水处理中氨氮浓度预测问题[13,14]。相较于传统神经网络，循环神经网络不仅接收输入数据，同时也会接收上一个时间步输出值。

但是，基于数据驱动的水环境水质预测方法依然面临很多问题。

第一，水环境受生态环境因素（气象、水文、季节等）的影响较大，水环境数据经常会有突发性的峰值出现。常规的基于数据驱动的建模方法所得到的结果往往带有一步延迟，即预测得到的结果同上一时间段的真实值相似，预测结果并不具有参考价值。因此，需要进一步分析水环境数据周期性规律，从中获得水环境数据所隐含的特征。然而，当前缺乏水环境时空数据特征提取方面的研究。

第二，由于水环境多要素中短期高频（小时尺度）的水质指标变化具有很大的波动性和非线性特点，即短期高频的水环境多要素数据会随时间动态地变化，没有特定的规律性和稳定性。传统基于水质机理模型和统计模型的时序预测方法都是基于大尺度时间跨度（月、年尺度）的预测，难以有效地捕捉中短期高频的水环境多要素数据时间序列的非线性分布。因此，亟待研究基于短期高频的水环境多要素指标变化的时序水质预测模型。

3.2
河流断面水质数据生成模型

为了有效弥补因监测点失效而导致的水质、污染源、水文和气象等多要素数据的缺失问题，本节提出了基于生成式对抗神经网络模型的数据补全方法，对水质缺失数据进行补全，降低缺失值对后续数据分析的负面影响。

3.2.1 生成对抗网络水质数据补全模型设计

生成式对抗网络（Generative Adversarial Networks，GAN）[15] 是一种非监督学习。GAN 的主要原理是通过生成网络和判别网络的互相对抗，进而不断增强这两个神经网络[16] 的拟合能力。GAN 主要分为两部分：生成网络和判别网络。GAN 将噪声数据和隐空间（Latent Space）数据输入生成网络中，生成网络需要确保其输出分布接近于真实分布。然后，模型将真实数据和生成网络生成的模拟数据输入判别网络中，判别网络需要正确判断输入数据的类型，即输入数据属于模拟数据还是真实数据。

本节将水质数据补全任务分为两步，首先训练一个生成模型生成完整的时间序列数据，之后利用完整的数据补全真实数据的缺失部分。其中使用生成对抗网络作为生成模型。传统的用于时间序列的生成对抗网络使用循环神经网络作为基本组成，依赖判别器的输出作为反馈调整生成器，隐式地学习数据的联合分布 $P(x_1:T)$。然而对于多变量的时间序列数据，希望能够准确捕获这些变量随时间的动态性，也就是随时间转换的条件分布 $P(x_t|x_1:t-1)$，这有利于生成具有时间依赖的数据。自回归网络明确地将时间序列数据的分布分解为条件分布 $P(x_t|x_1:t-1)$。然而这种方法并不是真正意义上的数据生成，因为它具有一定的确定性并通过随机采样来生成数据，它更多地用于预测任务。而生成对抗网络不同，GANs 通过深度学习与对抗训练来生成数据样本，而不仅仅通过分析历史数据来预测未来。但 GANs 不利用自回归先验，直接对 $P(x_1:T)$ 进行建模，因此仅依赖标准的GANs 的损失函数，可能不足以确保网络能够有效地捕获训练数据中存在的逐步的依赖性。

因此，使用一种新的模型结构来结合自回归网络和生成对抗网络的特性，从而提供能生成具有时间动态性的生成模型。首先，通过引入自回归网络鼓励模型捕获数据中的条件分布，提炼真实数据或者合成数据的更多信息。其次，引入编码器 - 解码器结构来进行特征提取和数据降维，这是因为多变量间复杂关系和时间依赖通常是由更少或更低维度的变化因素驱动的。更重要的是利用对抗训练来结合自回归网络和生成对抗网络，以增强模型对时间依赖的捕获能力。

模型的具体结构如图 3-1 所示。其由五部分组成，分别为编码器（Encoder, En）、解码器（Decoder, De）、自回归网络（AutoRegressive Network, AR）、生成器（Generator, G）、判别器（Discriminator, D）。编码器 - 解码器提供原始数据的语义表示作为隐空间，后续对抗训练全部基于此空间，使得对抗网络通过低维表示学习潜在的时间依赖。$S \in \mathbf{R}^{T \times m}$ 是语义表示，可以通过以下公式获得：

$$S = \text{En}(X) \tag{3-1}$$

其中，$X = (x_1, x_2, \cdots, x_T)$ 表示一个水质时间序列数据；m 为隐空间的维度。编码器 - 解码器结构可以有多种选择，只需要保证因果顺序，即当前时刻的输出只能由之前的信息决定。比如可以选择时间卷积或基于 Attention 机制的解码器。

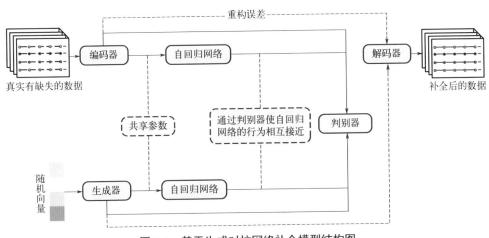

图 3-1　基于生成对抗网络补全模型结构图

自回归网络将数据分布分解为条件概率，即 $p(x_{1:T}) = \prod p(x_t \mid x_{1:t-1})$，用来学习训练数据中的时间依赖，其输出为下一时刻的值。当 AR 的输入为真实数据的语义表示（编码器输出）时，采用 Teacher-Forcing 模式（真实数据进行指导，即 t 时刻输入为真实数据 s_t）进行训练；当 AR 输入为生成的语义表示（生成器输出）时，采用 Free-Running 模式（当前时刻输入为上一时刻输出）进行训练，因为没有水质真实数据可用。这种训练和生成之间的脱节导致错误积累，从而生成不符合水质真实数据分布的样本。虽然计划采样可以缓解这一现象，但计划采样是有偏估计，也就是说即使有无限的数据以及模型足够灵活，也无法准确拟合真实数据分布。为此引入联合训练，利用 GAN 去训练帮助 AR 捕获时间依赖。同时，通过联合 AR 与编码器和生成器进行训练，即自回归网络的损失函数可以作为正则化项，帮助编码器和生成器学习时间依赖。

生成器将从指定分布采样的随机向量映射到语义空间，判别器作为二分类器区分真实数据和生成数据。训练过程可分为预训练和联合训练两部分。θ_{En}、θ_{De}、θ_{AR}、θ_{G}、θ_{D} 分别表示编码器、解码器、自回归网络、生成器、判别器的参数。首先预训练包括编码器 - 解码器和自回归网络。编码器将多变量特征映射到语义空间，解码器根据语义表示进行重构，因此目标函数为最小化重构误差：

$$L_R = \|\boldsymbol{X} - \tilde{\boldsymbol{X}}\|_2 \tag{3-2}$$

其中，$\tilde{\boldsymbol{X}} = De[En(\boldsymbol{X})]$ 为重构后的时间序列数据。

接着预训练自回归网络，其输出为下一时刻的预测值，采用 Teacher-Forcing 训练模式进行训练，输入为真实数据 $s_{1:t-1}$，输出为 t 时刻预测值 s_t'，因此目标函数为

$$L_{AR} = \|\boldsymbol{S}_{2:T} - \boldsymbol{S}'\|_2 \tag{3-3}$$

其中，$\boldsymbol{S}' = (s_2', s_3', \cdots, s_T')$ 表示 AR 每一时刻的输出。

在模型中判别器的输入分为两类。一个是语义表示，它进一步分为真实数据（由编码器输出）和生成数据（出判别器输出），用米使生成器学习水质真实数据的语义表示的分布。另一个是自回归网络的输出，它进一步也分为两类对应两种不同的输入。当输入真实数据的语义表示时，采用 Teacher-Forcing 模式用真实数据作为当前时刻输入得到下一时刻的输出；当输入生成数据的语义表示时，采用 Free-Running 模式根据上一时刻输出作为当前时刻的输入得到下一时刻输出。利用 GAN 使得自回归网络能够无偏地学习到真实语义表示的分布。由此，GAN 的目标函数可以写为

$$L_U = \lg D(\boldsymbol{X}_{real}) + \lg[1 - D(\boldsymbol{X}_{generate})] \tag{3-4}$$

其中，$\boldsymbol{X}_{real}$、$\boldsymbol{X}_{generate}$ 分别表示真实数据和生成数据。

接下来进行联合训练，首先联合训练的是编码器 - 解码器和自回归网络，目标函数为

$$\min_{\theta_{En}, \theta_{De}, \theta_{AR}} (\lambda L_{AR} + L_R) \tag{3-5}$$

其中，$\lambda \geq 0$ 是一个超参数平衡两种损失。引入 L_{AR} 的目的是使编码器具有捕获时间依赖的能力，可以将 L_{AR} 看作一种特殊的正则化项，如果不具备时间依赖，则 L_{AR} 会增加。

其次，联合训练生成器和判别器，目标函数为

$$\min_{\theta_G, \theta_{AR}} (\eta L_{AR} + \max_{\theta_D} L_U) \tag{3-6}$$

其中，$\eta \geq 0$ 是一个超参数平衡两种损失。除了无监督的 minmax 过程，在训练生成器时加入了 L_{AR} 帮助生成器生成具有时间依赖的数据，目的是生成具有时间依赖的足够真实的数据去补全真实数据的缺失部分。

生成器将随机向量映射到语义表示，这意味着随着随机向量的变化，生成数据可能变化非常大，即使生成数据符合真实数据分布，但与真实数据之间的差距非常大。比如原始数据包含两类，生成器学到的分布可以很好地拟合两类数据，而给定一个真实有缺失的数据 X 和一个随机向量 z，$G(z)$ 可能属于与 X 相反的另外一类，这并不是所期望的。因此对于任意的样本 X，都希望找到随机向量 z，能够使 $G(z)$ 接近 X。因此将 z 视作参数，给定一个损失函数，通过反向传播调整参数 z 使生成器输出接近真实样本。

损失函数用来表示补全数据的合理性，包含两部分，首先是 $G(z)$ 与 X 的距离，其次是 $G(z)$ 的真实程度，定义如下：

$$L_{\text{imputaiton}} = \| X \odot M - G(z) \odot M \|_2 - \gamma D[G(z)] \tag{3-7}$$

其中只计算了有效值之间的重构误差。

当损失函数最优时，使用完整的生成数据补全真实数据缺失部分：

$$X_{\text{imputed}} = X \odot M + (1 - M) \odot D[G(z)] \tag{3-8}$$

式中，$\odot$ 为"同或"逻辑运算；M 是生成器权重系数矩阵。

3.2.2 模型检验及结果分析

（1）河流断面水质数据集

为了验证算法有效性，本节对我国京津冀地区多个水质监测站的水质数据集进行了分析实验，水质数据共有 7102 条，时间跨度为 2018 年 10 月 8 日到 2022 年 1 月 3 日，数据时间粒度为 4 小时一次。将 2018 年 10 月 8 日到 2022 年 1 月 3 日的 7102 条数据按照 7 : 1 : 2 的比例划分训练集、验证集和测试集。

（2）数据预处理

水质预测中不同的指标往往具有不同的量纲和单位，后续的建模过程中，过大或过小的输入数据会导致模型运算困难，从而造成模型不收敛的情况。针对该问题，本实验采用离差标准化（Min-Max Normalization）对原始数据进行线性变换，使结果映射到 0 ～ 1 之间，其中，max 为样本数据的最大值，min 为样本数据的最小值，转换函数为式（3-9）。

$$x^* = \frac{x - min}{max - min} \tag{3-9}$$

（3）评价指标

数据补全的目的是提供完整的数据集，且数据集需要具备两个特性：

① 真实性：真实数据和生成数据不可分割。

② 可用性：当生成数据和真实数据用于同样的目的其作用应该一致。

因此采用以下三个评价指标：

① 分类任务准确性（Accuracy，AUC）：为了评价补全数据的真实性，训练一个基于 LSTM 的两层分类器来区分真实数据和生成数据。训练集为补全后的数据，测试集为真实数据。在最理想的情况下，分类准确率为 0.5 表示无法区分，因此采用 | 0.5-ξ | 作为评价指标，该指标越低越好，其中 ξ 为分类准确率。

② 预测任务误差（Mean Square Error， MSE）：由于水质指标数据通常用于预测任务，因此为了评价补全数据的可用性，训练一个预测模型执行一步预测。训练集为补全数据，测试集为真实数据。预测值与真实值之间的 MSE 作为评价指标，表明预测精度。

$$MSE = \frac{\sum\limits_{t=1}^{T'}(y_t - \hat{y}_t)^2}{T'} \tag{3-10}$$

③ 均值绝对误差（Mean Absolute Error，MAE）：由于具有原始的完整数据，并通过随机擦除一些数据构造有缺失的数据，因此可以直接计算补全数据和真实数据之间的 MAE 作为评价指标。

$$MAE = \frac{\sum\limits_{t=1}^{T'}|y_t - \hat{y}_t|}{T'} \tag{3-11}$$

（4）基准模型

为了说明基于生成对抗网络的补全方法的优越性，采用上一个有效观测值填充、均值填充、基于 K 近邻（K-Nearest Neighbor, KNN）填充、基于矩阵分解（Matrix Factorization, MF）填充四种基准模型做对比实验。

① 上一个有效观测值填充：利用当前时刻之前最近一个有效的观测值来填充当前时刻的缺失部分。

② 均值填充：利用数据集中的均值填充当前时刻的缺失部分。

③ 基于 KNN 填充：选择最近的 K 个邻居，利用其均值来填充当前的缺失部分。

④ 基于矩阵分解填充：将有缺失的不完整的矩阵分解为两个低秩矩阵 U 和 V，然后利用其乘积与原始矩阵之间的重构误差，基于梯度下降算法调整 U 和 V。最后将调整好的 U 和 V 相乘得到完整的矩阵，来补全原始矩阵的缺失部分。

（5）结果分析

利用上一个有效观测值、均值、基于 KNN、基于矩阵分解填充四种基准模型，以及基于生成对抗网络[17]填充，分别获得对应的补全后的数据。在得到补全后的水质时间序列数据后，计算三种评价指标，三种指标均为越小效果越好。实验结果如表 3-1 所示。

表 3-1   不同缺失比例下的数据补全算法性能比较

评价指标 / 补全方法	上一个有效观测值填充	均值填充	KNN 填充	基于矩阵分解填充	基于生成对抗网络填充
AUC	0.1111	0.1089	0.0810	0.1186	0.0765
MSE	0.0914	0.1058	0.0848	0.0890	0.0835
MAE	0.0561	0.0529	0.0378	0.0533	0.0300

从表 3-1 可以看出，针对本节工作中所使用的京津冀地区的水质时序数据而言，无论是真实性还是可用性，生成式对抗神经网络模型对水质时序数据的补全效果最好。

3.3
注意力机制的水质预测模型

3.3.1　水质预测模型网络结构设计

本节介绍一种面向稀疏注意力机制（ProbSparse Self-Attention Mechanism, PSAM）和多头注意力机制（Multi-Head Attention Mechanism, MHAM）的混合注意力水质预测模型（SG-Informer），模型网络是一种编码器 - 解码器结构，并引入 Savitzky Golay（SG）滤波器平滑技术。本研究综合考虑水文、水质、气象等多要素数据，在数据预处理部分采用 SG 对数据进行平滑处理，将处理好的数据输入水质预测模型后，利用 PSAM 降低模型的复杂度，并通过 MHAM 计算多要素权重占比来推断不同的水环境要素之间的关系对水质变化的影响。最后，通过生成式解码器进行一次正向预测，建立一种较为精确的水质预测模型，如图 3-2 所示。

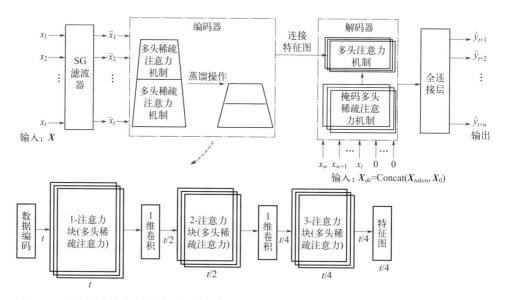

图 3-2　面向稀疏注意力机制和多头注意力机制的混合注意力水质预测模型（**SG-Informer**）

（1）SG 滤波器

水质数据中可能存在一些噪声点，为了更好地对未来水质指标进行预测，本研究使用 SG 滤波器对水质数据进行平滑处理，并降低噪声的干扰。这种滤波器最大的特点在于滤除噪声的同时可以保留数据的有效信息，然后通过线性最小二乘法对每个数据子序列进行拟合。$\bar{x}_s$ 表示预测值，公式如式（3-12）所示。

$$\bar{x}_s = \sum_{r=\frac{1-m}{2}}^{\frac{m-1}{2}} C_r x_{r+s} , \frac{m-1}{2} \leqslant s \leqslant t - \frac{m-1}{2} \tag{3-12}$$

式中，m 表示滤波器的窗口大小；x_{r+s} 表示窗口中的数据点；卷积系数 C_r 在每个窗口中给数据点平滑数据；t 表示水环境时间序列数据的长度。SG 滤波器对数据平滑的影响随所选窗口的大小而变化。

（2）PSAM

首先，传统的自注意机制输入形式是 (Q, K, V)，然后进行点积操作，点积操作 A 的公式如式（3-13）所示。

$$A(Q, K, V) = \text{Soft max}\left(\frac{QK^{\mathrm{T}}}{\sqrt{d}}\right)V , \quad Q \in R^{L_Q \times d}, K \in R^{L_K \times d}, V \in R^{L_V \times d} \tag{3-13}$$

其中，Q、K 和 V 分别表示元组输入中的查询、键和值；d 表示输入维度。q_i、k_i 和 v_i 分别表示 Q、K 和 V 的第 i 行。第 i 个 Query 的注意系数 A 的概率形式如式（3-14）所示。

$$A(\boldsymbol{q}_i, \boldsymbol{K}, \boldsymbol{V}) = \sum_j \frac{k(\boldsymbol{q}_i, \boldsymbol{k}_i)}{\sum_l k(\boldsymbol{q}_i, \boldsymbol{k}_l)} \boldsymbol{v}_j \qquad (3\text{-}14)$$

自注意机制需要二次时间复杂度的点积运算来计算上面的概率 p，计算需要 $O(L_Q L_K)$ 的空间复杂度，因此这是提高预测能力的主要障碍。另外，研究发现自注意机制的概率分布具有潜在的稀疏性，稀疏性自注意的分布呈现长尾分布，即少数点积对主要注意有贡献，其他点积可以忽略。因此水质预测模型采用 KL（Kullback-Leibler Divergence）散度度量 Query 的稀疏性，其中第 i 个 Query 的稀疏性 M 的评价式如式（3-15）所示。

$$M(\boldsymbol{q}_i, \boldsymbol{K}) = \ln \sum_{j=1}^{L_K} e^{\frac{\boldsymbol{q}_i \boldsymbol{k}_j^{\mathrm{T}}}{\sqrt{d}}} - \frac{1}{L_K} \sum_{j=1}^{L_K} \frac{\boldsymbol{q}_i \boldsymbol{k}_j^{\mathrm{T}}}{\sqrt{d}} \qquad (3\text{-}15)$$

基于上述评价公式，稀疏注意力机制公式如式（3-16）所示。

$$A(\boldsymbol{Q}, \boldsymbol{K}, \boldsymbol{V}) = \text{Soft max} \left(\frac{\overline{\boldsymbol{Q}} \boldsymbol{K}^{\mathrm{T}}}{\sqrt{d}} \right) \boldsymbol{V} \qquad (3\text{-}16)$$

式中，$\overline{\boldsymbol{Q}}$ 是和 $\boldsymbol{q}$ 具有相同尺寸的稀疏矩阵，并且只包含在稀疏评估 $M(\boldsymbol{q}, \boldsymbol{K})$ 下 Top-u 的查询。其中，u 的大小由一个恒定的采样因子 c 控制，$u = c \times \ln L_Q$，这使得对于每个 Query-Key，稀疏自注意机制只需要计算 $O(\ln L_Q)$ 点击操作，降低了模型网络的复杂度。

（3）编码器

编码器的设计目的是提取序列输入的远期依赖性。作为稀疏自注意机制的结果，编码器的特征映射存在冗余组合，因此，模型利用蒸馏操作对具有主导特征的优势特征赋予更高权重，在下一层生成特征映射，并对输入的时间维度进行裁剪，如模型图 3-2 中的裁剪操作。j 到 $j+1$ 层的蒸馏操作的过程公式如式（3-17）所示。

$$X_{j+1} = \text{MaxPool}(\text{ELU}(\text{Conv1d}([X_j]_{AB}))) \qquad (3\text{-}17)$$

其中，$[\cdot]_{AB}$ 包含了 MHAM 以及在注意力块中的关键操作；Conv1d 表示时间序列上的一维卷积操作，并设定 ELU 为激活函数。

（4）解码器

解码器部分使用一个生成式解码器结构，由两个相同的多头注意层组成，见图 3-2。另外，生成式解码器采用一次正向预测，被用来缓解长期预测的速度下降问题。公式如式（3-18）所示。

$$X_{de} = \text{Concat}(X_{token}, X_0) \tag{3-18}$$

其中，X_{token} 是编码器输入数据的后面部分的截取，X_0 是与预测目标相同的零矩阵。此外，将掩码应用于 PSAM 的计算中，这种操作规避了模型关注未来值，防止对预测精度产生影响。最后，经过解码器后，每个待预测位置 X_0 都有一个向量，然后使用一个全连接层获得最终的预测结果，它的输出维度取决于系统是进行多要素预测还是单要素预测。

端到端模型（Seq2seq）是一种编码器 - 解码器（Encoder-Decoder）结构的神经网络，该模型的输入是一个序列（Sequence），输出也是一个序列。编码器将可变长度的时间序列转变为固定长度的向量表达，解码器将该固定向量转化为可变长度的目标序列，如图 3-3 所示。LSTM 是编码器的基本单元。LSTM 神经网络的核心是 LSTM 单元，该单元由遗忘门、输入门、输出门和块输入等部分组成，每部分可以控制信息流的流入和流出，从而控制内部记忆信息。最初的 LSTM 单元只有块输入、输入门和输出门，但该结构难以重置内部记忆，会随序列长度增加而出现记忆饱和，让网络丧失记忆能力[18]。部分学者将遗忘门加入 LSTM 单元，从而能建模一些长期且连续性任务。自此，LSTM 的许多变体相应提出，例如，Gers 和 Schmidhuber 提出了带窥视孔连接的 LSTM 单元[19]，能更精确地建模序列的内部关系。Graves 和 Schmidhuber 提出了双向 LSTM 神经网络，进一步提高了模型解决复杂问题的能力。复杂的 LSTM 神经网络具有较高的预测精度，但伴随而来的是巨量的权值及高额的计算与存储成本。对此，一些 LSTM 神经网络的简化版本相继被提出。其中，最具代表性的是 2014 年 Cho 等[20] 提出的门控循环单元（Gated Recurrent Units, GRU），GRU 整合了 LSTM 单元的输入门和遗忘门，从而减少了网络参数，且精度可与传统 LSTM 相媲美。延续 GRU 的思想，一些学者又提出了其他简化版的 LSTM 模型，有效减少了网络参数[21-23]。

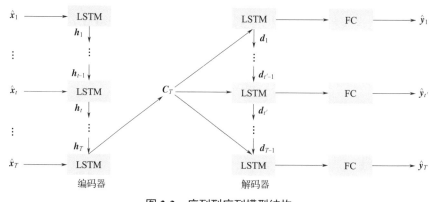

图 3-3　序列到序列模型结构

LSTM[24]将长度为 T 的输入序列逐一输入进行编码，编码器输出的记忆单元 C_T 是输入序列的记忆，即从输入序列中提取的特征信息。解码器是由多个 LSTM 单元构成的，其目的是通过解码器的输出信息生成状态向量 $d_{t'}$。状态向量 $d_{t'}$ 由编码器输出记忆单元 C_T 和上一步的状态向量 $d_{t'+1}$ 计算而来。当解码器在下一个时间步生成预测时，状态向量 $d_{t'+1}$ 将被更新。因此，解码器在 $t'+1$ 时刻的状态向量通过式（3-19）计算，其中，f_1 指 LSTM 计算公式。

$$d_{t'+1} = f_1(d_{t'}, C_T) \tag{3-19}$$

网络训练后，LSTM 可提取复杂的时间序列信息特征。基于这些特征，最后的全连接层（FC）能够将其解码为预测值，如式（3-20）所示。

$$\hat{y} = \omega^{\mathrm{T}} d \tag{3-20}$$

其中，d 是经过 LSTM 提取的状态向量；变量 ω 是全连接层（FC）的权值向量；$\hat{y}$ 是模型生成的预测值。

在序列到序列模型中，编码器将输入变量编码为固定大小状态向量的过程，实际上是信息有损压缩的过程。信息量越大，信息压缩造成的损失就越大。此外，连接编码器与解码器的组件只是一个固定大小的记忆单元，这使得编码器无法关注输入向量的更多细节。注意力机制根据每个时间步将编码器编码为不同的记忆单元，在解码时，结合不同的记忆单元进行输出，这样得到的预测结果会更加准确，如图 3-4 所示。

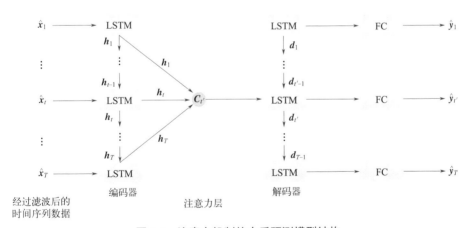

图 3-4 注意力机制的水质预测模型结构

针对编码器 - 解码器模型的预测性能随编码器长度增加而逐步减小的问题，增加的注意力层可以自适应地选择所有时间步 T 上的状态向量作为输入。每个编码器的状态向量的注意力权重都是基于上一步 t' 的解码器状态向量 $d_{t'-1}$ 和解码器中的 LSTM 单元的状态向量 s_T 计算而来。本节考虑了三种不同的注意力权重计算方式，即 General、Dot 和 Concat，其计算公式如式（3-21）～式（3-24）所示。

$$l_{t'}^i = V_d^{\mathrm{T}} \tanh(W_d[d_{t'-1};\ s_T] + U_d h_i), 1 \leqslant i \leqslant T, \text{Concat} \tag{3-21}$$

$$l_{t'}^i = h_i^{\mathrm{T}} W_d[d_{t'-1};\ s_T], 1 \leqslant i \leqslant T, \text{General} \tag{3-22}$$

$$l_{t'}^i = h_i^{\mathrm{T}} d_{t'-1}, 1 \leqslant i \leqslant T, \text{Dot} \tag{3-23}$$

$$\beta_{t'}^i = \frac{\exp(l_{t'}^i)}{\sum\limits_{j=1}^{T} \exp(l_{t'}^j)} \tag{3-24}$$

在式（3-21）中，$[d_{t'-1};\ s_T]$ 由上一步的解码器状态向量和编码器在 T 时刻的 LSTM 单元的状态向量拼接而成；h_i 是编码器上 i 时刻的状态向量；V_d，W_d 和 U_d 是需要模型学习的参数。式（3-24）中的 $\beta_{t'}^i$ 表示第 i 个编码器的状态向量对 t' 时刻预测值的权重。因为每一个编码器状态向量 h_i 对应于每一步输入的时序步，注意力机制通过对编码器状态向量进行加权求和来获得记忆单元 $C_{t'}$，如式（3-25）所示。

$$C_{t'} = \sum_{i=1}^{T} \beta_{t'}^i h_i \tag{3-25}$$

基于记忆单元 $C_{t'}$，可以计算解码器的输入，如式（3-26）所示。

$$\tilde{y}_{t'-1} = \tilde{\omega}^{\mathrm{T}} C_{t'-1} + \tilde{b} \tag{3-26}$$

其中，$C_{t'-1}$ 是由上一步的编码器计算出来的记忆单元；参数 $\tilde{\omega}^{\mathrm{T}}$ 和 $\tilde{b}$ 是需要模型学习的参数；新计算的 $\tilde{y}_{t'-1}$ 用来更新 t' 时刻的解码状态向量，$\tilde{y}_{t'-1}$ 构成解码器的输入。

假设 f_2 是一个 LSTM 单元，对于时序预测模型，其目标是通过输入值 $d_{t'-1}$ 和上一时刻阶段的输出 $\tilde{y}_{t'-1}$ 获得当前解码器输出值 $d_{t'}$。在式（3-28）中，$d_{t'}$ 是解码器的状态向量，参数 W_y 和 b_y 是线性模型的参数，最终输出值 $\hat{y}_{t'}$ 是预测 t' 时刻的结果。

$$d_{t'} = f_2(d_{t'-1}, \tilde{y}_{t'-1}) \tag{3-27}$$

$$\hat{y}_{t'} = W_y d_{t'} + b_y \tag{3-28}$$

3.3.2　模型检验及结果分析

本节将介绍实验并对实验结果进行讨论。pH 是水质检验的重要指标之一，这里通过两组实验分别对 pH 值进行预测，这两组实验分别为水环境大数据多要素时间序列预测和水环境大数据单要素时间序列预测，进一步对比多要素预测结果的精确度。

（1）数据集

采用国家地表水水质自动监测实时数据发布系统发布的某市某自动站数据，时间跨度为 2018 年 8 月至 2021 年 12 月，时间粒度为 4 小时，分别为 0 点、4 点、8 点、12 点、16 点、20 点。训练集、验证集和测试集的比例为 7：1：2。本实验采用水质数据和气象数据进行 pH 值水质指标预测，其中水质数据包括 pH 值、溶解氧（DO）、总氮（TN）、电导率（EC），气象数据包括降水量（PRCP）。图 3-5 为 pH 值数据集的时间序列分布图。

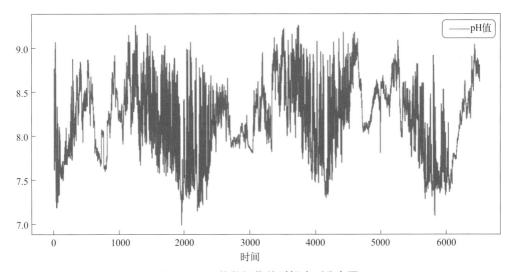

图 3-5　pH 值数据集的时间序列分布图

（2）评估指标

确定可以客观评价模型预测效果优劣的评价指标。对于不同预测模型生成的预测结果，可以通过均方根误差（RMSE）、平均绝对误差（MAE）、平均绝对百分比误差（MAPE）这三种误差评估指标来评估真实值和预测值之间的误差。

$$\text{RMSE} = \sqrt{\frac{1}{n}\sum_{i=1}^{n}(y_i - \hat{y}_i)^2} \qquad (3\text{-}29)$$

$$MAE = \frac{1}{n}\sum_{t=1}^{n}|y_t - \hat{y}_t| \qquad (3\text{-}30)$$

$$MAPE = \frac{100}{n}\sum_{i=1}^{n}\left|\frac{y_i - \hat{y}_i}{y_i}\right| \qquad (3\text{-}31)$$

（3）参数

在训练阶段，批大小为 64，学习率大小为 0.0001。在 SG 滤波器中，窗口 m 的选择范围为（5, 7, 9, 11），多项式阶次 k 的取值范围为（3, 5, 7, 9）。水质预测模型的输入长度取值范围为（12, 24, 36, 48, 72, 96），多头注意力机制中头的可选范围为（8, 16）。

（4）多要素预测实验

多要素预测实验主要是利用 pH 值、DO、TN、EC 和 PRCP 数据，通过不同的水质预测模型对 pII 值进行预测。首先，通过调整 SG 滤波的窗口大小 m 和多项式阶次 k 来获取水质预测更精确的结果，选择最佳的参数值。表 3-2 展示了 SG 滤波器在设置不同 m 和 k 时 SG-Informer 模型的 RMSE 结果，可以看到窗口大小为 5 且多项式阶次为 3 时为 SG 滤波器的最佳参数值。

表 3-2　不同 m 和 k 下水质预测模型的 RMSE 值

m	k	RMSE
5	3	0.087
7	3	0.098
9	3	0.123
7	5	0.124
9	5	0.090
11	5	0.106
9	7	0.108
11	7	0.088
11	9	0.114

为了验证 SG-Informer 模型在多要素预测中的有效性，本实验使用了 ANN、XG-Boost、Seq2seq 和 Informer 作为基准模型进行对比。图 3-6 为在测试集中不同

模型在预测步长为 1 ～ 4 的 RMSE 的折线图，可以直观地看到 SG-Informer 的预测效果是优于其他模型的。此外，为了更加详细地验证 SG-Informer 模型的预测效果，表 3-3 展示了 SG-Informer 模型和其他基准模型在预测步长为 1 ～ 4 的更详细的 RMSE、MAE、MAPE 值。结果表明 SG-Informer 模型的预测效果优于其他模型。

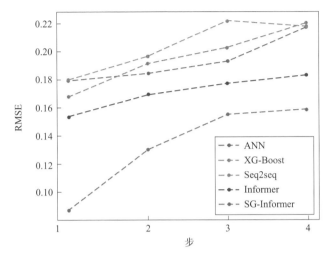

图 3-6　多要素预测实验中不同模型在预测步长为 1 ～ 4 的 RMSE 值

为了更好地看到模型的拟合效果，选定预测步长为 1 来评价模型的预测能力。图 3-7 展示了不同模型在预测步长为 1 时的拟合效果图，其中蓝色曲线代表真实值，红色曲线代表预测值。图 3-8 展示了不同模型的训练损耗随迭代次数的变化情况，图中可以看到经过 500 个迭代后，ANN 模型的训练损耗为 0.05。经过 400 个迭代后，Seq2seq 模型的训练损耗为 0.01。经过 8 个迭代后，Informer 模型的训练损耗为 0.025。经过 6 个迭代后，SG-Informer 模型的训练损耗为 0.008，模型的训练收敛速度和训练损耗明显优于其他基准模型。

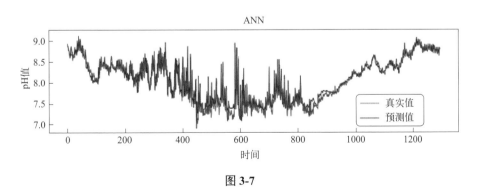

图 3-7

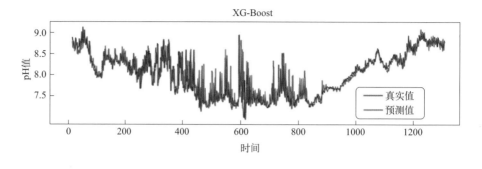

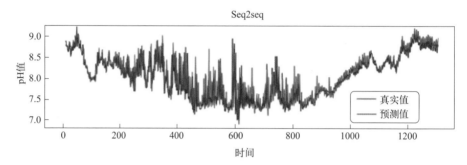

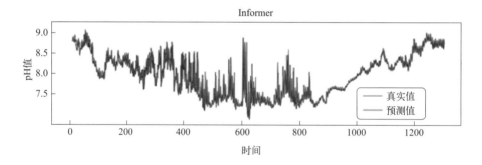

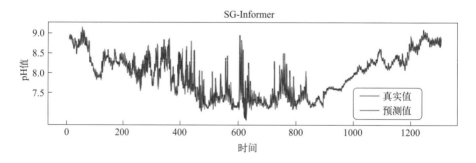

图 3-7　多要素预测实验中不同模型真实值和预测值的拟合图

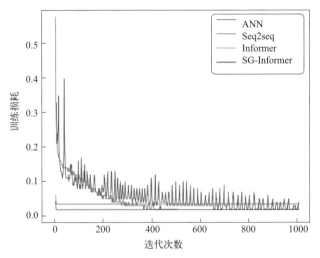

图 3-8　多要素预测实验中不同模型的训练损耗随迭代次数的变化情况

（5）单要素预测实验

单要素预测实验主要是利用单一的 pH 值数据，通过不同的水质预测模型对 pH 值进行预测。单要素预测实验的目的是进一步和多要素实验结果对比，证明多要素预测的精确性。本实验同样使用 ANN、XG-Boost、Seq2seq 和 Informer 作为基准模型进行对比。图 3-9 为在测试集中，不同模型在预测步长为 1 ～ 4 的 RMSE 的折线图，可以直观地看到 SG-Informer 的预测效果是优于其他模型的。此外，为了更加详细地验证 SG-Informer 模型的预测效果，表 3-4 展示了 SG-Informer 模型和其他基准模型在预测步长为 1 ～ 4 的 RMSE、MAE、MAPE 的值，结果表明 SG-Informer 模型的预测效果是优于其他模型的。

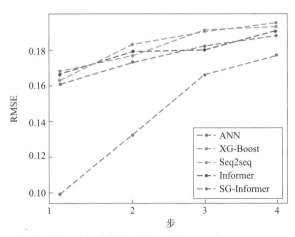

图 3-9　单要素预测实验中不同模型在预测步长为 1 ～ 4 的 RMSE 值

表 3-3　多要素预测实验中不同模型间结果的对比

步	ANN			XG-Boost			Seq2seq			Informer			SG-Informer		
	RMSE	MAE	MAPE	RMSE	MAE	MAPE	RMSE	MAE	MAPE	RMSE	MAE	MAPE	RMSE	MAE	MAPE
1	0.179	0.118	0.015	0.168	0.103	0.013	0.180	0.120	0.015	0.153	0.090	0.011	0.087	0.056	0.007
2	0.184	0.133	0.016	0.191	0.125	0.016	0.196	0.141	0.017	0.169	0.104	0.013	0.130	0.089	0.011
3	0.193	0.134	0.017	0.202	0.135	0.017	0.221	0.166	0.021	0.177	0.112	0.014	0.155	0.108	0.013
4	0.217	0.157	0.021	0.220	0.143	0.018	0.218	0.164	0.021	0.183	0.119	0.014	0.158	0.111	0.014

表 3-4　单要素预测实验中不同模型间结果的对比

步	ANN			XG-Boost			Seq2seq			Informer			SG-Informer		
	RMSE	MAE	MAPE	RMSE	MAE	MAPE	RMSE	MAE	MAPE	RMSE	MAE	MAPE	RMSE	MAE	MAPE
1	0.160	0.103	0.013	0.162	0.099	0.012	0.167	0.116	0.015	0.165	0.100	0.013	0.099	0.060	0.008
2	0.172	0.106	0.013	0.182	0.112	0.014	0.176	0.116	0.014	0.178	0.115	0.014	0.132	0.089	0.012
3	0.181	0.118	0.015	0.189	0.119	0.015	0.190	0.134	0.017	0.179	0.114	0.014	0.165	0.118	0.015
4	0.187	0.125	0.016	0.194	0.125	0.016	0.192	0.138	0.017	0.189	0.127	0.016	0.176	0.123	0.015

为了更好地看到模型的拟合效果，同样选定预测步长为1来评价模型的预测能力。图 3-10 展示了不同模型在预测步长为1时的拟合效果图，其中蓝色曲线代表真实值，红色曲线代表预测值。图 3-11 展示了不同模型的训练损耗随迭代次数的变化情况，图中可以看到，经过 300 个迭代后，ANN 模型的训练损耗为 0.7。经过 600 个迭代后，Seq2seq 模型的训练损耗为 0.01。经过 6 个迭代后，Informer 模型的训练损耗为 0.028。经过 5 个迭代后，SG-Informer 模型的训练损耗为 0.009，模型的训练收敛速度和训练损耗明显优于其他基准模型。

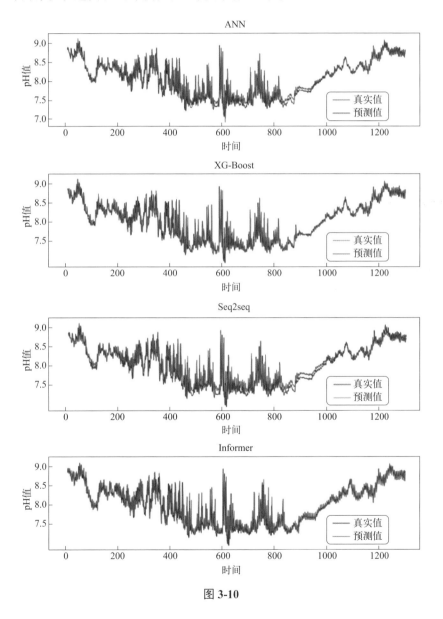

图 3-10

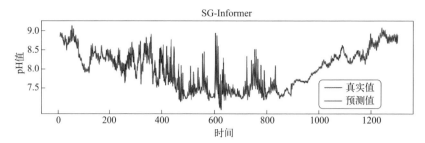

图 3-10　单要素预测实验中不同模型真实值和预测值的拟合图

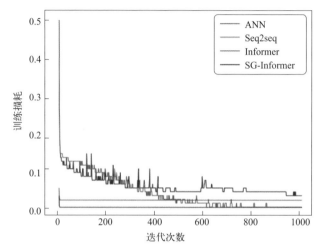

图 3-11　单要素预测实验中不同模型的训练损耗随迭代次数的变化情况

本节实验使用国家地表水水质自动监测实时数据发布系统发布的北京古北口地区水环境的数据，时间跨度为 2014 年 4 月到 2018 年 10 月，该水质监测站会采集每天 0 点、4 点、8 点、12 点、16 点、20 点的水质数据，共 6 个时间点，共计10000 条左右数据。在水质时序数据集中，按照 9 ： 1 的比例划分训练集和测试集，训练集用来训练模型和预测，测试集可以对训练模型的预测精度和鲁棒性进行评估。

水质预测模型[25-32]采用的水质指标是高锰酸盐指数（CODMn）。高锰酸盐指数是以高锰酸钾为氧化剂，处理地表水样时所消耗的量，以氧的浓度（单位：mg/L）来表示。高锰酸盐指数水质时序数据的趋势图，如图 3-12 所示。

对于多要素水质时序数据，不同的要素特征对水质预测的影响不同。实验使用皮尔逊相关性检验来判断不同特征对需要预测的时序特征的相关性。皮尔逊相关系数的计算如式（3-32）所示。

$$\rho_{X,Y} = \frac{E(XY) - E(X)E(Y)}{\sqrt{E(X^2) - [E(X)]^2}\sqrt{E(Y^2) - [E(Y)]^2}} \tag{3-32}$$

其中，$\rho_{X,Y}$ 表示为变量 X 和变量 Y 的相关系数，其绝对值等于 1。相关系数为 1，说明两个变量正相关性很强，并且 Y 随着 X 增加而增加；相关系数为 -1 说明两个变量负相关性很强，并且 Y 随 X 的增加而减少；相关系数为 0 说明两个变量之间没有相关性。

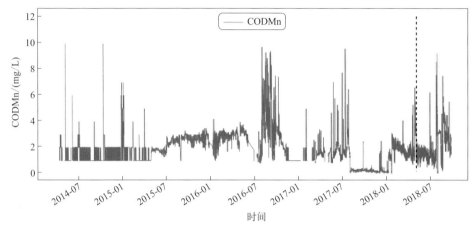

图 **3-12**　水质时间序列趋势

基于皮尔逊相关性检验的多要素水质特征提取的实验结果如表 3-5 所示。与水质预测指标溶解氧相关的主要因素特征为电导率、pH 值和水温，因此选择这些因素为模型输入特征。为了取得最好的预测精度，使用 MSE（Mean Squared Error）作为模型的损失函数，用最小化预测值 $\hat{\boldsymbol{Y}}$ 和真实值 $\boldsymbol{Y}$，MSE 可以更好地反映误差的实际情况，其如式（3-33）所示。

$$loss = \left\| \boldsymbol{Y} - \hat{\boldsymbol{Y}} \right\|_2^2 \tag{3-33}$$

序列到序列模型有多个超参数需要人为设定：输入步长、编码器 - 解码器的隐层节点数。为了方便起见，本章为编码器和解码器设置相同的隐层节点数。为了获得最优的预测效果，本章测试了不同输入步长和不同隐层节点的数量，最终结果如图 3-13 和图 3-14 所示。图 3-13 显示了不同输入步长对序列到序列模型的影响。可以发现当输入步长为 30 时，序列到序列模型取得了最佳的预测效果。图 3-14 反映了不同数量的隐层节点对序列到序列模型的预测精度。可以发现当编码器和解码器的隐层节点数为 32 时，序列到序列模型可以取得最佳的精度。

表 3-5　水质时间序列的皮尔逊相关性特征筛选结果

影响因素	氨氮	总磷	pH 值	溶解氧	浊度	电导率	水温
氨氮	1	0.612	−0.170	−0.103	−0.116	0.002	−0.263
总磷	0.612	1	−0.205	−0.165	−0.026	−0.108	−0.028
pH 值	−0.170	−0.205	1	0.495	0.054	0.320	−0.062
溶解氧	−0.103	−0.165	0.495	1	−0.064	0.395	−0.301
浊度	−0.116	−0.026	0.054	−0.064	1	0.05	0.118
电导率	0.002	−0.108	0.320	0.395	0.05	1	−0.522
水温	−0.263	−0.028	−0.062	−0.301	0.118	−0.522	1

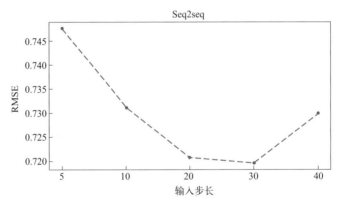

图 3-13　不同输入步长的序列到序列模型预测误差

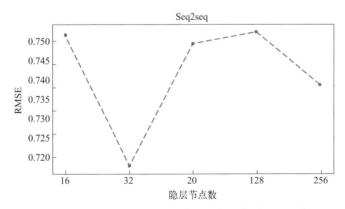

图 3-14　不同隐层节点数的序列到序列模型预测误差

图 3-15 展示了注意力机制的预测误差波动，其误差波动在 -2 ~ 2 左右。图 3-16 验证了 General、Dot 和 Concat 三个不同的注意力机制权重计算方式对多步预测的效果，其中 General 和 Dot 计算方式的多步预测表现要优于 Concat 计算方式，而 General 优于 Dot 的原因是 General 模式包含了编码部分的记忆单元。

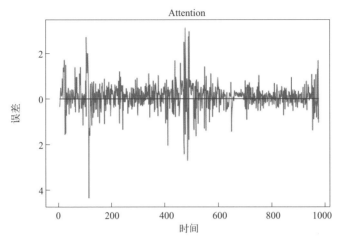

图 3-15　注意力模型预测误差波动

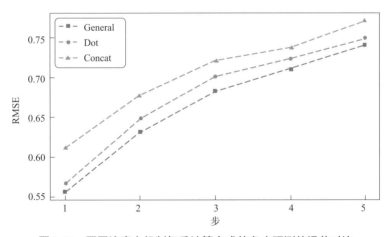

图 3-16　不同注意力机制权重计算方式的多步预测的误差对比

图 3-17 展示了注意力机制模型的训练损失曲线，可以看出在训练过程中，对数据经过 20 次迭代后，模型的训练损失就不再下降。基于注意力机制模型的测试集的预测的结果如图 3-18 所示，可以看出溶解氧真实值和预测值的趋势基本保持一致，达到了预期的预测效果。

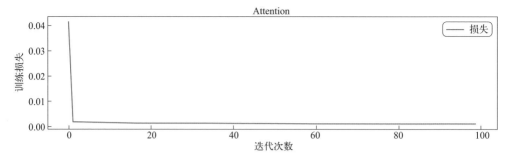

图 3-17　注意力机制模型训练损失曲线

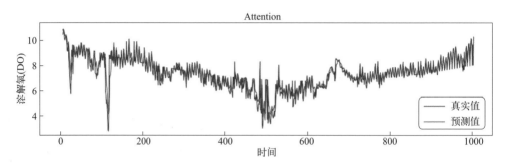

图 3-18　水质时间序列的注意力机制模型预测效果

　　为了验证算法有效性，所提出的算法与现有的部分算法进行了比较，最终各预测模型的实验对比结果如表 3-6 所示。其中，自回归移动平均算法使用 ARIMA 表示，神经网络使用 BPNN 表示，长短期记忆神经网络使用 LSTM 表示，Seq2seq 表示序列到序列模型，Attention 表示注意力机制模型。对比 RMSE、MAE 和 MAPE 三项指标可以发现，Attention 较其他预测模型有更好的预测精度。

表 3-6　不同模型的单步预测精度对比

方法	RMSE	MAE	MAPE
ARIMA	0.582	0.38	5.55
BPNN	0.681	0.514	7.658
LSTM	0.595	0.39	5.85
Seq2seq	0.554	0.37	5.59
Attention	**0.309**	**0.204**	**2.99**

3.4
双向长短时记忆网络和时间注意力机制的水质预测模型

3.4.1 双向长短时记忆网络和时间注意力机制的水质预测模型网络结构设计

随着物联网和大数据的出现，通过在河流和湖泊中大规模部署水质监测传感器，在水环境中积累了大量高频多变量时间序列数据。准确、实时的水质预测方法不仅有助于防止突发性水污染，而且为水质检测和预警提供了决策支持。然而，由于水环境指标受物理、化学、生物学等诸多复杂因素的影响，有较强的非线性特征，并且受到许多因素的影响，传统的模型无法很好地感知细微的水质变化，无法捕捉大规模水质序列的非线性特征。另一方面，由于复杂的水体环境，水质指标时间序列有较大的噪声，因此传统模型在水体复杂环境条件下难以对水环境指标进行有效预测。

近年来，随着数据量的增多，越来越多的基于深度学习的数据驱动模型被用于实现水质时间序列预测。早期，人们采用BP（Back Propagation）神经网络来进行水质指标预测。BP神经网络比较容易建立并进行训练，它对复杂的数据序列具有一定的表达能力。该方案首先进行数据归一化，然后对BP神经网络进行预训练并对BP神经网络进行优化，最后利用训练好的BP神经网络进行预测。此方案中，主要采用BP神经网络对水质指标数据进行预测，但是BP对水质指标数据的记忆性比较差，限制了水质指标预测精度的提升。当然不仅仅是BP神经网络，其他传统的神经网络也无法捕捉到数据中的时间相关性。作为一个典型的例子，LSTM（Long Short Term Memory）可以捕捉长期依赖，有效地避免了传统递归神经网络中的梯度消失问题。虽然LSTM在水质指标预测中得到了广泛的应用，但它存在只能从前到后进行编码的问题，不能从后到前捕获信息。此外，LSTM无法对输入的特征做区分，某些与预测指标不相关的特征可能会影响预测精度。

为了更好地处理多特征的问题，最近的研究将注意力机制融合到模型中，并且在时间序列预测任务中取得优秀的效果。注意力机制的本质是以高权重聚焦重要信息，以低权重忽视关联度低的信息，以此提高神经网络的效率，增加模型的鲁棒性和拓展性。

本节提出基于双向长短时记忆网络（Bidirectional Long Short-Term Memory, BiLSTM）和时间注意力机制（Temporal Attention）的水质指标预测方法（VBAED）。本方法首先采用变分模态分解（Variational Mode Decomposition, VMD）对原始数据进行分解，以获取多个模态，这些分解得到的模态与其他特征一起作为模型的输入。该方法可以丰富模型的特征，并从重要的隐藏信息中分离出噪声，从而使模型能够专注于学习更复杂的特征。采用 BiLSTM 用作编码器，模型可以从前到后和从后到前对特征进行编码。将 BiLSTM 与双向输入注意力机制相匹配，以从两个方向独立地为输入添加注意力权重。在解码器部分，采用 BiLSTM 用于捕获长期依赖性，并结合时间注意机制，可以在时间维度上将注意力权重添加到编码器的输出，从而使模型可以自适应地选择编码器的重要隐藏状态。该模型可以充分利用水环境大数据隐含信息，做到准确的水质预测。

使用 VMD 对原始数据进行分解可以有效丰富水质数据的特征，让神经网络学到更复杂的潜在特征。变分模态分解（VMD）的原理如下：

变分模态分解是一种自适应的信号处理方法，通过迭代搜索变分问题的最优解，不断更新每个模式函数和中心频率，并获得多个固有模式分量（Intrinsic Mode Functions, IMFs）。变分问题可以定义为求解 k 个 IMF，使得每个模式的估计带宽之和最小。把预测目标的过去一段时间的时间序列 l 分解为了 k 个模态，其如式（3-34）所示。

$$l = IMF_1 + IMF_2 + \cdots + IMF_k \tag{3-34}$$

VMD 分解可以减少时间序列的非线性和波动性，避免模式混合的负面影响，不同的模态分量对预测结果的影响不同。通过将其分离并与注意力机制相结合，让神经网络模型能够自适应地选择重要的模态，从多个模态中滤除噪声模态，并专注于包含重要信息的模态。将 VMD 分解得到的 k 个模态与其余 n 个特征时间序列数据进行合并，得到新的输入数据 X。

$$X=concat(IMF_1, IMF_2, \cdots, IMF_k, l_1, l_2, \cdots, l_n) \tag{3-35}$$

本方法采用 BiLSTM 作为编码器，BiLSTM 由一个前向 LSTM 与一个后向 LSTM 组合而成，使用 BiLSTM 作为编码器，可以将从前往后编码的信息和从后往前编码的信息结合起来，捕获更多的时序隐藏信息，从而提高预测精度。

为了更好地捕捉重要输入特征，该方法设计了适用于 BiLSTM 的双向输入注意力机制。双向输入注意力机制可以从大量的输入特征中自适应地选择重要的特征，并弱化噪声的影响。注意力权重表示特征的重要性。前向和反向 LSTM 在 t 时刻经过注意力机制的输入分别可以用如下公式表示：

$$\tilde{X}_t^{\mathrm{F}} = InputAttention(h_{t-1}^{\mathrm{F}}, c_{t-1}^{\mathrm{F}}, X) \tag{3-36}$$

$$\tilde{X}_t^{\mathrm{B}} = InputAttention(h_{t+1}^{\mathrm{B}}, c_{t+1}^{\mathrm{B}}, X) \tag{3-37}$$

其中，X 为经过 VMD 分解后的输入数据，h_{t-1}^{F} 和 c_{t-1}^{F} 分别表示前向 LSTM 编码器在 $t-1$ 时刻的隐藏状态和细胞状态，h_{t+1}^{B} 和 c_{t+1}^{B} 分别表示反向 LSTM 编码器在 $t+1$ 时刻的隐藏状态和细胞状态，$\tilde{X}_t^{\mathrm{F}}$ 和 $\tilde{X}_t^{\mathrm{B}}$ 分别表示前向和反向 LSTM 编码器在 t 时刻通过注意力机制后的输入。

编码器在 t 时刻的隐藏状态通过下式计算：

$$h_t = concat\left(L_{\mathrm{F}}(h_{t-1}^{\mathrm{F}}, c_{t-1}^{\mathrm{F}}, \tilde{X}_t^{\mathrm{F}}), L_{\mathrm{B}}(h_{t+1}^{\mathrm{B}}, c_{t+1}^{\mathrm{B}}, \tilde{X}_t^{\mathrm{F}})\right) \tag{3-38}$$

其中，L_{F} 和 L_{B} 分别表示前向 LSTM 和反向 LSTM。

在解码器部分，本方法采用了 BiLSTM 作为解码器，并设计了双向时间注意力机制给隐藏状态向量在时间维度上加上注意力权重，这样，解码器可以自适应地选择重要的隐藏状态，忽略不重要的隐藏状态。前向和反向 LSTM 在 t 时刻经过注意力机制的输入分别可以用如下公式表示：

$$g_t^{\mathrm{F}} = TemporalAttention(d_{t-1}^{\mathrm{F}}, s_{t-1}^{\mathrm{F}}, H) \tag{3-39}$$

$$g_t^{\mathrm{B}} = TemporalAttention(d_{t+1}^{\mathrm{B}}, s_{t+1}^{\mathrm{B}}, H) \tag{3-40}$$

其中，$H = concat(h_1, \cdots, h_t, \cdots, h_T)$，是所有时间点的隐藏状态；$d_{t-1}^{\mathrm{F}}$ 和 s_{t-1}^{F} 分别表示前向 LSTM 解码器在 $t-1$ 时刻的隐藏状态和细胞状态；d_{t+1}^{B} 和 s_{t+1}^{B} 分别表示反向 LSTM 解码器在 $t+1$ 时刻的隐藏状态和细胞状态；g_t^{F} 和 g_t^{B} 分别表示前向和反向 LSTM 解码器在 t 时刻通过注意力机制后的输入。

接受充足的训练后，BiLSTM 解码器可以提取复杂的时间序列信息，基于这些有效的特征，最后的全连接层能够将其解码为合理精度的预测值。

$$\hat{y}_{T+1} = Wconcat(g_T^{\mathrm{F}}, g_1^{\mathrm{B}}) \tag{3-41}$$

式中，矩阵 W 为全连接层的权值矩阵；$\hat{y}_{T+1}$ 是预测值。

图 3-19 展示了双向长短时记忆网络与时间注意力机制的水质预测模型结构。

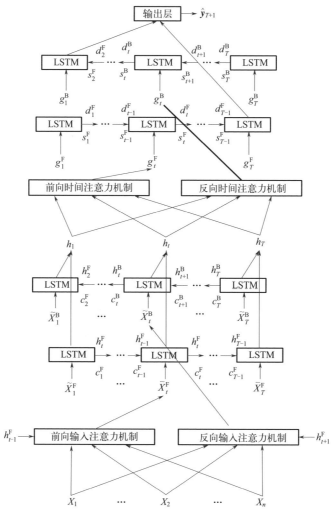

图 3-19　双向长短时记忆网络与时间注意力机制模型结构图

3.4.2　模型检验及结果分析

本节采用了两个真实世界的数据集来验证双向长短时记忆网络与时间注意力机制的水质预测模型的有效性，包括美国亚拉巴马河的数据集和中国京津冀地区某条河流的自动站水质数据。其中京津冀数据集包含从 2018 年 9 月至 2021年 12 月的水质数据，包含 pH 值、TN 和 TP 三个水质指标，采样间隔为 4 小时。在实验中，TN 为预测目标，pH 值和 TP 为特征。对于数据集中的少量缺失数据，采用线性插值的方法进行补充。总共有 7200 个数据样本，我们将前 5000 个数据样本作为训练集，接下来的 1000 个数据样本用作验证集，剩下的 1200 个数据样本则作为测试集。亚拉巴马数据集包含 2017 年 5 月至 2019 年 8 月的水质数据，数据收集间隔为 1 小时。亚拉巴马数据集只有 DO 一个特征，即亚拉巴马数据集中的预测目标。亚拉巴马数据集中总共有 19862 个数据样本，我们将前 15889 个数据样本作为训练集，随后的 1986 个数据样本用作验证集，最后的 1987 个数据样本为测试集。本实验采用平均绝对误差（MAE）、均方根误差（RMSE）和判定系数（R^2）这三个评价指标来计算预测值和真实值之间的误差。

双向长短时记忆网络与时间注意力机制模型中有许多超参数对性能有重大影响。时间步长（T）是模型中最重要的参数之一。图 3-20 结果表明了当 T 增加时京津冀数据集中 RMSE 的变化。结果显示当 T=30 时，RMSE 达到最低值，当 T 从 70 增加到 90 时，RMSE 呈现增加的趋势。因此在京津冀数据集中，T 的超参数选择为 30。图 3-21 结果表明了当 T 增加时亚拉巴马数据集中 RMSE 的变化。结果表明，RMSE 在 30 时达到最低值，当 T 高于 30 时，RMSE 随 T 的增加不断变化。因此在亚拉巴马数据集中，T 的选择同样为 30。

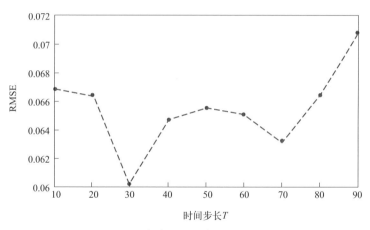

图 3-20　京津冀数据集 T 的 RMSE

适当的编码器隐藏状态大小（m）和解码器隐藏状态大小（p）对模型有显著影响。根据相关资料，设置 $m = p$，并从集合 {16, 32, 64, 128, 256, 512} 中选择合适的 m。表 3-7 结果显示，在京津冀数据集中，当 m =64 时，RMSE 和 MAE 达到最低值，R^2 达到最高值。表 3-8 结果显示，在亚拉巴马数据集中，当 m =64 时，RMSE 和 MAE 达到最低值，R^2 达到最高值。上述结果表明，两次实验得到的最终隐藏状态大小恰好是相同的，$m(p)$ =64。

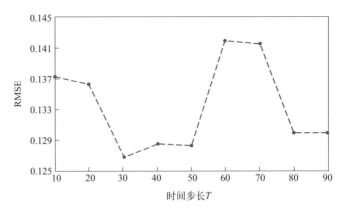

图 3-21 亚拉巴马数据集 T 的 RMSE

表 3-7 不同隐藏状态大小预测精度对比（京津冀数据集）

$m(p)$	RMSE	MAE	R^2
16	0.1214	0.0789	0.9849
32	0.0637	0.0425	0.9959
64	**0.0602**	**0.0404**	**0.9963**
128	0.0608	0.0408	0.9962
512	0.0623	0.0425	0.9960

表 3-8 不同隐藏状态大小预测精度对比（亚拉巴马数据集）

$m(p)$	RMSE	MAE	R^2
16	0.1302	0.0918	0.9850
32	0.1284	0.0914	0.9854
64	**0.1268**	**0.0891**	**0.9858**
128	0.1272	0.0901	0.9857
256	0.1744	0.1165	0.9856
512	0.1527	0.1104	0.9794

图 3-22 和图 3-23 分别展示了京津冀数据集和亚拉巴马数据集的预测结果。为了验证模型的性能，这里对多个基准模型进行了比较，包括 ARIMA、SVR、

XGBoost、BP、LSTM、BiLSTM、DA-RNN、VMD-LSTM、VMD-BiLSTM、VMD-DA-RNN。表3-9和表3-10结果表明，VBAED在京津冀数据集和亚拉巴马数据集中均取得最佳预测精度。此外，在京津冀数据集中，当不采用VMD分解时，LSTM、BiLSTM和DA-RNN的RMSE分别为0.2093、0.1657和0.1259。采用后，VMD-LSTM、VMD-BiLSTM和VDM-DA-RNN的RMSE分别为0.1688、0.1475和0.1156。在亚拉巴马数据集中，当不采用VMD分解时，LSTM和BiLSTM的RMSE分别为0.1957和0.1866。采用后，VMD-LSTM和VMD-BiLSTM的RMSE分别为0.1902和0.1724。结果表明，VMD分解有效地掌握了水质数据的演变趋势，并将其分解为关键信息模式和噪声模式，有助于建模训练，提高预测精度。还观察到，在BTH和亚拉巴马数据集上LSTM的RMSE比BiLSTM差，这表明双向LSTM结构克服了传统LSTM的限制，这种限制往往忽略了从前到后的信息，导致相关信息的丢失。

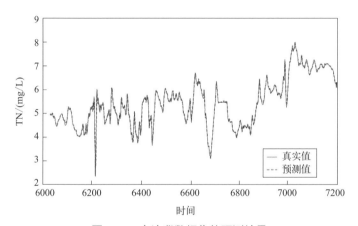

图 3-22　京津冀数据集的预测结果

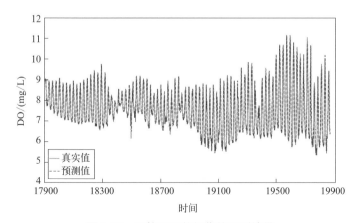

图 3-23　亚拉巴马数据集的预测结果

表 3-9　不同模型的预测精度对比（京津冀数据集）

模型	RMSE	MAE	R^2
ARIMA	0.2335	0.1621	0.9373
SVR	0.2293	0.1402	0.9464
XGBoost	0.2684	0.1803	0.9267
BP	0.2487	0.1578	0.9370
LSTM	0.2093	0.1552	0.9552
BiLSTM	0.1657	0.1202	0.9719
DA-RNN	0.1295	0.0868	0.9831
VMD-LSTM	0.1688	0.1363	0.9708
VMD-BiLSTM	0.1475	0.1132	0.9777
VMD-DA-RNN	0.1156	0.0853	0.9840
VBAED	**0.0602**	**0.0404**	**0.9963**

表 3-10　不同模型的预测精度对比（亚拉巴马数据集）

模型	RMSE	MAE	R^2
ARIMA	0.2301	0.1683	0.9311
SVR	0.2287	0.1579	0.9411
XGBoost	0.2216	0.1563	0.9491
BP	0.2140	0.1558	0.9512
LSTM	0.1957	0.1414	0.9662
BiLSTM	0.1866	0.1371	0.9692
VMD-LSTM	0.1902	0.1232	0.1401
VMD-BiLSTM	0.1724	0.1232	0.9721
VMD-DA-RNN	0.1555	0.1085	0.9786
VBAED	**0.1268**	**0.0891**	**0.9858**

3.5

混合长短时记忆网络的水质预测模型

3.5.1 混合长短时记忆网络的水质预测模型网络结构设计

本节涉及一种面向水质指标预测的方法，该方法包括了多项技术，例如 SG（Savitzky-Golay）滤波、变分模态分解（Variational Mode Decomposition, VMD）、注意力机制、基于遗传模拟退火的粒子群优化算法（Genetic Simulated annealing-based PSO, GSPSO）和基于编码-解码器的双向长短时记忆（Encoder-Decoder Bidirectional Long Short Term Memory, BiLSTM-ED）神经网络。首先将获取到的水质指标历史数据进行归一化处理，并采用 SG 滤波进行平滑去噪，其次对处理过后的数据使用 VMD 进行分解得到相对平稳的子序列，然后将数据输入加入注意力机制的基于编码器-解码器的双向长短时记忆 BiLSTM-ED 神经网络模型，最后采用 GSPSO 优化模型的超参数，从而建立一种较为精确的混合长短时记忆网络的水质预测模型（SVABEG）来预测未来多个时间点的水质指标情况。该模型的总体框架如图 3-24 所示。

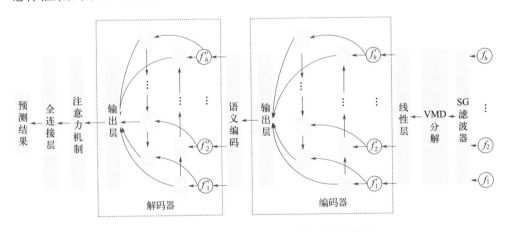

图 3-24 混合长短时记忆网络的水质预测模型

（1）SG 滤波器

SG 滤波器是一种在时域内采用多项式最小二乘拟合的滤波技术，该方法可以在保持时间序列信号原始特征的同时平滑去噪。具体来说，它通过卷积过程拟合相邻数据点的连续子集。SG 滤波器有两个非常重要的参数，即滤波器窗口大小以及多项式拟合阶数。在卷积运算中，窗口大小受卷积系数的影响。假设信号样本 $z[n]$ 是窗口大小为 $2m+1$ 的子序列，即 $n=2m+1$，那么，将用于拟合窗口内数据点的 N 阶多项式 $q(n)$ 定义为：

$$q(n) = \sum_{m=0}^{N} a_m n^m \qquad (3\text{-}42)$$

其中，a_m 表示滤波器的第 m 个系数。

我们尽可能地最小化下面的函数值：

$$\hat{\delta}(n) = \sum_{n=-m}^{m} (q(n) - z[n])^2 \qquad (3\text{-}43)$$

采用多项式的输出值作为滤波器的输出。然后，通过更改一个样本来更新窗口中的数据样本，并重复此操作以确定滤波器的下一个输出值，其描述为：

$$y(m) = \sum_{n=-m}^{m} \overline{w}_n z_{m-n} - \sum_{n=-m}^{m} \overline{w}_{m-n} z_n \qquad (3\text{-}44)$$

其中，$\overline{w}_n$ 表示 SG 滤波器的固定脉冲响应。

不同的多项式系数对应 $\hat{\delta}(n)$ 的不同值。为了确定 $q(n)$ 的最佳系数，我们将导数设为 0。它由 $n+1$ 个方程和 $n+1$ 个未知系数表示。

$$\sum_{n=0}^{N} \left(\sum_{n=-m}^{m} n^{i+m} a_m \right) = \sum_{n=-m}^{m} n^i z[n], i = 0,1,\cdots,N \qquad (3\text{-}45)$$

矩阵形式可以表示为：$(A^{\mathrm{T}} A) \hat{a} = A^{\mathrm{T}} z$。

其中，$\hat{a}$ 表示一个多项式系数向量，它由 $\hat{a} = [\hat{a}_0, \hat{a}_1, \cdots, \hat{a}_n]^{\mathrm{T}}$ 组成；z 表示一个输入样本向量，由 $z = [z_{-m}, \cdots, z_{-1}, z_0, z_1, \cdots, z_m]^{\mathrm{T}}$ 组成。矩阵 A 表示为：

$$A = \begin{bmatrix} 1 & -m & (-m)^2 & \cdots & (-m)^n \\ \vdots & \vdots & \vdots & & \vdots \\ 1 & 0 & 0 & \cdots & 0 \\ \vdots & \vdots & \vdots & & \vdots \\ 1 & m & (m)^2 & \cdots & (m)^n \end{bmatrix} \qquad (3\text{-}46)$$

因此，系数向量 $\hat{a}$ 表示为：$\hat{a} = \grave{A} z$。

其中，$\grave{A} = (A^{\mathrm{T}} A)^{-1} A^{\mathrm{T}}$，$\grave{A}$ 只受滤波器窗口大小以及多项式拟合阶数的影响。

（2）变分模态分解（VMD）

水质时间序列相对复杂且极不稳定，很难直接预测。因此，本研究采用时间序列分解方法将其分解为几个更简单的子序列。传统的分解方法（如经验模态分解）缺乏严格的数学理论，存在模态混叠问题。结果表明，叠加高斯白噪声的多次经验模态分解可以解决这类问题。但其计算多个经验模态分解，计算复杂度较高。为了解决上述问题，本研究首先采用VMD方法对原始时间序列进行分解。它采用非递归处理策略将原始复杂序列分解为多个相对稳定的子序列，从而减少噪声干扰，便于进一步预测。VMD作为一种自适应时频分析方法，被广泛应用于非线性和非平稳信号的分解。它结合了维纳滤波算法、希尔伯特变换和频率混叠，可以减少非线性和噪声时间序列的波动，并避免多模态混合问题。与其他信号分解方法相比，其分解模态分量的数量可以动态调整，这些分量是稀疏的，并且围绕中心频率波动很大。信号的稳定性是通过最小化每个模态分量的带宽之和来实现的。计算各模态分量信号带宽的步骤如下。

① 确定单向频谱。对于每种模式，通过希尔伯特变换计算相应的分析信号得到单向频谱。K 表示模态分量的个数，ε'_k 表示第 k（k=1, 2, …, K）个模态分量的单向谱，其表达式为：

$$\varepsilon'_k(t) = \left(\delta(t) + \frac{\mathrm{j}}{\pi t}\right) * u_k(t) \tag{3-47}$$

其中，$\delta(t)$ 表示狄利克雷函数；* 表示卷积运算；$\frac{\mathrm{j}}{\pi t}$ 表示原始信号与另一个信号卷积后的傅里叶变换结果；$u_k(t)$ 表示第 k 个约束更强的带宽受限本征模函数。

② 产生带宽。每个模态都与指数频率混合，并将其调谐到相应的估计中心频率，以将模态的频谱移动到基带。

$$\varepsilon_k(t) = \left[\left(\delta(t) + \frac{\mathrm{j}}{\pi t}\right) * u_k(t)\right] \exp(-\mathrm{j}\omega_k t) \tag{3-48}$$

其中，ω_k 表示第 k 个模态的瞬时中心频率；$\varepsilon_k(t)$ 表示调制模态函数。

③ 计算带宽。每个模态分量信号的带宽由解调信号的高斯平滑度即梯度的平方范数估算，计算所有模态分量信号的总带宽。VMD的变分约束问题为：

$$\min_{\{u_k(t)\}\{\omega_k(t)\}} \left\{\sum_k \left\|\partial_t \left[\left(\delta(t) + \frac{\mathrm{j}}{\pi t}\right) * u_k(t)\right] \exp(-\mathrm{j}\omega_k t)\right\|_2^2\right\} \tag{3-49}$$

$$\text{s.t.} \sum_{k}^{K} u_k(t) = x(t) \tag{3-50}$$

其中，∂_t 表示偏导数操作；$x(t)$ 表示原始信号；$\|\|_2^2$ 表示第二范数。

（3）基于编码器 – 解码器的双向长短时记忆神经网络模型

编码器 - 解码器是一种常用的实现时间序列预测的框架，编码器将输入序列视为具有语义的向量，解码器将向量作为输入对目标序列进行解码。在编码器 - 解码器框架中，其他模型如循环神经网络（Recurrent Neural Networks, RNN）和长短时记忆网络（Long Short Term Memory, LSTM）通常被作为编码器和解码器。

由于长期序列训练的困难，RNN 模型经常出现梯度消失和梯度爆炸问题。LSTM 通过其独特的门结构在一定程度上解决了 RNN 产生的问题。因此，经常采用它作为编码器和解码器。LSTM 由三个门和一个单元存储状态组成，隐藏的向量是由 $\{\mu_1, \mu_2, \cdots, \mu_x\}$ 组成。单元状态的计算如下：

$$\eta = \frac{\mu_{\tau-1}}{\lambda_\tau} \tag{3-51}$$

$$\epsilon_\tau = \zeta(\Gamma_\epsilon \eta + \vartheta_\epsilon) \tag{3-52}$$

$$\beta_\tau = \zeta\left(\Gamma_\beta \eta + \vartheta_\beta\right) \tag{3-53}$$

$$o_\tau = \zeta(\Gamma_o \eta + \vartheta_o) \tag{3-54}$$

$$\kappa_\tau = \epsilon_\tau \odot \kappa_{\tau-1} + \beta_\tau \odot \tan\mu\left(\Gamma_\kappa \odot \eta + \vartheta_\kappa\right) \tag{3-55}$$

$$\mu_\tau = o_\tau \odot \tan\mu(\kappa_\tau) \tag{3-56}$$

其中，Γ_ϵ、Γ_β 和 Γ_o 为权值矩阵，ϑ_ϵ、ϑ_β、ϑ_o 为 LSTM 单元在训练过程中的偏差，分别作为输入门、遗忘门和输出门的参数；ζ 表示 sigmoid 函数；$\odot$ 表示逐元素的乘法；λ_τ 表示词嵌入向量；μ_τ 表示隐藏向量。

本研究采用由正向和反向两个独立 LSTM 组成的 BiLSTM（Bidirectional Long Short Term Memory）。在 BiLSTM 中，在时刻 τ，前向 LSTM 基于前一个隐藏向量 $\epsilon\mu_{\tau-1}$ 和词嵌入向量 λ_τ 计算隐藏向量 $\epsilon\mu_\tau$。反向 LSTM 根据相反的隐藏向量 $\psi\mu_{\tau-1}$ 和词嵌入向量 λ_τ 计算隐藏向量 $\psi\mu_\tau$。最后，$\epsilon\mu_\tau$ 和 $\psi\mu_\tau$ 合并成最终隐藏向量 $\mu_\tau = [\epsilon\mu_\tau, \psi\mu_\tau]$。

BiLSTM 不仅可以对自然语言处理任务中的上下文信息进行建模，而且可以有效地解决 LSTM 的反向编码问题。它可以捕获双向语义依赖，并在细粒度分类任务上实现更好的性能。值得注意的是，当输入时间序列很长时，很难学会合理的向量表示。注意力机制可以打破在编码和解码中依赖固定长度向量的限制。它使神经网络将有限的注意力集中在序列的重要信息上。这样，它提取了时间序列中最具代表性的特征而较少关注序列中不相关的信息。通过在编码器 - 解码器框架中加入注意力机制，可以对时间序列数据进行加权和转换，从而提高系统性能。

通常，神经网络系统将数据表示为一组具有相同权重的数值向量，从而削弱了数据中特征之间的差异。与之不同的是，注意力机制为不同的特征分配不同的权重，并根据它们的相关性对数据进行排序。其主要原理是计算输入元素的权重，等级越高的元素被赋予的权重越高。注意层由三个部分组成，即对齐层、注意权重和上下文向量。首先，对于编码向量 $\hat{h} = \{\hat{h}_1, \hat{h}_2, \cdots, \hat{h}_n\}$ 和顶点 $\hat{v}$，我们计算它们的对齐分数。然后，采用 softmax 函数对 $\hat{h}_n$ 进行归一化，计算其概率分布 $\acute{\alpha}_i (i = 1, 2, \cdots, n)$。$\acute{\alpha}_i$ 值越大表示权重越大，即由 $\hat{h}_i$ 提供的信息更重要。最后计算 $\hat{h}$ 中所有元素的加权和，即注意机制的输出 O。

$$\acute{\alpha}_i = \frac{\exp(\hat{h}_i'\hat{v})}{\sum\limits_{j=1}^{n} \exp(\hat{h}_j'\hat{v})} \tag{3-57}$$

$$O = \sum_{i=1}^{n} \acute{\alpha}_i \hat{h}_i \tag{3-58}$$

其中，$\hat{h}_i'$ 和 $\hat{h}_j'$ 表示两个不同的编码向量。

（4）基于遗传模拟退火的粒子群优化算法（GSPSO）

在水质预测模型中有大量的超参数，包括层数、批大小、学习率、退出率、权值衰减、训练次数和序列长度。为了提高预测精度，研究证明使用粒子群优化算法调整超参数可以提高预测精度。本研究选择采用改进的粒子群优化算法 GSPSO 对超参数进行优化。

粒子群算法通过群内个体间的合作和信息共享来寻找最优解，它的优点是简单易行，目前已广泛应用于神经网络训练、模糊系统控制等应用领域。在标准粒子群算法中，每个粒子从它自己的个体极值和整个粒子群发现的全局极值中学习，以更新它的速度和位置。$V_i = [v_{i,1}, v_{i,2}, \cdots, v_{i,D}]$ 和 $L_i = [l_{i,1}, l_{i,2}, \cdots, l_{i,D}]$ 表示第 $i(i = 1, 2, \cdots, M)$ 个粒子的速度和位置，M 表示规模大小，$P_i = [p_{i,1}, p_{i,2}, \cdots, p_{i,D}]$ 表示粒子 i 的个体极值，$G = [g_1, g_2, \cdots, g_D]$ 表示整个粒子群的全局极值，$v_{i,d}$ 和 $l_{i,d}$ 分别表示 V_i 和 L_i 的第 d 项，它们的获取方式如下：

$$v_{i,d} = \hat{b}v_{i,d} + c_1 r_{1,d}(p_{i,d} - l_{i,d}) + c_2 r_{2,d}(g_d - l_{i,d}) \tag{3-59}$$

$$l_{i,d} = l_{i,d} + v_{i,d} \tag{3-60}$$

$$\hat{b} = b_{\max} - \frac{b_{\max} - b_{\min}}{\alpha_{\max}} \times \alpha \tag{3-61}$$

其中，$\hat{b}$ 表示惯性权值；c_1 和 c_2 是决定 P_i 和 G 相对重要性的加速度系数；$r_{1,d}$ 和 $r_{2,d}$ 是在（0,1）中均匀选取的随机数；$b_{\max}$ 和 $b_{\min}$ 分别是 $\hat{b}$ 的最大值和最小值；α 和 $\alpha_{\max}$ 分别表示当前迭代数及其最大限制。

每个粒子都从 P_i 和 G 中学习，但如果 P_i 和 G 都在同一个局部最优，它可能会一直陷入同一个解，这可能会导致过早收敛。为了解决这个问题，GSPSO 为每个粒子 i 构造了一个表型组合样本 $E_i = \{e_{i,1}, e_{i,1}, \cdots, e_{i,D}\}$ 来引导粒子。$e_{i,d}$ 是 $p_{i,d}$ 和 g_d 的线性组合，用于改变每个粒子的速度，如下所示：

$$v_{i,d} = \hat{b}v_{i,d} + cr_d(e_{i,d} - l_{i,d}) \tag{3-62}$$

$$e_{i,d} = \frac{c_1 r_{1,d} p_{i,d} + c_2 r_{2,d} g_d}{c_1 r_{1,d} + c_2 r_{2,d}} \tag{3-63}$$

3.5.2　模型检验及结果分析

获取到的水质数据通常有几个指标，并不是所有的指标都对水质的好坏有直接影响，同时也不是全部的指标都对预测结果有着积极意义。本研究针对水质当中的溶解氧指标与氨氮指标，利用预测模型进行预测。

（1）数据集

我们采用两个现实生活中的数据集来评估 SVABEG 的准确性。第一个数据集包括 2018 年 9 月至 2021 年 12 月京津冀地区多个某平台的氨氮（Ammoniacal Nitrogen,AM）数据；第二个数据集包括溶解氧（Dissolved Oxygen,DO）数据。由美国地质调查局国家水信息系统提供，时间跨度从 2012 年 5 月到 2020 年 8 月。在第一个数据集中，总共有 7100 个样本，本研究选择某平台的 AM 数据作为地面真实值，其他平台的 AM 数据作为特征。对于第二个数据集，总共有 70000 个样本，具有很强的周期性，因此，本研究添加时间维度作为输入特征，并将其分为三个粒度，即月、日和时。然后根据月、日、时、溶解氧量四个特征对未来水质的溶解氧进行预测。传感器通常每隔 15 ～ 60 分钟采一次样，每个时间间隔的数据表示这段时间内 DO 的量。对于两个数据集，训练集、验证集和测试集的比例设置为 8 ：1 ：1。

（2）数据预处理

首先，将 AM 和 DO 时间序列数据归一化，并将它们保持在（0,1）的统一范围内，而不破坏它们的数据分布。规范化的公式如式（3-64）所示。然后，通过 SG 滤波器对处理后的数据进行平滑处理，并通过调整窗口大小 w 和多项式拟合阶数 R，从而去除原始时间序列数据中的噪声，同时保持良好的局部特征。其中，w 的值对滤波结果影响较大。太大的 w 会使滤波结果平滑，但会在一定程度上偏离地面真实值；过小的 w 会使滤波结果更接近真实值，但会导致相对较大的噪声。同样，R 的选择必须是合理的。如果 R 太小，收敛速度快，稳态性能差；如果 R 太大，收敛速度慢，稳态性能好。

$$\tilde{Z} = \frac{Z - Z_{min}}{Z_{max} - Z_{min}} \tag{3-64}$$

其中，$\tilde{Z}$ 表示规范化后的数据；Z 表示原始数据；Z_{min} 和 Z_{max} 分别表示 Z 的最小值和最大值。

首先固定 R，观察用不同的 w 平滑数据后时间序列的损失情况；然后固定 w，以观察不同的 R。与原始时间序列比较，确定 SG 滤波器中的最优 w 和 R。根据图 3-25 和图 3-26，当 $w=7$ 和 $R=5$ 时，平滑时间序列的损失情况最小，因此在预测 AM 时间序列时，本研究采用上述 w 和 R 的值作为最终的 SG 滤波器参数。图 3-27 为去噪后的最终 AM 时间序列，在预测时将其作为真实值。同理，如图 3-28 和图 3-29 所示，当 $w=9$ 和 $R=5$ 时，平滑时间序列的损失情况最小，因此在预测 DO 时间序列时，将上述 w 和 R 的值作为最终的 SG 滤波器参数。图 3-30 为去噪后的最终 DO 时间序列，在预测时将其作为真实值。

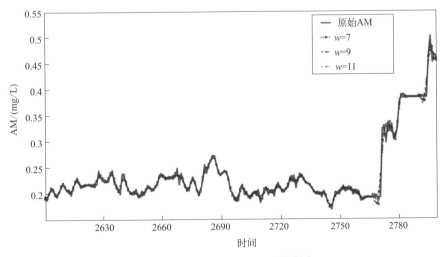

图 3-25　不同 w 值的 AM 平滑程度

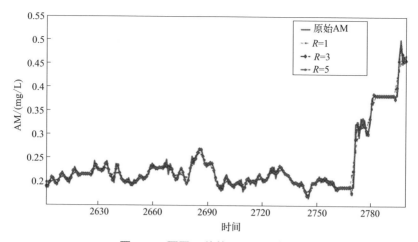

图 3-26　不同 *R* 值的 AM 平滑程度

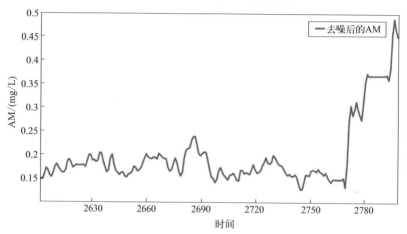

图 3-27　平滑后的 AM 时间序列

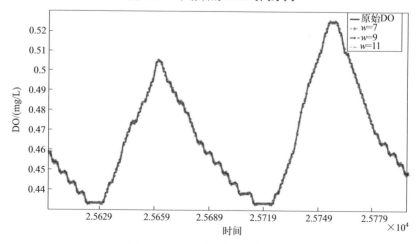

图 3-28　不同 *w* 值的 DO 平滑程度

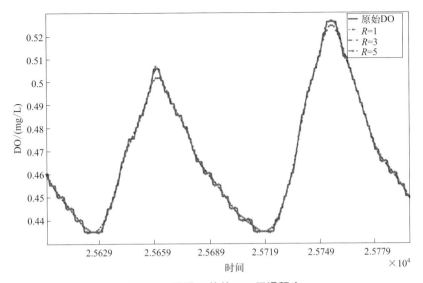

图 3-29 不同 R 值的 DO 平滑程度

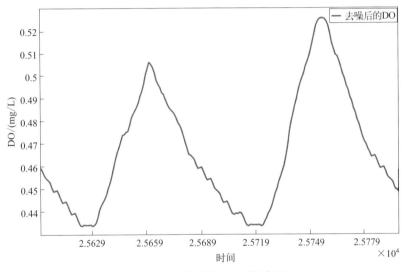

图 3-30 平滑后的 DO 时间序列

（3）评估指标

为了评价本研究提出的模型对时间序列数据的预测能力，采用四个指标来评估预测值与真实值之间的差异。评价指标包括平均绝对百分比误差（MAPE）、平均绝对误差（MAE）、均方根误差（RMSE）和 R 平方。

$$\mathrm{RMSE} = \sqrt{\frac{1}{n}\sum_{i=1}^{n}(y_i - \hat{y}_i)^2} \tag{3-65}$$

$$\text{MAE} = \frac{1}{n} \sum_{t=1}^{n} |y_t - \hat{y}_t| \tag{3-66}$$

$$\text{MAPE} = \frac{100}{n} \sum_{i=1}^{n} \left| \frac{y_i - \hat{y}_i}{y_i} \right| \tag{3-67}$$

$$R^2 = 1 - \frac{\sum_{a=1}^{Q} (y_a - \hat{y}_a)^2}{\sum_{a=1}^{Q} (y_a - \overline{y}_a)^2} \tag{3-68}$$

（4）参数设置

批大小（ι）、线性层输出的数据维数（ϱ）和 LSTM 输出的数据维数（ϕ）是该模型中三个非常重要的参数。太大的 ι、ϱ 和 ϕ 容易收敛到局部最优，而太小的 ι、ϱ 和 ϕ 在没有收敛的情况下会导致网络训练速度极慢。因此，确定合适的 ι、ϱ 和 ϕ 的值是至关重要的。在实验中，本研究设置 $\varrho = \phi$。然后，分别比较 $\iota \in \{16, 32, 64, 128\}$ 和 $\varrho = \phi \in \{32, 64, 128, 256\}$ 在 MAPE、MAE、RMSE 和 R^2 下的损失。表 3-11 和表 3-12 表明，在 AM 数据集中，$\iota = 128$ 和 $\varrho = \phi = 64$ 时损失最小。表 3-13 和表 3-14 表明，在 DO 数据集中，$\iota = 64$ 和 $\varrho = \phi = 64$ 时损失最小。因此，选择它们作为最终的训练参数设置。

表 3-11   AM 数据集 ι 不同值下的预测精度

ι	RMSE	MAE	MAPE	R^2
16	0.16	0.12	20.34	0.84
32	0.15	0.10	19.73	0.88
64	0.16	0.12	19.23	0.87
128	0.11	0.05	18.82	0.90

表 3-12   AM 数据集 ϱ 和 ϕ 不同值下的预测精度

ϱ (ϕ)	RMSE	MAE	MAPE	R^2
32	0.11	0.06	17.94	0.85
64	0.09	0.05	17.47	0.85
128	0.21	0.14	18.32	0.76
256	0.20	0.17	18.53	0.83

表 3-13   DO 数据集 ι 不同值下的预测精度

ι	RMSE	MAE	MAPE	R^2
16	0.32	0.27	4.93	0.85
32	0.31	0.31	4.82	0.84
64	0.30	0.23	4.29	0.86
128	0.34	0.29	4.37	0.84

表 3-14   DO 数据集 ϱ 和 ϕ 不同值下的预测精度

$\varrho\,(\phi)$	RMSE	MAE	MAPE	R^2
32	0.24	0.20	4.33	0.85
64	0.15	0.14	4.17	0.87
128	0.20	0.19	4.25	0.86
256	0.21	0.17	4.29	0.86

本研究将 BiLSTM-ED 模型与几种典型的基线方法进行了比较，包括 SVR、LSTM 和 LSTM-ED，比较了 SVR、LSTM、LSTM-ED 和 BiLSTM-ED 相对于 MAPE、MAE、RMSE 和 R^2 的 5 步预测误差。表 3-15 和表 3-16 分别显示了两个数据集的实验结果。结果表明，BiLSTM-ED 模型对每个时间序列都有较高的预测精度。

为了提高预测精度，我们采用 GSPSO 对模型的其他超参数进行优化。在这里，选择了三个重要的超参数，包括层数（$\varkappa$）、dropout 率（ϖ）和序列长度（ψ），这些都是由 GSPSO 优化的。最后，在 AM 数据集中，$\varkappa$ 是 1，ϖ 是 0.73，ψ 是 30。在 DO 数据集中，$\varkappa$ 是 2，ϖ 是 0.21，ψ 是 50。此外，我们还将 GSPSO 优化的超参数的损失情况与其他超参数设置预测的损失情况进行了比较。表 3-17 和表 3-18 分别为 AM 数据集和 DO 数据集中选择 6 个不同组合超参数后的实验结果。结果表明，在所有超参数组合中，GSPSO 优化的超参数设置具有最高的预测精度。

表 3-15　AM 数据集 SVR、LSTM、LSTM-ED 和 BiLSTM-ED 多步预测结果对比

步	SVR				LSTM				LSTM-ED				BiLSTM-ED			
	RMSE	MAE	MAPE	R^2	RMSE	MAE	MAPE	R^2	RMSE	MAE	MAPE	R^2	RMSE	MAE	MAPE	R^2
1	0.13	1.11	513.47	0.63	0.11	0.08	79.45	0.92	0.09	0.06	25.56	0.92	0.07	0.05	16.23	0.93
2	0.14	1.15	514.65	0.63	0.13	0.08	95.21	0.90	0.09	0.06	33.48	0.91	0.07	0.05	16.69	0.91
3	0.14	1.17	515.29	0.61	0.13	0.09	104.56	0.85	0.10	0.07	41.29	0.88	0.08	0.07	17.20	0.91
4	0.18	1.18	517.37	0.60	0.16	0.10	112.35	0.83	0.11	0.08	48.57	0.85	0.09	0.08	17.64	0.90
5	0.19	1.21	519.05	0.59	0.17	0.10	119.15	0.82	0.13	0.10	55.29	0.82	0.09	0.09	18.54	0.90
平均	0.16	1.16	515.97	0.61	0.14	0.09	102.14	0.86	0.10	0.07	40.84	0.88	0.08	0.07	17.26	0.91

表 3-16　DO 数据集 SVR、LSTM、LSTM-ED 和 BiLSTM-ED 多步预测结果对比

步	SVR				LSTM				LSTM-ED				BiLSTM-ED			
	RMSE	MAE	MAPE	R^2	RMSE	MAE	MAPE	R^2	RMSE	MAE	MAPE	R^2	RMSE	MAE	MAPE	R^2
1	1.50	1.30	15.13	0.70	1.15	0.91	10.71	0.82	0.79	0.56	6.92	0.83	0.58	0.37	4.11	0.86
2	1.41	1.22	14.34	0.68	1.18	0.94	10.96	0.82	0.80	0.57	7.07	0.82	0.60	0.38	4.21	0.85
3	1.33	1.16	13.61	0.68	1.22	0.97	11.34	0.81	0.81	0.59	7.21	0.82	0.62	0.40	4.39	0.85
4	1.26	1.10	13.05	0.65	1.27	1.01	11.77	0.80	0.83	0.62	7.28	0.81	0.66	0.42	4.62	0.84
5	1.19	1.05	12.53	0.65	1.32	1.05	12.20	0.77	0.83	0.64	7.35	0.80	0.70	0.45	4.91	0.82
平均	1.34	1.17	13.73	0.67	1.23	0.98	11.40	0.80	0.81	0.60	7.17	0.82	0.63	0.40	4.45	0.84

表 3-17 AM 数据集超参数不同组合的比较

组合	$\varkappa$	ϖ	ψ	RMSE	MAE	MAPE	R^2
组合 1	1	0.73	12	0.12	0.10	16.72	0.84
组合 2	1	0.06	30	0.15	0.09	17.64	0.82
组合 3	2	0.73	30	0.12	0.09	17.29	0.82
组合 4	1	0.06	12	0.15	0.10	16.59	0.80
组合 5	2	0.06	30	0.17	0.11	16.84	0.75
组合 6	2	0.06	12	0.14	0.09	17.26	0.83
GSPSO 组合	1	0.73	30	0.04	0.03	15.78	0.89

表 3-18 DO 数据集超参数不同组合的比较

组合	$\varkappa$	ϖ	ψ	RMSE	MAE	MAPE	R^2
组合 1	1	0.41	32	0.08	0.09	4.35	0.87
组合 2	1	0.41	50	0.06	0.10	4.37	0.86
组合 3	2	0.41	32	0.08	0.09	4.34	0.86
组合 4	2	0.41	50	0.10	0.13	4.36	0.88
组合 5	1	0.21	50	0.07	0.10	4.37	0.89
组合 6	2	0.21	32	0.06	0.11	4.33	0.90
GSPSO 组合	2	0.21	50	0.05	0.05	4.14	0.93

优化器通过参数的梯度不断更新来减少损失。比较四种典型的优化器算法，即随机梯度下降（SGD）、自适应增量（Adadelta）、自适应梯度（Adagrad）和自适应矩估计（Adam）。图 3-31 显示了随着训练迭代次数的增加，每个优化器的损失值的比较。结果表明，Adam 减小了损失值，提高了收敛速度。因此，最终选择 Adam 作为水质预测模型中的优化器。

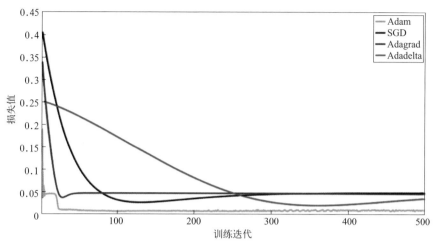

图 3-31　不同优化器的损失对比

（5）预测模型对比

根据参数设置，我们建立水质预测模型并拟合了训练样本。图 3-32 为 AM 数据集中预测模型的预测结果。结果表明，所预测的 AM 与真实值之间有很好的拟合。此外，用 DO 数据集进一步验证了本研究所提出预测模型的准确性，图 3-33 显示了其对 DO 的预测结果。

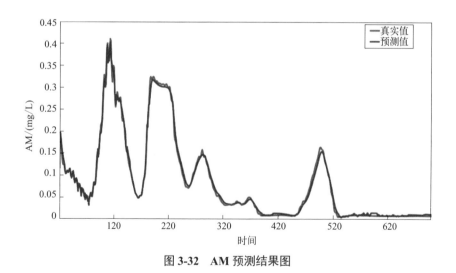

图 3-32　AM 预测结果图

为了进一步验证本研究所提出预测模型的有效性和鲁棒性，采用 MAPE、MAE、RMSE 和 R^2 与 SVR、BP、LSTM、BiLSTM、EMDLSTM、EMDBiLSTM、

STLLSTM 和 STLBiLSTM 进行比较。表 3-19 和表 3-20 分别显示了上述模型对 AM 和 DO 数据集的预测误差结果，这些评价指标反映了预测值与真实值之间总体偏差的估计。结果表明，SVABEG 预测模型在 MAPE、MAE、RMSE 和 R^2 面的预测精度均高于其他模型。

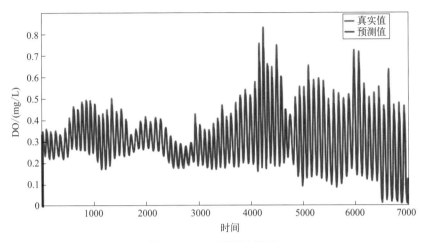

图 3-33　DO 预测结果图

表 3-19　AM 数据集不同预测模型对比

预测模型	RMSE	MAE	MAPE	R^2
SVR	0.22	0.18	471.23	0.87
BP	0.25	0.16	502.26	0.85
LSTM	0.14	0.09	60.42	0.89
BiLSTM	0.14	0.08	59.45	0.89
EMDLSTM	0.27	0.20	50.23	0.92
EMDBiLSTM	0.33	0.22	48.10	0.93
STLLSTM	0.14	0.07	55.20	0.94
STLBiLSTM	0.13	0.07	53.27	0.92
SVABEG	0.04	0.03	15.64	0.96

表 3-20　DO 数据集不同预测模型对比

预测模型	RMSE	MAE	MAPE	R^2
SVR	0.12	0.10	13.29	0.70
BP	0.10	0.09	15.96	0.68
LSTM	0.06	0.08	11.21	0.82
BiLSTM	0.07	0.07	12.14	0.84
EMDLSTM	0.08	0.05	11.40	0.89
EMDBiLSTM	0.08	0.06	10.35	0.89
STLLSTM	0.07	0.05	11.27	0.88
STLBiLSTM	0.06	0.05	11.23	0.90
SVABEG	0.04	0.03	4.02	0.94

3.6
时空图卷积的水质预测模型

3.6.1　时空图卷积水质预测模型网络结构设计

为了准确预测水质趋势变化，需要结合水环境时间和空间的特性，预测未来一段时间水环境水质各项指标的变化情况。传统的水质机理模型需要确定大量的环境参数和模型参数，主要通过描述水体中污染物的物理、化学、生物变化等模拟水质的变化情况。深度学习模型通过获取到的海量降雨、水文、上游自动站和污染源等数据，对模型参数训练后进行水质预测。相比传统的水质机理模型，深度学习模型在短期响应上具有一定的优势。早期的时序预测方法主要有基于线性回归的方法、基于卡尔曼滤波（Kalman Filtering）的方法，以上这些方法只是对单个节点或者极少数节点进行了特征学习，从而限制了模型获取时序上非线性的能力以及忽视其空间依赖性。

近年来，部分学者应用卷积神经网络（Convolutional Neural Networks）[33]和递归神经网络（Recurrent Neural Networks）[34]来处理多节点预测。在这些研究中，CNN 常常用以捕捉规则的欧氏空间（网格结构）数据的空间依赖，例如图片、视频等，但是这些方法忽视了很多数据具有非欧氏空间依赖性，例如社交网络、生物蛋白质等。为了解决非欧氏空间依赖性的关系，部分研究人员提出应用图卷积神经网络（Graph Convolution Networks, GCN）来解决非欧氏结构的空间依赖关系。图卷积分为谱方法和非谱方法。一方面，谱方法使用图的谱表示，Defferrard[35] 提出通过拉普拉斯矩阵的切比雪夫多项式展开的近似表达降低图卷积操作的复杂度。另一方面，还存在着一些非谱方法，Li[36] 等提出扩散卷积循环神经网络（Generative Adversarial Network, DCRNN），DCRNN 基于扩散卷积和GRU（Gated Recurrent Units）替代了传统的全连接层。Peta[37] 提出了 GAT（Graph Attention Networks），使用自注意力机制（Self-attention）来构建一种新型图神经网络，基于注意力机制来对图结构的节点进行分类，并且可以通过并行计算来提高运行效率。

水质预测的目的是基于在河中 N 个相关的传感器所采集的历史水质样本来预测未来的水质变化。河网中的传感器被表示为 $G = (V, \varepsilon, A)$，V 表示一组传感器节点，N 表示节点的数量；ε 表示边；A 是网络 G 的一个邻接矩阵，表示节点之间的接近程度，例如不同节点之间的距离。$x_t^i \in \mathbb{R}^P$ 表示节点 i 在时间 t 的数值，其中 P 是每一个节点的特征数，例如温度和流速等。$X^i = \{x_1^i, \cdots, x_t^i, \cdots, x_T^i\}$ 表示从节点 i 收集到的水质的时间序列，T 表示 i 的输入的时间步数。$\chi = \{X_1, X_2, \cdots, X_t, \cdots, X_T\} \in \mathbb{R}^{N \times P}$ 表示在 T 的时间步中所有节点的所有特征值。此外，$\hat{y}_{t'}$ 表示在时间步 t' 中所有节点的预测水质值。$\hat{Y} = \{\hat{y}_1, \cdots, \hat{y}_{t'}, \cdots, \hat{y}_\tau\}$ 表示在此后 τ 个时间步中所有节点的一系列预测值。

单纯的时间序列预测能够对时序进行比较精确的拟合，但是时序预测仅仅只考虑了时间因素，而没有考虑空间分布因素。为了有效地处理时空特征，研究人员提出了图神经网络（Graph Neural Network，GNN）。图神经网络的最大特点在于通过考虑周围的邻居节点的信息来获得单个节点的信息，即图中每个节点时时刻刻都会受到自己的邻居节点和更远的点的影响，从而改变自己的状态直到最终的平衡，关系越亲近的邻居节点影响会越大。

本节提出基于注意力机制的时空图卷积（STAGCN）实时水质预测模型[38]，利用每个水质监测站与所在河流网上游水质断面之间的空间依赖关系、水质断面不同要素之间的相关性、每个水质断面时序数据在时间上的自相关性、使用图卷积神经网络（Graph Convolution Networks，GCN）捕获多个水质断面空间维度信息，同时利用注意力机制、GRU 模型对断面多要素水质指标进行时间维度特征提取，从而有效地预测河流网上不同水质断面的水质指标变化情况，为管理水环境和改善水质提供辅助决策。

时空图卷积神经网络[39] 的结构如图 3-34 所示，图卷积通过邻接矩阵

（Adjacency matrix）和拉普拉斯矩阵（Laplacian matrix）来描述图的节点关系。邻接矩阵使用矩阵来记录各点之间是否有边相连，数字的大小来表示边的权值大小，对于图 $\boldsymbol{G}$ 有：

$$L = I_n - D^{-\frac{1}{2}} A D^{-\frac{1}{2}} \sim D^{-1} A \tag{3-69}$$

其中，$\boldsymbol{L}$ 是正则化拉普拉斯矩阵；$\boldsymbol{A}$ 为图的邻接矩阵；$\boldsymbol{D}$ 为对角矩阵（度矩阵），i 和 j 表示矩阵的行号或列号，见式（3-70）所示，输入信号 X 的图卷积操作如式（3-71）所示。

$$D_{ii} = \sum_j (A_{i,j}) \tag{3-70}$$

$$X_{:,G} f_\theta = \sum_{k=0}^{K-1} (\theta_k (D^{-1} A)^k) X_: \tag{3-71}$$

其中，f_θ 是定义的滤波器，θ_k 是滤波器要学习的参数；K 是最大扩散阶数，主要用以描述某个节点对周围节点的扩散距离。例如，一阶表示该节点只对周围相连的节点有影响，相对应的图卷积层表示如式（3-72）所示。

$$\tilde{\chi} = a(X_{:,G} f_\theta) \tag{3-72}$$

其中，$X_{:,G}$ 表示输入信号；$\tilde{\chi}$ 是经过图卷积之后的输出；a 代表图卷积的激活函数。图卷积层主要作用是捕获水质监测点的空间信息依赖。

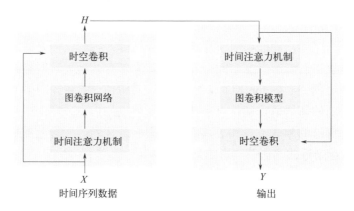

图 3-34 基于注意力机制的时空图卷积网络的水质预测方法结构图

除了空间依赖关系，水质时序数据还存在着时间依赖，长序列的输入导致预测效果下降，本实验使用时间序列注意力机制来捕获水质时间序列的时间依赖，采用时间注意力来适应性地选择在所有时间步中的相关输入，并为其分配不同的权重，从而有效地提高预测的精准度。E 表示在时间步 p 和 q 之间的时间依赖权重矩阵，$E_{p,q}$ 表示时间步 p 和 q 的时间依赖权重。具体描述如式（3-73）和式（3-74）所示。

$$\boldsymbol{E} = V_e\sigma((\tilde{\boldsymbol{\chi}}^{\mathrm{T}})U_1)U_2(U_3\tilde{\boldsymbol{\chi}}) + b_e) \tag{3-73}$$

$$E'_{p,q} = \frac{\exp(E_{p,q})}{\sum\limits_{q=1}^{T}\exp(E_{p,q})} \tag{3-74}$$

其中，$\tilde{\chi}$ 代表输入的时间序列注意力机制；V_e、b_e、U_1、U_2 和 U_3 是可以学习的参数；σ 表示激活函数。之后，$\boldsymbol{E}$ 被 softmax 函数规范化。最后，采用获得的注意力权重来调整输入中的不同时间步的权重。

$$\bar{\boldsymbol{\chi}} = \tilde{\boldsymbol{\chi}}\boldsymbol{E}' \tag{3-75}$$

其中，$\boldsymbol{E}'$ 表示一个时间注意力机制的权重矩阵，最终得到由时间注意力机制处理的输出 $\bar{\chi}$。为了生成最终的预测值，模型采用时间卷积残差来获取输出信息。

$$H = \mathrm{ReLU}(\varPhi * \mathrm{ReLU}(\bar{\chi})) \tag{3-76}$$

其中，H 代表时间卷积的输出，$*$ 代表卷积操作，$\varPhi$ 表示时间维度的卷积核的一个参数，ReLU 是一个 ReLU 激活函数。

采用残差单元来提高长期时间序列的预测精度。LayerNorm 计算平均值和方差用于对每个训练案例的总和输入进行标准化。

$$\hat{H} = \mathrm{LayerNorm}(\mathrm{ReLU}(W_r\chi + H)) \tag{3-77}$$

其中，$\hat{H}$ 代表输出残差，W_r 代表残差网络的学习参数。

$$\hat{Y} = W_y\hat{H} + b_y \tag{3-78}$$

最终，带有权重 W_y 和 b_y 的线性函数产生了最终的预测结果。

总之，图卷积机制将卷积操作从图像数据推广到图中。图中的每个节点学习其邻居节点的特征，并最终生成一个新的表示。最后，每个节点的新表示被输入预测模型，以获得每个节点在未来的时间序列变化。

3.6.2　模型检验及结果分析

为了验证基于注意力机制的时空图卷积水质预测模型的有效性，本节基于亚拉巴马州和京津冀地区的两个真实的水质数据集进行试验。亚拉巴马州的水质数据集记录了 2017 年 3 月 3 日至 2019 年 8 月 9 日美国亚拉巴马州 CAHABA 河上 5 个站点的 19863 个数据样本。数据点是每隔 1 小时收集一次。京津冀地区水质数据集包含 2018 年 10 月 8 日至 2022 年 1 月 3 日京津冀地区 6 个站点的 7102 个数据。数据点是每 4 小时收集一次。实验选择溶解氧（DO）[40]这一指标进行预测，训练集、验证集和测试集的比例为 7：1：2。本实验采用平均绝对误差（MAE）、均方根误差（RMSE）和平均绝对百分比误差（MAPE）这三个评价指标来计算预测值和地面实测值之间的误差。

均方根误差（Root Mean Square Error, RMSE）是一种用来评估拟合曲线和真实曲线之间误差大小的评估算法，测量误差的评估是基于预测值和实际观测之间平方差的均值的平方根。越小的均方根误差代表模型的拟合效果越好，意味着模型预测能力越强。均方根误差的具体计算方式如式（3-79）所示。预测值 $\hat{y}_t$ 和真实值 y_t 对应同一时刻，式中表示共有 T' 组数据。

$$\text{RMSE} = \sqrt{\frac{\sum_{t=1}^{T'}(y_t - \hat{y}_t)^2}{T'}} \tag{3-79}$$

平均绝对误差（Mean Absolute Error, MAE）是预测值和真实值之间误差的绝对值的平均值，能够反映出模型预测拟合效果。越小的平均绝对误差，代表模型预测能力越强。

$$\text{MAE} = \frac{\sum_{t=1}^{T'}|y_t - \hat{y}_t|}{T'} \tag{3-80}$$

平均百分比误差（Mean Absolute Percent Error, MAPE）表示模型预测值和真实值在整体比例条件下的预测精度。越小的平均百分比误差代表模型的预测精度越好。

$$\text{MAPE} = \frac{100}{T'}\sum_{t=1}^{T'}\left|\frac{\hat{y}_t - y_t}{T'}\right| \tag{3-81}$$

STAGCN 水质预测模型中有多个超参数需要人为设定。在训练阶段，批处理大小设置为 64。输入窗口大小 T 从集合 {20, 30, 40, 50, 60} 中选择。时间卷积残差部分隐变量 D 从集合 {16, 32, 64, 128, 256} 中选择。图形卷积层的图卷积层数 L 从 {1, 2, 3, 4} 中选择。在超参数的训练过程中，Adam 的初始学习率为 0.01，每 20 轮训练中减少 1×10^{-6}。当实验改变 T、D 或 L 时，保持其他参数不变，即可研究模型对其参数的敏感性。图 3-35 显示了亚拉巴马数据集和京津冀数据集的 RMSE 与 T 的关系。当亚拉巴马数据集的 $T=40$ ，京津冀数据集的 $T=30$ 时，模型可以达到最佳性能。在亚拉巴马数据集的 $T=40$ ，京津冀数据集的 $T=30$ 的情况下，图 3-36 显示了不同 D 的性能比较。可以看出，在亚拉巴马数据集中，当 $D=32$ 时，模型达到了最好的性能；在京津冀数据集中，当 $D=16$ 时得到了最好的预测结果。表 3-21 显示了图卷积不同的层数 L 的 RMSE，$L=2$ 时模型在亚拉巴马数据集中达到最佳性能，$L=3$ 时模型在京津冀数据集中达到最佳性能。以下采用 STAGCN 表示本节提出的模型。

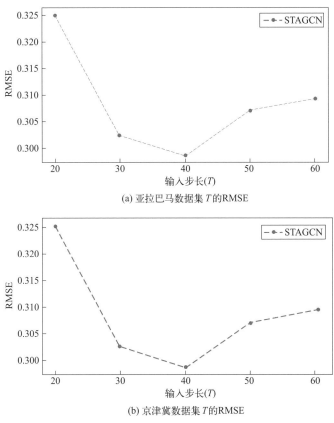

(a) 亚拉巴马数据集 T 的RMSE

(b) 京津冀数据集 T 的RMSE

图 3-35 关于不同 T 的性能比较

表 3-21 图卷积不同层数 L 的 RMSE

图卷积的层数 L	数据库	
	阿拉巴马	京津冀
1	0.3025	1.3482
2	0.2987	1.3373
3	0.3068	1.2331
4	0.3096	1.3257

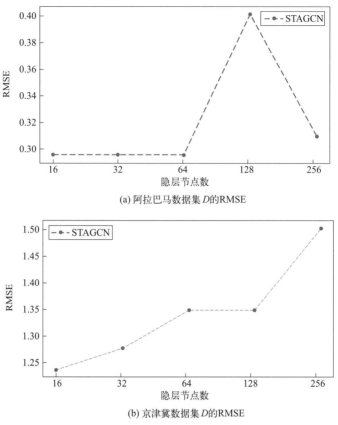

(a) 阿拉巴马数据集 D 的RMSE

(b) 京津冀数据集 D 的RMSE

图 **3-36** 关于不同 D 的性能比较

为了验证 STAGCN 的性能，本节对 STAGCN 和多个基准模型进行了比较，包括 ARIMA、ANN、Seq2seq、STGCN、DCRNN 和 GraphWavenet。表 3-22 显示，在水质数据集中 DO 的多步时间序列预测中，时空图卷积模型取得了比其他基准模型更高的预测精度。此外，包括 STGCN、DCRNN、GraphWavenet 和 STAGCN 在内的时空预测模型，都优于包括 Seq2seq、ANN 和 ARIMA 在内的其他单节点基准模型，这说明在多步预测中时空预测模型优于单节点预测模型。原因是 STAGCN 使用了时空依赖关系，而单节点预测模型只使用时间信息。此外，STAGCN 在多步预测和时空预测中明显优于 DCRNN 和其他时空模型。原因是 STAGCN 模型有效地融合了时空特征，而其他模型只分别接近时间和空间依赖。

图 3-37 显示了随着未来时间步数（τ）的增加模型的性能比较。图 3-37 显示，当 τ 变大时，RMSE 也变高。同时，在长期预测中本实验取得了比其他模型更好的预测性能。这是因为 STAGCN 模型中加入了时间注意力机制和残差单元模块，从而提高了长期序列的预测精度。

表 3-22　STAGCN 模型与其他基准模型的实验结果对比

数据库	模型 - 时间步	5 个时间步			10 个时间步			15 个时间步		
		RMSE	MAE	MAPE	RMSE	MAE	MAPE	RMSE	MAE	MAPE
亚拉巴马	ARIMA	0.58	0.38	5.55	0.89	0.55	6.11	0.99	0.548	6.55
	ANN	0.39	0.25	3.15	0.43	0.28	3.61	0.46	0.30	3.98
	Seq2seq	0.41	0.25	3.28	0.53	0.35	4.49	0.54	0.37	4.74
	STGCN	0.44	0.34	4.49	0.48	0.36	4.74	0.50	0.38	4.95
	DCRNN	0.31	0.23	2.95	0.46	0.34	4.27	0.51	0.37	4.80
	Graph Wavenet	0.34	0.25	3.15	0.42	0.30	4.12	0.44	0.32	4.13
	STAGCN	**0.29**	**0.21**	**2.78**	**0.37**	**0.27**	**3.51**	**0.41**	**0.29**	**3.87**
京津冀	ARIMA	3.09	1.449	120.72	3.44	1.50	89.51	3.52	1.84	143.42
	ANN	2.09	1.33	111.72	2.34	1.49	99.51	2.51	1.64	118.50
	Seq2seq	2.12	1.33	76.54	2.36	1.48	78.96	2.53	1.63	81.95
	STGCN	1.81	1.31	40.98	1.83	1.33	53.84	2.02	1.45	50.05
	DCRNN	1.54	1.10	33.77	1.87	1.33	51.95	2.02	1.46	43.29
	Graph Wavenet	1.23	0.86	27.53	1.46	1.00	30.10	1.65	1.14	34.39
	STAGCN	**1.23**	**0.85**	**24.29**	**1.45**	**0.99**	**30.09**	**1.61**	**1.11**	**34.32**

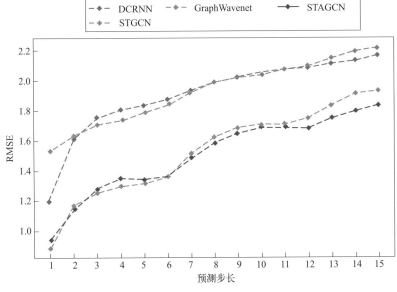

图 3-37　关于不同 τ 的性能比较

3.7

时空耦合水质预测模型

3.7.1 时空耦合水质预测模型网络结构设计

图注意力网络（Graph Attention Network, GAT）通过自注意力机制（Self-attention）来对邻居节点进行聚合，实现了对不同邻居的权值自适应匹配，从而提高了模型的准确率。与很多深度学习方法类似，GAT 由若干个功能相同的模块组成，这个模块叫作图注意力层（Graph Attention Layer）。GAT 的输入是节点的特征值 $h = \{\vec{h}_1, \cdots, \vec{h}_i, \cdots, \vec{h}_N\}, \vec{h}_i \in \mathbb{R}^F$，其中 N 是节点的个数，F 是节点特征的维度。在图注意力层中，首先使用一个权值矩阵 W（$W \in \mathbb{R}^{F' \times F}$）作用到每个节点，然后输入到一个参数为 $\vec{a}$（$\vec{a} \in \mathbb{R}^{2F'}$）的单层前馈神经网络，再使用 LeakyReLU 函数进行非线性化处理，计算出一个注意力系数 α_{ij} 表示节点 v_j 对于节点 v_i 的重要程度。理论上可以计算图中任意一节点到中心节点的权值，然而为了简化计算，在 GAT 利用图的邻接矩阵，并通过 Masked Attention 的手段，只计算节点 v_i 的邻居节点 $v_j \in N_i$，其中 N_i 是节点 v_i 的邻居节点。最后使用 softmax 函数对中心节点的邻居节点进行归一化处理。将节点 v_i 的特征输入到图注意力层，得到输出特征 $\vec{h}_i'$，具体计算方式如下：

$$e_{ij} = \text{LeakyReLU}(\vec{a}^{\text{T}}[W\vec{h}_i \| W\vec{h}_j]) \tag{3-82}$$

$$\alpha_{ij} = \text{softmax}(e_{ij}) = \frac{\exp(e_{ij})}{\sum_{k \in N_i} \exp(e_{ik})} \tag{3-83}$$

$$\vec{h}_i' = \sigma\left(\sum_{j \in N_i} \alpha_{ij} \vec{h}_j\right) \tag{3-84}$$

为了提高图注意力机制的泛化能力，GAT 选择使用了多头注意力层，即使用 M 组相互独立的单头注意力层，然后将它们的结果进行拼接，如图 3-38 所示。具体计算方式如下：

$$\vec{h}_i' = \|_{m=1}^M \sigma\left(\sum_{v_j \in N_i} \alpha_{ij}^{(m)} W^m \vec{h}_j\right) \tag{3-85}$$

其中，$\|$ 表示聚合操作；$\alpha_{ij}^{(m)}$ 表示权重系数，即节点 v_j 对节点 v_i 的重要性，由第 m 个图注意力层计算；W^m 表示第 m 个模块的权值矩阵。

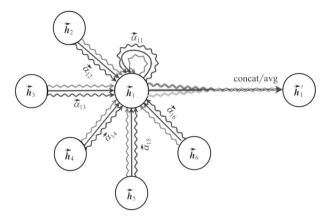

图 3-38 多头图注意力机制示意图

由于需要捕获输入序列的时间趋势，而传统的卷积神经网络（Convolutional Neural Networks, CNN）模型无法直接处理时序预测问题，因此使用因果卷积（Causal Convolution）。因果卷积最初跟随 WaveNet 一起提出，其作用是进行序列建模。时间序列预测要求在步骤 t 的预测值只能由历史序列 $[x_1, \cdots, x_{t-1}]$ 获得。更长的历史时间序列趋势可以通过堆叠多个因果卷积层来捕获，如图 3-39 所示。与 RNN 不同的是，卷积操作可以并行进行，后续时间步骤的预测不必等待前面时间步骤的计算完成。因此，在训练和评估速度方面，基于卷积的模型比基于 RNN 的模型更有优势。从因果卷积的结构来看，其感受野与堆积层的数量呈线性关系。因此，给定一个很长的输入序列，需要堆叠很多层或采用大的滤波器来提高卷积的感受野。卷积层数的增加带来了梯度消失、复杂的训练和欠拟合的问题。

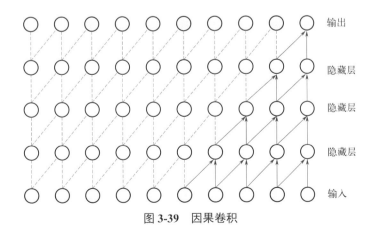

图 3-39 因果卷积

扩展因果卷积解决了上述问题，它在不增加参数和模型复杂性的情况下，能够指数级地扩展网络的接受域。给定一个一维输入序列 $\boldsymbol{x} \in \mathbb{R}^T$ 和一个卷积核 $\boldsymbol{f} \in \mathbb{R}^k$，扩展因果卷积操作可以被描述为：

$$\boldsymbol{x} \, \mathring{a} \, \boldsymbol{f}(t) = \sum_{s=0}^{k-1} \boldsymbol{f}(s) \boldsymbol{x}_{(t-d \times s)} \qquad (3-86)$$

其中，k 表示卷积核的大小；d 表示扩展因子；t 表示当前时间步。特别地，当 $d=1$ 时，扩展因果卷积会退化为普通的因果卷积。如图 3-40 所示，通过堆叠扩展因果卷积层和逐层增大扩展因子 d，每层的接受域大小都会呈指数级增长。

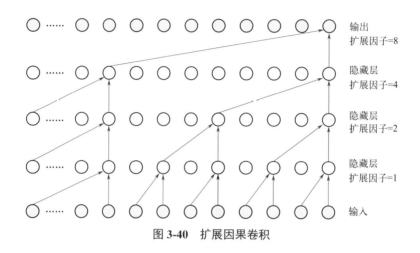

图 3-40　扩展因果卷积

门控机制在时间卷积层中起着重要的作用，它能够有效地控制网络层之间的信息流。本模型中使用了 sigmoid 函数作为门控函数，定义为 $\boldsymbol{g} = \tanh(\boldsymbol{\Theta}_1 \, \mathring{a} \, \boldsymbol{X} + \boldsymbol{b}) \odot \sigma(\boldsymbol{\Theta}_2 \, \mathring{a} \, \boldsymbol{X} + \boldsymbol{c})$。其中，$\mathring{a}$ 表示卷积操作；$\odot$ 表示逐元素相乘；σ 表示 sigmoid 函数，决定了信息传递向下一层的比率；$\boldsymbol{\Theta}_1$、$\boldsymbol{\Theta}_2$、$\boldsymbol{b}$ 和 $\boldsymbol{c}$ 均为模型中可学习的参数。

根据残差模块的思想，将带有门控机制的时间卷积层和图注意力层进行整合，使得网络不会出现退化问题。将整合后的时空层堆叠多次，让模型能够捕获不同时间层的空间依赖。然后将每一层的输出结果通过跳跃连接（Skip Connection）进行叠加，将叠加后的结果经过 ReLU 激活函数和全连接层（两轮），最终得到三维张量的预测结果 $\boldsymbol{Y}$（$\boldsymbol{Y} \in \mathbb{R}^{N \times F \times \tau}$）。其中，$N$ 表示节点数；F 表示节点的特征维度；τ 表示预测步长。另外，为了让模型适应不同的输入序列长度，可手动设置每一层的扩展因子和需要堆叠的层数。模型结构如图 3-41 所示。

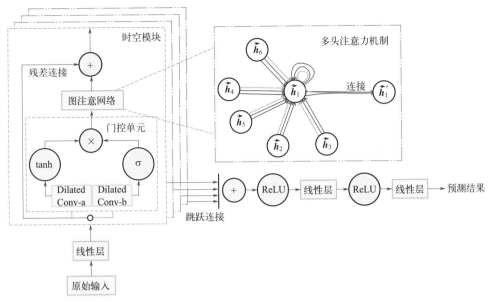

图 3-41　时空耦合水质预测模型

3.7.2　模型检验及结果分析

本节使用了两个真实世界的数据集来验证时空耦合水质预测模型[41]的有效性，包括美国亚拉巴马州和中国京津冀地区多个水质监测站的水质时空数据。其中，美国亚拉巴马州数据集包含 2017 年 5 月至 2019 年 8 月的 5 个水质监测传感器的溶解氧[42]历史数据，采样间隔为 1 小时；中国京津冀地区数据集包含 2018 年 10 月至 2022 年 1 月 6 个水质监测传感器的总氮历史数据，采样间隔为 4 小时。使用滑动窗口的方法，按 40 个输入步长、5 个输出步长划分数据样本，并按 70%、10%、20% 的比例划分为训练集、验证集和测试集。为了使最后一层的接受域覆盖整个输入序列，将时空层堆叠 14 次，并设置扩展因子分别为 1、2、1、2、1、2、1、2、1、2、1、2、1、2，卷积核大小为 2。在训练过程中，采用平均平方误差（Mean Squared Error, MSE）作为损失函数，并使用 Adam 优化器，学习率（Learning Rate）设置为 1×10^{-3}，权重衰减（Weight Decay）设置为 1×10^{-4}。为了提高模型的泛化能力，在 GAT 中采用了多头注意力机制。适当数量的注意力头数可以提高预测的准确性。表 3-23 和表 3-24 显示了模型分别在两个具有不同注意头数的数据集上的预测精度。结果显示，当有 3 个和 4 个注意力头时，模型分别在美国亚拉巴马州和中国京津冀地区数据集上取得了最小的 RMSE、MAE 和 MAPE。

表 3-23　不同注意力头数预测精度对比（美国亚拉巴马州数据集）

M	RMSE	MAE	MAPE
1	0.3667	0.2399	3.07
2	0.3443	0.2197	2.86
3	**0.3335**	**0.2104**	**2.73**
4	0.3374	0.2135	2.75
5	0.3377	0.2185	2.84
6	0.3385	0.2134	2.76
7	0.3384	0.2192	2.88
8	0.3396	0.2214	2.92

表 3-24　不同注意力头数预测精度对比（中国京津冀地区数据集）

M	RMSE	MAE	MAPE
1	0.7716	0.4429	9.37
2	0.8030	0.4809	9.48
3	0.7742	0.4352	7.96
4	**0.7655**	**0.4231**	**7.44**
5	0.7711	0.4460	8.36
6	0.7782	0.4412	8.07
7	0.7727	0.4377	8.02
8	0.7750	0.4579	8.32

　　时空耦合水质预测模型在两个数据集上的预测结果如图 3-42 ～图 3-45 所示，可以看出预测值与真实值的趋势基本一致，到达了预期的预测效果。此外，为了验证模型有效性，所提出的模型与现有的部分模型进行了比较，最终各预测模型的实验对比结果如表 3-25 和表 3-26 所示。其中，GATWNet 表示本节提出的模型。对比 RMSE、MAE 和 MAPE 三项指标可以发现，GATWNet 较其他预测模型有更好的预测精度。

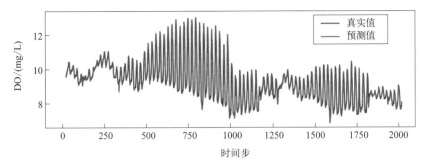

图 3-42 时空耦合水质预测模型单步预测结果（美国亚拉巴马州数据集）

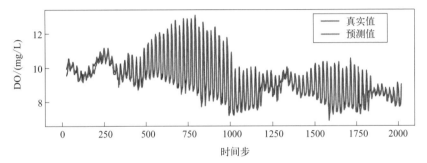

图 3-43 时空耦合水质预测模型五步预测结果（美国亚拉巴马州数据集）

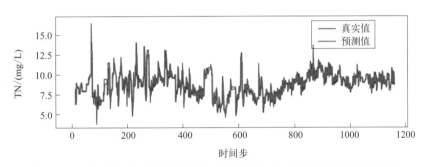

图 3-44 时空耦合水质预测模型单步预测结果（中国京津冀地区数据集）

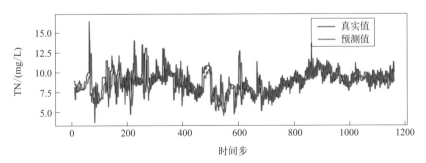

图 3-45 时空耦合水质预测模型五步预测结果（中国京津冀地区数据集）

表 3-25 不同模型的预测精度对比（美国亚拉巴马州数据集）

模型	单步预测			三步预测			五步预测		
	RMSE	MAE	MAPE	RMSE	MAE	MAPE	RMSE	MAE	MAPE
ARIMA	0.3263	0.1580	2.07	0.5977	0.3605	4.63	0.8328	0.5487	7.00
Seq2seq	0.3353	0.2085	2.69	0.5186	0.3488	4.46	0.6175	0.4261	5.44
WaveNet	0.2867	0.1738	2.27	0.3910	0.2409	3.17	0.4681	0.2997	3.87
DCRNN	0.2877	0.1635	2.12	0.4264	0.2770	3.56	0.4865	0.3159	4.07
Graph WaveNet	0.2732	0.1530	2.02	0.3955	0.2379	3.07	0.4665	0.3000	3.83
GATWNet	**0.2616**	**0.1337**	**1.75**	**0.3774**	**0.2190**	**2.83**	**0.4404**	**0.2707**	**3.51**

表 3-26 不同模型的预测精度对比（中国京津冀地区数据集）

模型	单步预测			三步预测			五步预测		
	RMSE	MAE	MAPE	RMSE	MAE	MAPE	RMSE	MAE	MAPE
ARIMA	0.8590	0.3539	5.83	1.1938	0.5488	9.06	1.2470	0.6123	10.13
Seq2seq	0.8650	0.5965	17.54	1.0881	0.7686	19.03	1.1154	0.7900	19.70
WaveNet	0.6131	0.3058	6.51	0.8481	0.4883	11.15	0.9176	0.5481	12.73
DCRNN	0.6613	0.3599	9.04	0.8580	0.5026	11.64	0.9155	0.5416	12.35
Graph WaveNet	0.6079	0.3036	7.12	0.8397	0.4804	10.06	0.9199	0.5310	11.22
GATWNet	**0.6061**	**0.2794**	**4.98**	**0.8364**	**0.4543**	**7.91**	**0.9152**	**0.5107**	**9.02**

3.8
河流断面实时水质预测系统开发

　　本节以"十三五"水专项京津冀区域水环境管理大数据平台中的水质预测功能为例，利用商业的图形用户界面（GUI）功能开发一款能够用于水质实时预测的可视化交互软件，对未来 2～3 天河流断面的水质指标进行预测。主要基于

GUI 设计开发界面，利用已设计算法对水质模型进行在线训练，实现水质实时预测的可视化功能。本节内容主要包括了系统功能设计和开发两部分，涉及预测模块、策略模块、回测模块、界面显示等功能。

3.8.1 系统功能设计

河流断面实时水质预测系统的功能如图 3-46 所示。首先，使用爬虫、传感器等多种手段抓取收集高频多要素水质数据。其次，通过构建结构化数据库、地理空间信息网络和知识图谱相结合的手段，创建符合用户需求、结构灵活的存储模块。再次，基于多要素水质数据，利用大数据模型，通过预测模块，实现未来 2 ～ 3 天水质指标的预测。最后，构建回测模块实现预测结果的评估和参数优化，通过策略模块将优化后的模型导入到模型库，实现水质预测功能。实时水质预测系统是实现水质考核、水质预警等功能的基础。

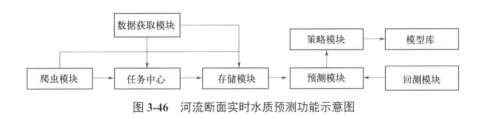

图 3-46 河流断面实时水质预测功能示意图

水质预测模块主要负责调用数据库中数据，同时调取策略模块中的大数据算法，通过计算将预测结果返回给前端呈现。对外提供预测接口，对内调用存储模块数据，并将训练数据提供给策略模块中的大数据算法。水质预测模块时序图如图 3-47 所示。

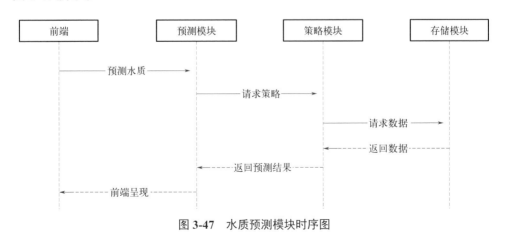

图 3-47 水质预测模块时序图

策略模块用以部署模型算法文件，并保存到指定位置。策略模块包含多种预测算法，比如神经网络、移动平均、决策树等，不同策略调用统一接口返回给预测模块。对于深度模型训练后产生的模型文件，可以将其存储在模型库。策略模块时序图如图3-48所示。

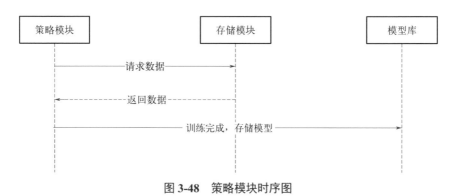

图 3-48　策略模块时序图

回测模块负责策略回测、参数优化和图表分析展示。策略回测用以评估预测模型的预测精度，回测完成后返回相关统计数值，同时显示预测值和真实值的拟合结果等图表分析。针对不同算法，提供参数优化接口，调整模型超参数。回测模块时序图如图3-49所示。

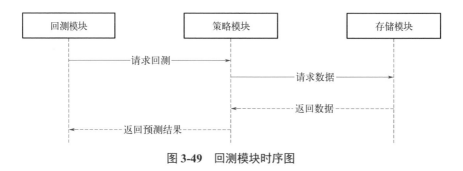

图 3-49　回测模块时序图

3.8.2　系统功能开发

水质预测功能模块界面分为左中右三部分区域。第一部分包括查询条件、查询结果；第二部分为地图界面；第三部分包括断面水质类别占比情况和断面水质类型占比情况。

点击需要查看的水质断面信息，展示该断面的基本水质信息。主要展示水质断面的名称、自动站上下游关系、不同的水质指标信息等，能够较为全面地反映出该水质断面的水质趋势及其上下游自动站的关系，如图3-50所示。

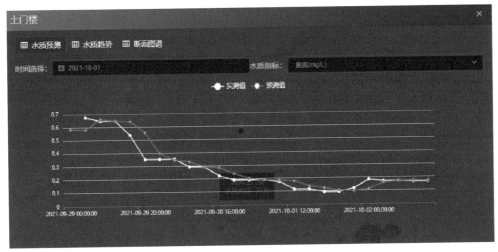

图 3-50 水质断面信息展示

点击水质断面信息中某个指标的水质预测按钮，弹出水质断面中该水质指标未来 2 ～ 3 天的水质预测曲线，同时也会显示过去一段时间中的历史水质监测数据。以某水质断面为例进行说明，点击氨氮指标中的预测按钮，界面弹窗显示该指标的水质预测值，具体如图 3-51 所示。

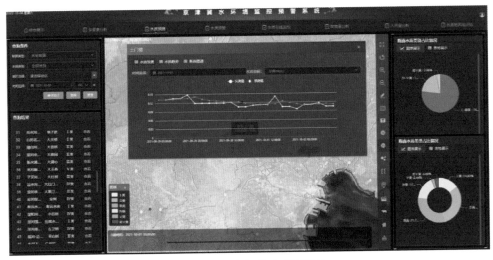

图 3-51 氨氮指数水质预测值

参考文献

[1] 张文时 . 基于 EFDC 模型的山地河流水动力水质模拟——以重庆市赵家溪为例 [D] . 重庆: 重庆大学, 2014.

[2] 王中根, 刘昌明, 黄友波 . SWAT 模型的原理、

结构及应用研究 [J]. 地理科学进展，2003，22（1）：79-86.

[3] 陈岩，赵琰鑫，赵越，等 . 基于 SWAT 模型的江西八里湖流域氮磷污染负荷研究 [J]. 北京大学学报（自然科学版），2019，55（6）：1112-1118.

[4] ERNST M，OWENS J. Development and Application of A WASP Model on A Large Texas Reservoir to Assess Eutrophication Control [J]. Lake & Reservoir Management，2009，25（2）：136-148.

[5] NOORI R，YEH H，ASHRAFI K，et al. A Reduced-order Based CE-QUAL-W2 Model for Simulation of Nitrate Concentration in Dam Reservoirs [J]. Journal of Hydrology，2015，53（23）：645-656.

[6] CHEN L，YANG Z，LIU H. Assessing the Eutrophication Risk of the Danjiangkou Reservoir Based on the EFDC Model [J]. Ecological Engineering，2016，96（48）：117-127.

[7] LIANG Y，YIN J，ZHU X，et al. Application of MIKE21 Hydrodynamic Model in Water Level Simulation of Hongze Lake [J]. Water Resources & Power，2013，13（5）：18-23.

[8] GUO N，GU K，QIAO J，et al. Improved deep CNNs based on Nonlinear Hybrid Attention Module for image classification [J]. Neural Networks，2021，140：158-166.

[9] CARPINONE A，GIORGIO M，LANGELLA R，et al. Markov Chain Modeling for Very-short-term Wind Power Forecasting [J]. Electric Power Systems Research，2015，122（9）：152-158.

[10] 王惠文，李楠 . 基于全信息的正态分布型数据的线性回归分析 [J]. 北京航空航天大学学报，2012，38（10）：1275-1279.

[11] WANG M，KONG B，LI X，et al. Grey Prediction Theory and Extension Strategy-based Excitation Control for Generator [J]. International Journal of Electrical Power & Energy Systems，2016，79（6）：188-195.

[12] 乔俊飞，王功明，李晓理，等 . 基于自适应学习率的深度信念网设计与应用 [J]. 自动化学报，2017，43（8）：1339-1349.

[13] WANG G，JIA Q，QIAO J，et al. A Sparse Deep Belief Network with Efficient Fuzzy Learning Framework [J]. Neural Networks，2020，121：430-440.

[14] QIAO J，QUAN L，YANG C. Design of modeling error PDF based fuzzy neural network for effluent ammonia nitrogen prediction [J]. Applied Soft Computing，2020，91：106239.

[15] GOODFELLOW I，POUGET-ABADIE J，MIRZA M，et al. Generative Adversarial Nets. Advances in Neural Information Processing Systems，pp. 2672-2680，Dec. 2014. Networks and Learning Systems，2021，32（8）：3643-3652.

[16] QIAO J, HOU Y, ZHANG L, et al. Adaptive fuzzy neural network control of wastewater treatment process with multiobjective operation [J]. Neurocomputing, 2018, 275: 383-393.

[17] WANG G, QIAO J, BI J, et al. An Adaptive Deep Belief Network with Sparse Restricted Boltzmann Machines [J]. IEEE Transactions on Neural Networks and Learning Systems, 2020, 31 (10): 4217-4228.

[18] GERS F, SCHMIDHUBER J, CUMMINS F, et al. Learning to Forget: Continual Prediction with LSTM [C]. 9th International Conference on Artificial Neural Networks, 1999: 850-855.

[19] GRAVES A, SCHMIDHUBER J. Framewise Phoneme Classification with Bidirectional LSTM and Other Neural Network Architectures [J]. Neural Networks, 2005, 18 (5/6): 602-610.

[20] CHO K, VAN MERRIENBOER B, GULCEHRE C, et al. Learning phrase representations using RNN encoder-decoder for statistical machine translation [J]. preprint arxiv: 1406.1078, 2014.

[21] CHEN Z, YANG C, QIAO J. The optimal design and application of LSTM neural network based on the hybrid coding PSO algorithm [J]. Journal of Supercomputing, 2021, 78 (5): 7227-7259.

[22] CHEN Z, YANG C, QIAO J. Sparse LSTM neural network with hybrid PSO algorithm [C]. 2021 China Automation Congress, 2021: 846-851.

[23] 陈中林, 杨翠丽, 乔俊飞. 基于 TG-LSTM 神经网络的非完整时间序列预测 [J]. 控制理论与应用, 2022, 39 (5): 867-878.

[24] 林永泽, 董泉汐, 毕敬. 基于混合长短时记忆网络的水质指标预测方法: ZL201911116695.9 [P]. 2022-05.

[25] BI J, LIN Y, DONG Q, et al. Large-Scale Water Quality Prediction with Integrated Deep Neural Network [J]. Information Sciences, 2021, 571: 191-205.

[26] 董泉汐. 基于深度学习的水环境时间序列预测方法研究 [D]. 北京: 北京工业大学, 2020.

[27] BI J, ZHANG J, YUAN H, et al. Integrated Spatio-Temporal Prediction for Water Quality with Graph Attention Network and WaveNet [C]. 2022 IEEE International Conference on Systems, Man and Cybernetics (SMC 2022), Clarion Congress Hotel Prague, Czech Republic, Oct.9-12, 2022.

[28] ZHANG L, BI J, YUAN H, et al. Hybrid Water Quality Prediction with Bidirectional Long Short-Term Memory and Encoder-Decoder [C]. 2022 IEEE International Conference on Systems, Man and Cybernetics (SMC 2022), Clarion Congress Hotel Prague, Czech

Republic, Oct. 9-12, 2022.

[29] BI J, WANG Z, YUAN H, et al. Multi-indicator Water Time Series Imputation with Autoreg ressive Generative Adversarial Networks [C]. 2022 IEEE International Conference on Systems, Man and Cybernetics（SMC 2022）, Clarion Congress Hotel Prague, Czech Republic, Oct. 9-12, 2022.

[30] BI J, CHEN Z, YUAN H, et al. Hybrid Prediction for Water Quality with Bidirectional LSTM and Temporal Attention [C]. 2022 IEEE International Conference on Systems, Man and Cybernetics（SMC 2022）, Clarion Congress Hotel Prague, Czech Republic, Oct. 9-12, 2022.

[31] BI J, ZHANG C, YUAN H, et al. Multi-indicator Water Quality Prediction with ProbSparse Self-attention and Generative Decoder [C]. 2022 IEEE International Conference on Systems, Man and Cybernetics（SMC 2022）, Clarion Congress Hotel Prague, Czech Republic, Oct. 9-12, 2022.

[32] LIN Y, QIAO J, BI J, et al. Hybrid Water Quality Prediction with Graph Attention and Spatio-Temporal Fusion [C]. 2022 IEEE International Conference on Systems, Man and Cybernetics（SMC 2022）, Clarion Congress Hotel Prague, Czech Republic, Oct. 9-12, 2022.

[33] KRIIZHEVSKY A, SUTSKEVER I, HINTON G. Imagenet Classification with Deep Convolutional Neural Networks [J]. Advances in Neural Information Processing Systems. 2012, 1: 1097-1105.

[34] KELLEY, JOHN L. General Topology [M]. Berlin: Springer-Verlag, 1975.

[35] DEFFERRARD M, BRESSON X, VANDERGHYNST P. Convolutional Neural Networks on Graphs with Fast Localized Spectral Filtering [J]. Advances in Neural Information Processing Systems, 2016, 3844-3852.

[36] LI Y, YU R, SHAHABI C, et al. Diffusion Convolutional Recurrent Neural Network: Data-Driven Traffic Forecasting [EB/OL]. 2017: arXiv: 1707. 01926 [cs.LG].

[37] VELIČKOVIĆ P, CUCURULL G, CASANOVA A, et al. Graph Attention Networks [J]. arXiv preprint arXiv: 1710. 10903, 2017.

[38] WANG G, JIAC Q, QIAO J, et al. Deep Learning-Based Model Predictive Control for Continuous Stirred Tank Reactor System [J]. IEEE Transactions on Neural Networks and Learning Systems, 2021, 32 (8): 3643-3652.

[39] 林永泽. 基于图卷积的时空水质预测方法研究 [D]. 北京: 北京工业大学, 2020.

[40] QIAO J, ZHANG W, HAN H. Self-

organizing fuzzy control for dissolved oxygen concentration using fuzzy neural network [J]. Journal of Intelligent & Fuzzy Systems，2016，30（6）：3411-3422.

[41] 王仔超，毕敬，乔俊飞. 水质预测模型训练平台1.0.：2021SR0795921[P].2021-05-31.

[42] BI J，LIN Y，DONG Q. An Improved Attention-based LSTM for Multi-Step Dissolved Oxygen Prediction in Water Environment [C]. 17th IEEE International Conference on Networking，Sensing and Control（ICNSC2020），Nanjing，China，Oct. 30-Nov. 02，2020.

Cutting-Edge Technologies in
**Smart
Environmental
Protection**

第 4 章

河流断面水质动态预警

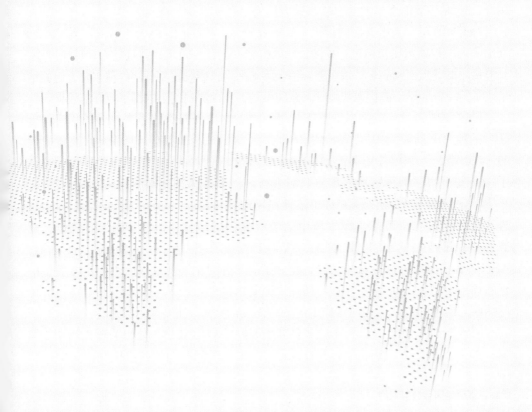

4.1

河流断面水质预警概述

河流断面水质异常预警是指基于在线水质监测数据分析识别水质数据的异常变化。随着物联网技术的提升，具有性能高、稳定性好、延迟低的水质检测传感器得以应用，使得实时获取水质各项指标监测数据成为可能。因此，基于在线水质自动监测数据分析实现河流断面水质异常预警，可以及时发现地表水的水质异常现象。同时，通过建立河流断面风险预警指示体系，可以全面评估突发河流断面水污染事件的风险大小，为应急响应提供预警辅助决策。

河流断面水质预警的难点在于如何预测水质的变化，需要提前对水质的变化趋势进行感知，对异常的水质进行预判。因此，水质预警问题分为水质预测与水质异常检测两部分。

河流断面水质预测需要基于大量高频传感器获取的数据分析水质变化趋势。鉴于高频水质传感器采集的数据为多个水质指标时间序列数据，因此如何有效提取多元时间序列数据特征是水质预警的重要前提。传统的基于机理模型的水质预警方法需要利用水动力学模型以及水质反演建模，经过庞大且复杂的参数计算，包括河流深度、宽度等精确参数，任何参数的偏差将导致最终预警结果的偏差。因此，传统基于机理模型的水质预警方法不具备实时预警条件。

Najah 等人[1]采用支持向量机（Support Vector Machine，SVM）模型，对马来西亚柔佛河的各项水质指标进行预测，均取得较好的预测效果，并且具有计算速度快、计算量小的优点。Nguyen[2]采用差分整合移动平均自回归模型预测红河水位，有效地解决了传统统计学不能提取非线性关系的不足，在预测精度上取得了较好的效果。

随着深度学习相关技术的突飞猛进与设备的更新升级，越来越多的基于深度学习的数据驱动模型用以解决水质时间序列预测问题，具有计算简便、高效的优势。Liu 等人[3]利用长短期记忆（Long Short Term Memory，LSTM）网络，建立了一套基于物联网传感器的水质监测系统，预测我国某市水源地的水质。Zhang 等人[4]利用粒子群优化算法对小波神经网络（Wavelet Neural Networks，WNN）进行优化，对北京市某水库水质中的溶解氧、高锰酸盐指数、化学需氧量、氨氮等指标进行短期预测。Li 等人[5]将人工神经网络（Artificial Neural Networks，ANN）和马尔可夫链方法相结合，建立了一套针对中国香港水质中生化需氧量指标的预测模型。Choi 等人[6]提出使用无监督深度学习技术，对印度马哈拉施特拉邦纳西克附近的查斯卡曼河水质中的 pH 值、溶解氧、浊度等指标进行探索。

河流断面水质异常检测算法需要基于时间序列信息和各种相关环境因素（气象、水文、季节等）探索对水质的影响。在水质时间序列的异常检测任务中，需要根据时间序列总体趋势进行分析，确定一个合理的范围，分布在该范围中的样本标记为正常，反之标记为异常。现有的水质异常检测算法基本分为基于概率分析的异常监测方法和数据驱动的异常监测方法。

传统的异常检测方法包括概率统计、模式匹配以及距离等。Shen L 等人[7]使用拉依达准则对高峰交通流量进行异常分析。Hardin J 等人[8]提出了一种基于马氏距离的聚类方法，并使用最小协方差行列式估计离群点的异常检测方法。Ramaswamy S 等人[9]提出了一种计算某个点到其他每个邻近点的距离总和并进行排序，将距离总和超过某个阈值的点确定为离群值的方法。周志华[10]提出一种被称作孤立森林的算法，该算法通过一个随机超平面对空间进行切割，点分布密度越低的越容易独占一个子空间，作为异常点。

近年来，随着物联网和智能检测等技术飞速发展，各类高频水质信息采集传感器实现了水质自动监测，并积累了大量的水质相关数据。随着深度学习技术的成熟，逐渐涌现出一些基于深度学习[11-13]和大数据[14-16]的时间序列异常检测算法。同时，还有一些基于对抗神经网络的异常检测方法，在时间序列的异常检测应用中取得了较好的使用效果。例如，李文静等[17-18]提出了基于神经网络的污水处理系统传感器异常分析方法，首先使用线性回归模型和残差的概率分布确定数据点的异常概率，然后使用贝叶斯最大似然分类器对残差进行分类，训练一个可识别是否异常的模型，有效地应用于污水处理[19]系统传感器异常分析。

但是，当前的河流断面水质预警方法及技术仍然面临一些问题。

第一，地表水环境水质自动站能够获取多个水质指标，每个水质指标对水质好坏的影响程度不同。传统水环境水质预警方法大多采用基于单水质指标的异常检测方法，导致预警技术的灵敏度低。因此，需要发展基于综合水质指标的异常检测方法。

第二，由于水质监测数据有较强的季节性，受温度变化影响，水质中溶解氧指标与温度成负相关，即水温越高，水中的溶解氧含量越低。同时，传统的预警方法往往人工确定预警阈值。阈值设置过高，会降低预警系统的灵敏度，无法及时地发现水质细微的异常变化；而阈值设置过低，将会频繁地进行报警，增加管理者不必要的工作负担。因此，需要研究水环境水质动态预警技术。

4.2
水质异常检测的动态预警方法

水质数据具有极强的季节性周期规律。例如，水质受季节变化的影响，溶解氧指标在冬季与夏季有着不同的正常范围。图4-1中，受季节影响，相对于冬季，夏季的溶解氧指标明显处于一个较高水平。因此，固定的预警阈值带来的季节性问题显而易见。在水质预警问题中，阈值设置过高，会导致预警系统灵敏度低，影响突发污染事件的应急处置；阈值设置过低，会导致预警系统频繁报警，增加不必要的工作负担。因此，动态水质预警模型设计具有重要的研究意义。本章重点介绍基于季节性分解与长短期记忆网络[20]的水质动态预警模型及其参数调优算法。

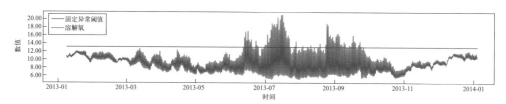

图 4-1　水质动态预警总体框架图

基于深度学习的动态水质预警模型如图 4-2 所示，主要包括三个步骤：

① 水质序列分解：使用 STL 算法将水质时间序列分解为趋势、季节性、残差三个子序列，将子序列合并，从而得到一个三维的时间序列。

② 水质序列预测：将三维时间序列输入多元 LSTM-ED 模型中进行训练，将得到的三维预测结果进行矩阵相加，得到一维时间序列。利用步骤 ① 中待分解的时间序列计算损失。

③ 水质序列预警：通过滑动窗口方式，利用多元高斯分布模型将步骤 ② 中的预测值与实际值的残差分布进行局部异常检测，得出预警点。

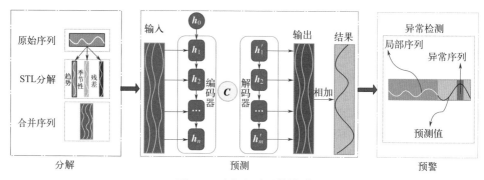

图 4-2　动态水质预警模型

4.3
水质序列分解

4.3.1　基于 Loess 的季节与趋势分解（STL）

STL[21] 将一个包含 N 个点的周期性时间序列 Y 分解成趋势分量 T、季节性分

量 S 和残差分量 R。

$$Y_v = T_v + S_v + R_v \quad v = 1, \cdots, N \tag{4-1}$$

其中，趋势分量 T 表示时间序列低频率和长时间的变化；季节性分量 S 表示时间序列周期性频率的变化；残差分量 R 表示原时间序列除去趋势分量和周期分量后剩余的值。通过 STL 对水质时间序列数据中的溶解氧进行分解，如图 4-3 所示，可以将趋势、季节性、残差分别作为特征维度进行输入。采用 STL 进行季节性分解，有助于提升神经网络的预测精度。

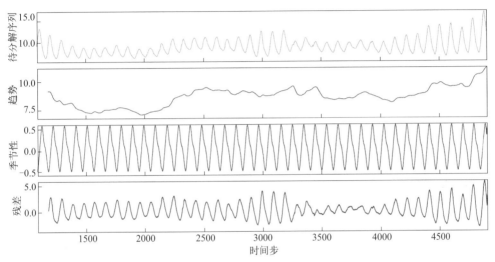

图 4-3　基于 STL 算法的溶解氧序列分解结果

4.3.2　经验模态分解（EMD）

经验模态分解（Empirical Mode Decomposition，EMD）是一种自适应处理技术[22]，基本原理是将原始信号自适应地分解为一系列振荡函数，其中包括不定个数的固有模态函数（Intrinsic Mode Function，IMF）序列和一个残差序列。EMD 算法将时间序列分解为不定个数的 IMF 序列，IMF 需要满足以下两个条件：在整个序列内，局部极值点和过零点个数误差必须在 1 以内；在任意时刻，局部极大值和局部极小值定义的包络平均值为 0。

为避免数据泄露问题，EMD 分解要在数据集分割之后进行。EMD 分解会产生多个 IMF 序列与一个残差序列，其中 IMF 序列的个数具有不确定性，在训练集、验证集、测试集上的分解个数也具有不确定性，即无法保证预测模型输入维度的大小。为保证一致的特征维度，EMD 分解将 IMF 序列进行合并，最终保留固定个数的 IMF 序列与一个残差序列。图 4-4 展示了 EMD 分解作用于溶解氧指标的局部数据分布。

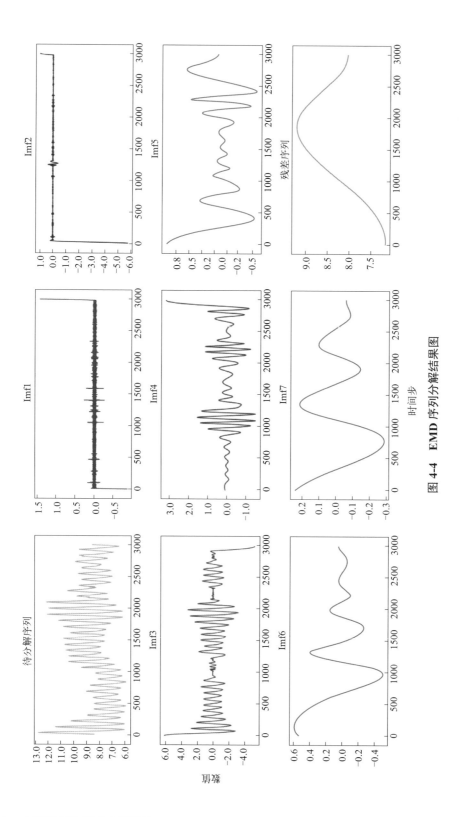

图 4-4　EMD 序列分解结果图

4.4

水质序列预测

4.4.1 基于三次平滑指数的水质预测模型

    Holt-Winters 模型是比较轻量级的时间序列预测模型[23]，该模型在对具有趋势性和季节性的单变量时间序列数据的短期预测上具有较高的精度。Holt-Winters 模型分为加法模式和乘法模式。当季节性不随时间增长时，选择加法模式。当季节性随时间增长时，选择乘法模式。其中，加法模型公式如下：

$$F_{t+m} = L_t + T_t m + S_{t-s+1+(m-1) \bmod s} \tag{4-2}$$

$$L_t = \alpha(Y_t - S_{t-s}) + (1-\alpha)(L_{t-1} + T_{t-1}) \tag{4-3}$$

$$T_t = \beta(L_t - L_{t-1}) + (1-\beta)T_{t-1} \tag{4-4}$$

$$S_t = \gamma(Y_t - L_t) + (1-\gamma)S_{t-s} \tag{4-5}$$

$$\alpha, \beta, \gamma \in [0,1]$$

乘法模型公式如下：

$$F_{t+m} = (L_t + T_t m)S_{t-s+1+(m-1) \bmod s} \tag{4-6}$$

$$L_t = \alpha \frac{Y_t}{S_{t-s}} + (1-\alpha)(L_{t-1} + T_{t-1}) \tag{4-7}$$

$$T_t = \beta(L_t - L_{t-1}) + (1-\beta)T_{t-1} \tag{4-8}$$

$$S_t = \gamma \frac{Y_t}{L_t} + (1-\gamma)S_{t-s} \tag{4-9}$$

$$\alpha, \beta, \gamma \in [0,1]$$

    其中，F_{t+m} 表示预测 t 时刻后的 m 个步长；L_t 表示在 t 时刻的水平分量；T_t 表示在 t 时刻的趋势分量；S_t 表示在 t 时刻的季节分量；s 表示季节性跨度，即周期长度；Y_t 表示在 t 时刻的实际值；m 表示一个周期中的预测步长；α 为水平平滑系数，β 为趋势平滑系数，γ 为季节平滑系数，取值范围在 0 到 1 之间。该模型在一维时间序列数据短期预测上有着较好效果，并且计算量小、复杂度低。

    该模型参数设置：依据水质时间序列数据的溶解氧指标的季节性，设置周期 P 为 96 个时间步，即每小时采集 4 次，共计 24 小时的数据作为一个周期；设置周期个数 PN，即需要几个周期的数据进行特征提取；设置计算初始参数值起始

周期数 SN ，即使用几个周期去计算上一时刻的水平分量、趋势分量和季节分量；设置预测周期个数 AN ，即预测步长 $= AN \times P$ ；设置可选参数 TYPE，对比三次平滑指数的加法模型与乘法模型的效果。采用均方根误差作为三次平滑指数模型的优化器。三次平滑指数算法如下所示。

算法：三次平滑指数算法

输入：TS 时间序列数据，P 周期，PN 周期个数，SN 起始周期数，AN 预测周期个数，TYPE 可选参数加法和乘法

输出：预测结果

1: 初始化 L_0、T_0、S_0 参数

2: 通过 L-BFGS 算法计算分量参数 α、β、γ

3: 计算最终预测参数值：

4: $L_{t-1}, T_{t-1}, S_{t-1} = L_0, T_0, S_0$

5: for t=0 to TS.length do

6:　　if TYPE 等于加法

7:　　　　$L_t = \alpha(TS[t] - S_{t-1}[t \bmod P]) + (1-\alpha)(L_{t-1} + T_{t-1})$

8:　　　　$T_t = \beta(L_t - L_{t-1}) + (1-\beta)T_{t-1}$

9:　　　　$S_t = \gamma(TS[t] - L_t) + (1-\gamma)(S_{t-1}[t \bmod P])$

10:　　elseif TYPE 等于乘法

11:　　　　$L_t = \alpha(TS[t] / S_{t-1}[t \bmod P]) + (1-\alpha)(L_{t-1} + T_{t-1})$

12:　　　　$T_t = \beta(L_t - L_{t-1}) + (1-\beta)T_{t-1}$

13:　　　　$S_t = \gamma(TS[t] / L_t) + (1-\gamma)(S_{t-1}[t \bmod P])$

14:　　endif

15:　　$L_{t-1}, T_{t-1}, S_{t-1}[t \bmod P] = L_t, T_t, S_t$

16: 预测：

17: predict = []

18: if TYPE 等于加法

19:　　for t=0 to $AN \times P$ do

20:　　　predict.append($L_t + (t+1)T_t + S_t[t \bmod P]$)

21: elseif TYPE 等于乘法

22:　　for t=0 to $AN \times P$ do

23:　　　predict.append($(L_t + (t+1)T_t)S_t[t \bmod P]$)

24: return predict

图 4-5 展示了采用不同 PN 与 SN 参数下的实际值与预测值的均方根误差的热力图，其中加法模型总体上的预测误差小于乘法模型，加法模型在 PN 为 3 时，预测的均方根误差较小，而 SN 的选取对预测结果的影响较小。因此在进一步的预

测实验中选取 PN 为 3，SN 为 3 的乘法模型。图 4-6 展示了三次平滑指数在溶解氧指标上的预测效果。

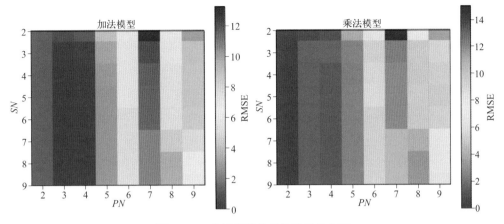

图 4-5　三次平滑指数参数选择热力图

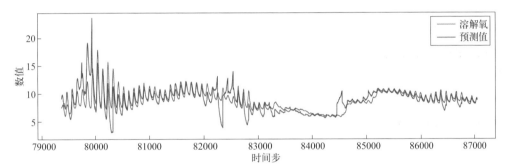

图 4-6　三次平滑指数在溶解氧指标上的预测效果图

4.4.2　基于支持向量回归的水质预测模型

支持向量回归（Support Vector Regression，SVR），是一种基于统计学习的机器学习方法，其基于结构风险最小化理论，将样本点与超平面的总误差降到最小。SVR 应用核函数将非线性回归问题映射到高维度空间，找到一个最优超平面分离样本点。对于给定的数据集 $D = \{(x_1, y_1), (x_2, y_2), \cdots, (x_m, y_m)\}$，超平面的广义方程可以表示为 $f(x) = w^\mathrm{T} x + b$，其中 w 为权重矩阵，b 为 $x=0$ 处的截距，偏差范围阈值用 ε 表示。SVR 构建一个宽度为 2ε 的偏差间隔带，即样本在 $f(x) - \varepsilon$ 与 $f(x) + \varepsilon$ 之间被认为预测正确，损失值为 $e = |\hat{y} - f(\hat{x})| - \varepsilon$，损失函数如式（4-10）、式（4-11）所示。SVR 模型拟合图如图 4-7 所示。

$$\min_{w,b} \frac{1}{2}\|\boldsymbol{w}\|^2 + C\sum_{i=1}^{m} l_\varepsilon(f(\boldsymbol{x}_i) - y_i) \tag{4-10}$$

$$l_\varepsilon(\boldsymbol{y}, f(\boldsymbol{x})) = \begin{cases} 0, & |\boldsymbol{y} - f(\boldsymbol{x})| \leqslant \varepsilon \\ |\boldsymbol{y} - f(\boldsymbol{x})| - \varepsilon, & \text{其他} \end{cases} \tag{4-11}$$

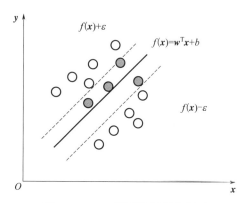

图 4-7　SVR 模型拟合图示意图

本节利用 SVR 实现水质预测。首先，定义水质时间序列数据集 $X = \{(\boldsymbol{x}_i, \boldsymbol{y}_i), i = 1, \cdots, n\}$，其中，$\boldsymbol{x}_i$ 为输入变量，$\boldsymbol{y}_i$ 为预测值，n 为通过固定滑动窗口将数据集分割后的个数。为将非线性问题转成线性问题，引入了核函数和拉格朗日乘子 α_i、α_j、α_i^*、α_j^*，并通过对偶定理将问题转化为拉格朗日对偶凸二次规划问题。

$$\min_\alpha \frac{1}{2}\sum_{i,j=1}^{n}(\alpha_i^* - \alpha_i)(\alpha_j^* - \alpha_j)\phi^{\mathrm{T}}(\boldsymbol{x}_i)\phi(\boldsymbol{x}_i) + \varepsilon\sum_{i=1}^{n}(\alpha_i^* + \alpha_i) - \sum_{i=1}^{n}\boldsymbol{y}_i(\alpha_i^* - \alpha_i)$$

$$\text{s.t.} \begin{cases} \sum_{i=1}^{n}(\alpha_i - \alpha_i^*) = 0 \\ 0 \leqslant \alpha_i, \alpha_i^* \leqslant \dfrac{C}{n} \quad i = 1, 2, \cdots, n \end{cases} \tag{4-12}$$

式中，$\phi(\boldsymbol{x}_i)$ 为非线性变换函数；ε 为不敏感损失系数；C 为惩罚因子。为寻找最优解，构造如下预测函数：

$$f(\boldsymbol{x}) = \sum_{i=1}^{n}(\alpha_i^* - \alpha_i)K(\boldsymbol{x}_i, \boldsymbol{x}) + \boldsymbol{b} \tag{4-13}$$

其中，$K(\boldsymbol{x}_i, \boldsymbol{x})$ 为核函数，其作用是将低维空间映射为高维空间，减少了计算量，避免了维度灾难。不同的核函数如表 4-1 所示。

表 4-1　核函数公式解释说明

函数名称	表达式	参数
线性核	$K(\boldsymbol{x},\boldsymbol{y})=\boldsymbol{x}^{\mathrm{T}}\boldsymbol{y}$	
多项式核	$K(\boldsymbol{x},\boldsymbol{y})=(a\boldsymbol{x}^{\mathrm{T}}\boldsymbol{y})^{d}$	$d\geqslant 1$ 为多项式次数
径向基核	$K(\boldsymbol{x},\boldsymbol{y})=\exp(-\gamma\|\boldsymbol{x}-\boldsymbol{y}\|^{2})$	$\gamma>0$
Sigmoid 核	$K(\boldsymbol{x},\boldsymbol{y})=\tanh(\beta\boldsymbol{x}^{\mathrm{T}}\boldsymbol{y}+\theta)$	tanh 为双曲正切函数，$\beta>0$，$\theta<0$

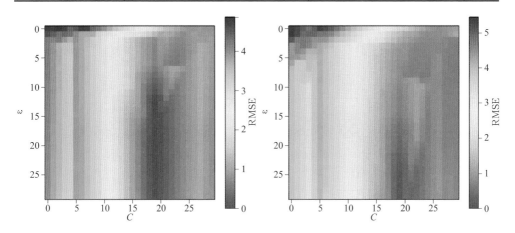

图 4-8　SVR 模型参数选择热力图

图 4-8 展示了设置不同 C、ε、γ 参数下的预测值与实际值的均方根误差的热力图，其中 X 轴、Y 轴为 30 个间隔，X 轴范围为 0.1 到 1.0 之间，Y 轴范围为 0.005 到 0.15 之间，从热力图中可以看出，C 选择 0.6，ε 选择 0.075 时，误差最小。图 4-9 展示了支持向量回归在溶解氧指标上的预测效果。

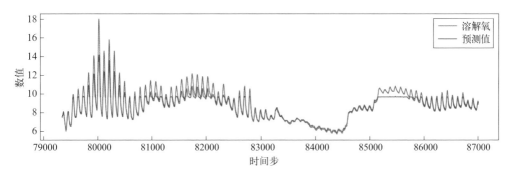

图 4-9　基于支持向量回归的溶解氧预测图

4.4.3 基于编解码的长短期记忆网络水质预测模型

长短期记忆网络（Long Short Term Memory，LSTM），已经广泛地应用于语音识别、机器翻译、自然语言处理等领域[24-25]，并取得了较好的效果。LSTM 门控单元由输入门、输出门、遗忘门组合而成，图 4-10 展示了 LSTM 单元内的逻辑门控信息流。相比于循环神经网络（Recurrent Neural Networks，RNN）模型，LSTM 可以学习较长的时间序列。图 4-11 为 RNN 模型的单元逻辑结构。遗忘门 G_f 是第一个门，它决定应该从单元上一时刻细胞状态中丢弃哪些信息，是否将 C_{t-1} 融合进 C_t。第二个门是输入门 G_i，用来决定是否将当前数据 X_t 的信息传递给细胞状态 C_t。输出门 G_o 是第三个门，决定下一个隐藏状态 H_t。LSTM 的计算步骤如下所述。

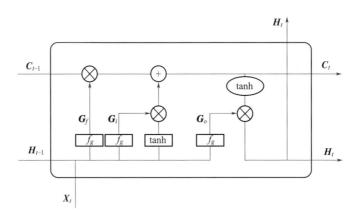

图 4-10　LSTM 单元结构图

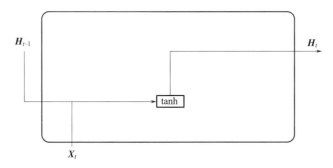

图 4-11　RNN 单元结构图

① 将前一时刻隐含层输出 H_{t-1} 和当前状态输入 X_t 合并：

$$I_t = H_{t-1} + X_t \tag{4-14}$$

②计算第一个输出向量 Y_t：

$$Y_t = f_c(W_c I_t + b_c) \qquad (4\text{-}15)$$

其中，f_c 一般采用 tanh 作为激活函数，W_c 为连接权重值，b_c 为偏置量。

③计算 LSTM 单元各个门控逻辑的输出向量：

$$G_i = f_g(W_i I_t + b_i) \qquad (4\text{-}16)$$

$$G_f = f_g(W_f I_t + b_f) \qquad (4\text{-}17)$$

$$G_o = f_g(W_o I_t + b_o) \qquad (4\text{-}18)$$

其中，G_i、G_f、G_o 分别为输入门、遗忘门、输出门的输出向量；权重 W_i、W_f、W_o 和偏置量 b_i、b_f、b_o 是三个门单元相对应的参数。

④计算长期记忆的细胞状态向量 C_t：

$$Y_t' = G_i Y_t \qquad (4\text{-}19)$$

$$C_t' = G_f C_{t-1} \qquad (4\text{-}20)$$

$$C_t = Y_t' C_t' \qquad (4\text{-}21)$$

其中，Y_t' 为 LSTM 单元的输入门 Sigmoid 结果与第一个 tanh 结果的逐元素乘积；C_t' 为上一时刻细胞状态向量 C_{t-1} 与遗忘门 Sigmoid 结果的逐元素乘积。将 Y_t' 与 C_t' 相加得到 C_t，C_t 表示 LSTM 单元在 t 时刻的细胞状态。

⑤计算 LSTM 单元的输出向量 H_t：

$$H_t = f_c(C_t) G_o \qquad (4\text{-}22)$$

其中，H_t 为 LSTM 单元输出向量。输出门的输出向量 G_o 可以控制 LSTM 单元是否应该产生输出。

基于编解码的长短期记忆网络（Long Short-Term Memory based on Encoder-Decoder，LSTM-ED）模型近年来常用于序列到序列的学习任务，如机器翻译等应用。

LSTM-ED 模型中，编码器是一个 LSTM 网络，将多变量输入序列映射为固定维向量；解码器是另一个 LSTM 网络，可以产生目标序列。如图 4-12 所示，$X = \{x^1, x^2, \cdots, x^{n_x}\}$ 为输入序列，C_t 是编码器在第 t 步处的中间状态，其中，$C_t \in \mathbf{R}^m$，m 是编码器的神经元的数量。解码器将 C_t 解码成目标序列 $Y = \{y^1, y^2, \cdots, y^{n_y}\}$。

在模型预测方面，本节采用了递归滚动预测的方法，具体实现过程如下述的多步预测算法所示。图 4-13 展示了 5 步预测数据组合过程。通过滚动预测，每次的滑动窗口步长为 1，预测结果会以错位形式排列，通过重新排列整理，可以取得一个二维矩阵，每个维度取平均数即为多步预测的结果。

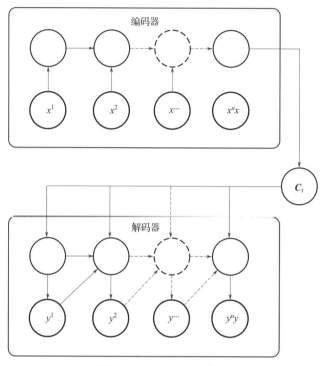

图 4-12　LSTM-ED 模型

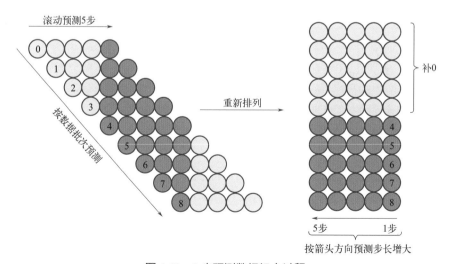

图 4-13　5 步预测数据组合过程

算法：多步预测算法

输入：*dataset* 通过一步滑动窗口分割的数据集，*model* 预测模型，*prediction_size* 多步预测长度
输出：多步预测矩阵
1: 设置二维矩阵 *predictions*, *organized*
2: for *t*=0 to *dataset.length* do
3: *predict_result*，*hidden* = *model* 预测
4: *predictions*[*t*].append(*predict_result*)
5: 滚动预测
6: for *i*=1 to *prediction_size* do
7:   *predict_result*，*hidden* = *model* 预测
8:   *predictions*[*t*].append(*predict_result*)
9: if *t* >= *prediction_size*
10: for *i*=0 to *prediction_size* do
11:   整理多步预测数据，从 *predictions* 中取出
12:   *result* = *predictions*[*i*+*t*-*prediction_size*][*prediction_size*-1-*i*]
13:   *organized*[*t*].append(*result*)
14: else
15: *organized*[*t*] = [0] *prediction_size*
17: endif
18: return *organized*

本实验通过 PyTorch 深度学习框架进行 LSTM-ED 模型搭建，对比隐层层数、隐层特征维度、输入特征维度、Dropout 几个参数的预测效果，损失函数采用均方误差，优化器采用 Adam，使用 RMSE 作为评价指标，通过上述滚动多步预测算法，设置预测长度为 20。

通过多步预测实验对 LSTM 模型与 LSTM-ED 模型进行对比。表 4-2 中是 LSTM 模型与 LSTM-ED 模型的 20 步预测的误差结果。图 4-14 展示了 LSTM-ED 模型的溶解氧预测效果。

表 4-2 LSTM 与 LSTM-ED 模型多步预测精度对比

预测步长	LSTM			LSTM-ED		
	MAPE2	MAE	RMSE	MAPE	MAE	RMSE
1	10.71	0.91	1.15	6.92	0.56	0.79
2	10.96	0.94	1.18	7.07	0.57	0.80
3	11.34	0.97	1.22	7.21	0.59	0.81
4	11.77	1.01	1.27	7.28	0.62	0.83

预测步长	LSTM			LSTM-ED		
	MAPE2	MAE	RMSE	MAPE	MAE	RMSE
5	12.20	1.05	1.32	7.35	0.64	0.83
6	12.63	1.09	1.37	7.55	0.69	0.86
7	13.02	1.13	1.42	7.62	0.71	0.87
8	13.37	1.16	1.46	7.69	0.73	0.89
9	13.69	1.19	1.50	8.17	0.76	0.92
10	13.97	1.22	1.53	8.49	0.78	0.93
11	14.20	1.24	1.56	8.91	0.83	0.95
12	14.41	1.26	1.59	9.23	0.87	0.99
13	14.58	1.28	1.61	9.49	0.90	1.02
14	14.73	1.29	1.63	9.88	0.92	1.05
15	14.85	1.30	1.65	10.32	0.94	1.08
16	14.95	1.31	1.66	10.77	0.97	1.10
17	15.04	1.32	1.67	11.51	0.99	1.13
18	15.10	1.33	1.68	11.89	1.04	1.16
19	15.15	1.33	1.69	12.21	1.13	1.19
20	15.19	1.34	1.69	12.65	1.19	1.21
平均值	13.59	1.18	1.49	9.11	0.82	0.97

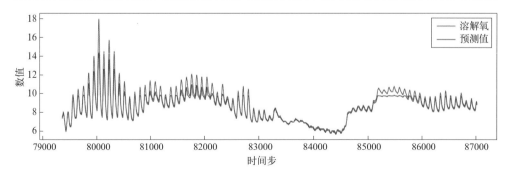

图 4-14 基于 LSTM-ED 模型的溶解氧预测结果

4.4.4 基于序列分解的水质预测模型

本小节在上述实验基础上，对比了基于序列分解的 LSTM-ED 模型在水质时间序列预测上的效果。在对比实验中，EMD 训练集分解了 14 个子序列，验证集分解了 8 个子序列，测试集分解了 11 个子序列。通过上述对 EMD 分解模型的分析，将多余的子序列进行合并，最终保持数据集为 8 个子序列，输入到 LSTM-ED 网络中进行训练。表 4-3 中对比了 EMD-LSTM-ED 模型与 STL-LSTM-ED 模型的 20 步预测的误差结果。图 4-15 和图 4-16 分别展示了 EMD-LSTM-ED 模型和 STL-LSTM-ED 模型的预测效果。其中，STL-LSTM-ED 模型取得较好的预测效果，但对峰值的预测效果还有待提高。

表 4-3　基于序列分解的 LSTM-ED 模型多步预测精度对比

预测步长	EMD-LSTM-ED			STL-LSTM-ED		
	MAPE	MAE	RMSE	MAPE	MAE	RMSE
1	3.21	0.28	0.46	3.73	0.33	0.43
2	3.40	0.30	0.47	3.97	0.35	0.45
3	3.69	0.32	0.50	4.22	0.37	0.48
4	4.05	0.35	0.53	4.48	0.39	0.51
5	4.44	0.39	0.57	4.75	0.41	0.54
6	4.86	0.43	0.62	5.01	0.44	0.57
7	5.29	0.47	0.66	5.27	0.46	0.60
8	5.73	0.50	0.71	5.53	0.48	0.63
9	6.16	0.54	0.76	5.79	0.50	0.65
10	6.59	0.58	0.80	6.04	0.52	0.68
11	7.02	0.62	0.85	6.28	0.55	0.71
12	7.43	0.66	0.90	6.52	0.57	0.74
13	7.83	0.70	0.94	6.74	0.59	0.76
14	8.21	0.73	0.99	6.96	0.60	0.79
15	8.58	0.76	1.03	7.16	0.62	0.81
16	8.93	0.80	1.07	7.36	0.64	0.84
17	9.26	0.83	1.11	3.73	0.33	0.43

预测步长	EMD-LSTM-ED			STL-LSTM-ED		
	MAPE	MAE	RMSE	MAPE	MAE	RMSE
18	9.57	0.86	1.15	3.97	0.35	0.45
19	9.86	0.88	1.18	4.22	0.37	0.48
20	10.13	0.91	1.22	4.48	0.39	0.51
平均值	6.71	0.60	0.83	5.31	0.46	0.60

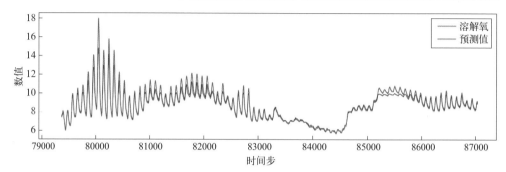

图 4-15　EMD-LSTM-ED 在溶解氧指标上的预测效果

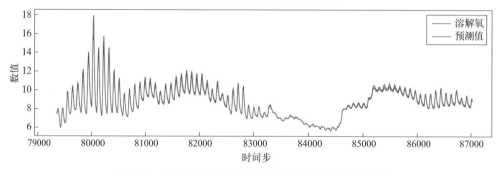

图 4-16　STL-LSTM-ED 在溶解氧指标上的预测结果

4.5
水质序列预警

4.5.1　基于拉依达准则的水质异常检测模型

拉依达准则（PauTa Criterion）又被称为 3σ 准则 [26]，利用数据正态分布的特性进行异常检测，该方法在单维度的时间序列数据上效果较好、效率较高。通常异常的发生为小概率事件，在数据满足正态分布的基础上，数值分布在 $(\mu-\sigma,\mu+\sigma)$ 中的概率为 0.6827，分布在 $(\mu-2\sigma,\mu+2\sigma)$ 中的概率为 0.9545，分布在 $(\mu-3\sigma,\mu+3\sigma)$ 中的概率为 0.9973，见图 4-17。其中，μ 为分布的平均值，σ 为分布的标准差。因此，可以根据数据分布是否在 3 个标准差内作为判别数值是否异常的标准。同时也可以根据实际数据来确定具体是几个标准差作为异常判别的阈值，因此可以扩展为 $k\sigma$ 法，即 $(\mu-k\sigma,\mu+k\sigma)$。

$$P(\mu-1\sigma \leqslant X \leqslant \mu+1\sigma) \approx 0.6827 \tag{4-23}$$

$$P(\mu-2\sigma \leqslant X \leqslant \mu+2\sigma) \approx 0.9545 \tag{4-24}$$

$$P(\mu-3\sigma \leqslant X \leqslant \mu+3\sigma) \approx 0.9973 \tag{4-25}$$

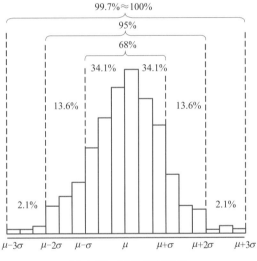

图 4-17 正态分布概率

本节将拉依达准则用于单维度数据的异常检测。使用拉依达准则对每一维度进行异常检测时，如果同一时刻存在有异常的特征，则将该时刻的数据确定为异常数据。这里设置一个阈值参数 T，即异常的维度个数超过 T 个，确定为异常数据。通过调整拉依达准则的扩展式 $(\mu-k\sigma,\mu+k\sigma)$ 中参数 k 寻找最优异常检测效果。为了验证通过季节性分段进行异常检测的效果，设定 $period$ 参数，即分段进行异常检测需要输入的数据长度。

图 4-18 展示了各参数下异常检测的效果 F1-Score 热力图。在该水质数据上，T 参数的选择对异常检测效果影响较小，在 $k=5$，$period=11000$ 时，F1-Score 达到最大值，为 0.594，此时 $Recall$ 召回率为 0.462，$Precision$ 精准率为 0.833，AUC

为 0.73。图 4-19 展示了在该参数下的 ROC 曲线以及混淆矩阵。

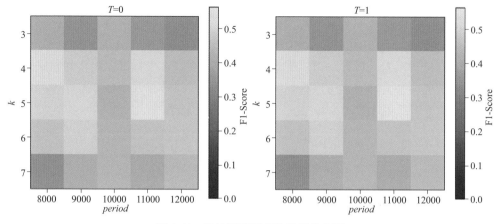

图 4-18 拉依达准则参数选择热力图

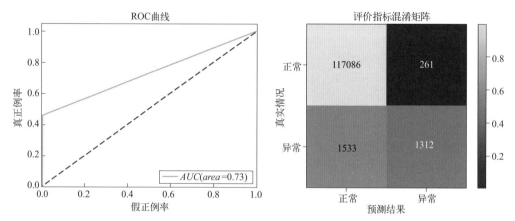

图 4-19 拉依达准则异常检测模型的 ROC 曲线以及混淆矩阵

4.5.2 基于孤立森林的水质异常检测模型

孤立森林（Isolation Forest，iForest）是一种基于相似度衡量的无监督异常检测模型[27-29]，即不需要标记样本。孤立森林的原理十分简单且高效。在孤立森林中，递归地随机分割数据集，直到所有的样本点都是孤立的。

孤立树（Isolation Tree，iTree）是孤立森林中的一个异常检测器，其结构为二叉树，且孤立树中的任意一个节点要么是外部节点，要么是必须具有两个子树 (T_l, T_r) 的内部节点。在分割训练集时，每一步分割，都会选择一个特征 q 和其分割值 p（分割值 p 必须在特征 q 的最大值和最小值之间），将 $q < p$ 的数据分割到左

子树 T_l，将 $q \geqslant p$ 的数据分割到右子树 T_r。按照此过程，递归地分割训练集。孤立树的高度限制 l 只需要近似等于树的平均高度即可，即孤立树只需要生长到平均高度，而不需要继续生长，其原因在于异常样本点的路径都是较小值。

$$l = ceiling(\log_2 n) \tag{4-26}$$

使用孤立森林进行异常检测分为两个阶段。训练阶段使用子采样法构建孤立树，评估阶段使用测试样本通过孤立树获取每个样本的异常分数。

在训练阶段，递归地划分子样本 X' 直到每个样本点都被孤立，具体细节详见下述算法 1 和算法 2。每个孤立树的子样本集 X' 都是从样本集 X' 中随机选取。算法 1 中 iForest 有两个输入参数，子采样大小 ψ 和孤立树的数量 t。子采样大小 ψ 用于控制训练数据的大小，随着 ψ 增加，预测精度会提高，但达到一定程度后，继续增加 ψ 并不会提高检测精度。

评价阶段由算法 3 实现，样本 x 遍历孤立树时，从根节点到外部节点经过的边的数量为 e，可以得出路径长度为 $h(x)$。当遍历达到预定义的高度限制 $hlim$ 时，返回值 e 加上调整值 $c(T.size)$，调整值用于估计平均路径长度。

算法 1：$iForest(X, t, \psi)$

输入：X —输入数据，t —孤立树数量，ψ —子采样大小

输出：孤立树集合，即孤立森林 $Forest$

Initialize $Forest$

for i=1 to t do

  $X' \leftarrow sample(X, \psi)$

  $Forest \leftarrow Forest \cup iTree(X')$

end for

return $Forest$

算法 2：$iTree(X')$

输入：X' —输入数据

输出：孤立树 $iTree$

if X' 不可分 then

  return $exNode\{size \leftarrow |X'|\}$

else

  Q 为 X' 中所有特征列表

  随机选择一个特征 $q \in Q$

  随机选择一个分割值 p，在特征 q 的最大值和最小值之间

  $X_l \leftarrow filter(X', q < p)$

$X_r \leftarrow filter(X', q \geqslant p)$

return $inNode\{Left \leftarrow iTree(X_l),$

$\qquad Rright \leftarrow iTree(X_r),$

$\qquad SplitAtt \leftarrow q,$

$\qquad SplitValue \leftarrow p \}$

end if

算法 3: $PathLength(x, T, hlim, e)$

输入: x —样本点, T ——棵孤立树, $hlim$ —高度限制, e —当前路径长度 (第一次调用时初始化为 0)

输出: x 的路径长度

if T 是外部节点或 $e \geqslant hlim$ then

return $e + c(T.size)$

end if

$a \leftarrow T.splitAtt$

if $x_a < T.splitValue$ then

return $PathLength(x, T.left, hlim, e+1)$

else $x_a \geqslant T.splitValue$ then

return $PathLength(x, T.right, hlim, e+1)$

end if

本节通过 Sklearn 数据分析工具库中的 IsolationForest 函数进行实验。模型需要设置的参数有生成孤立树的个数 t 为 100，样本采样量 m 为 256，如表 4-4 所示。在该参数下 F1-Score 达到最大值为 0.816。

表 4-4 孤立森林参数选取对比

孤立树个数 t	采样量 m	F1-Score	孤立树个数 t	采样量 m	F1-Score
90	256	0.728	100	200	0.638
100	256	0.816	100	250	0.807
110	256	0.804	100	300	0.791

同样地，对该模型加入季节性分段进行异常检测，在孤立树个数 t 为 100，采样量 m 为 256 的条件下，对季节分段长度 $period$ 参数进行探索，即选取长度为 $period$ 进行数据分割，分段输入到模型中进行异常分析。图 4-20 展示了 $period$ 与 F1-Score 的关系折线图。其中 $period$ 为 17000 时，F1-Score 取得最大值为 0.839，此时 $Recall$ 召回率为 0.818，$Precision$ 精准率为 0.861，AUC 为 0.91。图 4-21 展

示了在该参数下的 ROC 曲线以及混淆矩阵。

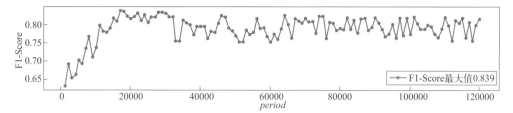

图 4-20 孤立森林方法中季节分段长度与 **F1-Score** 的关系图

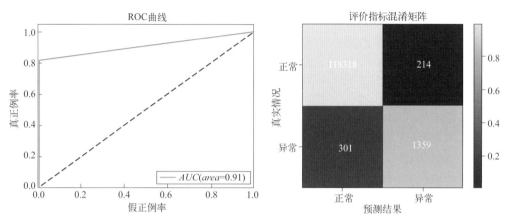

图 4-21 孤立森林异常检测模型的 **ROC** 曲线以及混淆矩阵

4.5.3 基于多元高斯分布的局部异常检测模型

考虑到水质变化受季节影响，本节提出一种动态预警的方法。采用基于多元高斯分布模型的离群点检测方法，通过滑动窗口方式计算局部均值 μ 和协方差矩阵 Σ，μ 是一个 n 维的向量，Σ 协方差矩阵是一个 $n \times n$ 维的矩阵。

首先，利用训练集拟合参数 μ 和 Σ，从而拟合模型 $P(x)$。在测试集的新样本上，计算出 $P(x)$ 的值，如果 $P(x) < \varepsilon$，则认为该样本为异常值，其中 ε 为概率阈值。设置滑动窗口的长度为 m，截取的序列为 $X(m) = \{x_1, x_2, \cdots, x_m\}$。

其次，将剔除异常的水质数据输入到 STL-LSTM-ED 预测模型进行训练，学习重构"正常"时间序列特征。将预测结果 $\hat{y} = \{\hat{y}_1, \hat{y}_2, \cdots, \hat{y}_n\}$ 与实际值 $y = \{y_1, y_2, \cdots, y_n\}$ 进行残差计算，得出 $e = \{e_1, e_2, \cdots, e_n\}$。

最后，通过多元高斯分布模型对残差分布 e 进行异常分析，计算 F1-Score 使其达到尽可能高的值，在 F1-Score 达到最高值时，计算 ε，此时 ε 为最优概率阈值。μ，Σ，$P(x)$ 的具体定义方式如式（4-27）～式（4-29）所示。

$$\boldsymbol{\mu} = \frac{1}{m} \sum_{i=1}^{m} \boldsymbol{x}^{(i)} \qquad (4\text{-}27)$$

$$\boldsymbol{\Sigma} = \frac{1}{m} \sum_{i=1}^{m} (\boldsymbol{x}^{(i)} - \boldsymbol{\mu})(\boldsymbol{x}^{(i)} - \boldsymbol{\mu})^{\mathrm{T}} \qquad (4\text{-}28)$$

$$P(\boldsymbol{x}) = \frac{1}{(2\pi)^{\frac{n}{2}} |\boldsymbol{\Sigma}|^{\frac{1}{2}}} \exp\left(-\frac{1}{2}(\boldsymbol{x} - \boldsymbol{\mu})^{\mathrm{T}} \boldsymbol{\Sigma}^{-1} (\boldsymbol{x} - \boldsymbol{\mu})\right) \qquad (4\text{-}29)$$

基于 STL-LSTM-ED 模型，根据水质预测周期性，设置动态预警时间为 500 个时间步，约 7 天的水质变化情况，预测未来 20 个时间步。如果其中某个预测值 $\boldsymbol{x}$，$P(\boldsymbol{x}) < \varepsilon$，则这个值将被定义为异常值，作为预警点，实现动态异常预警。

4.5.4　水质预警模型学习算法

机器学习训练的目的在于更新参数，优化目标函数，常见的优化器有 SGD、Adam、Adagrad、Adadelta、RMSprop 等[10-12]。Adam 优化器利用梯度的一阶矩估计和二阶矩估计动态调整每个参数的学习率。Adam 优化器的优点主要在于经过偏置校正后，每一次迭代学习率都有个确定范围，使得参数比较平稳。因此，本节利用 Adam 优化器更新 STL-LSTM-ED 模型的个性参数。

基于 Adam 优化器的参数调整过程如下所述：初始训练学习率设置在 0.01 ~ 0.001 之间，随着训练轮数的增加，学习率逐渐减小，在接近训练结束时，学习速率约减小至 1/100。通过观察损失函数的输出结果确定训练轮数，在损失不下降时停止训练。经过交叉验证，隐含节点 *dropout* 率等于 0.5 时效果最好，原因为该数据随机生成的网络结构最多。

4.6
模型检验及结果分析

为了检验异常检测模型的效果，本章利用 GECCO 2017 工业挑战赛的水质监测数据，其中水质数据包含异常标签。该数据集时间跨度为 2016 年 2 月至 2016 年 5 月，测量以 1 分钟的固定间隔记录，总共约 120000 条数据。该数据集中，已知量为水中二氧化氯、pH 值、氧化还原电位、电导率和浊度等五个指标。流速和水温是常规数据，这些值的变化可能表明相关质量值的变化，但不被认为是异常的影响因素。剔除不影响水质异常的流速和水温指标，同时剔除 Event 指标为

True 的异常数据，其数据分布如图 4-22 所示。

为了验证和评价所提出的 STL-LSTM-ED 模型的预测能力，利用三种常用的误差评价指标来计算预测值与实际值的差距。评价指标包括：平均绝对误差（MAE）、均方根误差（RMSE）、平均绝对百分比误差（MAPE）。各评价指标的公式如下：

$$MAE = \frac{1}{n}\sum_{i=1}^{n}\left|\hat{y}_i - y_i\right| \tag{4-30}$$

$$RMSE = \sqrt{\frac{1}{n}\sum_{i=1}^{n}(\hat{y}_i - y_i)^2} \tag{4-31}$$

$$MAPE = \frac{100\%}{n}\sum_{i=1}^{n}\left|\frac{\hat{y}_i - y_i}{y_i}\right| \tag{4-32}$$

其中，n 代表样本个数；$\hat{y} = \{\hat{y}_1, \hat{y}_2, \cdots, \hat{y}_n\}$ 是预测结果序列；$y = \{y_1, y_2, \cdots, y_n\}$ 是实际序列。

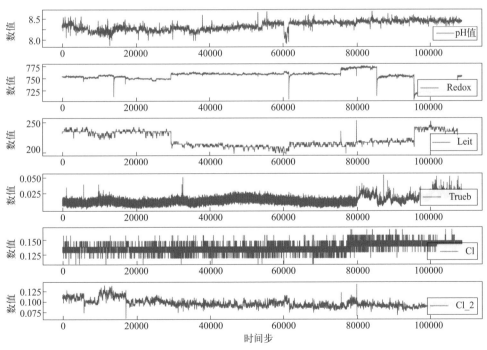

图 4-22　水质特征分布

为了验证异常检测模型的能力，利用精准率 Precision、召回率 Recall 以及 F1-Score 来评判异常检测的效果。各评价指标的公式如式（4-33）～式（4-35）所示：

$$Precision = \frac{TruePositives}{TruePositives + FalsePositives} \quad (4-33)$$

$$Recall = \frac{TruePositives}{TruePositives + FalseNegatives} \quad (4-34)$$

$$F1\text{-}Score = 2 \times \frac{Precision \times Recall}{Precision + Recall} \quad (4-35)$$

表 4-5 为式（4-33）～式（4-35）的参数说明，TruePositives 表示正确地把正样本预测为正，FalseNegatives 表示错误地把正样本预测为负，FalsePositives 表示错误地把负样本预测为正，TrueNegatives 表示正确地把负样本预测为负。其中 Precision 表示正确预测正样本占实际预测为正样本的比例，Recall 表示正确预测正样本占实际正样本的比例，F1-Score 同时考虑精准率和召回率，让两者同时达到最高，取得平衡。因此，当 F1-Score 指标取得最大值时，说明模型的效果最好。

表 4-5　评价标准参数说明

真实情况	预测结果	
	正例（**Positive**）	反例（**Negative**）
正例（Positive）	TruePositives	FalseNegatives
反例（Negative）	FalsePositives	TrueNegatives

基于 GECCO 2017 工业挑战赛的水质监测数据的实验结果如表 4-6 所示。研究结果表明，STL-LSTM-ED 模型在各项指标中的预测结果均优于其他模型。原因如下：STL-LSTM-ED 采用 STL 进行季节性分解，使得神经网络更加专注学习复杂的特征，采用 LSTM-ED（LSTM based on Encoder-Decoder）模型比单一的 LSTM 有着更好的预测精度。相比于仅能分解出三个子序列的 STL，EMD 能够分解出更多的子序列，这将导致预测误差叠加，使得预测的准确率下降。

表 4-6　预测模块实验对比结果

时间步	LSTM			EMD-LSTM			STL-LSTM-ED			SVR		
	MAPE	MAE	RMSE	MAPE	MAE	RMSE	MAPE	MAE	RMSE	MAPE	MAE	RMSE
1	8.63	0.82	1.01	3.52	0.31	0.37	2.87	0.24	0.31	15.35	1.33	1.69
2	8.74	0.83	1.04	3.59	0.32	0.39	2.89	0.25	0.33	15.17	1.32	1.64
3	9.11	0.89	1.09	3.51	0.34	0.45	2.90	0.27	0.38	14.71	1.26	1.60

时间步	LSTM			EMD-LSTM			STL-LSTM-ED			SVR		
	MAPE	MAE	RMSE	MAPE	MAE	RMSE	MAPE	MAE	RMSE	MAPE	MAE	RMSE
4	9.46	0.93	1.12	3.74	0.36	0.53	3.15	0.28	0.41	14.15	1.17	1.49
5	9.90	1.04	1.15	3.91	0.39	0.55	3.28	0.30	0.44	13.96	1.09	1.36
6	10.33	1.11	1.17	4.15	0.44	0.61	3.41	0.35	0.45	13.83	1.04	1.20
7	10.80	1.13	1.20	4.87	0.47	0.62	3.52	0.38	0.49	13.72	0.99	1.11
8	11.14	1.17	1.24	5.13	0.51	0.69	3.88	0.41	0.50	13.51	0.92	1.05
9	11.57	1.20	1.27	5.96	0.54	0.71	3.96	0.43	0.52	12.21	0.87	0.96
10	12.03	1.25	1.29	6.43	0.58	0.75	4.21	0.47	0.55	11.96	0.81	0.95
11	12.70	1.27	1.31	6.81	0.61	0.81	4.47	0.47	0.61	11.52	0.79	0.92
12	13.11	1.29	1.36	7.12	0.64	0.89	5.13	0.49	0.63	10.23	0.77	0.91
13	13.55	1.32	1.39	7.65	0.70	0.94	5.29	0.51	0.68	9.55	0.71	0.89
14	13.93	1.38	1.41	8.32	0.73	0.98	5.94	0.53	0.69	10.68	0.89	0.97
15	14.15	1.41	1.46	8.67	0.75	1.01	6.27	0.55	0.71	11.75	0.92	1.01
16	14.85	1.45	1.49	8.93	0.81	1.05	6.61	0.57	0.72	12.89	0.99	1.03
17	15.12	1.51	1.51	9.35	0.85	1.20	6.83	0.61	0.77	13.44	1.10	1.11
18	15.89	1.53	1.59	9.67	0.87	1.21	6.98	0.62	0.78	14.88	1.18	1.23
19	16.15	1.58	1.69	9.93	0.90	1.25	7.28	0.63	0.81	15.12	1.21	1.30
20	16.22	1.61	1.71	10.26	0.94	1.28	7.31	0.64	0.83	16.66	1.32	1.45
平均值	12.37	1.24	1.33	6.58	0.60	0.81	**4.81**	**0.45**	**0.58**	13.26	1.03	1.19

基于 STL-LSTM-ED 模型的多步预测结果如图 4-23 所示。在该模型中，将影响水质异常的 6 个指标输入到预测模型中，将输出的预测值与实际值的 6 个残差特征输入到多元高斯分布模型中，通过水质异常标签与评价指标对多元高斯分布模型的参数进行优化，当 F1-Score 达到最大值 0.63 时，获取最优概率阈值 ε 为 0.68，在最优参数下的精准率 Precision 为 0.52，召回率 Recall 为 0.79。

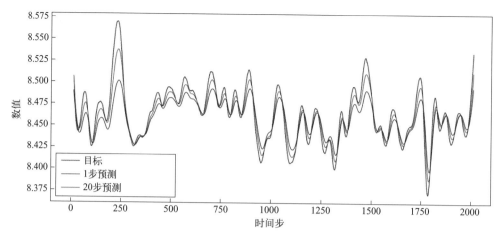

图 4-23　基于 **STL-LSTM-ED** 模型的多步预测结果

4.7

河流断面动态高效水质预警系统开发

4.7.1　系统功能设计

　　河流断面动态高效水质预警系统[30-32]的功能架构如图 4-24 所示。河流断面动态高效水质预警系统通过深度学习模型进行水质预测，然后进行异常分析，最终达到动态预警的目的。该系统包括数据模块、深度学习模块、任务调度模块。

　　数据模块整合了水质数据、气象数据、舆情数据，构建了多要素的水质异常预警分析系统，通过编写对应的数据库表 Model、SQL 语句等，将数据发布成 RESTful API，供其他模块调用。该模块通过增加 Redis 缓存数据库策略，大大提高了接口的并发能力。

　　深度学习模块主要负责深度学习模型的训练与预测，包括水质预测模型、异常检测模型。水质预测模型通过调用数据模块的 API 进行预测模型的训练，输出预测结果。异常检测模型调用预测 API 获取预测数据，同时获取数据模块的数据进行关联，将该数据整合后发布成 RESTful API 供其他模块调用。

　　任务调度模块主要负责深度学习模型的定时训练任务调度。构建一个深度学习模型训练实时监控模块，监控模型训练过程中的训练轮数、损失值等参数，有效地防止模型过拟合。并定时地从数据模块获取新数据进行训练，迭代更新模型，以保证预测精度。其作用是合理地调用深度学习模型，定时进行模型训练、异常分析等操作，并将预警信息录入数据库。其中，模型的调用分为定时执行与实时执行，通过定时执行将获取预警列表信息，实时执行用于 Web 端的异常水质指标曲线的绘制。

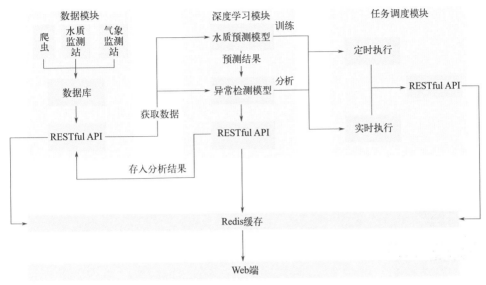

图 4-24　功能架构图

河流断面动态高效水质预警系统的服务端部分，主要使用 Flask 作为程序的主框架。Flask 是一款比较轻量级的 Web 开发框架，以 Python 语言为基础，可以便捷地对接深度学习模型以及数据交互。服务端各个子模块以微服务的形式将 API 接口进行暴露供主体程序调用。在深度学习模块，采用 PyTorch 进行神经网络的搭建，其中 LSTM-ED 模型依赖于 PyTorch。在任务调度模块，通过 Celery 框架实现了深度学习模型的定时训练的任务队列，有效地保证了模型学习最新的数据特征，提高模型的预测精度。本系统采用 Redis 缓存数据库作为中间件，用于深度学习模型的任务队列以及模型训练过程中的状态更新，同时还用来作为 API 接口的缓存，有效提高了系统的并发能力。本系统采用 MySQL 作为数据库存储。将所有的子模块制作成 Docker 镜像，通过 Docker Compose 对所有 Docker 镜像进行统一编排管理维护。

4.7.2　系统功能开发

用户登录成功后，鼠标悬浮在菜单栏的动态管控上，会弹出二级菜单，水质预警菜单包括两部分，第一部分展示了自动站异常统计信息、面板收缩按钮、控制单元搜索输入框、省 - 市 - 控制单元三级联动选择框、查询结果列表、查询分页按钮。第二部分展示了京津冀地图，用来绘制并展示数据图层。例如，通过选择框选中河北省某市的数据进行查询，搜索列表显示某市的自动站的水质异常信息及最近一次的报警时间，同时统计某市的异常信息的个数，包括自动站的总数、今日异常的自动站个数，并且右侧展示了某市区域的范围信息。

点击需要查看的水质断面信息，异常信息列表将以弹窗的形式展示。异常信息包括异常时间、异常原因、详细信息，通过分页功能查看历史异常信息。其中异常原因包括数值突变与上报异常两种情况，上报异常一般为采集分析数据缺失，其中数据缺失异常仅为对历史数据的分析结果。

点击需要查看的水质断面的最近异常时间，可以弹出该时刻的异常指标信息，如图 4-25 所示，包括指标名称、单位、监测值、超标倍数、水质类别等信息。

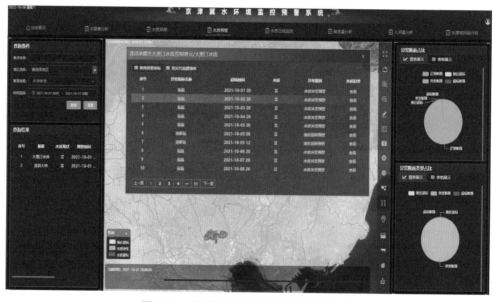

图 4-25　水质断面异常时间详细信息展示

点击某个异常事件查看详情，会弹出具体哪个水质指标出现异常，点击其中的水质指标，会弹出相对应时段的异常数据曲线图，将异常值与正常值进行区分绘制。当鼠标悬浮在图表中的点上时，详细信息以浮窗的形式进行展示，并显示详细气象数据，如图 4-26 所示。

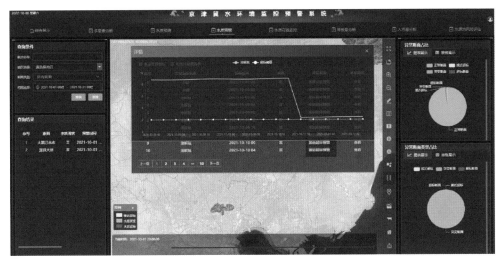

图 4-26　水质预警详细信息

参考文献

[1] NAJAH A, EL-SHAFIE A, KARIM O, et al. An application of different artificial intelligences techniques for water quality prediction [J]. International Journal of Physical Sciences, 2011, 6 (22): 5298-5308.

[2] NGUYEN X. Combining statistical machine learning models with ARIMA for water level forecasting: The case of the Red river [J]. Advances in Water Resources, 2020, 142: 103656.

[3] LIU P, WANG J, SANGAIAH A, et al. Analysis and prediction of water quality using LSTM deep neural networks in IoT environment [J]. Sustainability, 2019, 11 (7): 2058.

[4] ZHANG L, ZOU Z, SHAN W. Development of a method for comprehensive water quality forecasting and its application in Miyun reservoir of Beijing,

China [J]. Journal of Environmental Sciences, 2017, 56: 240-246.

[5] LI X, SONG J. A New ANN-Markov chain methodology for water quality prediction [C] //2015 International Joint Conference on Neural Networks (IJCNN). IEEE, 2015: 1-6.

[6] CHOI J, KIM J, WON J, et al. Modelling chlorophyll-a concentration using deep neural networks considering extreme data imbalance and skewness [C] //2019 21st International Conference on Advanced Communication Technology (ICACT). IEEE, 2019: 631-634.

[7] SHEN L, LU J, GENG D, et al. Peak Traffic Flow Predictions: Exploiting Toll Data from Large Expressway Networks [J]. Sustainability, 2020, 13 (1): 260.

[8] HARDIN J, ROCKE D. Outlier detection in the multiple cluster setting using

the minimum covariance determinant estimator [J]. Computational Statistics & Data Analysis, 2004, 44 (4): 625-638.

[9] RAMASWAMY S, RASTOGI R, SHIM K. Efficient algorithms for mining outliers from large data sets [C] //Proceedings of the 2000 ACM SIGMOD international conference on Management of data. 2000: 427-438.

[10] 周志华. 机器学习 [M]. 北京, 清华大学出版社, 2016

[11] BI J, LIN Y, DONG Q, et al. Large-Scale Water Quality Prediction with Integrated Deep Neural Network [J]. Information Sciences, 2021, 571: 191-205.

[12] WANG G, QIAO J, BI J, et al. An Adaptive Deep Belief Network with Sparse Restricted Boltzmann Machines [J]. IEEE Transactions on Neural Networks and Learning Systems, 2020, 31 (10): 4217-4228.

[13] WANG G, JIA Q, QIAO J, et al. Deep Learning-Based Model Predictive Control for Continuous Stirred Tank Reactor System [J]. IEEE Transactions on Neural Networks and Learning Systems, 2021, 32 (8): 3643-3652.

[14] GUO N, GU K, QIAO J, et al. Improved deep CNNs based on Nonlinear Hybrid Attention Module for image classification [J]. Neural Networks, 2021, 140: 158-166.

[15] 乔俊飞, 王功明, 李晓理, 等. 基于自适应学习率的深度信念网设计与应用 [J]. 自动化学报, 2017, 43 (8): 1339-1349.

[16] WANG G, JIA Q, QIAO J, BI J, et al. A Sparse Deep Belief Network with Efficient Fuzzy Learning Framework [J]. Neural Networks, 2020, 121: 430-440.

[17] LI W, LI M, QIAO J, et al. A feature clustering-based adaptive modular neural network for nonlinear system modeling [J]. ISA Transactions, 2020, 100: 185-197.

[18] 李文静, 张竣凯. 基于模块化神经网络的出水 BOD 传感器异常检测软件: 2021SR 0267892 [P]. 2020-12-31.

[19] WANG G, JIA Q, QIAO J, et al. Soft-sensing of Wastewater Treatment Process via Deep Belief Network with Event-triggered Learning – ScienceDirect [J]. Neurocomputing, 2021, 436:103-113.

[20] 毕敬, 高润, 乔俊飞. 一种基于长短时记忆网络的污染源贡献度计算方法: ZL20201109 3102.4 [P]. 2022-05.

[21] DUAN Q, WEI X, GAO Y, et al. Base station traffic prediction based on STL-LSTM networks [C] //2018 24th Asia-Pacific Conference on Communications. IEEE, 2018: 407-412.

[22] ZHENG H, YUAN J, CHEN L. Short-term load forecasting using EMD-LSTM neural networks with a Xgboost algorithm for feature importance evaluation [J]. Energies, 2017, 10 (8): 1168.

[23] CHATFIELD C, YAR M. Holt-Winters forecasting: some practical issues [J]. Journal of the Royal Statistical Society: Series D (The Statistician), 1988, 37

（2）:129-140.

[24] CHEN Z, YANG C, QIAO J. Sparse LSTM neural network with hybrid PSO algorithm [C]. 2021 China Automation Congress （CAC）.IEE, 2021: 846-851.

[25] 陈中林, 杨翠丽, 乔俊飞. 基于 TG-LSTM 神经网络的非完整时间序列预测 [J]. 控制理论与应用, 2022, 39 (05): 867-878.

[26] SHEN C, BAO X, TAN J, et al. Two noise-robust axial scanning multi-image phase retrieval algorithms based on Pauta criterion and smoothness constraint [J]. Optics express, 2017, 25 (14): 16235-16249.

[27] TANG, J, XIA H, ZHANG J, et al. Deep forest regression based on cross-layer full connection [J]. Neural Computing and Applications, 2021, 33 (15): 9307-9328.

[28] WU X, HAN H, ZHANG H, et al. Intelligent Warning of Membrane Fouling Based on Robust Deep Neural Network [J]. International Journal of Fuzzy Systems, 2022, 24 (1): 276-293.

[29] WANG G, JIA Q, ZHOU M, et al. Artificial neural networks for water quality soft-sensing in wastewater treatment: a review [J]. Artificial Intelligence Review, 2022, 55 (1): 565-587.

[30] 姜广, 毕敬, 乔俊飞. 水环境水质预警监测系统 1.0: 2022SR0589512 [P]. 2022-5-17.

[31] 许博文, 林永泽, 毕敬, 等. 水质预警监测系统 1.0: 2021SR0795923 [P]. 2021-5-31.

[32] 许博文, 毕敬, 苑海涛, 等. 基于季节性分解与长短时记忆网络的水质动态预警 [J]. 智能科学与技术学报, 2021, 3 (4).

[33] 许博文. 基于水质异常检测的动态预警高效分析方法研究 [D]. 北京: 北京工业大学, 2021.

Cutting-Edge Technologies in
**Smart
Environmental
Protection**

第 5 章

河流断面水质实时评价

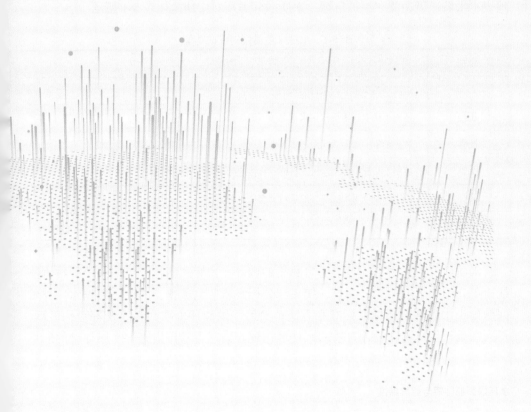

水环境质量评价的简称是水质评价，是以水环境监测数据为基础，按照一定的评价目标和评价标准，根据水体用途选择相应水质参数和评价方法，对水体利用价值及水处理要求进行定性和定量评定，确定水体的污染等级的过程。水质评价的目的是通过判断采样水样本的污染等级，评价水体的污染程度，明确水体污染类型，了解水体变化规律，掌握主要污染物对水体水质的影响程度及发展趋势，从而为水环境功能分区、水体污染管控、水环境规划管理提供理论依据。

5.1
水环境水质评价概述

按照评价时间划分，水质评价主要分为三大类：回顾评价（基于水域历年资料揭示水质污染的发展过程）、现状评价（基于近期水质监测数据对水体水质现状进行评价）、影响评价（基于区域发展规划对水体的影响预测水质未来发展状况）。

《地表水环境质量标准》（GB 3838—2002）将标准项目分成地表水环境质量标准基本项目、集中式生活饮用水地表水源地补充项目和集中式生活饮用水地表水源地特定项目。该标准适用于我国的江河、湖泊、运河渠道、水库等具有使用功能的地表水水域。具有特定功能的水域，执行相应的专业用水水质标准。基于地表水水域环境功能和保护目标，水质的分类及对应功能如表 5-1 所示。

表 5-1　水域水质类别对应的功能

级别	功能
Ⅰ类	适用于源头水、国家自然保护区
Ⅱ类	适用于集中式生活饮用水水源地一级保护区、珍贵鱼类保护区、鱼虾产卵区等
Ⅲ类	适用于集中式生活饮用水水源地二级保护区、一般鱼类保护区及游泳区
Ⅳ类	适用于一般工业用水区及人体非直接接触的娱乐用水区
Ⅴ类	适用于农业用水区及一般景观要求用水水域
劣Ⅴ类	污染区

水质评价工作的基础是水污染数据的调查、监测和研究。水质评价的技术路线简单介绍如下：首先，调查、搜集和分析水质监测数据；其次，根据水质评价问题确定水质评价指标、标准和方法；然后，设计评价准则和质量等级；最后，得出水质评价结论并设计有效的水环境治理方案或者管控措施。水质评价的原理

架构图如图 5-1 所示。

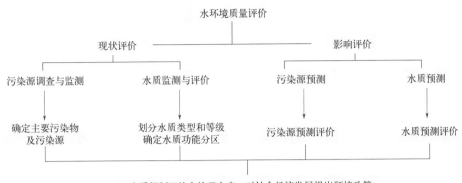

图 5-1 水质评价的原理架构图

水环境河流断面水质评价方法是基于水质评价标准和采样水体指标值，通过数学模型或计算公式确定水体水质污染等级的方法。水质评价方法发展的初期，仅仅简单通过颜色、气味、浑浊度等一系列感官性状对水质好坏进行定性鉴定。随着科学技术的迅猛发展，迄今已有数十种不同的评价方法。国内外经常使用的水环境水质评价方法主要有单因子评价法、综合指数评价法、污染指数法、模糊评价法、多元统计分析法和人工神经网络评价法等。

我国《地表水环境质量标准》（GB 3838—2002）制定了单因子评价法[1]，依据国标规定的水质指标标准来确定该水体水质类别。应用单因子评价方法需要说明水体水质达标情况。若水体水质超标，还需得到相应的超标项目和对应的超标倍数。为了表示多种污染物对水环境的综合影响程度，部分学者提出了综合指数评价法[2]。通过数学运算整合水质指标信息，得到水质综合指数，以此作为水质评价的尺度，评估水体的水质优劣。水环境河流断面本身存在大量不确定因素，难以用简单的物理关系表述清楚，水质评价过程中水质评价标准、水质指标等级划分也具有模糊性，因此可依据模糊数学理论进行水质评价[3]。

水环境河流断面具有复杂性和动态性特点，人工神经网络具有很强的泛化能力和非线性系统辨识能力，因此水环境水质人工神经网络评价法被广泛研究。水质神经网络评价法能够描述各个水质参量之间的复杂非线性关系，不需要专门试验和识别参数，模型有很强的学习功能。Yang 等[4]将人工神经网络技术引入了氨氮预测领域。Liu 等[5]利用长短期记忆网络，建立了一套基于物联网传感器的水质监测系统，用来预测中国某市水源地的水质。Choi 等[6]采用卷积神经网络对韩国大清湖的叶绿素 a 的浓度进行预测，以解决藻华的问题。Solanki 等人[7]使用无监督深度学习技术，利用自编码器进行水质数据去噪和深度信念网络提高神经网络模型的鲁棒性。Abyaneh 等[8]使用多元线性回归和人工神经网络模型对污水处理厂水质中的生化需氧量和化学需氧量进行预测。

依据水质标准进行水环境质量评价，实质上可以看作是一个水质分类的模式识别问题，水质的预测是依据现有的水质监测数据预测水质的变化趋势。因此，水质评价和水质预测问题是水体分类和水质参数回归的问题，恰恰对应于支持向量机（Support Vector Machine，SVM）多值分类和回归估计算法。富天乙[9]等提出的统计学习理论是一种针对小样本情况研究统计学习规律的理论，该理论的核心思想是通过引入结构风险最小化准则，控制学习机的容量，从而刻画了过度拟合与泛化能力之间的关系。Najah 等[10]采用支持向量机模型，对马来西亚柔佛河的各项水质指标进行预测，均取得较好的预测效果，并且具有计算速度快、计算量小的优点。

目前，国内外还没有统一的水质评价技术，其原因如下所述。

第一，难以实现水质评价体系权威性和综合性的统一。以我国为例，单因子评价法是目前普遍采用的一种比较权威的评价方法，该方法概念明确、计算简单，但是没有很好地考虑水体不同水质指标在环境中的变化和对水环境的影响。现有的部分水质评价技术虽然能在一定程度上弥补单因子评价法的不足，但是理论和实际应用尚未完全成熟，权威性不足。

第二，难以选择合适的水质指标。根据水质标准，选择恰当的水质指标才能够有效判断水域水质等级，实现全面、完整、准确的水质评价。但是，地表水的水质指标众多、影响因素复杂，难以制定统一的水质指标选择机制。若选取的水质指标过多，水质评价复杂度会相应增加。若选取的水质指标过少，则无法有效反映水环境水质情况。

5.2
水环境水质污染要素分析

水环境是一个极其复杂的动态系统，各项水质指标变量相互影响，每种水体污染组分对水环境质量都可能产生一定的影响，单一水质评价方法往往重点关注最差水质指标对水体污染影响的程度，忽略其他水质指标对水质评价结果的影响，难以同时反映同级别水质优劣以及水体内部污染状况。

北京工业大学乔俊飞等设计了水环境水质污染程度评价算法，通过计算水质综合因子判断同级别水质的优劣，提出了基于主成分分析的水环境主要污染物组分分析技术，提取了对水环境污染来说最重要的污染物。该方法可以对水质指标进行定性和定量评价，为水质实时评估、水域断面的管控提供了技术支持。

5.2.1 水环境水质污染程度评价

设计水质综合因子是为了实现水环境水质分级，判别同级别水质优劣，同时兼顾水质评价技术的权威性和综合性。水质综合因子的计算过程不仅强调了最差水质指标对水环境的影响程度，同时考虑了其他水质指标对水质评价结果的影响，从而实现水环境水质评价的定性和定量分析。其设计思路为：首先，为了保障水质评价方法的权威性，基于单因子水质评价法判别断面水质类别。其次，为了提高水质评价方法的综合性，计算每项水质指标的水质指数，按照从大到小的顺序排序，选取最差的三项水质指数并计算其平均值。最后对每项水质指标赋予一定的权重比例，从而计算断面的水质综合因子，实现了同级别水质优劣的比较。水质综合因子的技术流程图如图5-2所示，其具体的计算步骤如下所述。

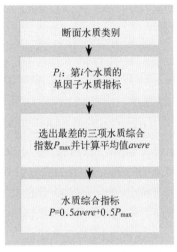

图5-2　水质综合因子的技术流程图

① 将选取的水域断面各水质指标实际监测值与水质标准进行比较，根据单因子评价法选取最差水质指标，判断水质类别。

② 鉴于不同水质指标数值代表的水质状况不同，因此根据式（5-1）和式（5-2）分别计算单项水质指标的水质指数。

由于溶解氧指标越大表示水质状况越好，因此该水质指标的水质指数计算公式如下所示：

$$P_i = K_i + \frac{S_{k\pm} - C_i}{S_{k\pm} - S_{k\mp}} \qquad (5\text{-}1)$$

其他水质指标的水质指数计算公式如下所示：

$$P_i = K_i + \frac{C_i - S_{k\mp}}{S_{k\pm} - S_{k\mp}} \qquad (5\text{-}2)$$

其中，K_i 为该项指标的类别；C_i 为实测浓度；$S_{k\pm}$ 和 $S_{k\mp}$ 分别对应类别的上限值和下限值。

③ 为了同时考虑最差参评水质指标和其他指标对水质的综合影响程度，对所有的参评水质指标进行排序，选取最差的三项水质指标，并通过式（5-3）计算断面的水质综合因子 P，实现同级别水质评价的量化分析。水质综合因子 P 越大，

代表水质越差。

$$P = 0.5avere + 0.5P_{\max} \tag{5-3}$$

其中，$P_{\max}$ 表示选取的最差水质综合指数；$avere$ 表示选取三项最差水质综合指数的平均值。

5.2.2　基于主元分析法的水环境主要污染物分析

主成分分析法（主元分析法）是一种可将多个变量转化为少数几个综合变量的统计分析方法。通过主成分分析法，可以在众多水质指标中提取最主要的污染组分，定性反映水体污染情况，为水环境污染的治理与管控提供理论依据。

主成分分析法的核心思想是降维[11-13]，其可以把多个变量指标转变成少数几个综合指标，从而实现以少数几个综合指标来反映原来多个变量所携带的大部分信息的目的。基于主成分分析的水环境主要污染组分分析方法的基本原理是：利用主成分分析法将多维的水质评价指标转化为少数几个彼此不相关的综合指标，从而提取水体主要污染组分。该方法的主要实现过程如下所述。

① 建立样本变量矩阵。假设研究对象包含 m 个样本，每个样本含有 n 个属性，其构成的样本矩阵 X 如下所示：

$$X = \begin{bmatrix} x_{1,1} & x_{1,2} & \cdots & x_{1,n} \\ x_{2,1} & x_{2,2} & \cdots & x_{2,n} \\ \vdots & \vdots & & \vdots \\ x_{m,1} & x_{m,2} & \cdots & x_{m,n} \end{bmatrix} \tag{5-4}$$

分别按式（5-5）和式（5-6）计算每一列的样本均值 $\bar{x}_j$、标准差 S_j。

$$\bar{x}_j = \frac{1}{m} \sum_{i=1}^{m} x_{i,j} \tag{5-5}$$

$$S_j = \sqrt{\frac{1}{m-1} \sum_{i=1}^{m} (x_{i,j} - \bar{x}_j)^2} \tag{5-6}$$

② 基于步骤 ① 得到的样本均值和标准差，计算标准化的矩阵 Z。

$$Z = \begin{bmatrix} z_{1,1} & z_{1,2} & \cdots & z_{1,n} \\ z_{2,1} & z_{2,2} & \cdots & z_{2,n} \\ \vdots & \vdots & & \vdots \\ z_{m,1} & z_{m,2} & \cdots & z_{m,n} \end{bmatrix} \tag{5-7}$$

其中，

$$z_{i,j} = \frac{x_{i,j} - \bar{x}_j}{S_j} (i = 1, 2, \cdots, m; \ j = 1, 2, \cdots, n) \tag{5-8}$$

③ 基于矩阵 $\boldsymbol{Z}$ 的散度矩阵 $\boldsymbol{ZZ}^{\mathrm{T}}$，计算其协方差矩阵 $\boldsymbol{C_z}$。

$$\boldsymbol{C_z} = \frac{1}{m-1}\boldsymbol{ZZ}^{\mathrm{T}} = \begin{bmatrix} c_{1,1} & c_{1,2} & \cdots & c_{1,m} \\ c_{2,1} & c_{1,2} & \cdots & c_{2,m} \\ \vdots & \vdots & & \vdots \\ c_{m,1} & c_{m,2} & \cdots & c_{m,m} \end{bmatrix} \tag{5-9}$$

④ 求解协方差矩阵 $\boldsymbol{C_z}$ 的特征值。求解特征方程 $|\lambda \boldsymbol{I} - \boldsymbol{C_z}| = 0$，其中 $\boldsymbol{I}$ 是单位矩阵。将其按照大小顺序排列，即 $\lambda_1 \geqslant \lambda_2 \geqslant \cdots \geqslant \lambda_m$，求解其相应的特征向量 $\boldsymbol{a}_1, \boldsymbol{a}_2, \cdots, \boldsymbol{a}_m$。

⑤ 计算各个成分的信息贡献率 b_j 和方差累计贡献率 $G(k)$：

$$b_j = \frac{\lambda_j}{\sum\limits_{k=1}^{n} \lambda_k} (j = 1, 2, \cdots, n) \tag{5-10}$$

$$G(k) = \frac{\sum\limits_{i=1}^{k} \lambda_i}{\sum\limits_{j=1}^{m} \lambda_j} (i = 1, 2, \cdots, k; \ j = 1, 2, \cdots, m) \tag{5-11}$$

当 $G(k) > 75\%$ 时，可以认为前 k 个变量能够反映原来变量的全部信息。

⑥ 计算各主成分 F_m 的得分，计算过程如下所示：

$$F_m = \begin{cases} F_1 = a_{1,1}z_{1,1} + a_{2,1}z_{1,2} + \cdots + a_{n,1}z_{1,n} \\ F_2 = a_{1,2}z_{2,1} + a_{2,2}z_{2,2} + \cdots + a_{n,2}z_{2,n} \\ \qquad\qquad\qquad \cdots\cdots \\ F_m = a_{1,m}z_{m,1} + a_{2,m}z_{m,2} + \cdots + a_{n,m}z_{m,n} \end{cases} \tag{5-12}$$

其中，$z_{i,j}$ 为步骤 ② 所求得的标准化矩阵中第 i 行第 j 列元素，$a_{i,j}$ 为步骤 ③ 求得的特征向量中第 i 行第 j 列元素。

⑦ 计算综合得分 F：

$$F = \frac{\lambda_1}{\lambda_1 + \lambda_2 + \cdots + \lambda_k}F_1 + \frac{\lambda_2}{\lambda_1 + \lambda_2 + \cdots + \lambda_k}F_2 + \cdots + \frac{\lambda_k}{\lambda_1 + \lambda_2 + \cdots + \lambda_k}F_k \tag{5-13}$$

⑧ 计算选取的 k 个主成分的因子载荷矩阵 $\boldsymbol{P}$，计算公式如下所示：

$$p_{i,j} = \sqrt{\lambda_i}\, a_{i,j} \left(i = 1,2,\cdots,m, j = 1,2,\cdots,k \right) \tag{5-14}$$

$$\boldsymbol{P} = \begin{pmatrix} p_{1,1} & p_{1,2} & \cdots & p_{1,k} \\ p_{2,1} & p_{2,2} & \cdots & p_{2,k} \\ \vdots & \vdots & & \vdots \\ p_{m,1} & p_{m,2} & \cdots & p_{m,k} \end{pmatrix} = \begin{pmatrix} a_{1,1}\sqrt{\lambda_1} & a_{1,2}\sqrt{\lambda_2} & \cdots & a_{1,k}\sqrt{\lambda_k} \\ a_{2,1}\sqrt{\lambda_1} & a_{2,2}\sqrt{\lambda_2} & \cdots & a_{2,k}\sqrt{\lambda_k} \\ \vdots & \vdots & & \vdots \\ a_{m,1}\sqrt{\lambda_1} & a_{m,2}\sqrt{\lambda_2} & \cdots & a_{m,k}\sqrt{\lambda_k} \end{pmatrix} \tag{5-15}$$

其中，$a_{i,1}(i=1,2,\cdots,m)$ 为 λ_1 所对应的特征向量中第 i 行第 1 列元素。

通过方差最大化旋转法计算旋转后的因子载荷矩阵，选择每个主成分中得分最高的污染物作为主要污染组分。

基于主成分分析法的水环境主要污染物组分分析技术可以判断水环境主要污染物的种类。同时，主成分分析的过程能够自动生成主成分的权重，减少人为因素对水环境水质评价的干扰。

5.2.3 方法校验及结果分析

（1）断面水质污染程度分析结果

为了验证水环境水质综合因子评价方法的有效性，以河北省某市某断面 2018 年 12 月的手动站水质指标（见表 5-2）数据作为计算实例，下面给出详细的计算过程。

① 导入某断面手动站的水质指标参数，原有 17 个水质指标，去除氨氮和总磷 2 个指标后还有 15 个指标，如表 5-3 所示。

表 5-2　某断面 2018 年 12 月的手动站水质指标

溶解氧	高锰酸盐指数	生化需氧量	氨氮	石油类	挥发酚	汞	铅	化学需氧量	铜	锌	氟化物	硒	砷	镉	总氮	总磷

表 5-3　某断面 2018 年 12 月的手动站去除氨氮和总磷后剩余水质指标

溶解氧	高锰酸盐指数	生化需氧量	石油类	挥发酚	汞	铅	化学需氧量	铜	锌	氟化物	硒	砷	镉	总氮

② 根据《地表水环境质量标准》，判断每个水质指标对应的水质类别。由于溶解氧为逆指标，数值越大表征水质越好，所以判别方法为大于等于准则，而其余指标为小于等于准则。该例子中，各项水质指标分别对应的水质类别为 w_q：

$$w\_q = [1\ 4\ 1\ 1\ 1\ 1\ 1\ 4\ 1\ 1\ 1\ 1\ 1\ 1\ 4] \tag{5-16}$$

③ 水质类别评价。根据单因子法最差原则选取出最差类别作为水质最终类别：

$$W\_Q = \max(w\_q) \tag{5-17}$$

经计算后得到最差类别 $W\_Q = 4$，即为Ⅳ类水质。

④ 计算水质指数。计算最差的三项水质指标的水质指数 P_i，经计算后得到：

$$\boldsymbol{P}_i = [0 \quad 4.0250 \quad 0 \quad 0 \quad 0 \quad 0 \quad 0 \quad 4.6000 \quad 0 \quad 0 \quad 0 \quad 0 \quad 0 \quad 0 \quad 4.3800] \tag{5-18}$$

⑤ 选取最大的水质综合指数 $P_{\max}$，计算三项最差水质综合指数的平均值 P_{av}〔即式（5-3）中的 avere〕：

$$P_{\max} = 4.6000 \text{，} P_{av} = 4.3350 \tag{5-19}$$

⑥ 通过式（5-19）计算最终水质综合因子 P。

上述计算结果表明，水质综合因子不仅能够判断某断面的水质类别为Ⅳ类水质，还综合计算出了该断面在2018年12月的相对污染程度，便于实现同级别水质优劣的比较。

（2）断面水质主要污染物组分分析结果

下面以某断面在2018年12个月的数据为例，说明如何利用主成分分析法确定该水体的主要污染组分。

① 建立样本数据矩阵 $\boldsymbol{X}$。该例子共有12组数据，每组样本有21个属性。因此 $\boldsymbol{X}$ 的大小为 12×21，将水质指标数据整合为矩阵形式，并通过式（5-5）和式（5-6）分别计算数据样本对应的平均值和标准差。

② 对样本数据进行标准化。基于样本数据矩阵 $\boldsymbol{X}$，通过式（5-7）建立标准化矩阵 $\boldsymbol{Z}$。

③ 计算协方差矩阵 $\boldsymbol{C_z}$。基于标准化矩阵 $\boldsymbol{Z}$ 通过式（5-9）计算协方差矩阵 $\boldsymbol{C_z}$。

④ 求解协方差矩阵 $\boldsymbol{C_z}$ 的特征值。通过求解特征方程 $|\lambda \boldsymbol{I} - \boldsymbol{C_z}| = 0$，求出特征值 $\lambda_i (i = 1, 2, \cdots, 21)$，将其按照大小顺序排列，即 $\lambda_1 \geqslant \lambda_2 \geqslant \cdots \geqslant \lambda_{21}$，相应的特征向量为 $\boldsymbol{a}_1, \boldsymbol{a}_2, \cdots, \boldsymbol{a}_{21}$。

⑤ 通过式（5-11）计算累计贡献率 $G(k)$。当 $G(k) > 75\%$ 时，可以认为前 k 个变量能够反映原来变量的全部信息。经计算，当 $k = 5$ 时：

$$\frac{\lambda_1 + \lambda_2 + \lambda_3 + \lambda_4 + \lambda_5}{\sum_{j=1}^{12} \lambda_j} = \frac{4.5744 + 3.0878 + 2.4484 + 1.8120 + 1.2112}{16} \tag{5-20}$$

$$= \frac{13.1338}{16} = 82.1\% \geqslant 75\%$$

因此选取前 5 个主成分。

⑥ 通过式（5-12）计算各主成分 F_m 的得分，经计算，F_1=-1.5121，F_2=0.3717，F_3=1.1053，F_4=0.0280，F_5=-0.4189。

⑦ 通过式（5-13）计算综合得分：

$$
\begin{aligned}
F =& \frac{\lambda_1}{\lambda_1+\lambda_2+\lambda_3+\lambda_4+\lambda_5}F_1 + \frac{\lambda_2}{\lambda_1+\lambda_2+\lambda_3+\lambda_4+\lambda_5}F_2 + \\
& \frac{\lambda_3}{\lambda_1+\lambda_2+\lambda_3+\lambda_4+\lambda_5}F_3 + \frac{\lambda_4}{\lambda_1+\lambda_2+\lambda_3+\lambda_4+\lambda_5}F_4 + \frac{\lambda_5}{\lambda_1+\lambda_2+\lambda_3+\lambda_4+\lambda_5}F_5 \\
=& -\frac{4.5744\times1.5121}{13.1338} + \frac{3.0878\times0.3717}{13.1338} + \frac{2.4484\times1.1053}{13.1338} + \frac{1.812\times0.028}{13.1338} - \\
& \frac{1.2112\times0.4189}{13.1338} \\
\approx& -0.268
\end{aligned}
$$

(5-21)

⑧ 计算选取的 5 个主成分的因子载荷矩阵 $\boldsymbol{P}$。删除全零行并通过方差最大化旋转法计算旋转后的因子载荷矩阵，选择每个主成分中得分最高的污染物作为主要污染组分。根据得到的旋转因子载荷矩阵，选出每个主成分得分最高的 1 至 2 个指标作为主要污染物。本例中主成分 F_1 对应的主要污染物为氨氮、总氮；主成分 F_2 对应的主要污染物为高锰酸盐、硫化物；主成分 F_3 对应的主要污染物为生化需氧量和挥发酚；主成分 F_4 对应的主要污染物为阴离子表面活性剂和硫化物。通过基于主成分分析的水环境主要污染物组分分析技术，可以有效提取该断面2018 年的主要污染物，该结果可以为水环境质量管理部门制定相关的管控措施提供理论依据。

5.3
河流断面水质 ESN-RLS 实时评价

5.3.1　河流断面水质实时评价

河流断面水质实时评价是根据对水体污染物组成、含量及增减状况的监测，对水体状况进行实时评价的过程。通过对水环境水质的实时评价，不但可以明确当前水质状况，还可以为水环境治理、污染控制等提供重要、直接的理论依据，从而预防水污染事故的发生。但是，实际水环境复杂多变，各水质指标之间的关系具有较强随机性和不确定性，基于固定参数的水质模型难以获取可靠的评价结果。同时，水环境是一个频繁动态变化的复杂系统，其水质指标是一个时变序列。基于机理的水质实时评价模型存在参数数量多、计算时间长、现实应用较困难的问题。

非机理水质实时评价模型具有计算简单的优点，但是需要大量数据，此外还存在对水质动态过程描述不足的问题。现有的水质评价技术多数是针对历史水质进行离线评价，不能及时提供评价结果，难以反映水质的未来发展趋势。因此，设计有效、快速和准确的水质实时评价方法是保障水质使用安全的关键。

河流断面水质指标本质上是一组具有高度非线性与不确定性的时间序列[14-16]，这导致水环境水质实时评价方法的设计很困难。回声状态网络（Echo State Network，ESN）通过对大量统计数据的实时学习，借助储备池技术自适应地描述各个水质参数之间的非线性关系，在解决复杂的非线性时间序列问题上有着天然的优势。另外，递归最小二乘算法（Recursive Least-Squares，RLS）能够实时更新非线性系统参数。因此，通过构建 ESN-RLS 水质实时评价模型，可实时、准确地进行水环境水质评估，为水环境治理管理部门实施决策、规划提供重要的理论支撑。

5.3.2 ESN 基本结构

2004 年，Jaeger 提出了回声状态网络 ESN[17]。一种典型的不带输出反馈的 ESN 的基本结构如图 5-3 所示。ESN 由三部分组成：包含 n 个神经元的输入层、具有 N 个隐层节点的储备池和带有 m 个神经元的输出层。在图 5-3 中，黄色实线代表输入权值 $\boldsymbol{W}^{\text{in}} \in \mathbb{R}^{N \times n}$，蓝色实线代表储备池内部递归连接权值 $\boldsymbol{W} \in \mathbb{R}^{N \times N}$，黑色虚线表示输出权值 $\boldsymbol{W}^{\text{out}} = [\boldsymbol{w}_1, \cdots, \boldsymbol{w}_N, \boldsymbol{w}_{N+1}, \cdots, \boldsymbol{w}_{N+n}] \in \mathbb{R}^{N+n}$，其中，$\boldsymbol{w}_i \in \mathbb{R}^m (1 \leqslant i \leqslant N)$ 是连接第 i 个储备池节点和输出层的输出权值，$\boldsymbol{w}_{N+i} \in \mathbb{R}^m (1 < i \leqslant n)$ 是连接第 i 个输入神经元和输出层的输出权值。对于给定的 L 个离散数据样本 $\{\boldsymbol{u}(k), \boldsymbol{t}(k)\}_{k=1}^L$，$\boldsymbol{u}(k) = [u_1(k), u_2(k), \cdots, u_n(k)]^{\text{T}} \in \mathbb{R}^n$，代表第 k 个输入向量，$\boldsymbol{t}(k) = [t_1(k), t_2(k), \cdots, t_m(k)]^{\text{T}} \in \mathbb{R}^m$ 是对应的目标输出向量，储备池的回声状态向量 $\boldsymbol{x}(k) = [x_1(k), x_2(k), \cdots, x_N(k)]^{\text{T}} \in \mathbb{R}^N$ 和网络输出向量 $\boldsymbol{y}(k) = [y_1(k), y_2(k), \cdots, y_m(k)]^{\text{T}} \in \mathbb{R}^m$ 的计算公式如下所示：

$$\boldsymbol{x}(k) = \boldsymbol{f}[\boldsymbol{W}\boldsymbol{x}(k-1) + \boldsymbol{W}^{\text{in}}\boldsymbol{u}(k)] \tag{5-22}$$

$$\boldsymbol{y}(k) = \boldsymbol{W}^{\text{out}} \boldsymbol{X}(k) \tag{5-23}$$

式中，$\boldsymbol{f}(\cdot) = [f_1(\cdot), f_2(\cdot), \cdots, f_N(\cdot)]^{\text{T}}$ 代表储备池神经元的激活函数；$\boldsymbol{X}(k) =$

$[\boldsymbol{x}(k)^{\mathrm{T}}, \boldsymbol{u}(k)^{\mathrm{T}}]^{\mathrm{T}}$ 是储备池状态向量 $\boldsymbol{x}(k)$ 和输入向量 $\boldsymbol{u}(k)$ 的结合。

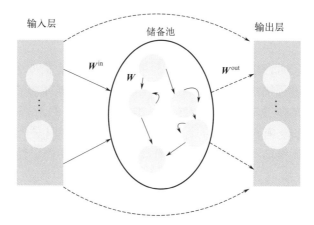

图 5-3　不带输出反馈的 ESN 结构图

输出权值矩阵 $\boldsymbol{W}^{\mathrm{out}}$ 的计算就等同于解决下面的最优化问题：

$$F\left(\boldsymbol{W}^{\mathrm{out}}\right) = \arg\min_{\boldsymbol{W}^{\mathrm{out}}} \left\| \boldsymbol{W}^{\mathrm{out}} \boldsymbol{H} - \boldsymbol{T} \right\|_2^2 \tag{5-24}$$

其中，$\boldsymbol{H} = [\boldsymbol{X}(1), \boldsymbol{X}(2), \cdots, \boldsymbol{X}(L)]$ 和 $\boldsymbol{T} = [\boldsymbol{t}(1), \boldsymbol{t}(2), \cdots, \boldsymbol{t}(L)]$ 分别是内部状态矩阵和目标矩阵。输出权值矩阵 $\boldsymbol{W}^{\mathrm{out}}$ 的计算公式如下：

$$\boldsymbol{W}^{\mathrm{out}} = \boldsymbol{H}^{\dagger} \boldsymbol{T} = (\boldsymbol{H}^{\mathrm{T}} \boldsymbol{H})^{-1} \boldsymbol{H}^{\mathrm{T}} \boldsymbol{T} \tag{5-25}$$

式中，$\boldsymbol{H}^{\dagger}$ 代表矩阵 $\boldsymbol{H}$ 的伪逆矩阵。

储备池是回声状态网络的核心部分，其参数和结构对回声状态网络的性能有很大影响。设计合适的储备池结构是回声状态网络建模的首要问题。储备池的主要参数包括激活函数类型、储备池规模、内部连接矩阵谱半径、稀疏度以及输入变换系数等。

ESN 储备池常使用的激活函数包括 Sigmoid 函数、线性 Relu 函数、Tanh 函数等。其中，Sigmiod 函数解析式：

$$S(x) = \frac{1}{1+\mathrm{e}^{-x}} = \frac{\mathrm{e}^x}{\mathrm{e}^x+1} \tag{5-26}$$

Tanh 函数解析式：

$$\tanh x = \frac{\mathrm{e}^x - \mathrm{e}^{-x}}{\mathrm{e}^x + \mathrm{e}^{-x}} \tag{5-27}$$

Relu 函数解析式：

$$Relu(x) = \max(0, x) \tag{5-28}$$

Sigmiod 函数可以将连续实值变换到 [0，1] 区间，并且其函数各点连续便于直接求导。Tanh 函数解决了 Sigmoid 函数不是零均值化输出问题，但是依然存在梯度消失问题和幂运算问题。Relu 函数收敛速度远快于 Sigmoid 和 Tanh 函数，但是数据幅度随着模型层数增加不断放大。

储备池规模代表储备池层神经元的个数，储备池过大或过小对 ESN 性能的影响较大。一般来讲储备池规模越大，数据的训练拟合更为精准，但是会引入大量冗余特征和无关特征，带来过拟合问题，导致网络的泛化能力降低，且具有较大的计算复杂度。储备池规模越小，算法复杂度越低，但是会产生欠拟合问题，影响网络的有效性。因此，ESN 储备池规模的选择应该同时考虑到网络的复杂性和有效性，选择与具体任务相匹配的储备池规模。

ESN 的内部连接矩阵的谱半径是指储备池内部连接矩阵的特征值中的最大绝对值。储备池是一种递归神经网络，需要考虑稳定性问题。当内部连接权值的谱半径在 [0，1] 之间，可保证回声状态网络满足回声状态特性。一般地，采用如下过程实现矩阵 W 谱半径的设定：

$$
\begin{aligned}
W_l &= \left(1/\rho(W_0)\right)W_0 \\
W &= \alpha_w W_l \left(0 < \alpha_w < 1\right)
\end{aligned}
\tag{5-29}
$$

首先按照给定储备池规模、稀疏度随机生成 W_0，然后将其转化为具有单位谱半径的矩阵 W_l，$\rho(W_0)$ 为 W_0 的谱半径，α_w 为比例因子。

稀疏度是指储备池内部神经元之间连接的稀疏程度，表征了储备池中相互之间存在连接的神经元个数占所有神经元个数的比例。Jaeger 等提出，10% 左右的连接即可满足回声状态网络的动力学特性要求。当稀疏度取 100% 时，网络则成了传统的递归神经网络。另外，输入缩放因子为对输入层到储备池权重连接矩阵进行尺度变换的缩放参数。输入变换系数表征输入连接权值的取值范围，其大小决定输入对储备池状态作用的强度，影响激活函数的工作区间。通常输入变换系数在 [0，1] 之间。

5.3.3 递归最小二乘算法

1795 年，著名学者高斯提出了最小二乘算法，使各项实际观测值和计算值之间的差的平方乘以度量其精度的数值以后的和为最小，是一种典型的有效数据数学处理方法。该算法可以根据观测数据有效地对未知参数进行推断，被广泛应用于统计模型求解问题中。然而，在最小二乘算法中，数据需要一次性全部测量好，才能进行求解。但实际工程中经常存在测量数据是在线求得的情况，比如在污水处理过程中，随着时间推移不断采集各项水质指标数据，无法一次性收集所有数据，因此采用最小二乘算法不能实现数据的实时跟踪。

为了解决上述问题，在最小二乘算法的基础上对其进行改进，提出了递归最小二乘算法（RLS），其基本求解原理如下：

设当前训练样本输入集 $X_t = \{\boldsymbol{x}_1, \cdots, \boldsymbol{x}_t\}$，对应期望输出集为 $Y_t^* = \{\boldsymbol{y}_1^*, \cdots, \boldsymbol{y}_t^*\}$。其目标函数通常定义为：

$$J(\boldsymbol{w}) = \frac{1}{2} \sum_{s=1}^{t} \lambda^{t-s} (\boldsymbol{y}_s^* - \boldsymbol{w}^{\mathrm{T}} \boldsymbol{x}_s)^2 \qquad (5\text{-}30)$$

其中，$\boldsymbol{w}$ 为权值向量，$\lambda \in (0,1]$ 为遗忘因子。

令 $J(\boldsymbol{w})$ 关于 $\boldsymbol{w}$ 的导数 $\nabla_{\boldsymbol{w}} J(\boldsymbol{w}) = 0$，可得：

$$\boldsymbol{w}^* = \sum_{s=1}^{t} \lambda^{t-s} (\boldsymbol{x}_s \boldsymbol{x}_s^{\mathrm{T}})^{-1} \boldsymbol{x}_s \boldsymbol{y}_s^* \qquad (5\text{-}31)$$

整理后可表示为：

$$\boldsymbol{w}_t - \boldsymbol{w}^* = \boldsymbol{A}_t^{-1} \boldsymbol{b}_t \qquad (5\text{-}32)$$

其中，

$$\boldsymbol{A}_t = \sum_{s=1}^{t} \lambda^{t-s} \boldsymbol{x}_s \boldsymbol{x}_s^{\mathrm{T}} \qquad (5\text{-}33)$$

$$\boldsymbol{b}_t = \sum_{s=1}^{t} \lambda^{t-s} \boldsymbol{x}_s \boldsymbol{y}_s^* \qquad (5\text{-}34)$$

为了避免复杂的矩阵求逆运算且适用于在线学习，令：

$$\boldsymbol{P}_t = \boldsymbol{A}_t^{-1} \qquad (5\text{-}35)$$

将式（5-33）、式（5-34）改写为如下递推更新形式：

$$\boldsymbol{A}_t = \lambda \boldsymbol{A}_{t-1} + \boldsymbol{x}_t \boldsymbol{x}_t^{\mathrm{T}} \qquad (5\text{-}36)$$

$$\boldsymbol{b}_t = \lambda \boldsymbol{b}_{t-1} + \boldsymbol{x}_t \boldsymbol{y}_t^* \qquad (5\text{-}37)$$

由 Sherman-Morrison-Woodbury 公式，易得：

$$\boldsymbol{P}_t = \frac{1}{\lambda} \boldsymbol{P}_{t-1} - \frac{1}{\lambda} \boldsymbol{g}_t \boldsymbol{u}_t^{\mathrm{T}} \qquad (5\text{-}38)$$

其中，

$$\boldsymbol{u}_t = \boldsymbol{P}_{t-1} \boldsymbol{x}_t \qquad (5\text{-}39)$$

$$\boldsymbol{g}_t = \frac{\boldsymbol{u}_t}{\lambda \boldsymbol{I} + \boldsymbol{u}_t^{\mathrm{T}} \boldsymbol{x}_t} \qquad (5\text{-}40)$$

其中，g_t 为增益向量，进一步整理代入可得当前权重向量的更新公式为：

$$w_t = w_{t-1} - g_t \left(w_{t-1}^{\mathrm{T}} x_t - y_t^* \right) \tag{5-41}$$

RLS 算法是最小二乘算法的一类快速算法，由于采用了在每个时刻对所有已输入信号重估的平方误差和最小准则，克服了其他算法收敛速度慢和信号非平稳适应性差等缺点。相比于最小二乘算法，RLS 算法具有如下优点：第一，具有维纳滤波与卡尔曼滤波的最佳滤波性能，而且不需要先验知识的初始条件；第二，具有很快的学习速度，而且可以进行实时参数估计，实现了实时数据跟踪，对于时变系统来说，这一点极为重要；第三，RLS 算法无需将所有数据全部保存下来，极大地节省了存储空间。基于 RLS 算法的上述优点，该算法已被广泛应用于卡尔曼滤波、污水处理水质参数预测以及无人驾驶车辆运动状态判断等众多领域。

5.3.4 水质实时评价模型结构设计

基于 ESN 的水环境水质实时评价模型设计的基本思想为：依托水质自动站历史数据，设计基于 ESN 的水质预测模型对各项参评水质指标进行预测，应用单因子评价法与水质综合指数评价法对水质类别和水质达标率进行统计。该模型的结构设计过程如下所述。

首先，将自动站采集数据与水质分类标准进行对比分析，选定氨氮、总氮及高锰酸盐指数等 6 种参评的水质指标。针对采集数据中存在的个别数据缺失、异常问题，采用均值插值法进行填补、替换；针对大量数据缺失、异常问题，采用神经网络模型进行预测填补，保证水质指标值的可计算性。然后，对于选定的 6 种水质指标，分别应用 ESN 水质预测模型进行预测。

5.3.5 水质实时评价模型参数自适应调整算法

为了满足实现水质实时评价模型参数的自适应调整，提出了一种基于稀疏递归最小二乘（OSESN-SRLS）的在线序列回声状态网络（OSESN-SRLS）算法。首先，采用 L_0 或 L_1 正则化项来稀疏网络输出权重，控制网络的大小。其次，结合稀疏递归最小二乘（SRLS）算法和次梯度方法优化网络输出权值矩阵。最后，采用所设计的稀疏递归最小二乘算法对所建模型进行训练，优化网络输出权值。

首先，对 L_0 与 L_1 范数这两种稀疏惩罚函数进行详细介绍。L_0 范数表示矩阵向量中非零项数，但 L_0 是一个非凸函数，其求解是一个 NP-hard 问题。为了解决这个问题，$f(W^{\mathrm{out}})$ 近似为如下的非线性方程：

$$\left\| W^{\mathrm{out}} \right\|_0 = f^\beta (W^{\mathrm{out}}) \approx \sum_{i=1}^{N} (1 - \mathrm{e}^{-\beta |w_k|}) \tag{5-42}$$

其中，β 是一个逼近常数。上式的子梯度的计算公式如下所示：

$$\nabla^s f^\beta \left(w_i \right) \approx \begin{cases} \beta \operatorname{sgn}(w_i) - \beta^2 w_i, & |w_i| \leqslant \dfrac{1}{\beta} \\ 0, & \text{其他} \end{cases} \tag{5-43}$$

对于 L_1 正则化项如下所示：

$$f(\boldsymbol{W}^{\text{out}}) = \|\boldsymbol{W}^{\text{out}}\|_1 = \sum_{i=1}^{N} |w_i| \tag{5-44}$$

由于 L_1 范数是凸函数，其相应的次梯度计算公式如下所示：

$$\nabla^s f \left(|w_i| \right) = \begin{cases} 1, & w_i > 0 \\ -1, & w_i < 0 \\ a \in [-1,1], & w_i = 0 \end{cases} \tag{5-45}$$

然后，介绍稀疏最小二乘（RLS）算法。在时间步长 k 处，所得网络输出权值矩阵表示为 $\boldsymbol{W}_k^{\text{out}} = [w_{1k}, \cdots, w_{Nk}] \in \mathbb{R}^N$，期望输出与实际输出之间的瞬时误差记为 $\boldsymbol{e}_k$：

$$\boldsymbol{e}_k = \boldsymbol{t}_k - (\boldsymbol{W}_k^{\text{out}})^{\text{T}} \boldsymbol{x}_k = \left[(\boldsymbol{W}^{\text{out}})^{\text{T}} - (\boldsymbol{W}_k^{\text{out}})^{\text{T}} \right] \boldsymbol{x}_k \tag{5-46}$$

传统的 RLS 代价函数描述如下所示：

$$\Gamma_k = \sum_{m=1}^{k} \lambda^{k-m} (\boldsymbol{e}_m)^2 \tag{5-47}$$

其中，λ 是指数遗忘因子，其取值范围为 $[0, 1]$。由于引入遗忘因子 λ，旧数据对加权模型误差的影响逐渐减小。

为了得到稀疏输出权值，RLS 代价函数［式（5-47）］修改为如下的公式：

$$\boldsymbol{J}_k = \frac{1}{2} \Gamma_k + \gamma_k f(\boldsymbol{W}_k^{\text{out}}) \tag{5-48}$$

其中，$f : \mathbb{R}^N \to \mathbb{R}$ 是输出向量 $\boldsymbol{W}_k^{\text{out}}$ 的 L_0 或 L_1 正则化项；$\gamma_k \geqslant 0$ 是时变正则化参数，其控制稀疏惩罚和估计误差之间的权衡。

令 $\boldsymbol{W}_k^{\text{out}}$ 的最优值为 $\hat{\boldsymbol{W}}_k^{\text{out}}$，其使得正则化代价函数 $\boldsymbol{J}_k$ 最小：

$$\hat{\boldsymbol{W}}_k^{\text{out}} = \arg \min_{\boldsymbol{W}_k^{\text{out}}} \boldsymbol{J}_k \tag{5-49}$$

由于式（5-48）中的 f 是凸函数，使用次梯度分析代替梯度。令 $f(\boldsymbol{\varphi}) : \mathbb{R}^N \to \mathbb{R}$ 表示凸函数。在凸函数 $f(\boldsymbol{\varphi})$ 不可微的任何 $\boldsymbol{\varphi}$ 点上，可能存在许多有效的子梯度向量。所有子梯度的集合称为 $f(\boldsymbol{\varphi})$ 的子微分，表示为 $\partial f(\boldsymbol{\varphi})$。

$\nabla^s f(\boldsymbol{\varphi})$ 表示为 $\boldsymbol{\varphi}$ 点上函数 $f(\boldsymbol{\varphi})$ 的子梯度向量。因此，其中有 $\nabla^s f(\boldsymbol{\varphi}) \in \partial f(\boldsymbol{\varphi})$。由于 $\boldsymbol{\varGamma}_k$ 在任何地方都是可微的，因此可以得到一个关于 $\hat{\boldsymbol{W}}_k^{\text{out}}$ 的 $\boldsymbol{J}_k$ 的次梯度向量：

$$\nabla^s \boldsymbol{J}_k = \frac{1}{2} \nabla \boldsymbol{\varGamma}_k + \gamma_k \nabla^s f(\hat{\boldsymbol{W}}_k^{\text{out}}) \tag{5-50}$$

次梯度向量 $\nabla^s \boldsymbol{J}_k$ 的第 $i(1 \leqslant i \leqslant N)$ 个元素计算如下所示：

$$\left\{\nabla^s \boldsymbol{J}_k\right\}_i = -\sum_{m=1}^{k} \lambda^{k-m} e_m \boldsymbol{x}_{m-i} + \gamma_n \left\{\nabla^s f(\hat{\boldsymbol{W}}_k^{\text{out}})\right\}_i \tag{5-51}$$

根据次微分学理论，当且仅当 $\mathbf{0} \in \partial f(\hat{\boldsymbol{\varphi}})$，$\hat{\boldsymbol{\varphi}}$ 是凸函数 $f(\boldsymbol{\varphi})$ 的最小值。这个结果意味着如果在 $\hat{\boldsymbol{\varphi}}$ 处，f 的次梯度为 $\mathbf{0}$ 时，可以求得 $\hat{\boldsymbol{\varphi}}$。它还表明，使 $\boldsymbol{J}_k$ 最小的向量 $\hat{\boldsymbol{W}}_k^{\text{out}}$ 可以通过令式（5-50）中的次梯度为 $\mathbf{0}$ 得到。经过一些矩阵运算后，可得，

$$\sum_{m=1}^{k} \lambda^{k-m} \left\{\boldsymbol{t}_m - \sum_{q=1}^{N} \hat{w}_{qk} \boldsymbol{x}_{(m-q)q}\right\} \boldsymbol{x}_{m-i} = \gamma_n \left\{\nabla^s f\left(\hat{\boldsymbol{W}}_k^{\text{out}}\right)\right\}_i \tag{5-52}$$

通过式（5-52），可以得到以下方程：

$$\boldsymbol{\varPhi}_k \hat{\boldsymbol{W}}_k^{\text{out}} = \boldsymbol{r}_k - \gamma_k \nabla^s f(\hat{\boldsymbol{W}}_k^{\text{out}}) \tag{5-53}$$

其中，$\boldsymbol{\varPhi}_n \in \mathbb{R}^{N \times N}$ 与 $\boldsymbol{r}_n \in \mathbb{R}^N$ 分别为：

$$\boldsymbol{\varPhi}_k = \sum_{m=1}^{k} \lambda^{k-m} \boldsymbol{x}_m \boldsymbol{x}_m^{\text{T}} = \lambda \boldsymbol{\varPhi}_{k-1} + \boldsymbol{x}_k \boldsymbol{x}_k^{\text{T}} \tag{5-54}$$

$$\boldsymbol{r}_k = \sum_{m=1}^{k} \lambda^{k-m} \boldsymbol{t}_m \boldsymbol{x}_m = \lambda \boldsymbol{r}_{k-1} + \boldsymbol{t}_k \boldsymbol{x}_k \tag{5-55}$$

式（5-55）的右边引入新变量 θ_k：

$$\begin{aligned}
\theta_k &= \boldsymbol{r}_k - \gamma_k \nabla^s f(\hat{\boldsymbol{W}}_k^{\text{out}}) \\
&= \lambda \boldsymbol{r}_{k-1} + \boldsymbol{t}_k \boldsymbol{x}_k - \gamma_k \nabla^s f(\hat{\boldsymbol{W}}_k^{\text{out}}) \\
&= \lambda \boldsymbol{r}_{k-1} - \lambda \gamma_k \nabla^s f(\hat{\boldsymbol{W}}_{k-1}^{\text{out}}) + \boldsymbol{t}_k \boldsymbol{x}_k + \lambda \gamma_{k-1} \nabla^s f(\hat{\boldsymbol{W}}_{k-1}^{\text{out}}) - \gamma_k \nabla^s f(\hat{\boldsymbol{W}}_{k-1}^{\text{out}})
\end{aligned} \tag{5-56}$$

假设 γ_k 和 $\nabla^s f(\hat{\boldsymbol{W}}_k^{\text{out}})$ 在单一时间步长上没有显著变化，则方程（5-56）可近似表示为

$$\theta_k \approx \lambda \theta_{k-1} + \boldsymbol{t}_k \boldsymbol{x}_k - \gamma_{k-1}(1-\lambda) \nabla^s f(\hat{\boldsymbol{W}}_{k-1}^{\text{out}}) \tag{5-57}$$

为了进一步分析，假设矩阵 $\boldsymbol{\varPhi}_k$ 的逆存在：

$$\boldsymbol{P}_k = \boldsymbol{\varPhi}_k^{-1} \tag{5-58}$$

根据式（5-54），矩阵 $\boldsymbol{P}_k$ 的递归更新如下：

$$\boldsymbol{P}_k = \lambda^{-1}(\boldsymbol{P}_{k-1} - \boldsymbol{\Omega}_k \boldsymbol{x}_k^{\mathrm{T}} \boldsymbol{P}_{k-1}) \tag{5-59}$$

其中， $\boldsymbol{\Omega}_k = \dfrac{\boldsymbol{P}_{k-1}\boldsymbol{x}_k}{\lambda \boldsymbol{I} + \boldsymbol{x}_k^{\mathrm{T}} \boldsymbol{P}_{k-1}\boldsymbol{x}_k}$ 。

基于 $\boldsymbol{P}_k$ ，式（5-54）可改写为

$$\hat{\boldsymbol{W}}_k^{\mathrm{out}} = \boldsymbol{P}_k \boldsymbol{\theta}_k \tag{5-60}$$

结合式（5-60）和式（5-57）， $\hat{\boldsymbol{W}}_k^{\mathrm{out}}$ 的递推更新方程为

$$
\begin{aligned}
\hat{\boldsymbol{W}}_{k-1}^{\mathrm{out}} &= \boldsymbol{P}_k \left\{ \lambda \boldsymbol{\theta}_{k-1} + \boldsymbol{t}_k \boldsymbol{x}_k - \gamma_{k-1}(1-\lambda)\nabla^s f(\hat{\boldsymbol{W}}_{k-1}^{\mathrm{out}}) \right\} \\
&= \boldsymbol{P}_k \lambda \boldsymbol{\theta}_{k-1} + \boldsymbol{P}_k \boldsymbol{t}_k \boldsymbol{x}_k - \gamma_{k-1}(1-\lambda)\boldsymbol{P}_k \nabla^s f(\hat{\boldsymbol{W}}_{k-1}^{\mathrm{out}}) \\
&= \lambda^{-1}\left(\boldsymbol{P}_{k-1} - \boldsymbol{\Omega}_k \boldsymbol{x}_k^{\mathrm{T}} \boldsymbol{P}_{k-1}\right)\lambda\boldsymbol{\theta}_{k-1} + \boldsymbol{P}_k \boldsymbol{t}_k \boldsymbol{x}_k - \gamma_{k-1}(1-\lambda)\boldsymbol{P}_k \nabla^s f(\hat{\boldsymbol{W}}_{k-1}^{\mathrm{out}}) \\
&= \boldsymbol{P}_{k-1}\boldsymbol{\theta}_{k-1} - \boldsymbol{\Omega}_k \boldsymbol{x}_k^{\mathrm{T}} \boldsymbol{P}_{k-1}\boldsymbol{\theta}_{k-1} + \frac{\boldsymbol{P}_{k-1} - \boldsymbol{\Omega}_k \boldsymbol{x}_k^{\mathrm{T}} \boldsymbol{P}_{k-1}}{\lambda}\boldsymbol{t}_k - \gamma_{k-1}(1-\lambda)\boldsymbol{P}_k \nabla^s f(\hat{\boldsymbol{W}}_{k-1}^{\mathrm{out}}) \\
&= \hat{\boldsymbol{W}}_{k-1}^{\mathrm{out}} + \boldsymbol{\Omega}_k \left(\boldsymbol{t}_k - (\hat{\boldsymbol{W}}_{k-1}^{\mathrm{out}})^{\mathrm{T}}\boldsymbol{x}_k\right) - \gamma_{k-1}(1-\lambda)\boldsymbol{P}_k \nabla^s f(\hat{\boldsymbol{W}}_{k-1}^{\mathrm{out}})
\end{aligned} \tag{5-61}
$$

假设 $\hat{\boldsymbol{\xi}}_k = \boldsymbol{t}_k - (\hat{\boldsymbol{W}}_{k-1}^{\mathrm{out}})^{\mathrm{T}}\boldsymbol{x}_k$ ，则有

$$\hat{\boldsymbol{W}}_k^{\mathrm{out}} = \hat{\boldsymbol{W}}_{k-1}^{\mathrm{out}} + \boldsymbol{\Omega}_k \hat{\boldsymbol{\xi}}_k - \gamma_{k-1}(1-\lambda)\boldsymbol{P}_k \nabla^s f(\hat{\boldsymbol{W}}_{k-1}^{\mathrm{out}}) \tag{5-62}$$

因此，式（5-62）给出了输出权值 $\hat{\boldsymbol{W}}_{k-1}^{\mathrm{out}}$ 的自适应递归更新规则。

实际上，SRLS 的性能与正则化参数 γ 密切相关。为了保证 SRLS 具有良好的预测性能，本章节还提出了一种 γ 自适应更新算法。

首先，定义 $\tilde{\boldsymbol{W}}_k^{\mathrm{out}}$ 为传统 RLS 算法中的实际输出权值矩阵：

$$\tilde{\boldsymbol{W}}_k^{\mathrm{out}} = \boldsymbol{P}_k \boldsymbol{r}_k \tag{5-63}$$

$\tilde{\boldsymbol{W}}_k^{\mathrm{out}}$ 的递归式可以改写为

$$\tilde{\boldsymbol{W}}_k^{\mathrm{out}} = \tilde{\boldsymbol{W}}_{k-1}^{\mathrm{out}} + \boldsymbol{\Omega}_k \tilde{\boldsymbol{\xi}}_k \tag{5-64}$$

其中， $\tilde{\boldsymbol{\xi}}_k = \boldsymbol{t}_k - (\tilde{\boldsymbol{W}}_{k-1}^{\mathrm{out}})^{\mathrm{T}}\boldsymbol{x}_k$ 。所提 SRLS 算法和传统的 RLS 算法的瞬时误差分别表示为 $\hat{\boldsymbol{\varepsilon}}_k = \hat{\boldsymbol{W}}_k^{\mathrm{out}} - \boldsymbol{W}^{\mathrm{out}}$ 和 $\tilde{\boldsymbol{\varepsilon}}_k = \tilde{\boldsymbol{W}}_k^{\mathrm{out}} - \boldsymbol{W}^{\mathrm{out}}$ 。综上可得

$$\hat{\boldsymbol{\varepsilon}}_k = \tilde{\boldsymbol{\varepsilon}}_k - \gamma_k \boldsymbol{P}_k \nabla^s f(\hat{\boldsymbol{W}}_k^{\mathrm{out}}) \tag{5-65}$$

定义瞬时方差分别为 $\hat{\boldsymbol{D}}_k = \hat{\boldsymbol{\varepsilon}}_k^{\mathrm{T}}\hat{\boldsymbol{\varepsilon}}_k = \left\|\hat{\boldsymbol{\varepsilon}}_k\right\|_2^2$ 和 $\tilde{\boldsymbol{D}}_k = \tilde{\boldsymbol{\varepsilon}}_k^{\mathrm{T}}\tilde{\boldsymbol{\varepsilon}}_k = \left\|\tilde{\boldsymbol{\varepsilon}}_k\right\|_2^2$ 。则有

$$\hat{\boldsymbol{D}}_k = \tilde{\boldsymbol{D}}_k - 2\gamma_k \nabla^s f^{\mathrm{T}}(\hat{\boldsymbol{W}}_k^{\mathrm{out}})\boldsymbol{P}_k \tilde{\boldsymbol{\varepsilon}}_k + \gamma_k^2 \left\|\boldsymbol{P}_k \nabla^s f(\hat{\boldsymbol{W}}_k^{\mathrm{out}})\right\|_2^2 \tag{5-66}$$

根据式（5-66），γ_k 的值将由下列定理确定。

定理 5.1：如果 $\gamma_k \in [0, \max(\hat{\gamma}_k, 0)]$，可得 $\tilde{D}_k \leqslant \tilde{D}_k$，其中

$$\hat{\gamma}_k = \frac{2 \nabla^s f^{\mathrm{T}}(\hat{W}_k^{\mathrm{out}}) P_k \tilde{\varepsilon}_k}{\left\| P_k \nabla^s f(\hat{W}_k^{\mathrm{out}}) \right\|_2^2} \tag{5-67}$$

证明：如果所提 SRLS 所得的平方偏差不比传统 RLS 的大，即 $\hat{D}_k \leqslant \tilde{D}_k$，应满足以下条件：

$$\gamma_k^2 \left\| P_k \nabla^s f(\hat{W}_k^{\mathrm{out}}) \right\|_2^2 - 2 \gamma_k \nabla^s f^{\mathrm{T}}(\hat{W}_k^{\mathrm{out}}) P_k \tilde{\varepsilon}_k \leqslant 0 \tag{5-68}$$

上述不等式可整理为

$$\gamma_k^2 \left\| P_k \nabla^s f(\hat{W}_k^{\mathrm{out}}) \right\|_2^2 \leqslant 2 \gamma_k \nabla^s f^{\mathrm{T}}(\hat{W}_k^{\mathrm{out}}) P_k \tilde{\varepsilon}_k \tag{5-69}$$

若 $\nabla^s f^{\mathrm{T}}(\hat{W}_k^{\mathrm{out}}) P_k \tilde{\varepsilon}_k \geqslant 0$，$\gamma_k$ 的取值范围为 $[0, \hat{\gamma}_k]$。否则，$\nabla^s f^{\mathrm{T}}(\hat{W}_k^{\mathrm{out}}) P_k \tilde{\varepsilon}_k < 0$，则上式变成等式 $\gamma_k = 0$。

因此，基于自适应 ESN 的水质实时评价模型的具体操作实现过程如下所述。

① 网络初始化。通过分析输入属性和输出值的特点，确定 ESN 神经网络模型结构参数，根据各个运算层中的节点个数，随机分配各层的权值和阈值，设置频谱半径、储备池规模、稀疏度预算精度和训练期循环次数等各项参数。

② 训练网络模型，优化网络结构与权值。输入训练样本 $\{u(k), t(k)\}_{k=1}^L$，计算状态矩阵 $x(k)$、预测输出 $y(k)$ 与损失函数 J_k，迭代更新 Ω_k、$\tilde{\xi}_k$、P_k 以及 $\hat{W}_k^{\mathrm{out}}$ 等参数。

③ 判断训练结束条件。若运算误差满足期望准确率或者训练次数达到预设的最大循环次数，结束训练；反之，设置 $k = k+1$，将下一个训练样本以及对应的输出期望代入步骤②，进入下一轮训练。

5.3.6 断面水质数据集

为了验证基于自适应 ESN 的水质实时评价模型的有效性，采用某市某自动站水域数据进行实验验证。每组数据包含 6 项水质指标：溶解氧（mg/L）、高锰酸盐指数（mg/L）、氨氮（mg/L）、叶绿素 a、总氮（mg/L）、总磷（mg/L）。每项水质指标代表的物理含义如下所示。

（1）溶解氧
溶解氧是指溶解在水中的分子态氧，直接反映水体因有机物、微生物和藻类等物质造成的污染程度，是表示水污染状态的重要指标之一，在水环境水质监测

中广泛应用。水体溶解氧含量与大气压、水温及含盐量等因素有关，大气压下降、水温升高、含盐量增加都会导致水体溶解氧含量降低。一般清澈的河流，溶解氧接近饱和值；若水体中大量藻类繁殖，溶解氧会过饱和；当水体受到有机物质、无机还原性物质污染时，溶解氧含量降低，甚至趋于零，导致厌氧细菌繁殖活跃、水质恶化。水中溶解氧低于 3mg/L 时，部分鱼类呼吸困难甚至会窒息死亡。

（2）高锰酸盐指数

高锰酸盐指数是指在一定条件下，以高锰酸钾为氧化剂氧化水样中的还原性物质所消耗的高锰酸钾的量。由于水体亚硝酸盐、亚铁盐、硫化物等还原性无机物和在此条件下可被氧化的有机物，均可消耗高锰酸钾，因此高锰酸盐指数常被作为地表水受有机污染物和还原性无机物污染程度的综合指标。高锰酸盐指数越大，表示水体受有机或无机可氧化污染物的污染程度越高，反之则说明水体受有机或无机可氧化污染物的污染程度越低。

（3）氨氮

氨氮以游离氨或铵盐的形式存在于水中，两者的含量取决于水的 pH 值和水温。当 pH 值偏高时，游离氨的比例较高；反之，则铵盐的比例高。水温则情况相反。水体中氨氮主要来源于生活污水中含氮有机物受微生物作用的分解产物，焦化、合成氨等工业废水。氨氮是水体中的主要耗氧污染物，氨氮氧化会分解消耗水中的溶解氧，使水体发黑发臭。氨氮中的非离子氨是引起水生生物毒害的主要因子，对水生生物有较大的毒害作用，其毒性比铵盐大几十倍。在氧气充足的情况下，氨氮可被微生物氧化为亚硝酸盐氮，进而分解为硝酸盐氮，亚硝酸盐氮与蛋白质结合生成亚硝胺，具有致癌和致畸作用。同时氨氮是水体中的营养素，可为藻类生长提供营养源，增加水体富营养化发生的概率。

（4）叶绿素 a

叶绿素 a 是一种包含在浮游植物的多种色素中的重要色素。在浮游植物中，占有机物干重的 1% ~ 2%，是水体富营养化监测的必测项目。叶绿素是藻类重要的组成成分之一，且所有的藻类均含有叶绿素 a，叶绿素 a 含量的高低与该水体中藻类的种类、数量等密切相关，也与水环境质量有关。因此，通过测定水体中叶绿素 a 含量能够反映水体富营养化程度，在一定程度上反映水质状况。

（5）总氮

总氮是水中各种形态无机氮和有机氮的总量，包括 NO_3^-、NO_2^-、NH_4^+ 等无机氮和蛋白质、氨基酸、有机胺等有机氮，以每升水含氮量（以毫克计）计算。当大量的生活污水或含氮工业废水排入水体，水中的有机氮和各种无机氮含量会增加，导致水生生物和微生物等大量繁殖，消耗水中的溶解氧，最终引起水体质量恶化。在湖泊、水库中含有一定量的氮、磷等物质时会造成浮游生物繁殖旺盛，出现水体富营养化现象，因此总氮常被用来表示水体受营养物质污染的程度，是衡量水质的重要指标之一。

（6）总磷

在水环境中，磷是引起水体富营养化、导致藻类大量繁殖的最主要因子，是造成水环境污染和水体富营养化问题的主要因素。磷以各种磷酸盐（正磷酸盐、络合磷酸盐和有机结合磷酸盐）的形式存在于水环境中，一般天然水体中磷酸盐含量不高，但水体受到污染（化肥制造、金属冶炼、合成洗涤剂等行业的工业废水及生活污水）后磷含量过高（如超过 0.2mg/L ），会使水体中浮游生物和藻类大量繁殖而消耗水中溶解氧，从而加速水体的富营养化，造成水体动植物生长不平衡，严重影响生态环境。

5.3.7 模型检验及结果分析

本实验采集 2018 年 8 月 17 日—23 日的 48 组数据，每组数据包含 6 项水质指标——溶解氧、氨氮、叶绿素 a、高锰酸盐指数、总磷、总氮，分别对应属性变量 $X_1, X_2, \cdots, X_6$，从而构成 48×6 大小的数据集。数据集前面的 42 组数据用来进行模型训练，后面 6 组数据进行模型测试。以该水域中氨氮指标为例，采用基于 ESN 的水环境水质实时评价模型对该指标进行在线评价。氨氮指标所对应的水质类别如图 5-4 所示。图中实线将图片分为左右两部分，实线左侧部分为模型训练结果，实线右侧部分为未来一天氨氮预测结果（6 个点）。 从实线左侧可以看出，

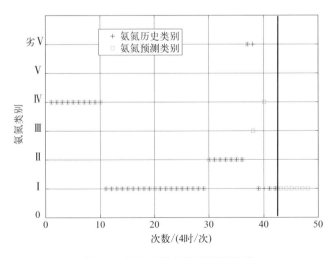

图 5-4 某自动站氨氮类别评估图

在某自动站 42 个氨氮指标训练结果中，预测氨氮类别与实际氨氮类别变化趋势基本一致，其中相同的点有 40 个，预测准确率为 95.24%，因此氨氮预测结果具有一定的参考性。采用所建模型预测某自动站未来一天 6 个时刻的氨氮类别均为 I 类水质。

类似地，其他 5 种水质指标依次采用上述方式进行预测。首先选取某项水质指标前 42 组数据集对网络模型进行训练，优化水质实时评价模型结构与权值；然后对该水质指标未来一天内 6 个时刻类别值进行预测。预测结束后，采用单因子水质评价法对预测结果进行分析、统计，即可得到未来一天内 6 个时刻的水质类别，其结果如图 5-5 所示。图中实线将图片分为左右两部分，实线左侧部分为实际水质类别与预测水质类别比较结果，实线右侧部分为未来一天水质预测结果。从实线左侧可以看出，在某自动站连续 42 个测量点中，预测水质类别与实际水质类别相同的点有 39 个，预测准确率为 92.86%，具有较强的参考性。采用单因子评价法对水质预测模型预测值进行分析可知，某自动站未来一天的水质类别分别为 V 类、III 类、III 类、III 类、III 类、III 类水质。

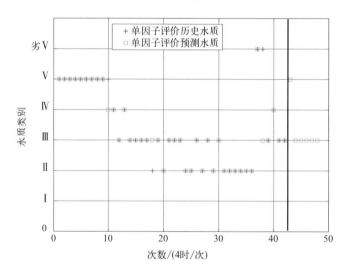

图 5-5　某自动站水质预测评估图

以 III 类水质为标准，若水质类别小于等于 III 类水质，则水质达标；否则，水质不达标。基于以上标准，对某自动站 42 组历史水质与 48 组预测水质的达标情况进行统计分析，其结果如图 5-6 所示。图中实线左侧部分为历史水质达标情况与预测水质达标情况比较结果，实线右侧部分为预测未来一天水质达标情况。从实线左侧可以看出，在某自动站连续 42 个测量点中，预测水质达标情况与实际水质达标情况相同的点有 41 个，预测准确率为 97.62%，验证了水质预测模型的有效性。并根据模型的预测结果看出，某自动站未来一天的水质存在不达标的情况。

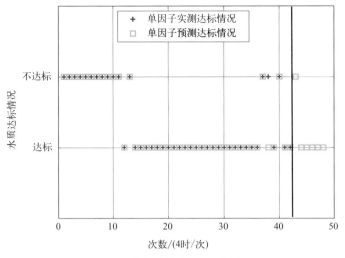

图 5-6　某自动站水质预测达标图

需要特别指出，基于国家地表水水质自动监测实时数据发布系统发布的 2018 年的河北省某市的不同河流断面的水质数据，利用基于 ESN 的水质实时评价模型进行不同时间段、不同河流断面的水质类别或者水质达标情况预测时，模型训练精度一般所处的区间为 [71%，100%]，模型测试精度一般所处的区间为 [50%，100%]。一般情况下，模型训练精度往往高于模型测试精度。

5.4
河流断面水质 RESN 实时评价

实际的河流断面水质数据往往包含一些测量噪声和异常值，这些噪声和异常值往往影响水质预测模型精度。另一方面，ESN 的储备池结构选取往往过大，如果训练数据含有噪声或者异常值，容易产生病态解，影响预测效果。因此，如何确定合适的储备池结构从而适应特定问题成为广大学者研究的热点[18]。储备池结构设计方法可以分为三类：增长型 ESN、修剪型 ESN 和混合型 ESN。

增长型 ESN 是指在网络训练开始后，向储备池中逐渐增加神经元，直到达到性能要求。Qiao 等人[19] 提出一种增长型 ESN，利用区块矩阵理论形成具有多个子储备池的 ESN，并且在网络增长期间，以增量方式更新 GESN 输出权值。Li 等[20] 提出一种基于粒子群优化算法和奇异值分解的方法，通过优化奇异值来预训练具有多个子储备池的增长型 ESN。

修剪型 ESN 是在初始化时产生一个较大的网络结构，然后按照贡献度指标，将值比较小的神经元删减。王磊[21]等提出一种基于灵敏度分析的模块化 ESN，根据灵敏度指标修剪贡献度低的子模块，在保证网络回声状态特性的前提下缩减了网络规模。Qiao 等人[22]提出一种基于贡献度的 ESN 结构优化方法，通过对储备池中神经元的贡献度评估，将贡献度较低的神经元删减达到稀疏网络结构的目的。

一些研究人员尝试利用小世界、自适应等方法设计储备池结构，提高网络性能。Kawai 等[23]提出一种小世界 ESN，通过改变储备池拓扑结构，增强 ESN 回声状态特性。Wang 等[16]提出一种基于多自适应储备池的深度 ESN，根据输入信号和储备池状态特征，利用主成分分析自动确定储备池数量和每个储备池大小，并利用基于拟牛顿算法的参数优化方法优化储备池参数。

水环境是一个频繁动态变化的复杂系统，其水质指标是一个时变序列。为实现水质预测模型的训练，已经设计了很多批量学习算法，其中所有的训练样本都是已知的。而在实际的水环境系统中，数据通常是一个接一个地到达，而且可能永远不会结束。为了满足实际应用需求，需要开发在线学习算法，使用最新收集的数据进行水质预测模型训练。ESN 中仅需对输出权值进行训练，常用的输出权值训练方法包括梯度下降法、正则化方法等。

ESN 输出权值训练问题可以近似为一个线性回归问题，可以利用梯度下降法进行求解。梯度算法包含三种基本类型：批量梯度下降法（Batch gradient descent，BGD）、随机梯度下降法（Stochastic gradient descent，SGD）和小批量梯度下降法（Mini-batch gradient descent，MBGD）。BGD 在每一次运算过程中需要利用全部数据[24-27]，因此计算量较大，算法速率缓慢。SGD 在每一次迭代时仅利用一个数据，因此训练速度较快，但是容易陷入局部最优。小批量梯度下降法既不是利用全部数据，也不是利用一个数据，而是介于 BGD 和 SGD 之间，每一次迭代中利用随机选择的小部分数据进行训练。Guo 等[28]提出一种基于相关熵诱导损失函数的 ESN，该方法对异常值具有较强的鲁棒性，利用随机梯度下降法对目标函数优化，利用随机误差和条件数对网络进行增加 - 删减操作，采用伪逆分解方法，通过迭代增量法更新输出权值，从而优化网络结构，提高泛化能力。

正则化方法是一种常用的学习算法，通过对目标函数施加惩罚项达到稀疏网络结构、降低训练误差的作用。常用的正则化方法有 L_1、L_2 和 L_0 正则化等。针对 ESN 中存在的不适定问题，Yang 等[4]提出一种动态正则化 ESN，根据节点对网络性能的重要程度向储备池中动态添加或删除节点，利用 L_2 正则化方法更新输出权值，避免不适定问题的发生，实验结果表明所提的 ESN 较传统 ESN 具有更高的预测精度和更低的网络复杂度。王磊等[21]提出一种新的储备池结构 SCRN，首先利用伪逆算法对输出权值进行预训练，然后利用冗余单元剪枝算法对输出权值矩阵进行修剪，最后将经过修剪的 SCRN 输出权值矩阵映射到输入权值矩阵中，该方法可以提高 SCRN 的性能。为了实现水质在线测量，Yang 等[29]设计了一种基于稀疏递归最小二乘法的在线 ESN，首先，利用 L_1 和 L_0 范数作为惩罚项控制网络结构大小；然后，将稀疏递归最小二乘法和次梯度算法相结合估计输出权值矩阵；最后，设计了一种自适应正则化参数选择机制，从而避免正则化参数选择失误对结果造成影响。实验证明该方法在预测精度和网络结构方面优于其他 ESN。

5.4.1 河流断面水质 RESN 实时评价模型结构设计

在许多实际的水环境数据采集系统中，所采集数据集往往包含一些测量噪声和异常值，这意味着对于系统建模，其对训练样本的鲁棒性处理还不够完善。针对该问题，Yang 等设计了基于稀疏在线学习算法的鲁棒 ESN（Robust Echo State Network，RESN）。为了提高网络的抗干扰能力，首先在损失函数中引入 ε- 不敏感损失函数；其次，利用在线梯度下降算法生成中间解；最后利用稀疏逼近算法搜索与中间解最接近的稀疏解。

第一步，为了设计能够抵抗噪声和异常值的 RESN，引入 ε -不敏感损失函数，也称为支持向量回归（SVR），其损失函数如下：

$$E_\varepsilon = \max\{0, |t(k) - y(k)| - \varepsilon\} \tag{5-70}$$

其中 ε 是容错量。在式（5-70）中，小于 ε 的残差 $t(k) - y(k)$ 将不被考虑，而任何大于 ε 的偏差会被惩罚。此外，ε -不敏感损失函数的导数是有界的，从而可以缓解较大残差的负面影响。另一方面，常用的二次损失函数 $[t(k) - y(k)]^2 / 2$ 的导数是线性且无界的，异常值引起的较大残差可能会对网络训练造成严重影响。相比而言，当数据集中存在噪声或者异常值时，ε -不敏感损失函数具有更好的鲁棒性。

在训练阶段，如果采用过拟合训练样本对 ε -不敏感损失函数进行最小化，得到的模型可能会对训练数据过于协调，失去对测试数据的适用性。为有效地解决这一问题，将 W^{out} 的 L_2 正则化项引入到式（5-70）中，得到的 L_2 范数正则化损失函数描述如下：

$$E = \frac{\lambda}{2} \|W^{out}\|^2 + E_\varepsilon \tag{5-71}$$

其中，λ 为正则化参数。如果 λ 太大，惩罚项 $\|W^{out}\|$ 将支配 E 的值。相反，如果 λ 太小，W^{out} 的解将不是唯一的或不存在。与式（5-70）相比，式（5-71）中的正则化项有助于使 W^{out} 的值趋向于零，使得 W^{out} 的搜索空间更加有限，从而缓解过拟合问题。

RESN 模型的结构设计过程如下所述：

首先，将自动站采集数据与水质分类标准进行对比分析，选定氨氮、总氮及高锰酸盐指数等 6 种参评的水质指标。针对采集数据中存在的个别数据缺失、异常问题，采用均值插值法进行填补、替换；针对大量数据缺失、异常问题，采用神经网络模型进行预测填补，保证水质指标值的可计算性。

其次，对于选定的 6 种水质指标，分别应用 ESN 水质预测模型进行预测。以氨氮为例，利用 $t-2$、$t-1$、t 时刻的氨氮值对 $t+1$ 时刻的氨氮值进行预测。因此，回声状态网络结构为 $3-N-1$，其中 N 表示储备池节点个数。若储备池节点选择 $N=300$，即该网络含有 3 个输入节点，300 个储备池节点，1 个输出节点。

5.4.2 RESN 在线稀疏逼近训练法

本小节简要介绍 RESN 的在线学习过程。在第 k 步，网络提供一个满足 $X(k) \leqslant R$ 的状态向量 $X(k) \in \mathbb{R}^{N+n}$，然后利用已有的输出权值矩阵 W_k^{out} 来预测网络输出 $y(k)$。据此，可以计算第 k 步时 RESN 的损失函数 $E_k\left(W_k^{\text{out}}\right)$ 如下：

$$E_k\left(W_k^{\text{out}}\right) = \frac{\lambda}{2}\left\|W_k^{\text{out}}\right\|^2 + \max\left\{0, \left|t(k) - y(k)\right| - \varepsilon\right\} \tag{5-72}$$

最后，对更新规则进行操作，生成一个新的权值矩阵 W_{k+1}^{out}。

为衡量特定学习算法的训练性能，定义了训练权值与最佳输出权值之间的累积损失差：

$$F = \sum_{k=1}^{L} E_k\left(W_k^{\text{out}}\right) - \sum_{k=1}^{L} E_k\left(W_*^{\text{out}}\right) \tag{5-73}$$

其中，$W_*^{\text{out}} = \arg\min_{W^{\text{out}}} \sum_{k=1}^{L} E_k\left(W^{\text{out}}\right)$ 为输出权值最优值。为了推导 F 的界，假定 W_*^{out} 的界是 $W_*^{\text{out}} \leqslant V$。$F$ 的值越小则设计的学习算法越适合追踪非线性系统的动态。

由于式（5-72）中的损失函数为凸函数，因此可以选择简单高效的在线梯度下降算法对 RESN 进行在线训练。下面将对其具体操作流程进行介绍。

初始时，将原始输出权值矩阵 W_1^{out} 设为零。在第 k 步，新的 W_{k+1}^{out} 被更新如下：

$$W_{k+1}^{\text{out}} = W_k^{\text{out}} - \eta_k \nabla E_k\left(W_k^{\text{out}}\right) \tag{5-74}$$

其中，$0 < \eta_k < 1/\lambda$ 为学习率。$\nabla E_k\left(W_k^{\text{out}}\right)$ 为 $E_k\left(W_k^{\text{out}}\right)$ 的次梯度，其计算公式如下：

$$\nabla E_k\left(\boldsymbol{W}_k^{\text{out}}\right) = \begin{cases} \lambda \boldsymbol{W}_k^{\text{out}} + \boldsymbol{X}_k, & y(k) - t(k) > \varepsilon \\ \lambda \boldsymbol{W}_k^{\text{out}} - \boldsymbol{X}_k, & t(k) - y(k) > \varepsilon \\ \lambda \boldsymbol{W}_k^{\text{out}}, & \text{其他} \end{cases} \tag{5-75}$$

然后，梯度下降更新规则可进行如下表示：

$$\boldsymbol{W}_{k+1}^{\text{out}} = \begin{cases} (1 - \eta_k \lambda)\boldsymbol{W}_k^{\text{out}} - \eta_k \boldsymbol{X}_k, & y(k) - t(k) > \varepsilon \\ (1 - \eta_k \lambda)\boldsymbol{W}_k^{\text{out}} + \eta_k \boldsymbol{X}_k, & t(k) - y(k) > \varepsilon \\ (1 - \eta_k \lambda)\boldsymbol{W}_k^{\text{out}}, & \text{其他} \end{cases} \tag{5-76}$$

现在，引入 γ_k 指示函数如下：

$$\gamma_k = \begin{cases} -1, & y(k) - t(k) > \varepsilon \\ 1, & t(k) - y(k) > \varepsilon \\ 0, & \text{其他} \end{cases} \tag{5-77}$$

式（5-76）可以改写为

$$\boldsymbol{W}_{k+1}^{\text{out}} = (1 - \eta_k \lambda)\boldsymbol{W}_{k+1}^{\text{out}} + \gamma_k \eta_k \boldsymbol{X}_k \tag{5-78}$$

梯度下降在线算法的性能与其学习率 η_k 密切相关，不同的学习率将产生不同的收敛性。本节考虑了固定学习率 $\eta_k = \eta$ 和衰变学习率 $\eta_k = \eta / \sqrt{k}(0 < \eta < 1/\lambda)$ 两种情况下的算法性能。为了方便计算不同学习率 η_k 下累积损失 F 的范围，首先给出引理 5.1 和 5.2。需要注意的是，在引理 5.1 中，如果相对于 $\boldsymbol{W}^{\text{out}}$，$E\left(\boldsymbol{W}_{k+1}^{\text{out}}\right) - \lambda/2\|\boldsymbol{W}^{\text{out}}\|$ 是凸的，则函数 E 也是强凸函数。

引理 5.1：令 $(E_1, E_2, \cdots, E_k, \cdots)$ 是一个关于 $\boldsymbol{W}_k^{\text{out}}$ 的强凸函数序列，当 $k \geqslant 1$ 时，集合 $\left(\boldsymbol{W}_1^{\text{out}}, \boldsymbol{W}_2^{\text{out}}, \cdots, \boldsymbol{W}_k^{\text{out}}, \cdots\right)$ 是一个矩阵序列且 $\boldsymbol{W}_{k+1}^{\text{out}} = \boldsymbol{W}_k^{\text{out}} - \eta_k \nabla E_k\left(\boldsymbol{W}_k^{\text{out}}\right)$。假设对于所有的 k，$\left\|\nabla E_k\left(\boldsymbol{W}_k^{\text{out}}\right)\right\| \leqslant G$，其中 G 为常数值。对于任意矩阵 $\boldsymbol{W}_*^{\text{out}}$，定义 $\Delta_k = \left\|\boldsymbol{W}_k^{\text{out}} - \boldsymbol{W}_*^{\text{out}}\right\|^2 - \left\|\boldsymbol{W}_{k+1}^{\text{out}} - \boldsymbol{W}_*^{\text{out}}\right\|^2$，则可推得如下不等式：

$$\sum_{k=1}^{L}\left[E_k\left(\boldsymbol{W}_k^{\text{out}}\right) - E_k\left(\boldsymbol{W}_*^{\text{out}}\right)\right] \leqslant \frac{G^2}{2}\sum_{k=1}^{L}\eta_k + \sum_{k=1}^{L}\left(\frac{\Delta_k}{2\eta_k} - \frac{\lambda}{2}\left\|\boldsymbol{W}_k^{\text{out}} - \boldsymbol{W}_*^{\text{out}}\right\|^2\right) \tag{5-79}$$

引理 5.2：在在线梯度下降算法的第 k 步中，存在 $\|\boldsymbol{W}_k^{\text{out}}\| \leqslant R/\lambda$ 与 $\left\|\nabla E_k\left(\boldsymbol{W}_k^{\text{out}}\right)\right\| \leqslant 2R$ 两个不等式成立。

定理 5.2：在在线梯度下降算法中，选取不同的学习率 η_k，累计损失 F 也会得到不同的上界。

① 若 $\eta_k = \eta(0 < \eta < 1/\lambda)$，则有：

$$F \leqslant 2\eta R^2 L + \frac{RV}{\eta\lambda} \qquad (5\text{-}80)$$

② 若 $\eta_k = \eta / \sqrt{k}(0 < \eta < 1/\lambda)$，则有：

$$F \leqslant 4\eta R^2 \sqrt{L} + \frac{RV\sqrt{L}}{\eta\lambda} \qquad (5\text{-}81)$$

从定理 5.2 可以得出累计损失 F 的上界受学习率 η_k 的影响。实际上，如果 L 是已知的，常数学习率 $\eta = O(1/\sqrt{L})$ 会产生 $O(\sqrt{L})$ 阶的 F 上界，而自适应学习率 $\eta = O(1/\sqrt{L})$ 会产生 $O(\sqrt{L})$ 阶的 F 的上界。当 L 足够大时，固定学习率 $\eta_k = \eta$ 的在线梯度下降算法可以产生比自适应学习率 $\eta_k = \eta/\sqrt{k}$ 更小的 F 上界。

在上述在线梯度下降算法中，应用式（5-71）中的 L_2 正则化项可以生成一个小范数的权值矩阵 $\boldsymbol{W}^{\text{out}}$。然而 $\boldsymbol{W}^{\text{out}}$ 所得不是一个稀疏解，原因是式（5-74）中的梯度更新规则由两个浮点值 $\boldsymbol{W}_k^{\text{out}}$ 和 $\eta_k\nabla E_k\left(\boldsymbol{W}_k^{\text{out}}\right)$ 组成，很少会产生 0 权值元素。

在第 k 步，为了在线梯度下降更新后生成一个稀疏的 $\boldsymbol{W}_{k+1}^{\text{out}}$，利用 L_0 范数约束对 $\boldsymbol{W}_{k+1}^{\text{out}}$ 进行截断为 0。稀疏逼近算法的工作原理如下所述。

首先，通过在线梯度下降规则设置中间变量 $\boldsymbol{S}_{k+1}$：

$$\boldsymbol{S}_{k+1} = (1 - \eta\lambda)\boldsymbol{W}_k^{\text{out}} + \gamma_k\eta\boldsymbol{X}_k \qquad (5\text{-}82)$$

然后，$\boldsymbol{S}_{k+1}$ 的一些系数被 L_0 范数缩减为零，搜索接近 $\boldsymbol{S}_{k+1}$ 的最稀疏解 $\boldsymbol{W}_{k+1}^{\text{out}}$，这个过程等同于求解下面的最小化问题：

$$\boldsymbol{W}_{k+1}^{out} = \arg\min_{\boldsymbol{W}} \boldsymbol{W}_0 \quad \text{subject to} \ \|\boldsymbol{W} - \boldsymbol{S}_{k+1}\| \leqslant \theta \qquad (5\text{-}83)$$

其中，θ 为截断误差。θ 值影响 $\boldsymbol{W}_{k+1}^{\text{out}}$ 与 $\boldsymbol{S}_{k+1}$ 的接近程度，从而决定了 $\boldsymbol{W}_{k+1}^{\text{out}}$ 的稀疏性。如果 θ 太小，$\boldsymbol{W}_{k+1}^{\text{out}}$ 可能会有较少的零值，从而导致过拟合问题。而如果 θ 太大，则 $\boldsymbol{W}_k^{\text{out}}$ 可能包含太多的零，导致拟合不充分问题。为了降低 θ 的灵敏度，通过引入一个小整数 q 来修正。在式（5-84）中，易得 $\boldsymbol{W}_{k+1}^{\text{out}}$ 中非零项的数量不小于预定义的整数 q。

$$\begin{aligned}
&\text{if} \ \ \|\boldsymbol{S}_{k+10}\| > q \ \ \text{then} \\
&\boldsymbol{W}_{k+1}^{\text{out}} = \arg\min_{\boldsymbol{W}} \boldsymbol{W}_0 \\
&\text{subject to} \ \|\boldsymbol{W}_{k+1}^{\text{out}} - \boldsymbol{S}_{k+1}\| \leqslant \theta \ \text{and} \ \|\boldsymbol{W}\|_0 > q
\end{aligned} \qquad (5\text{-}84)$$

由于 L_0 范数是非凸的，式（5-84）难以优化。为了解决这个问题，本节提出

了一种贪婪搜索算法。首先，设 $W_{k+1}^{out} = S_{k+1}$，然后对 W_{k+1}^{out} 中非零元素的绝对值进行排序，将绝对值最小的元素设为零，重复这个收缩过程，直到不满足约束 $\|W_{k+1}^{out} - S_{k+1}\| \leqslant \theta$ 或 $\|W_{k+10}^{out}\| \geqslant q$ 为止。

基于以上讨论，本节提出的 RESN 水质在线评价法的具体算法步骤如下：

① 生成输入权重矩阵 W^{in}，根据预定的谱半径设计内部权重矩阵 $\tilde{W}$，初始化输出权重矩阵 $W_1^{out} = 0$ 和学习率 η，确定正则化参数 λ，输入截断误差 θ，非零值的最小数量 q 以及错误容忍 ε。设置训练步骤 $k = 1$。

② 在第 k 步，输入训练样本 $\{u(k), t(k)\}$，计算状态矩阵 X_k 和预测输出 y_k，计算损失函数 $E_k(W_k^{out})$。

③ 利用在线梯度下降算法计算中间解 S_{k+1}。

④ 用贪婪搜索算法求解式（5-84）中的最小化问题，得到稀疏权值矩阵 W_{k+1}^{out}。

⑤ 增加 $k = k + 1$。当 k 达到训练数据长度或最大算法迭代值时，训练过程停止。否则，执行步骤 ②。

⑥ 得到网络输出矩阵 W^{out}，对所得网络进行测试。

5.4.3 模型检验及结果分析

在某自动站，实验采集 2020 年 4 月 1 日—5 月 12 日的 252 组数据，组成模型训练数据集，每组数据包含 6 项水质指标——溶解氧、氨氮、叶绿素 a、高锰酸盐指数、总磷、总氮，分别对应属性变量 X_1，X_2，…，X_6，从而构成 252×6 大小的数据集。同时，收集 2020 年 5 月 13 日—31 日的 72 组数据，组成模型训练数据集。基于 ESN 的水环境水质实时评价模型对总氮、氨氮、总磷进行在线评价，总氮、氨氮、总磷的预测结果如图 5-7 ～图 5-9 所示。可以发现，在 2020 年 5 月 13 日—

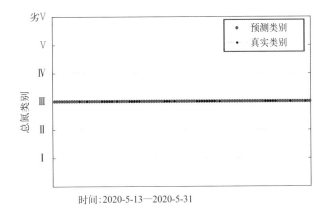

时间：2020-5-13—2020-5-31

图 5-7　总氮预测结果

2020 年 5 月 31 日期间，氨氮和总磷为 Ⅰ 或 Ⅱ 类，而总氮的类别为 Ⅰ 、Ⅲ 或 Ⅳ 类，水质类别为 Ⅲ 或 Ⅳ 类，由单因子评价法选择最高类别原理，说明了该水环境中总氮是其水质类别的决定因素。基于预测数据并根据《地表水环境质量标准》（GB 3838—2002）得出的各项水质指标预测曲线，以及根据单因子法得出的水环境水质类别预测曲线如图 5-10 所示。从图中可看出，根据各水质指标预测值而评价出的水质类别与真实类别相同，预测准确率为 100.0%。各水质指标类别的预测准确率分别为总氮（100.00%）、氨氮（100.00%）和总磷（98.71%）。每项指标的预测评价准确率均在 95% 以上，说明 RESN 预测水质指标的误差范围小，其足以保证水质类别评价的准确率。

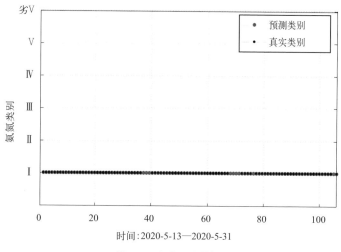

图 5-8　氨氮预测结果

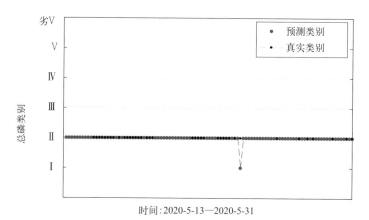

图 5-9　总磷预测结果

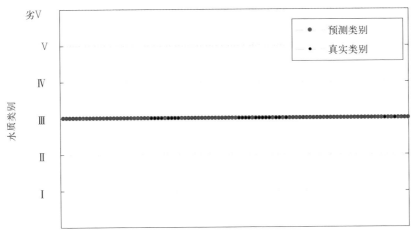

劣V
V
Ⅳ
Ⅲ
Ⅱ
Ⅰ
水质类别
预测类别
真实类别
时间:2020-5-13—2020-5-31

图 5-10　总体水质类别预测结果

5.5 水环境水质实时评价系统

5.4 节设计了水环境水质实时评价模型，实现了水质类别在线评估。本节以应用为目标，利用 MATLAB 软件的图形用户界面（GUI）功能开发一款能够用于水质实时评价的可视化交互软件，使用的 MATLAB 版本是 MATLAB R2018b。主要基于 GUI 设计开发界面，利用已设计算法对水质模型进行在线训练，实现水质实时分类的可视化功能。本节内容主要包括了系统功能设计、系统功能开发两部分，涉及数据处理模块、模型训练预测模块、评价结果可视化等功能。

5.5.1 系统功能设计

从用户需求角度出发，系统应当能够将上述理论通过该系统得以实现。首先是可以建立可视化界面，能够将地表水环境水质实时评价结果以可视化界面的形式呈现给用户；其次是能够设置网络结构、参数等变量实现水质实时模型的训练和测试；最后以下载的实测仪表数据为依托，能够以界面显示水质类别曲线，为用户提供一个水质实时评价结果界面展示化的平台。

图 5-11 为水环境水质实时评价模型架构，主要分为数据采集与预处理、水质

实时评价，以及大屏显示三个部分。第一部分是以数据采集与预处理为主的数据管理系统，能够实现对异常数据的更替与填补的信息管理；第二部分主要是建立地表水环境水质实时评价模型，对水质模型进行训练和测试；第三部分实现了数据联动，将水质评价结果通过上位机实现可视化。

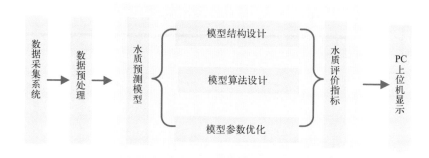

图 5-11　水环境水质实时评价模型架构

第一部分是数据处理模块。进行数据处理的前提是要保证样本数据的有效性，将从水质自动监测站中利用水质采集仪器得到的数据，保存为 .csv 格式或者是 .xls 格式，采集样本数据包括水温、pH 值及高锰酸盐指数等各项水质指标，而初始数据不能直接用于网络训练，需要对数据进行预处理操作，包括缺失值、异常值处理，以及数据归一化、标准化处理。

第二部分是建立水环境水质实时评价模型。首先确定 ESN 水质预测模型的输入节点数，选定储备池节点数 N，实现 ESN 水质预测模型结构设计；其次，进行 ESN 水质预测模型算法设计，即结合稀疏递归最小二乘（SRLS）算法和次梯度方法优化网络输出权值矩阵；再次，利用该算法对所建网络模型进行训练，优化网络权值；最后，利用 ESN 水质预测模型进行水质实时分级。

第三部分是将水质评价结果传输至 Web 界面，实现评价结果可视化。设计参数输入接口与显示接口，实现窗口界面与底层水质评估结果的双向交互。具体交互过程为：首先将用户输入的时间、地点以及预测步长等参数传送给底层的水质预测模型，然后将水质预测结果反馈至 Web 界面。

5.5.2　系统功能开发

首先需要下载 Idea 开发软件、装载 MySQL 数据库，为水环境水质实时评价系统的开发提供良好的开发平台，并保证 PC 机的配置能满足 Idea 软件和 MySQL 数据库的稳定运行。

首先选定预评价控制单元，利用水质实时评价模型对各项参评水质指标进行预处理。如图 5-12 所示，以氨氮为例，首先下拉"关键水质参数"按钮，显示多个需要参评的水质指标，将原始氨氮数据存储在 MySQL 数据库中；然后利用 Idea 软件对原始氨氮数据进行调用和预处理，并将处理后的数据集进行存储，方便系统平台对该指标进行调用。

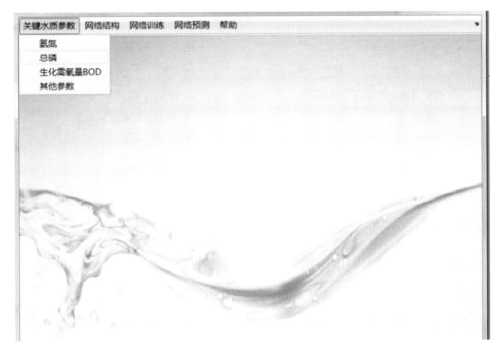

图 5-12　参评水质指标预处理

在 Idea 软件中搭建基于稀疏递归最小二乘算法的水质实时评价模型，调用 MySQL 数据库中的氨氮训练数据集对所建模型进行结构与权值优化。训练结束后，系统自动从 MySQL 数据库中调用测试输入数据驱动水质实时评价模型，对未来氨氮指标进行预测，参考《地表水环境质量标准》对氨氮预测值分级，并将预测结果保存至 MySQL 数据库中，为后续进行水质类别界定提供方便。通过数据联动的形式将氨氮预测浓度值在系统界面进行呈现，如图 5-13 所示。

对于其他 8 项水质指标，依次对各项水质指标进行预处理，利用处理后的数据集对水质实时评价模型进行训练，然后利用已训练模型对各项水质指标依次进行预测，参考《地表水环境质量标准》对其预测值分级。最后，对 9 种水质指标预测类别进行分析，选取其中类别最大值作为此控制单元的水质类别值，并统计该时间段内，此控制单元的水质达标率。

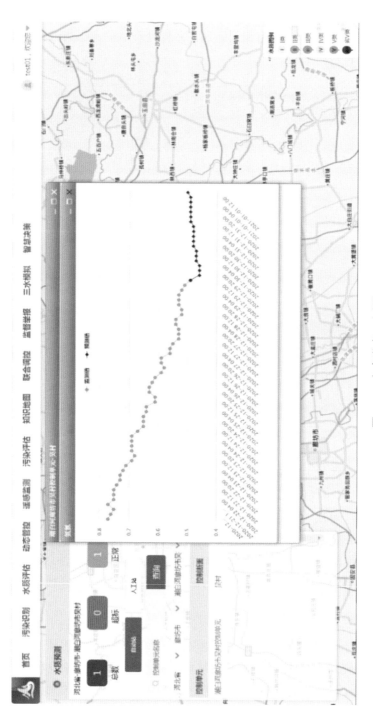

图 5-13 氨氮指标预测图

参考文献

[1] 张宇红，胡成. 单因子标识指数法在浑河抚顺段水质评价中的应用 [J]. 环境科学与技术，2011，34（S1）:276-279，320.

[2] 尹海龙，徐祖信. 河流综合水质评价方法比较研究 [J]. 长江流域资源与环境，2008，17（5）:729-733.

[3] 杜娟娟. 基于不同赋权方法的模糊综合水质评价研究 [J]. 人民黄河，2015，37（12）:69-73.

[4] Yang C L，Qiao J F，Wang L，et al. Dynamical regularized echo state network for time series prediction [J]. Neural computing and applications，2019，31（10）: 6781-6794.

[5] Liu P，Wang J，Sangaiah A K，et al. Analysis and prediction of water quality using LSTM deep neural networks in IoT environment [J]. Sustainability，2019，11（7）: 2058.

[6] Choi J H，Kim J，Won J，et al. Modelling chlorophyll-a concentration using deep neural networks considering extreme data imbalance and skewness [C]//2019 21st International Conference on Advanced Communication Technology（ICACT）. IEEE，2019: 631-634.

[7] Solanki A，Agrawal H，Khare K. Predictive analysis of water quality parameters using deep learning [J]. International Journal of Computer Applications，2015，125（9）: 29-34.

[8] Abyaneh H Z. Evaluation of multivariate linear regression and artificial neural networks in prediction of water quality parameters [J]. Journal of Environmental Health Science and Engineering，2014，12（1）: 1-8.

[9] 富天乙，邹志红，王晓静. 基于多元统计和水质标识指数的辽阳太子河水质评价研究 [J]. 环境科学学报，2014，34（2）: 473-480.

[10] Najah A，EL-Shafie A，Karim O，et al. An application of different artificial intelligences techniques for water quality prediction [J]. International Journal of Physical Sciences，2011，6（22）: 5298-5308.

[11] 聂凯哲. 基于随机权神经网络的氨氮预测模型研究与应用 [D]. 北京: 北京工业大学，2021.

[12] 马士杰. 基于自组织递归 RBF 神经网络的出水氨氮软测量研究 [D]. 北京: 北京工业大学，2018.

[13] 安茹. 基于动态 RBF 神经网络的出水氨氮软测量研究 [D]. 北京: 北京工业大学，2017.

[14] Wang L，Su Z，Qiao J F，et al. Design of Sparse Bayesian Echo State Network for Time Series Prediction [J]. Neural

Computing and Applications，2021，33（12）：7089-7102.

［15］Yang C L，Qiao J F，Ahmad Z，et al. Online Sequential Echo State Network with Sparse RLS Algorithm for Time Series Prediction［J］. Neural Networks，2019，118：32-42.

［16］Wang Z，Yao X，Huang Z，et al. Deep Echo State Network with Multiple Adaptive Reservoirs for Time Series Prediction［J］. IEEE Transactions on Cognitive and Developmental Systems，2021，13（3）：693-704.

［17］Jaeger H，Hass H. Harnessing Nonlinearity：Predicting Chaotic Systems and Saving Energy in Wireless Communication［J］. Science，2004（5667），304：78-80.

［18］Wang H，Yan X. Improved simple deterministically constructed cycle reservoir network with sensitive iterative pruning algorithm［J］. Neurocomputing，2014，145（5）：353-362.

［19］Qiao J，Li F，Han H，et al. Growing Echo State Network with Multiple Subreservoirs［J］. IEEE Transactions on Neural Networks and Learning Systems，2017，28：391-404.

［20］Li Y，Li F. PSO-Based Growing Echo State Network［J］. Applied soft

computing journal，2019，85：1-10.

［21］王磊，乔俊飞，杨翠丽，等 . 基于灵敏度分析的模块化回声状态网络修剪算法［J］. 自动化学报，2019，45（6）：1136-1145.

［22］Qiao J，Wang L. Nonlinear System Modeling and Application Based on Restricted Boltzmann Machine and Improved BP Neural Network［J］. Applied Intelligence，2021，51：37-5.

［23］Kawai Y，Park J，Asada M. A Small-World Topology Enhances the Echo State Property and Signal Propagation in Reservoir Computing［J］. Neural Networks，2019，112：15-23.

［24］Lin J，Zhou D. Online learning algorithms can converge comparably fast as batch learning［J］. IEEE Transactions on Neural Networks and Learning Systems，2018，29（6）：2367-2378.

［25］Cai W，Zhang M，Zhang Y. Batch mode active learning for regression with expected model change［J］. IEEE Transactions on Neural Networks and Learning Systems，2017，28（7）：1668-1681.

［26］Yang C，Zhu X，Qiao J. Forward and backward input variable selection for polynomial echo state networks［J］. Neurocomputing，2020，398：83-94.

［27］乔俊飞，马士杰，许进超 . 基于递归 RBF 神

经网络的出水氨氮预测研究 [J]. 计算机与应用化学，2017，34（2）：145-151.

[28] Guo Y，Wang F，Chen B，et al. Robust Echo State Networks Based on Correntropy Induced Loss Function [J].

Neurocomputing，2017，267: 295-303.

[29] Yang C，Nie K，Qiao J，et al. Robust echo state network with sparse online learning [J]. Information Sciences，2022，594: 95-117.

第6章
饮用水水源地水质安全在线评价

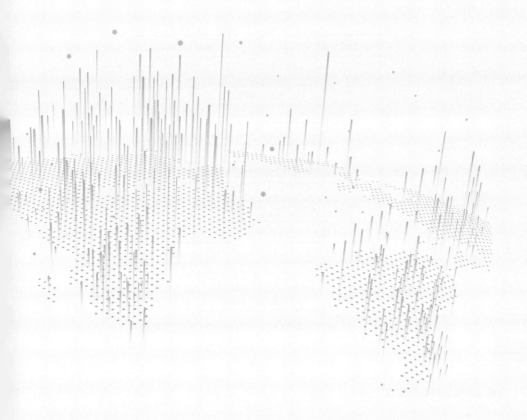

饮用水安全直接影响公众健康，关系社会经济的可持续发展。水质安全评价是通过一段时间内监测的水环境数据，对水环境要素或区域水环境性质的优劣进行定性或定量描述的方法。随着社会经济高速发展和人类活动强度增加，水资源短缺和饮用水污染问题日益严重，部分水源地存在水质不达标、水污染突发事件频繁等问题，因此需要设计饮用水水源地安全评价方法，评价水源地水质安全状况。

6.1
饮用水水源地水质安全评价概述

　　水源地是指为了保护水源洁净而划定的加以特殊保护、防止污染和破坏的一定区域。饮用水水源地水质安全评估技术的基础是饮用水水源地水质数据采集、分析和研究。饮用水水源地水质安全评估技术的技术路线简单介绍如下：首先，详细调查饮用水水源地污染源，并收集和整理相关资料。其次，根据调查结果确定水质监测项目，进行水质监测。再次，分析和研究水质监测资料，找出影响水质安全的主要污染指标。然后，根据水质安全状况设计适合的水质安全评估方法或者技术。最后，依据评估结果，对水源地提出相应的安全保障措施。其原理架构图如图 6-1 所示。

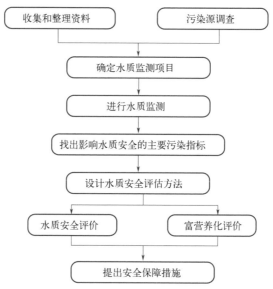

图 6-1　饮用水水源地水质安全评估的原理框架图

目前，国内外针对饮用水水源地水质评价的研究主要为评价水体作为饮用水源的适宜性。

在国外，美国于 1996 年对安全饮水法案进行了修正[1]，要求国家确立并实施饮用水源评价计划。美国国家环保局建立饮用水环境指标体系，评价流域内饮用水源的风险，利用定性指标将饮用水水源地分为好、问题少、问题较多等级别，水源脆弱性分为低和高级别。加拿大建立水质指数法对水体进行评价[2]，将水体赋予不同分值，根据分值将水体分为极好、好、中等、及格、差五个等级。日本学者吉村提出水体富营养化指数特征法[3]，其根据水体富营养化的生态环境因子特征评价水体营养状态，采用的指标主要分为湖盆形态、水质、生物和底质等四个方面，水体区分为贫营养和富营养。瑞典学者提出利用湖泊生物生产力作为评判湖泊富营养化程度的标准，所选的参数为水体中总磷、总氮、叶绿素以及水体透明度等，通过对这些参数数量大小分级，把湖泊分为若干营养层次，如贫、中、富、极富等。

我国对饮用水水源地水质评价的研究还处于起步阶段，针对饮用水水源地评价的研究工作开展较少。我国饮用水水源地水体质量内涵主要表现为两个方面：第一，必须满足地表水环境质量标准的要求；第二，水库的富营养化程度低，确保不发生水体富营养化。同时，饮用水水源地水质评价不同于一般水域的水质评价工作，其主要是对水体作为饮用水源的适宜性做出科学评价，核心为水质安全和水量安全，有时需要考虑工程安全、生态安全等其他影响因素。

目前，国内应用较多的水质评价方法主要有单因子评价法、水污染指数评价法、指数评价法、灰色系统理论法、模糊数学法等。例如，我国学者邓聚龙教授于 1982 年提出灰色系统理论并且建立 GM 模型[4]，其基本思路为计算水体水质中各因子的实测浓度与各级水质标准的关联度，然后根据关联度大小确定水体水质的级别，以比较同类水质的水体质量优劣。部分学者运用模糊层次分析法[5]，结合熵值法，对江汉平原农村饮用水安全进行水质安全评价的研究。目前，我国湖泊富营养化评价的基本方法主要有营养状态指数法、卡尔森营养状态指数法、修正的营养状态指数法、综合营养状态指数法、营养度指数法和评分法等。饶钦止等最早在湖泊调查中提出了有关湖泊营养类型划分的标准。金相灿等人通过对我国湖泊的富营养化调查分析，提出了包括叶绿素、高锰酸盐指数、总氮、总磷和透明度在内的相关加权综合营养状态指数法[6]。

饮用水环境水质指标本质上是一组具有高度非线性与不确定性的时间序列，导致饮用水环境水质类别或水体富营养化指数实时评价方法的设计很困难。基于统计原理的自回归滑动平均模型[7]是时间序列模型中较为常用的一种预测模型，该方法的数学理论较完整，但参数整定过程很复杂。饮用水环境变化比较复杂，水质指标由多种因素影响，各项指标之间也相互影响，因此水环境水质指标具有不确定性、非线性的特点。人工神经网络能够有效地反映出原始数据与目标变量之间的非线性因果关系，因此人工神经网络在饮用水环境水质类别和水体富营养化评价方面得到了很好的应用。

初期，水质类别和水体富营养化指数预测模型常常采用的是 BP 网络，即误差反向传递的前馈网络，该模型预测精度比较高，建立模型简单容易，但是数学基础有待完善[8]。贝叶斯神经网络、马尔可夫链蒙特卡洛方法[9] 在时间序列预测中有着广泛应用，但是该类方法建模过程中假设事件独立，仅仅考虑当前事件，忽略历史数据对未来事件的影响，因此难以应用于饮用水环境水质类别和水体富营养化指数预测模型设计。目前，基于深度学习机制、模糊机制的预测模型较多[10-18]，但这些模型普遍存在模型参数固定或者参数调整困难的问题。

因此，当前的饮用水水源地水质评价技术存在以下问题：

第一，缺乏饮用水水源地水质未来状况的评估方法。现有饮用水水源地水质评价方法主要针对水质历史数据判断水源地水质现状，缺乏对未来水资源水质及其安全状况的长远趋势的预测。因此，需要精准地评估饮用水水源地未来水质，分析水源地水质变化趋势，从而有利于管理部门更好地了解水源地安全状况。

第二，饮用水水源地水质动态评价方法设计困难。饮用水环境是一个频繁动态变化的复杂系统，其水质指标是一个时变序列预测问题。传统基于机理的水质实时评价模型存在参数数量多、计算时间长、参数动态调整较困难的问题。因此，需要设计参数自适应调整的饮用水水源地水质在线评价方法，实现饮用水水源地水质类别和水体富营养指数的动态、准确预测。

6.2
饮用水水源地水质安全单因子评价法

水源地水质安全评价方法的选取不仅需要保证科学、客观、有效，同时需要考虑评估水体水质指标的实际情况。依托"水体污染控制与治理科技重大专项"的水专项项目"京津冀区域水环境质量综合管理与制度创新研究"和课题"京津冀区域水环境管理大数据平台开发研究"，乔俊飞教授领导的科研团队针对饮用水水源地水质安全评价问题做了大量工作。

乔俊飞教授等提出了基于单因子评价法的饮用水水源地水质安全评价方法，能够对水质安全状况进行定量和定性评估，计算简单，尤其适合大规模水质数据处理，为水质安全在线评估技术提供了理论支撑。

饮用水水源地水质安全单因子评价法的设计思路为：首先，分析国控断面自动站站点的各项水质指标，分别提取一般污染项目指标和营养状态评价指标。其次，针对一般污染项目指标，基于《地表水环境质量标准》(GB 3838—2002) 的单因子水质评价方法，判断每个污染项目指标的类别，并判别水质最终类别。然后，以Ⅲ类水质为界判断水质达标情况，统计选定时间段内水质达标率。最后，针对营养状态评价指标进行分析，判断水体的富营养化状况。基于单因子评价法的饮用水水源地水质安全评价方法技术路线如图 6-2 所示。具体的计算步骤如下所述。

图 6-2 基于单因子水质评价方法的水质安全评价方法技术路线

① 数据预处理。国控断面自动站站点采集的数据普遍存在数据缺失、数据异常等问题。针对个别数据缺失、异常情况，采用均值插值法进行填补、替换。针对大量数据缺失、异常情况，采用神经网络模型进行预测填补。

② 水质类别评价。根据《地表水环境质量标准》(GB 3838—2002) 的评价级别，水质评价指标需要换算为 1 级、2 级、3 级、4 级、5 级水质指标，对应优、良、中、差、劣 5 类水质状况。

一般污染物项目（即经过简单或常规的物理化学处理后满足饮用要求的污染物，如 COD、氨氮等），采用最差 5 项指数求解算术平均值确定最终评价指数。具体计算步骤如下所示。

首先，计算单项指标指数 (x_i)。若评价项目 i 的监测值 C_i 处于评价标准分级值 C_{iok} 和 C_{iok+1} 之间，则其评价指标指数为：

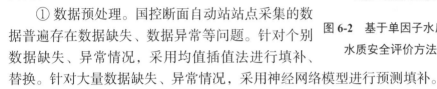

$$x_i = \frac{C_i - C_{iok}}{C_{iok+1} - C_{iok}} + I_{iok} \tag{6-1}$$

其中，C_i 为评价项目 i 的实测浓度值；C_{iok} 和 C_{iok+1} 为评价项目 i 的 k 和 $k+1$ 级标准浓度；I_{iok} 为评价项目 i 的 k 级指数值。

另外，需要注意以下三点：第一，由于溶解氧浓度越大表示水质越好，因此溶解氧指标的计算公式与其他指标相反；第二，当 $C_i > C_{io5}$ 时为劣Ⅴ类水，其单项指标指数记为 $x_i=5$；第三，当标准中两级分级值或多级分级值相同时，其单项指标指数按照式（6-2）计算。

$$x_i = \frac{C_i - C_{iok}}{C_{iok+1} - C_{iok}} \times m + I_{iok} \tag{6-2}$$

其中，m 为相同标准的个数。

其次，判断断面的最终水质类别，断面的水质类别 F 由式（6-3）确定：

$$F = \max(x_1, x_2, x_3, x_4, \cdots, x_i) \tag{6-3}$$

其中，x_i 为每项水质指标的类别。

非一般污染项目（存在长期危害且难以去除的污染项目，如石油类、氟化物、重金属等），采用水质项目评价最差的指数作为最终评判结果（即最差项目赋全部权值），其他单项指标指数的计算方式与一般污染物项目指数的计算方法相同。

③ 以Ⅲ类水质为界判断水质达标情况。水质类别超过Ⅲ类则判断水质为不达标，反之为水质达标。根据选定时间段内的超标个数计算达标率。

$$达标率 = \frac{时间区间内达标次数}{时间区间内评价总数} \times 100\% \tag{6-4}$$

④ 基于《地表水环境评价方法（试行）》提出的综合营养状态指数法 $[TLI(\Sigma)]$ 对水质营养状态进行评价。依据表 6-1 计算各营养化指标的营养状态指数 $TLI(j)$ 后，得到水体综合营养状态指数，并通过表 6-2 进行水体营养状态分级。营养状态评价具体过程如下所示。

表 6-1　中国湖泊（水库）部分参数与 chla 的相关系数关系

参数	chla	TP	TN	SD	COD_Mn
r_{ij}	1	0.84	0.82	−0.83	0.83
r_{ij}^2	1	0.7056	0.6724	0.6889	0.6889

表 6-2　营养状态分级

营养状态分级	$TLI(\Sigma)<30$	$30 \leqslant TLI(\Sigma) \leqslant 50$	$TLI(\Sigma)>50$	$50<TLI(\Sigma) \leqslant 60$	$60<TLI(\Sigma) \leqslant 70$	$TLI(\Sigma)>70$
	贫营养	中营养	富营养	轻度富营养	中度富营养	重度富营养

首先，需要计算各个营养指标的营养状态指数。

$$\begin{cases} TLI(\text{chla}) = 10(2.5 + 1.086 \ln \text{chla}) \\ TLI(\text{TP}) = 10(9.436 + 1.624 \ln \text{chla}) \\ TLI(\text{TN}) = 10(5.453 + 1.694 \ln \text{chla}) \\ TLI(\text{SD}) = 10(5.118 - 1.94 \ln \text{SD}) \\ TLI(\text{COD}_{\text{Mn}}) = 10(0.109 + 2.661 \ln \text{COD}_{\text{Mn}}) \end{cases} \tag{6-5}$$

其中，chla 单位为 mg/m^3，SD 单位为 m，其他指标单位均为 mg/L。

其次，以 chla（叶绿素 a）为基准参数，计算第 j 种参数的归一化的相关权重。

$$W_j = \frac{r_{ij}^2}{\sum_{j=1}^{m} r_{ij}^2} \qquad (6\text{-}6)$$

其中，r_{ij} 为第 j 种参数与基准参数 chla 的相关系数；m 为评价参数的个数。

然后，基于相关权重和营养状态指数，计算最终的综合营养状态指数：

$$TLI(\Sigma) = \sum_{j=1}^{m} W_j \times TLI(j) \qquad (6\text{-}7)$$

其中，$TLI(\Sigma)$ 为综合营养状态指数；W_j 为第 j 种参数的营养状态指数的相关权重；$TLI(j)$ 表示第 j 种参数的营养状态指数。

最后，利用综合营养状态指数，按照表 6-2 对水体进行营养状态评估。

为了验证基于单因子评价法的饮用水水源地水质安全评价方法的有效性，本节以某水库水源地 2019 年 6 月 12 日 00:00 的自动站监测指标为例，说明时间的水域水质安全评价过程，具体计算过程如下所示。

① 对实际监测数据进行数据预处理。鉴于本例中数据不存在数据缺失和异常情况，因此无需对数据进行填补、替换。

② 根据《地表水环境质量标准》（GB 3838—2002），判断每个水质指标对应的水质类别，本例选取的水质评价指标包括溶解氧、高锰酸盐指数和氨氮。得出的各项水质指标所对应的水质类别如表 6-3 所示。

表 6-3　某水库水源地 2019 年 6 月 12 日 00:00 各项水质指标所对应的水质类别

监测时间	水温/℃	pH 值	电导率/(μS/cm)	浊度/度	溶解氧/(mg/L)	高锰酸盐指数/(mg/L)	氨氮/(mg/L)	总有机碳/(mg/L)	叶绿素 a	总类别
2019 年 6 月 12 日 00:00	0.00	7.40	481	8	8.40	4.80	0.05	2.15	0.15	Ⅱ 类
类别	—	—	—	—	Ⅰ 类	Ⅱ 类	Ⅰ 类	—	—	

③ 根据式（6-3）选取出最差类别得到该时刻该水域的水质类别，因此某水库水源地 2019 年 6 月 12 日 00:00 的水质类别为 Ⅱ 类。依据《地表水环境质量标准》（GB 3838—2002），以 Ⅲ 类水质为界判断该时刻的水质达标情况。鉴于该时刻的水质类别未超过 Ⅲ 类，因此水质达标。

④ 计算选定时间段内的水质达标率。选定某水库水源地 2019 年 6 月 12 日—2019 年 6 月 18 日的数据段。鉴于自动站每隔 4 小时采集一次数据，每日采集 6 次，一周共采集 42 组数据。根据式（6-3）、式（6-4）的水质达标计算公式，可得某水

库水源地 2019 年 6 月 12 日—2019 年 6 月 18 日之间水质达标 34 次，超标 8 次，因此达标率为 81%。

⑤ 分析饮用水水源地富营养化状况。

首先，基于《地表水环境评价方法（试行）》，选择相应的营养状态评价指标：高锰酸盐指数和叶绿素 a。

其次，通过式（6-5）计算各营养指标的营养状态指数，高锰酸盐指数和叶绿素 a 的归一化权重分别为：

$$TLI(\mathrm{COD_{Mn}}) = 10 \times (0.109 + 2.661 \times \ln 4.80) = 42.8309 \quad (6\text{-}8)$$

$$TLI(\mathrm{chla}) = 10 \times (2.5 + 1.086 \times \ln 0.15) = 4.3973 \quad (6\text{-}9)$$

再次，以叶绿素 a 作为基准参数，通过式（6-6）计算每种营养指标的归一化相关权重，高锰酸盐指数和叶绿素 a 的归一化权重分别为：$W_1=0.4019$，$W_2=0.5921$。

然后，通过式（6-7）计算最终的综合营养状态指数，某水库水源地 2019 年 6 月 12 日 00:00 的最终的综合营养状态指数为：

$$\begin{aligned} TLI(\varSigma) &= W_1 \cdot TLI(\mathrm{COD_{Mn}}) + W_2 \cdot TLI(\mathrm{chla}) \\ &= 0.4019 \times 42.8309 + 0.5921 \times 4.3973 = 19.8174 \end{aligned} \quad (6\text{-}10)$$

最后，对水体进行营养状态评估。经评估，某水库水源地 2019 年 6 月 12 日 00:00 的营养状态为贫营养。

6.3
饮用水水源地水质安全 FNN 在线评价法

6.3.1　饮用水水源地水质安全在线评价技术的必要性

随着我国工业化、城镇化进程的加快，水体污染问题日益严重，我国饮用水环境安全面临极大的威胁[5]。为了保障饮用水安全，对水源地水质进行在线评估十分关键，是实现饮用水水源地保护的前提。然而，饮用水水源地水质受季节变化、地理位置、人文环境以及设备性能等多重因素的影响，表现出强不确定性，难以直接测量，因此难以对水质安全进行实时评估。此外，饮用水水源地水质指标繁多，各水质指标随空间、时间的变化而变化，难以建立精确水质指标动力学模型。因此，研究如何设计一种快速、可靠的水质安全在线评价方法面临重大挑战。

随着饮用水水源地监测站的建立，我们可以获取大量的水质数据，如何有效地利用这些数据，从中获取水质安全信息具有重大研究意义。此外，模糊神经网络（Fuzzy Neural Network，FNN）具有模糊逻辑处理不确定信息的能力以及神经网络的非线性逼近能力，在难以测量的质量指标建模中得到广泛关注[8]。但是传统的 FNN 网络结构都是通过足够的设计经验和充足的数据确定的，且网络结构一旦确定将不再变化，导致网络对数据多样性的处理能力不足。因此，为了获得一种结构紧凑、表述能力强的网络模型，需要根据入水流量和浓度自适应地调整其网络结构和参数。

基于以上分析，本节利用水源地监测数据，建立基于 FNN 的水质安全在线评估模型，能有效处理水质数据中的不确定性，提高饮用水水源地水质安全在线评估精度。

6.3.2　FNN 基本原理

模糊性是人脑思维的重要特征之一。计算机模仿人脑的结构和功能是神经网络的设计思想与发展趋势。为了使计算机能够利用模糊理论实现对模糊事物的识别与判断，将模糊系统引入了神经网络的设计中[9]。采用数字信息以构建非线性映射是神经网络与模糊系统的共同特点，且两者都能用于处理不确定性强且具有模糊性的数据。

模糊系统具有内部非线性处理与分析的能力，是一种以经验知识为基础的方法。然而模糊系统功能与结构缺乏适应性，不具有自学习和动态优化的能力，无法形成完整的系统分析方法。与之相反，神经网络具有较强的非线性逼近能力和数据存储能力，能够根据环境自主学习、自适应改变网络结构参数。然而神经网络无法学习结构化的知识，内部参数复杂多变，缺乏实际意义，难以被理解。因此，将二者相互结合、取长补短就成为一种必然趋势，其结合的产物为模糊神经网络（Fuzzy Neural Network，FNN）[10]。FNN 既具有模糊系统的非线性处理与分析能力，又具有神经网络的参数学习与动态优化能力。FNN 作为一种模糊自适应方案，近年来被广为研究，并成为智能计算科学中的重要分支，是一种优于 ANN 与模糊系统单独使用的技术。

1974 年，Lee 等首次将模糊系统和神经网络联系在一起，此后，模糊神经网络的发展经历了一个漫长的过程。直至 1987 年，Kosko 将模糊理论与神经网络结合起来，并对其进行了系统的研究。1993 年，Jang 提出一种自适应神经模糊推理系统，被认为是 FNN 的雏形。FNN 的基本原理是将模糊推理与神经网络相结合，通过神经网络来实现模糊逻辑，同时利用神经网络的自学习能力进行系统参数的学习及优化[11-14]，实现模糊系统的在线学习。

迄今，FNN 已经成为神经网络和模糊系统领域的重要分支之一，在系统辨识、模式识别和智能控制等场合得到了广泛的应用。在城市污水处理出水氨氮预测方面，乔俊飞等[15-16]提出了一类基于多元时间序列分析的自组织递归模糊神经网络模型，通过小波变换 - 模糊马尔可夫链算法将预测因子引入到递归层中，增强了网络的递归环节的适应性；同时，采用加权动态时间弯曲算法与敏感度分析算法分别从局部与整体对网络的结构进行评估与优化，该方法可以实现污水处理关键水质参数的准确预测。

尽管 FNN 具有较好的性能，然而作为一种前馈神经网络，也存在短板，其中之一就是对强非线性系统建模的能力有限，无法适应较复杂的动态环境。为了增加 FNN 处理动态信息的能力，一些学者们在前馈型 FNN 的基础上加入了反馈连接，构建了递归模糊神经网络[17]。

FNN 存在的另一个短板就是其结构难以确定。现有 FNN 的结构往往是根据专家经验或对大量数据样本学习过程中得到的，网络结构一成不变，对于如水环境这类工况变化异常剧烈、动态特性较强的非线性的任务，其建模效果往往不佳。结构固定的 FNN 的性能是由参数学习算法保障的，在运行过程中，仅能通过改变神经网络的参数以适应任务的变化。针对生物神经网络的研究显示，生物神经网络能够通过信息内容与知识分类自适应地改变网络的结构与连接方式，从而具有强大的数据处理能力。因此，一些专家学者在 FNN 的基础上设计了自组织模糊神经网络[18]。

模糊系统输出通常是多条模糊规则共同作用的结果，因而一条规则的偏差可能对系统输出的影响较小。同时，神经网络不会因为一个权值或神经元的改变而对网络的整体性能造成严重的影响，具有较好的容错性。因此，结合了模糊推理与神经网络的 FNN 也具有较好的容错性[19]。此外，采用 FNN 建立水质安全在线评估模型，不需要对水质建立精确的数学模型，可以通过自适应算法解决由水质不确定性带来的建模难的问题。

本节采用一个多输入单输出的 FNN，如图 6-3 所示。该 FNN 具有四层结构，分别为输入层、径向基函数（Radial Basis Function，RBF）层、归一化层、输出层，具体描述如下。

① 输入层。该层包含 n 个神经元，其输出可表示为

$$u_i = x_i, \quad i = 1, 2, \cdots, n \tag{6-11}$$

其中，u_i 表示输入层第 i 个神经元的输出，$\boldsymbol{x} = [x_1, x_2, \cdots, x_n]^{\mathrm{T}} \in \mathbb{R}^n$ 为 FNN 的输入向量。

② RBF 层。该层包含 r 个 RBF 神经元，表示模糊规则的前件部分。该层对输入量执行模糊化操作，第 i 个输入变量对第 j 个 RBF 神经元的隶属度 $A_j^i(x_i)$ 可

表示为

$$A_j^i(x_i) = \exp\left(-(x_i - c_{ij})^2 \big/ 2\sigma_{ij}^2\right) \tag{6-12}$$

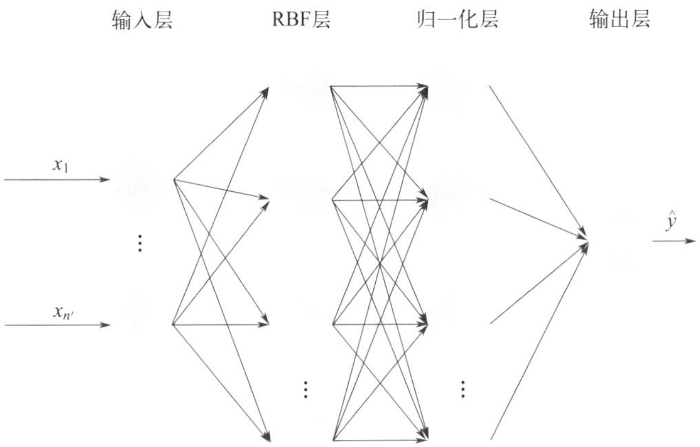

输入层   RBF层   归一化层   输出层

图 6-3   模糊神经网络拓扑结构

则第 j 个 RBF 神经元的输出可计算如下：

$$\varphi_j = \prod_{i=1}^{n} A_j^i = \exp\left(-\sum_{i=1}^{n}\left(x_i - c_{ij}\right)^2 \big/ 2\sigma_{ij}^2\right),\ i=1,2,\cdots,n; j=1,2,\cdots,r \tag{6-13}$$

其中，c_{ij} 与 σ_{ij} 分别为高斯隶属函数 $A_j^i(x_i)$ 的中心与宽度。则第 j 个 RBF 神经元的中心向量与宽度向量可分别表示为 $\boldsymbol{c}_j = [c_{1j}, c_{2j}, \cdots, c_{nj}]^{\mathrm{T}} \in \mathbb{R}^n$ 与 $\boldsymbol{\sigma}_j = [\sigma_{1j}, \sigma_{2j}, \cdots, \sigma_{nj}]^{\mathrm{T}} \in \mathbb{R}^n$。相应地，FNN 的中心矩阵和宽度矩阵可分别表示为 $\boldsymbol{c} = [\boldsymbol{c}_1, \boldsymbol{c}_2, \cdots, \boldsymbol{c}_r]^{\mathrm{T}} \in \mathbb{R}^{r \times n}$ 与 $\boldsymbol{\sigma} = [\boldsymbol{\sigma}_1, \boldsymbol{\sigma}_2, \cdots, \boldsymbol{\sigma}_r]^{\mathrm{T}} \in \mathbb{R}^{r \times n}$。

③归一化层（或规则化层）。该层包含 r 个神经元（其数目与 RBF 层相同），其输出可表示为：

$$v_l = \frac{\varphi_l}{\sum\limits_{l=1}^{r}\varphi_l} = \frac{\exp\left(-\sum\limits_{i=1}^{n}\frac{1}{2}\left(\frac{x_i - c_{il}}{\sigma_{il}}\right)^2\right)}{\sum\limits_{l=1}^{r}\exp\left(-\sum\limits_{i=1}^{n}\frac{1}{2}\left(\frac{x_i - c_{il}}{\sigma_{il}}\right)^2\right)},\ l=1,2,\cdots,r \tag{6-14}$$

其中，v_l 为第 l 个归一化神经元的输出，则归一化层的输出向量可以表示为 $\boldsymbol{v} = [v_1, v_2, \cdots, v_r]^{\mathrm{T}} \in \mathbb{R}^r$。

④ 输出层。该层仅有 1 个神经元，执行反模糊化操作，用来计算 FNN 的输出 $\hat{\boldsymbol{y}}$：

$$\hat{\boldsymbol{y}} = \boldsymbol{w}^{\mathrm{T}} \boldsymbol{v} = \sum_{l=1}^{r} w_l v_l \qquad (6\text{-}15)$$

其中，w_l 为第 l 个归一化神经元与输出层的连接权值，则网络的输出权值矩阵可表示为 $\boldsymbol{w} = [w_1, w_2, \cdots, w_r]^{\mathrm{T}} \in \mathbb{R}^r$。

6.3.3 饮用水水源地水质安全在线评估模型设计

基于 FNN 的饮用水水源地水质安全在线评价模型设计的基本思想为：首先，依托水源地水质自动监测历史数据，建立基于 FNN 的水质预测模型，对各项参评水质指标进行预测；其次，应用单因子评价法与水质综合指数评价法对水质类别和水质达标率进行统计；然后，基于预测的营养物指标，根据《地表水环境评价方法（试行）》提出的综合营养状态指数法 [如式（6-5）～式（6-7）所示]，对水质营养状态进行评价。

以单一水质指标的预测为例，基于 FNN 的模型的设计主要包括结构设计和模型参数优化，具体设计过程如下所述。

首先，确定模型结构。采用前 3 个时刻的水质预测第 4 个时刻的水质，即选择 t、$t+1$ 与 $t+2$ 时刻的水质作为模型输入变量，$t+3$ 时刻的水质作为模型输出变量，设定归一化层神经元数目，所有数据归一化到 [0，1] 之间。

然后，优化 FNN 模型参数。通常，FNN 采用最小均方误差准则（Mean Square Error，MSE）进行网络训练。MSE 的原理是最小化实际输出与期望输出之间的误差平方，其计算公式如下：

$$\mathrm{MSE} = \frac{1}{2}(\boldsymbol{y} - \hat{\boldsymbol{y}})^{\mathrm{T}}(\boldsymbol{y} - \hat{\boldsymbol{y}}) \qquad (6\text{-}16)$$

其中，$\boldsymbol{y} = [y_1, y_2, \cdots, y_K]^{\mathrm{T}} \in \mathbb{R}^K$ 与 $\hat{\boldsymbol{y}} = [\hat{y}_1, \hat{y}_2, \cdots, \hat{y}_K]^{\mathrm{T}} \in \mathbb{R}^K$ 分别表示 FNN 的期望输出与实际输出向量，K 为样本数目。

令 $e_k(t) = y_k(t) - \hat{y}_k(t)$ 表示在第 t 次迭代中第 k 个样本的建模误差，$\boldsymbol{e}(t) = [e_1(t), e_1(t), \cdots, e_k(t)]^{\mathrm{T}} \in \mathbb{R}^K$ 表示模型误差向量，$k = 1, 2, \cdots, K$，则在 t 次迭代训练中 MSE 的值可通过如下公式计算：

$$\boldsymbol{E}(t) = \frac{1}{2}\boldsymbol{e}^{\mathrm{T}}(t)\boldsymbol{e}(t) = \frac{1}{2}\left(\sum_{k=1}^{K} e_k^2(t)\right) \qquad (6\text{-}17)$$

基于梯度下降算法，FNN 的参数更新公式可表示如下：

$$\boldsymbol{c}_j(t+1) = \boldsymbol{c}_j(t) - \eta \frac{\partial \boldsymbol{E}(t)}{\partial \boldsymbol{c}_j(t)} = \boldsymbol{c}_j(t) - \eta \left(\sum_{k=1}^{K} e_k(t) \frac{\partial e_k(t)}{\partial \boldsymbol{c}_j(t)} \right)$$

$$\boldsymbol{\sigma}_j(t+1) = \boldsymbol{\sigma}_j(t) - \eta \frac{\partial \boldsymbol{E}(t)}{\partial \boldsymbol{\sigma}_j(t)} = \boldsymbol{\sigma}_j(t) - \eta \left(\sum_{k=1}^{K} e_k(t) \frac{\partial e_k(t)}{\partial \boldsymbol{\sigma}_j(t)} \right) \qquad (6\text{-}18)$$

$$\boldsymbol{w}(t+1) = \boldsymbol{w}(t) - \eta \frac{\partial \boldsymbol{E}(t)}{\partial \boldsymbol{w}(t)} = \boldsymbol{w}(t) - \eta \left(\sum_{k=1}^{K} e_k(t) \frac{\partial e_k(t)}{\partial \boldsymbol{w}(t)} \right)$$

其中，$\eta > 0$ 为参数学习率，而且误差 e_k 对 FNN 各参数的偏导数为

$$\frac{\partial e_k}{\partial w_l(k)} = -\frac{\partial \hat{y}_k}{\partial w_l(k)} = -v_l(k)$$

$$\frac{\partial e_k}{\partial c_{ij}(k)} = -\frac{\partial \hat{y}_k}{\partial c_{ij}(k)} = -\frac{w_j(k)v_l(k)(x_i(k)-c_{ij}(k))}{\sigma_{ij}^2(k)} \qquad (6\text{-}19)$$

$$\frac{\partial e_k}{\partial \sigma_{ij}(k)} = -\frac{\partial \hat{y}_k}{\partial \sigma_{ij}(k)} = -\frac{w_j(k)v_l(k)(x_i(k)-c_{ij}(k))^2}{\sigma_{ij}^3(k)}$$

因此，基于 FNN 的水质安全在线评估模型设计的主要步骤为：

① 初始化。通过分析输入变量和输出变量的特点，确定 FNN 模型结构；随机初始化网络参数，设定学习率、迭代次数、期望训练精度等参数。

② FNN 模型训练。根据输入数据 $\boldsymbol{x}$ 计算网络输出 $\boldsymbol{y}$，根据式（6-19）更新网络参数。

③ 判断训练结束条件。若运算误差满足期望准确率或者训练次数达到预设的最大循环次数，结束训练；反之，设置 $k=k+1$，返回步骤②，进入下一轮训练。

④ 基于 FNN 预测污染物水质指标，应用单因子评价法与水质综合指数评价法评估水质类别和水质达标状态。

⑤ 基于 FNN 预测营养物水质指标，应用《地表水环境评价方法（试行）》，评估水质营养状态。

6.3.4 收敛性分析

通过构造李雅普诺夫函数可以给出 FNN 算法的收敛性证明。

定理 6.1：当 FNN 的学习率满足式（6-20）时，FNN 的学习算法是收敛的。

$$0 < \eta \leqslant 2 \bigg/ \left(\frac{\partial \hat{y}(t)}{\partial \boldsymbol{\Theta}(t)} \right)^2 \qquad (6\text{-}20)$$

证明：选择 $\boldsymbol{E}(t)$ 作为李雅普诺夫候选函数，则 $\boldsymbol{E}(t)$ 的变化量可表示为

$$\Delta \boldsymbol{E}(t) = \boldsymbol{E}(t+1) - \boldsymbol{E}(t) \tag{6-21}$$

结合式（6-17）与式（6-21）可得

$$\Delta \boldsymbol{E}(t) = \frac{1}{2} \Delta \boldsymbol{e}^{\mathrm{T}}(t) \Delta \boldsymbol{e}(t) + \Delta \boldsymbol{e}^{\mathrm{T}}(t) \boldsymbol{e}(t) \tag{6-22}$$

其中，$\Delta \boldsymbol{e}(t) = \boldsymbol{e}(t+1) - \boldsymbol{e}(t)$。令 $\boldsymbol{\Theta}_j(t) = [c_{ij}(t), \sigma_{ij}(t), w_j(t)]^{\mathrm{T}}$ 表示 FNN 的参数矩阵，则

$$\Delta \boldsymbol{e}(t) \approx \left(\frac{\partial \boldsymbol{e}(t)}{\partial \boldsymbol{\Theta}(t)} \right)^{\mathrm{T}} \Delta \boldsymbol{\Theta}(t) \tag{6-23}$$

结合式（6-18）与式（6-19），式（6-23）可改写为以下形式：

$$\Delta \boldsymbol{e}(t) = -\left(\frac{\partial \boldsymbol{e}(t)}{\partial \boldsymbol{\Theta}(t)} \right)^{\mathrm{T}} \eta \boldsymbol{e}^{\mathrm{T}}(t) \left(\frac{\partial \boldsymbol{e}(t)}{\partial \boldsymbol{\Theta}(t)} \right)^{\mathrm{T}} = -\eta \boldsymbol{e}(t) \left(\frac{\partial \hat{\boldsymbol{y}}(t)}{\partial \boldsymbol{\Theta}(t)} \right)^{\mathrm{T}} \frac{\partial \hat{\boldsymbol{y}}(t)}{\partial \boldsymbol{\Theta}(t)} \tag{6-24}$$

将式（6-24）代入式（6-22）可得

$$
\begin{aligned}
\Delta \boldsymbol{E}(t) &= \frac{1}{2} \Delta \boldsymbol{e}^{\mathrm{T}}(t) \Delta \boldsymbol{e}(t) + \Delta \boldsymbol{e}^{\mathrm{T}}(t) \boldsymbol{e}(t) \\
&= \frac{1}{2} \|\boldsymbol{e}(t)\|^2 \left(\left(1 - \eta \left\| \frac{\partial \hat{\boldsymbol{y}}(t)}{\partial \boldsymbol{\Theta}(t)} \right\|^2 \right)^2 - 1 \right)
\end{aligned} \tag{6-25}
$$

在式（6-25）中，$\|\bullet\|$ 表示欧几里得范数，$\|\boldsymbol{e}(t)\|^2 \geqslant 0$。因此，当

$$0 < \eta < 2 \left/ \left\| \frac{\partial \hat{\boldsymbol{y}}(t)}{\partial \boldsymbol{\Theta}(t)} \right\|^2 \right. \tag{6-26}$$

可得

$$\left(1 - \eta \left\| \frac{\partial \hat{\boldsymbol{y}}(t)}{\partial \boldsymbol{\Theta}(t)} \right\|^2 \right)^2 - 1 < 0 \tag{6-27}$$

$\Delta \boldsymbol{E}(t) \leqslant 0$，$\boldsymbol{E}(t) \to 0$。此算法是收敛的，定理 6.1 证毕。

6.3.5 模型检验及实验结果分析

为了评估基于 FNN 的水质安全在线评价模型的性能，采用 2019 年 4 月 12 日—5 月 7 日北京市某水库水源地水质监测数据进行实验验证。采样间隔为 4 小时，每组数据包含 9 项水质指标：温度（℃）、pH 值、电导率（μS/cm）、浊度（度）、溶解氧（mg/L）、氨氮（mg/L）、高锰酸盐指数（mg/L）、总有机碳和叶绿素 a。

（1）水质安全评价

根据《地表水环境质量标准》（GB 3838—2002），选择污染物溶解氧、氨氮、高锰酸盐指数（mg/L）作为水质安全的评价指标，分别表示为 X_1、X_2、X_3。

以该水源地水质中的高锰酸盐指数为例，选择 $X_3(t)$、$X_3(t+1)$ 与 $X_3(t+2)$ 作为模型输入变量，$X_3(t+3)$ 作为模型输出变量，可生成 150 组样本数据，其中前 100 组样本数据用于训练，后 50 组样本数据用于测试。所有数据归一化到 [0，1] 之间，实验参数设置为 $r=6$，$\eta=0.001$，最大迭代次数为 5000。

三种水质参数的预测类别如图 6-4 所示。可以看出，溶解氧的预测类别与实际类别完全一致，准确率为 100%。氨氮的预测类别与实际类别变化趋势基本一致，其预测类别与实际类别相同的点有 48 个，准确率为 96%。高锰酸盐指数的预测类别与实际高锰酸盐指数类别变化趋势基本一致，其预测类别与实际类别相同的点有 44 个，预测准确率为 88%。因此，所建立的基于 FNN 的水质安全在线评估模型能有效地预测水源地水质类别。

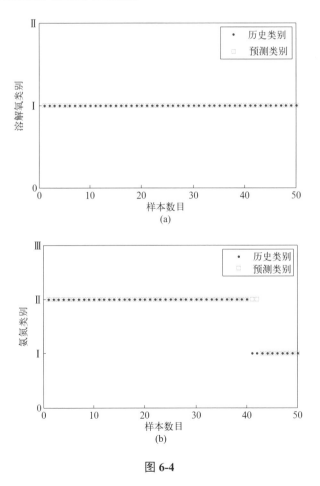

图 6-4

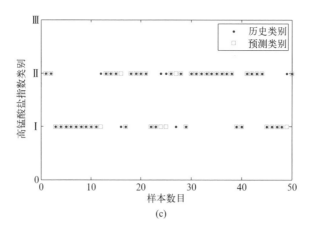

(c)

图 6-4　某水库水源地不同水质参数类别评估图

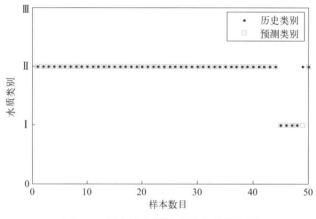

图 6-5　某水库水源地水质类别评估图

　　然后，采用单因子水质评价法对预测结果进行统计分析，评估未来时刻的水质类别，其结果如图 6-5 所示。可以看出，预测水质类别与实际水质类别相同的点有 49 个，预测准确率为 98%，准确率较高。采用单因子评价法对水质预测模型预测值进行分析可知，某水库水源地水质最差时为 Ⅱ 类水（小于 Ⅲ 类则达标），水质达标率为 100%。

　　需要特别指出，基于 2018 年某水库发布的水质数据，利用基于 FNN 的水质实时安全评价模型进行不同时间段水质类别或者水质达标情况预测时，模型训练精度一般所处的区间为 [71%, 100%]。

（2）水质营养状态评价

　　基于《地表水环境评价方法（试行）》，选择相应的营养状态评价指标——高锰酸盐指数和叶绿素 a，分别表示为 X_1、X_2。首先，选择 FNN 模型输入，设置网络等（参见水质安全评价实验）。然后，根据 FNN 预测结果，基于式（6-5）～式（6-7）计算预测水质综合营养状态指数，实验结果如图 6-6 所示。可以看出，基于 FNN 模型预测的营养状态指数与实际指数分布趋势一致，所有水质均处于贫营养状态。

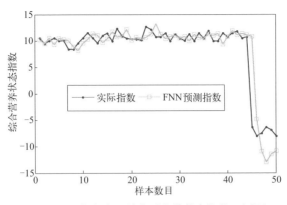

图 6-6　某水库水源地水质营养状态指数预测图

6.4
饮用水水源地水质安全 PDF-FNN 在线评估法

传统的 FNN 建模方法均采用 MSE 准则，仅在数据服从高斯分布的情形下是最优的。因为从统计学的角度讲，MSE 准则仅考虑了二阶统计特征，只能最小化误差分布的方差，不能处理高阶统计特征之间的差异。然而，饮用水水源地水质数据，受外部环境扰动、传感器噪声等影响，具有随机性、非高斯性等特点。为获取最优模型参数，基于数据的水质安全在线评估建模需要克服数据分布的随机性，控制模型误差的概率密度分布。

另外，FNN 自组织机制是一种根据训练情况自动调整网络规则数的算法，对专家经验需求小，具有自学习能力，通过发现样本的内在规律和本质属性，从而自适应地改变网络的参数和结构以增强网络的适应能力。Qiao 等 [20] 设计了一种基于混合增删策略的自组织算法，其采用互信息算法合并神经元，并结合 SA 算法删减或分裂神经元，对网络结构的优化取得了良好的效果。Han 等 [21] 提出了一种条件概率神经网络，通过记录规则层与输出层的神经元的输出以构建时间序列，并采用敏感度分析算法对隐层神经元的贡献进行评估，从而实现网络结构的优化。因此，FNN 的自组织机制自适应地改变网络的参数和结构以增强网络的适应能力[20-24]。

本节引入最优误差概率密度函数（Probability Density Function，PDF）分布准则。首先，构建最优误差 PDF 准则，用于优化 FNN 模型参数，简称为 PDF-FNN；然后，基于 PDF-FNN 建立饮用水水源地水质在线评价模型，设计模型结构自适应调整算法。

6.4.1　最优误差 PDF 准则

1999 年，王宏教授针对随机控制系统的输出变量服从非高斯分布的问题，提出了输出概率密度函数（Probability Density Function，PDF）控制的方法，即设计控制器使系统输出 PDF 形状跟踪期望 PDF 形状的控制策略[25]。此后，随机系统输出 PDF 控制方法在随机分布系统的建模和控制中得到成功应用。在 2011 年，Ding 等首次提出基于模型误差 PDF 形状控制的建模方法，通过使模型输出误差 PDF 跟踪期望分布形状来调整模型内部参数以保证模型的精度，应用于精矿品位非线性动态预报模型建模中，并取得了较高的预测精度[26]。

本节采用最优误差 PDF 分布准则建立 FNN 模型（即 PDF-FNN），其原理是最小化建模误差 PDF 与目标 PDF 之间的空间差异[27]，通过控制误差 PDF 分布的形状实现 FNN 模型参数的优化。假设存在一个最优 FNN，其建模误差方差最小且具有零均值，令 $\Gamma_{target}(e)$ 表示最优 FNN 模型误差 PDF。实际 FNN 建模误差的概率密度函数为 $\Gamma(e)$，建模目的是通过调整 FNN 模型参数 $\boldsymbol{\Theta}$ 使 FNN 模型在训练中逐渐逼近该最优 FNN，也就是使 $\Gamma(e)$ 逐渐逼近 $\Gamma_{target}(e)$。因此，最优误差 PDF 准则可表示为[19, 28]

$$\min_{\boldsymbol{\Theta}} J = \int_{-\infty}^{+\infty} (\Gamma(e) - \Gamma_{target}(e))^2 \, \mathrm{d}e \tag{6-28}$$

其中，e 为建模误差；$\Gamma_{target}(e)$ 为预设目标 PDF，被定义为具有零均值的，分布在较窄区间的高斯分布函数。

$$\Gamma_{target}(e) = \frac{1}{\sqrt{2\pi}\sigma_g} \exp\left(-\frac{e^2}{2\sigma_g^2}\right) \tag{6-29}$$

其中，σ_g 是目标 PDF 的核宽度，其值越小，建模精度越高。而实际误差的 PDF 为 $p(e)$ 未知，因此采用核密度估计法计算其估计值 $\Gamma(e)$。

$$\Gamma(e) = \frac{1}{K}\sum_{k=1}^{K} \frac{1}{h_p} G\left(-(e - e_k)/h_p\right) \tag{6-30}$$

其中，h_p 为高斯核函数 $G(\cdot)$ 的宽度；e_k 为第 k 个样本的建模误差，也可以用 $e(k)$ 表示。

$$e_k = y_k - \hat{y}_k, \quad k = 1, 2, \cdots, K \tag{6-31}$$

选择高斯核函数 $G(\cdot)$ 满足 $G(\cdot) \geqslant 0$ 和 $\int G(x)\mathrm{d}x = 1$。

$$G(x) = \frac{1}{\sqrt{2\pi}}\exp\left(-\frac{x^2}{2}\right) \tag{6-32}$$

结合式（6-29）、式（6-30）与式（6-32），式（6-28）可更改为

$$
\begin{aligned}
J &= \int_{-\infty}^{+\infty} \left(\Gamma(e) - \Gamma_{\text{target}}(e)\right)^2 \mathrm{d}e \\
&= \int_{-\infty}^{+\infty} \left(\frac{1}{K}\sum_{k=1}^{K}\frac{1}{h_p}G\left(-\frac{e-e(k)}{h_p}\right) - \frac{1}{\sqrt{2\pi}\sigma_g}\exp\left(\frac{-e^2}{2\sigma_g^2}\right)\right)^2 \mathrm{d}e \\
&= \frac{1}{K^2}\sum_{k=1}^{K}\sum_{j=1}^{K}\frac{1}{\sqrt{2}h_p\sqrt{2\pi}}\exp\left(\frac{\left(e(k)-e(j)\right)^2}{-4h_p^2}\right) \\
&\quad - \frac{2}{K}\sum_{k=1}^{K}\frac{1}{\sqrt{h_p^2+\sigma_g^2}\sqrt{2\pi}}\exp\left(\frac{-e^2(k)}{2\left(h_p^2+\sigma_g^2\right)}\right) + \frac{1}{2\sqrt{\pi}\sigma_g}
\end{aligned} \tag{6-33}
$$

6.4.2 饮用水水源地水质安全 PDF-FNN 在线评估模型设计

PDF-FNN 的饮用水水源地水质安全在线评估模型设计的基本思想为：首先，依托水源地水质自动监测历史数据，建立基于 PDF-FNN 的水质预测模型，对各项参评水质指标进行预测；其次，应用单因子评价法与水质综合指数评价法对水质类别和水质达标率进行统计；然后，基于预测的营养物指标，根据《地表水环境评价方法（试行）》提出的综合营养状态指数法 [如式（6-5）～式（6-7）所示]，对水质营养状态进行评价。

以某一种水质指标的预测为例，该模型的具体设计过程如下所述。

首先，确定模型结构。采用前 3 个时刻的水质预测第 4 个时刻的水质，即选择 t、$t+1$ 与 $t+2$ 时刻的水质作为模型输入变量，$t+3$ 时刻的水质作为模型输出变量，设定归一化层神经元数目，所有数据归一化到 [0，1] 之间。

其次，计算最优误差概率密度函数指标 J，令 $\alpha \triangleq \sqrt{2}h_p$，$\beta \triangleq \sqrt{h_p^2+\sigma_g^2}$，则式（6-33）可以简化为：

$$J = \frac{1}{K^2} \sum_{k=1}^{K} \sum_{j=1}^{K} \frac{1}{\alpha\sqrt{2\pi}} \exp\left(\frac{(e_k - e_j)^2}{-2\alpha^2}\right)$$

$$- \frac{2}{K} \sum_{k=1}^{K} \frac{1}{\beta\sqrt{2\pi}} \exp\left(\frac{-e_k^2}{2\beta^2}\right) + \frac{1}{2\sqrt{\pi}\sigma_g} \tag{6-34}$$

然后，采用梯度下降算法更新 PDF-FNN 的参数，可表示为

$$\boldsymbol{\Theta}(t+1) = \boldsymbol{\Theta}(t) - \boldsymbol{\eta}(t)\frac{\partial J(t)}{\partial \boldsymbol{\Theta}(t)} \tag{6-35}$$

其中，t 表示迭代步数；$\boldsymbol{\eta}(t) = \mathrm{diag}(\eta_c(t), \eta_\sigma(t), \eta_w(t))$ 为参数学习率矩阵，且 $\eta_c(t) > 0$，$\eta_\sigma(t) > 0$，$\eta_w(t) > 0$ 分别为 FNN 的中心、宽度、权值参数的学习率。在式（6-35）中，$\partial J(t)/\partial \boldsymbol{\Theta}(t)$ 可表示为

$$\frac{\partial J(t)}{\partial \boldsymbol{\Theta}(t)} = \left[\frac{\partial J(t)}{\partial \boldsymbol{c}(t)}, \frac{\partial J(t)}{\partial \boldsymbol{\sigma}(t)}, \frac{\partial J(t)}{\partial \boldsymbol{w}(t)}\right]^{\mathrm{T}} \tag{6-36}$$

$J(t)$ 对 $\boldsymbol{\Theta}(t)$ 的偏导数的计算公式为

$$\frac{\partial J(t)}{\partial \boldsymbol{\Theta}(t)} = \sum_{k=1}^{K} \frac{\partial J(t)}{\partial e_k(t)} \frac{\partial e_k(t)}{\partial \boldsymbol{\Theta}(t)} \tag{6-37}$$

其中，$J(t)$ 对 $e_k(t)$ 的偏导公式可表示为

$$\frac{\partial J(t)}{\partial e_k(t)} = \frac{-1}{K^2\alpha^2} \sum_{j=1}^{K} \frac{1}{\sqrt{2\pi}\alpha} \exp\left(\left(e_k(t) - e_j(t)\right)^2 \big/ \alpha^2\right)$$

$$\left(e_k(t) - e_j(t)\right) + \frac{2}{K\sqrt{2\pi}\beta^2} \exp\left(-\frac{1}{2}e_k^2(t)/\beta^2\right)e_k(t) \tag{6-38}$$

此时，PDF-FNN 的参数更新公式可描述为

$$\boldsymbol{c}_l(t+1) = \boldsymbol{c}_l(t) - \eta_c(t) \sum_{k=1}^{K} \frac{\partial J(t)}{\partial e_k(t)} \frac{\partial e_k(t)}{\partial \boldsymbol{c}_l(t)}$$

$$\boldsymbol{\sigma}_l(t+1) = \boldsymbol{\sigma}_l(t) - \eta_\sigma(t) \sum_{k=1}^{K} \frac{\partial J(t)}{\partial e_k(t)} \frac{\partial e_k(t)}{\partial \boldsymbol{\sigma}_l(t)} \tag{6-39}$$

$$\boldsymbol{w}(t+1) = \boldsymbol{w}(t) - \eta_w(t) \sum_{k=1}^{K} \frac{\partial J(t)}{\partial e_k(t)} \frac{\partial e_k(t)}{\partial \boldsymbol{w}_l(t)}$$

设计自适应学习率如下：

$$\eta_c(t) = \mu J(t) \bigg/ \left(\sum_{l=1}^{r} \left(\left(\frac{\partial J(t)}{\partial \boldsymbol{c}_l(t)} \right)^{\mathrm{T}} \frac{\partial J(t)}{\partial \boldsymbol{c}_l(t)} \right) + \varepsilon \right) \qquad (6\text{-}40)$$

$$\eta_\sigma(t) = \mu J(t) \bigg/ \left(\sum_{l=1}^{r} \left(\left(\frac{\partial J(t)}{\partial \boldsymbol{\sigma}_l(t)} \right)^{\mathrm{T}} \frac{\partial J(t)}{\partial \boldsymbol{\sigma}_l(t)} \right) + \varepsilon \right) \qquad (6\text{-}41)$$

$$\eta_w(t) = \mu J(t) \bigg/ \left(\left(\frac{\partial J(t)}{\partial \boldsymbol{w}(t)} \right)^{\mathrm{T}} \frac{\partial J(t)}{\partial \boldsymbol{w}(t)} + \varepsilon \right) \qquad (6\text{-}42)$$

其中，μ 为调节系数，且 $0 < \mu \leqslant 1/3$；ε 为接近于零的正常数。

因此，PDF-FNN 算法的主要步骤为：

① 初始化。通过分析输入变量和输出变量的特点，确定 PDF-FNN 模型结构；随机初始化网络参数，设定学习率、迭代次数、期望训练精度等参数。

② PDF-FNN 模型训练。根据输入数据 $\boldsymbol{x}$，计算网络输出 $\boldsymbol{y}$，根据式（6-39）更新网络参数。

③ 判断训练结束条件。若运算误差满足期望准确率或者训练次数达到预设的最大循环次数，结束训练；反之，设置 $k = k + 1$，返回步骤 ②，进入下一轮训练。

④ 基于 PDF-FNN 预测污染物水质指标，应用单因子评价法与水质综合指数评价法评估水质类别和水质达标状态。

⑤ 基于 PDF-FNN 预测营养物水质指标，应用《地表水环境质量评价办法（试行）》，评估水质营养状态。

6.4.3 收敛性分析

为了保证 PDF-FNN 在实际应用中的有效性，在此给出 PDF-FNN 算法的收敛性证明。

定理 6.2：当 PDF-FNN 根据式（6-39）更新网络的参数且使用如式（6-40）～式（6-42）所示的自适应学习率时，如果调节系数 μ 满足 $0 < \mu \leqslant 1/3$，则 PDF-FNN 的收敛性可以保证。

证明：选择 J 作为李雅普诺夫候选函数，则 J 的变化量可表示为

$$\Delta J(t) = J(t+1) - J(t) \qquad (6\text{-}43)$$

结合式（6-35）、式（6-36）与式（6-43），可得

$$J(t+1) = J(t) + \Delta J(t) \approx J(t) + \left(\frac{\partial J(t)}{\partial \boldsymbol{\Theta}(t)}\right)^{\mathrm{T}} \Delta \boldsymbol{\Theta}(t)$$

$$= \lambda_1 J(t) - \eta_c(t) \sum_{l=1}^{r} \left(\left(\frac{\partial J(t)}{\partial \boldsymbol{c}_l(t)}\right)^{\mathrm{T}} \frac{\partial J(t)}{\partial \boldsymbol{c}_l(t)}\right) + \lambda_2 J(t) \qquad (6\text{-}44)$$

$$- \eta_\sigma(t) \sum_{l=1}^{r} \left(\left(\frac{\partial J(t)}{\partial \boldsymbol{\sigma}_l(t)}\right)^{\mathrm{T}} \frac{\partial J(t)}{\partial \boldsymbol{\sigma}_l(t)}\right) + \lambda_3 J(t) - \eta_w(t) \left(\frac{\partial J(t)}{\partial \boldsymbol{w}(t)}\right)^{\mathrm{T}} \frac{\partial J(t)}{\partial \boldsymbol{w}(t)}$$

其中，$l_1 + l_2 + l_3 = 1$。

根据式（6-40）～式（6-42），式（6-44）可改写为

$$J(t+1) \approx \left(\lambda_1 - \mu \Lambda_c(t) \big/ (\Lambda_c(t) + \varepsilon)\right) J(t)$$

$$+ \left(\lambda_2 - \mu \Lambda_\sigma(t) \big/ (\Lambda_\sigma(t) + \varepsilon)\right) J(t) \qquad (6\text{-}45)$$

$$+ \left(\lambda_3 - \mu \Lambda_w(t) \big/ (\Lambda_w(t) + \varepsilon)\right) J(t)$$

其中，$\Lambda_c = \sum\limits_{l=1}^{r} \left(\left(\frac{\partial J(t)}{\partial \boldsymbol{c}_l(t)}\right)^{\mathrm{T}} \frac{\partial J(t)}{\partial \boldsymbol{c}_l(t)}\right) \geqslant 0$; $\Lambda_\sigma(t) = \sum\limits_{l=1}^{r} \left(\left(\frac{\partial J(t)}{\partial \boldsymbol{\sigma}_l(t)}\right)^{\mathrm{T}} \frac{\partial J(t)}{\partial \boldsymbol{\sigma}_l(t)}\right) \geqslant 0$; $\Lambda_w(t) =$

$\left(\frac{\partial J(t)}{\partial \boldsymbol{w}(t)}\right)^{\mathrm{T}} \frac{\partial J(t)}{\partial \boldsymbol{w}(t)} \geqslant 0$。由于 ε 是接近于 0 的正常数，且 $\lambda_1 + \lambda_2 + \lambda_3 = 1$，则式（6-45）可以改写为

$$J(t+1) \approx \left(\lambda_1 - \frac{\mu}{1+\varepsilon}\right) J(t) + \left(\lambda_2 - \frac{\mu}{1+\varepsilon}\right) J(t) + \left(\lambda_3 - \frac{\mu}{1+\varepsilon}\right) J(t)$$

$$= \left(1 - \frac{3\mu}{1+\varepsilon}\right) J(t) \qquad (6\text{-}46)$$

根据式（6-43）可知 $J(t) \geqslant 0$。因此，μ 应该满足以下条件：

$$\mu \leqslant (1 + \varepsilon) / 3 \qquad (6\text{-}47)$$

即 $0 < \mu \leqslant 1/3$ 时，可得 $0 \leqslant J(t+1) < J(t)$。相应地，PDF-FNN 可以保证收敛。

6.4.4 模型检验及结果分析

为了验证基于 PDF-FNN 的水质在线评估模型的性能，采用 2019 年 4 月 12 日—5 月 7 日北京市某水库水源地水质监测数据进行实验验证，与 6.3 节实验中数据相同。所有数据归一化到 [0，1] 之间，实验参数设置为 $r=6$，$\sigma_g=0.1$，$\mu_1=0.001$，$\mu_2=0.005$，$\varepsilon=0.001$，最大迭代次数为 5000。

（1）水质安全评价

三种水质参数的预测类别如图 6-7 所示。可以看出，溶解氧的预测类别与其

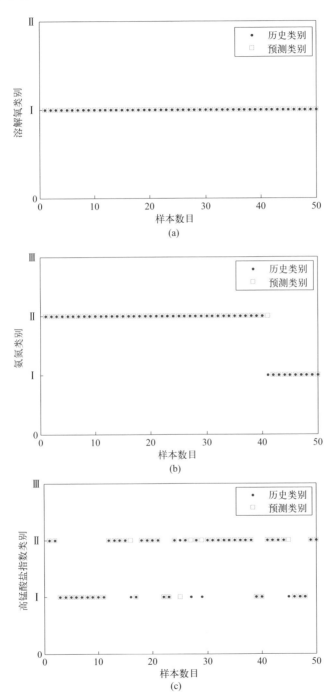

图 6-7　某水库水源地不同水质参数类别评估图

实际类别完全一致，准确率为 100%。氨氮的预测类别与其实际类别变化趋势基本一致，预测类别与实际类别相同的点有 49 个，准确率为 98%。高锰酸盐指数的预测类别与其实际类别变化趋势基本一致，预测类别与实际类别相同的点有 45 个，预测准确率为 90%。因此，所建立的基于 PDF-FNN 的水质安全在线评估模型能有效地预测水源地水质类别，且比 FNN 模型具有更高的氨氮和高锰酸盐指数的预测分类精度。

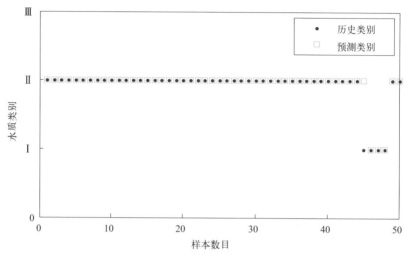

图 6-8　某水库水源地水质类别评估图

然后，采用单因子水质评价法对预测结果进行统计分析，评估未来时刻的水质类别，结果如图 6-8 所示。可以看出，预测水质类别与实际水质类别相同的点有 49 个，预测准确率为 98%，准确率较高。采用单因子评价法对水质预测模型输出结果进行分析，可知未来时刻白河堡水库水源地水质最差时为 Ⅱ 类水（小于 Ⅲ 类则达标），水质整体安全达标，与 FNN 模型评估结果一致。

需要特别指出，基于北京市某水库发布的水质数据，利用基于 PDF-FNN 的水质实时安全评价模型进行不同时间段的水质类别或者水质达标情况预测时，模型训练精度一般所处的区间为 [60%，100%]。

（2）水质营养状态评价

基于高锰酸盐指数和叶绿素评价水质综合营养状态。首先，确定 PDF-FNN 模型输入、输出（参见 6.4.2 节）。然后，根据 PDF-FNN 的预测结果，计算水质综合营养状态指数，预测结果如图 6-9 所示。可以看出，基于 PDF-FNN 模型预测的营养状态指数与实际指数分布趋势一致，所有水质均处于贫营养状态，基于 PDF-FNN 模型能有效地评估水质营养状态。

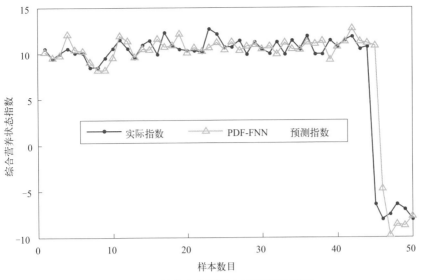

图 6-9　某水库水源地水质预测效果图

6.5
饮用水水源地水质安全在线评估系统开发

本节设计了饮用水水源地水质安全在线评估模型，实现了饮用水水源地水质安全在线评估。本节从应用层面出发，以 JAVA 编程语言、IntelliJ Idea 软件和 Miscrosoft SQL Server 2008 软件作为开发工具，完成饮用水水源地水质安全在线评估系统的设计。

本系统可以详细地显示饮用水水源地水质安全在线评估结果，用户能够通过本系统实时直观地了解饮用水水源地水质安全情况，为制定饮用水水源地管理决策提供直接的判断依据。本节主要介绍饮用水水源地水质安全在线评估系统的功能设计和功能开发，其中系统功能包括数据获取与处理模块、饮用水水源地水质在线评价模块、系统可视化界面。

6.5.1　系统功能设计

鉴于环境变化以及设备性能等多重因素的影响，饮用水水源地水质安全在线评估过程存在非线性、不确定性、数据包含噪声等特点，国内外学者对饮用水水源地水质安全在线评估方法进行了深入研究，并取得了部分先进理论成果，但是实际应用方面仍然缺乏功能较为完善的智能系统。基于此，本节设计并开发了饮用水水源地水质安全在线评估系统。该系统以饮用水源地管理人员为目标用户，以功能设计为原则，以实际问题为导向，在充分调研和分析用户需求的基础上，设计了如图 6-10 所示的三大功能模块：数据获取与处理模块、水源地水质在线评价模块、系统可视化界面。各模块的功能介绍如下。

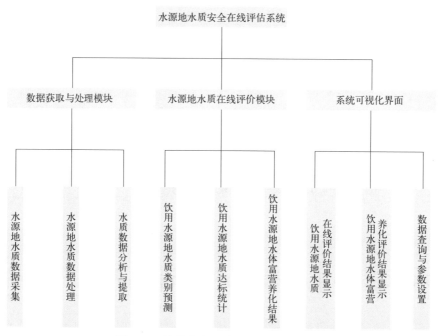

图 6-10　饮用水水源地水质安全在线评估系统功能

（1）数据获取与处理模块

该模块主要包括水源地水质指标数据导入、数据预处理以及水质指标数据提取等功能。首先，导入饮用水水源地监测站采集的水质指标数据并保存到 SQL 数据库中，样本数据包括水温、pH 值、电导率、浊度、溶解氧、高锰酸盐指数、氨氮、总有机碳和叶绿素 a 等。其次，鉴于原始数据可能存在的数据异常、数据缺失和数据数量级不统一等问题，需要对原始数据进行数据预处理操作，主要包括缺失值、异常值处理以及数据归一化、标准化处理等操作。最后，分析和选取水源地水质安全评估对应的水质指标，进行水源地水质安全评估分析。

（2）水源地水质在线评价模块

该模块主要具有饮用水水源地水质类别预测、水质达标率统计和水体富营养化结果三项功能。首先，该模块以 JAVA 编程语言为基础，以 Idea 软件为实现平台，利用 6.4 节中的基于 PDF-FNN 的饮用水水源地水质预测模型进行系统设计。然后，基于水质数据预测饮用水源地水质类别、水质达标率和水体富营养化结果。最后，基于预测的水质类别、水体富营养化结果等，分析饮用水水源地水质在线评价结果，并将预测的数据和评价的结果保存在 SQL 数据库中，以备系统后续查询和调用。

（3）系统可视化界面

该模块具有饮用水水源地水质类别结果显示、水体富营养化在线评价结果显示、数据查询和参数设置等功能。首先，该模块可以将饮用水水源地水质预测模块输出的水质类别和水体富营养化在线评价结果以曲线和表格的形式呈现，实现了饮用水水源地水质安全在线评估结果的可视化，方便用户直观实时地了解饮用水水源地水质安全状况。然后，该模块提供了站点查询、时间设置、预测步长设置等功能，并将用户设置的参数传送至数据获取与处理模块和饮用水水源地在线评价模块，实现系统的在线设置，提高了系统的适用性和灵活性。

6.5.2 系统功能开发

饮用水水源地水质安全在线评价系统设计的软件主要包括 IntelliJ Idea 软件开发环境和 Miscrosoft SQL Server 2008 数据库软件。在开发系统之前需要先完成 Idea 开发软件的安装和配置系统环境，保障其与 MySQL 数据库的正确联调。下面将详细介绍系统各个功能的开发过程。

首先选择需要进行水质安全评价的饮用水水源地，然后对饮用水水源地的断面水质数据进行预处理，针对数据缺失、数据异常等问题采用均值插值方法进行填补和替换，针对大量缺失的数据则利用模糊神经网络模型进行填补。本例以氨氮为例说明具体的系统设计过程，在确定进行水质安全评价的饮用水水源地后，通过数据导入模块（图 6-11）将数据导入到系统中。其次，选择下拉"关键水质参数"按钮选项，选中"氨氮"指标，将原始氨氮数据存储在 MySQL 数据库中。然后通过 Idea 软件从数据库中调用原始数据，在对原始数据进行预处理后保存在原数据库中，以便后续系统对该水质指标的调用。

鉴于模型性能是进行饮用水水源地水质安全评价的基础，因此本系统的核心模块是模型训练部分。首先，基于存储于 MySQL 数据库中已经预处理过的水质指标数据，在 Idea 软件应用 JAVA 语言搭建基于最优误差概率密度函数的模糊神经网络[29]预测模型（PDF-FNN），对所建模型和相关参数进行训练。然后，在模型训练过程结束后，从 MySQL 数据库中调用水质指标测试数据集，按照指定的预测步长对水质指标进行预测。其次，按照《地表水环境质量标准》，集合各项水质指标进行水质类别判断，判断一段时间内的水质达标率，同时判断水体的富营养化程度。最后，将评估结果保存在 MySQL 数据库中，为后续的水源地水质达标判断工作提供便利，统计得到的水质达标个数和所选时间段内的水质达标率，并绘制出可视化显示界面。

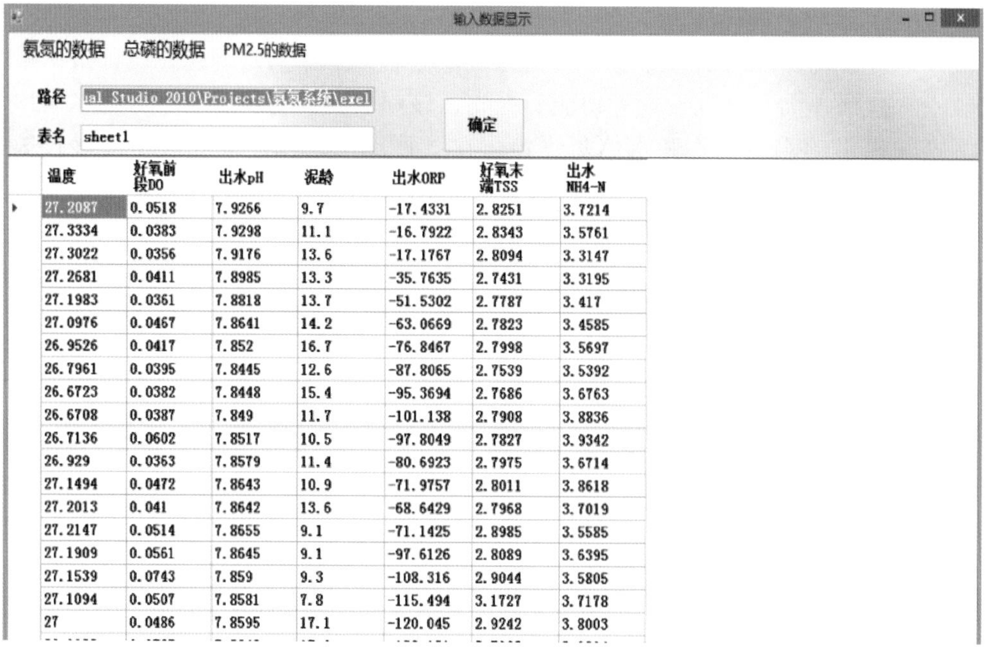

温度	好氧前段DO	出水pH	泥龄	出水ORP	好氧末端TSS	出水NH4-N
27.2087	0.0518	7.9266	9.7	-17.4331	2.8251	3.7214
27.3334	0.0383	7.9298	11.1	-16.7922	2.8343	3.5761
27.3022	0.0356	7.9176	13.6	-17.1767	2.8094	3.3147
27.2681	0.0411	7.8985	13.3	-35.7635	2.7431	3.3195
27.1983	0.0361	7.8818	13.7	-51.5302	2.7787	3.417
27.0976	0.0467	7.8641	14.2	-63.0669	2.7823	3.4585
26.9526	0.0417	7.852	16.7	-76.8467	2.7998	3.5697
26.7961	0.0395	7.8445	12.6	-87.8065	2.7539	3.5392
26.6723	0.0382	7.8448	15.4	-95.3694	2.7686	3.6763
26.6708	0.0387	7.849	11.7	-101.138	2.7908	3.8836
26.7136	0.0602	7.8517	10.5	-97.8049	2.7827	3.9342
26.929	0.0363	7.8579	11.4	-80.6923	2.7975	3.6714
27.1494	0.0472	7.8643	10.9	-71.9757	2.8011	3.8618
27.2013	0.041	7.8642	13.6	-68.6429	2.7968	3.7019
27.2147	0.0514	7.8655	9.1	-71.1425	2.8985	3.5585
27.1909	0.0561	7.8645	9.1	-97.6126	2.8089	3.6395
27.1539	0.0743	7.859	9.3	-108.316	2.9044	3.5805
27.1094	0.0507	7.8581	7.8	-115.494	3.1727	3.7178
27	0.0486	7.8595	17.1	-120.045	2.9242	3.8003

图 6-11 数据导入

参考文献

[1] State of Idaho division of environmental quality ground water program: Idaho Source Water Assessment plan [R]. October 1999.

[2] Amato, Sara.U.S.EPA Index of watershed indicators [J]. College&Research Libraries News, 1997, 58 (11): 811.

[3] Wetsel R G. Eutrophication of waters. 2nd ed. Philadephia: Saunders Collage Publish, 1983.

[4] 王洪梅，卢文喜，辛光，等.灰色聚类法在地表水水质评价中的应用[J].节水灌溉，2007 (5): 20-22.

[5] 郝汉舟，靳孟贵，曹李靖，等.模糊数学在水质综合评价中的应用[J].长江流域资源与环境，2006, 15 (1) :83-87.

[6] 金相灿，屠清瑛.湖泊富营养化调查规范[M].2版.北京：中国环境科学出版社，

1990:286-302.

[7] Nguyen X H. Combining statistical machine learning models with ARIMA for water level forecasting: The case of the Red River [J]. Advances in Water Resources, 2020, 142: 103656.

[8] Han H G, Wu X L, Zhang L, et al. Identification and Suppression of Abnormal Conditions in Municipal Wastewater Treatment Process. Acta Automatica Sinica, 2018, 44 (11): 1971-1984.

[9] Mosleh M, Otadi M. Simulation and evaluation of system of fuzzy linear Fredholm integro-differential equations with fuzzy neural network [J]. Neural Computing and Applications, 2019, 31 (8): 3481-3491.

[10] Khan U T, He J, Valeo C. River flood prediction using fuzzy neural networks: An investigation on automated network architecture [J]. Water Science and Technology, 2017, 2017 (1): 238-247.

[11] Tang J J, Liu F, Zhang W H, et al. Lane-changes prediction based on adaptive fuzzy neural network [J]. Expert Systems with Applications, 2018, 91: 452-463.

[12] Qiao J F, Cai J, Han H G, et al. Predicting $PM_{2.5}$ concentrations at a regional background station using second order self-organizing fuzzy neural network [J]. Atmosphere, 2017, 8 (12): 10-26.

[13] Yeh C Y, Jeng W H R, Lee S J. Data-based system modeling using a type-2 fuzzy neural network with a hybrid learning algorithm [J]. IEEE Transactions on Neural Networks, 2011, 22 (12): 2296-2309.

[14] Roh S B, Oh S K, Pedrycz W. Design of fuzzy radial basis function-based polynomial neural networks [J]. Fuzzy sets and systems, 2011, 185 (1): 15-37.

[15] Ding H X, Li W J, Qiao J F. A self-organizing recurrent fuzzy neural network based on multivariate time series analysis [J]. Neural Computing and Applications, 2021, 33 (10):5089-5109.

[16] 乔俊飞, 丁海旭, 李文静. 基于 WTFMC 算法的递归模糊神经网络结构设计 [J]. 自动化学报, 2020, 46 (11): 2367-2378.

[17] 丁海旭, 李文静, 叶旭东, 等. 基于自组织递归模糊神经网络的 BOD 软测量 [J]. 计算机与应用化学, 2019, 36 (4):

331-336.

[18] Qiao J F, Hou Y, Zhang L, et al. Adaptive fuzzy neural network control of wastewater treatment process with multiobjective operation [J]. Neurocomputing, 2018, 275: 383-393.

[19] Qiao J F, Zhang W, Han H G. Self-organizing fuzzy control for dissolved oxygen concentration using fuzzy neural network [J]. Journal of Intelligent & Fuzzy Systems, 2016, 30 (6): 3411-3422.

[20] Qiao J F, Zhou H B. Modeling of energy consumption and effluent quality using density peaks-based adaptive fuzzy neural network [J]. IEEE/CAA Journal of Automatica Sinica, 2018, 5 (5):968-976.

[21] Han H G, Zhang L, Liu H X, et al. Multiobjective design of fuzzy neural network controller for wastewater treatment process [J]. Applied Soft Computing, 2018, 67: 467-478.

[22] Qiao J F, Li W, Han H G. Soft computing of biochemical oxygen demand using an improved T-S fuzzy neural network [J]. Chinese Journal of Chemical Engineering, 2014, 22 (11/12): 1254-1259.

[23] Wang G M, Jia Q S, Qiao J F, et al. A Sparse Deep Belief Network with Efficient Fuzzy Learning Framework. Neural Networks, 2020, 121: 430-440

[24] 乔俊飞，周红标. 基于自组织模糊神经网络的出水总磷预测 [J]. 控制理论与应用，2017, 34 (2): 224-232.

[25] Wang Hong.Robust control of the output probability density functions for multivariable stochastic systems [J]. Proceedings of the 37th IEEE Conference on Decision and Control, 1998, 2: 1305-1310.

[26] Ding J L, Chai T Y, Wang H. Offline modeling for product quality prediction of mineral processing using modeling error PDF shaping and entropy minimization [J]. IEEE Transactions on Neural Networks, 2011, 22 (3): 408-419.

[27] Chen C S. Robust self-organizing neural-fuzzy control with uncertainty observer for MIMO nonlinear systems [J]. IEEE Transactions on Fuzzy Systems, 2011, 19 (4): 694-706.

[28] Bessa R J, Miranda V, Gama J. Entropy and correntropy against minimum square error in offline and online three-day ahead wind power

forecasting [J] . IEEE Transactions on Power Systems, 2009, 24 (4): 1657-1666.

[29] Qiao J, Quan L, Yang C. Design of modeling error PDF based fuzzy neural network for effluent ammonia nitrogen prediction [J] . Applied Soft Computing, 2020, 91: 106-239.

Cutting-Edge Technologies in
**Smart
Environmental
Protection**

第 7 章

水环境水质遥感监测

水环境水质遥感是通过对遥感影像的分析，获得水体的分布和泥沙、有机质、无机污染物的浓度和水深、水温等水环境要素的信息。水环境水质遥感具有范围广、时效性高、成本低、便于长期动态监测的优点。水环境水质遥感监测主要依据是遥感器获取的水体及其污染物的光谱反射和吸收特性。水质遥感的目的是获取大范围流域水质污染物的空间分布，揭示污染源的位置及其扩散状态，从而对一个地区的水资源和水环境等做出评价，为水体污染的管控、污染物的溯源、污染范围的评价及水环境规划管理提供依据。

7.1
水环境水质遥感监测概述

水环境水质遥感监测指的就是结合自动站和手工实地测量、采样分析的水质数据，以及多光谱遥感影像信息，对主要水质指标要素进行反演，将水质参数分布从测量点扩展到全流域[1]。因此，基于卫星遥感与地面资料联合的立体化监测能够满足环境立体化监测需求、污染溯源需求、环境历史变化规律需求、应急响应及评估需求以及污染问题交办督办和辅助决策需求，为水环境生态发展与保护助力。

水质遥感主要依靠水中杂质和污染物的遥感反射率特征，因此主要采用多光谱和高光谱传感器。由于城市及其周边地区的河流、湖泊和坑塘往往宽度较窄、面积有限，因此高分辨率的光学遥感卫星或机载遥感设备是城市水环境遥感监测的主要手段。近些年来，国内外相继发射了多颗高分辨率的光学遥感卫星，包括国内的高分一号、高分二号、资源三号、北京二号、吉林一号、高景一号、珠海一号等，以及国外的 WorldView 系列卫星、QuickBird 卫星、PLANET 卫星、SPOT 系列卫星等。根据使用的电磁波的波长不同，卫星遥感主要分为光学遥感、红外遥感和微波遥感[2]。其中，红外遥感对水体表面的温度敏感，微波遥感主要通过水体表面的波动情况来获得水体表面的信息[3]。光学遥感又可以分为多光谱遥感和高光谱遥感，一定波长的光穿透水体，并与水中物质发生散射、折射与吸收等相互作用，再返回水面以上，经过大气衰减后被遥感器接收。

传统水质参数反演方法主要包括经验法、半经验法、分析法等。分析法以水体辐射传输机理作为理论基础，有严谨的物理推导过程，适用于对叶绿素 a、悬浮物、黄色物质等水色水质参数进行反演。但化学需氧量、生化需氧量、总磷、总氮等非水色水质参数不适用于生物光学模型。同时，分析法需要在实验室标定不同水色物质的光谱吸收和反射特征，在同时存在多种影响因素的复杂水环境中效果不理想。

在对复杂水环境下及非水色水质参数的遥感反演中，半经验法得到了更为广泛的应用。由于氮、磷等无机污染物以及有机污染物与微生物通常会吸附于不同粒径的悬浮物，同时与水中叶绿素等成分具有相关性，因此通过水色遥感可以间接反演这些污染物的信息。首先利用已知的水质光谱指数或敏感波段进行分析，选择最显著波段或波段组合作为自变量，以水质参数为因变量，建立两者的函数关系，通常采用统计回归或神经网络的方法构建水质反演模型。需要注意的是，这种半经验模型的建立难以进行严格的理论分析，同时受环境因素的影响比较大，因此其应用需要依赖于实测数据的验证和标定。

水体成分的算法与水体的复杂性有很大的关系，Morel[4] 根据海水光学特性将海水分为一类水体和二类水体。在一类水体中，浮游植物中的叶绿素对水体的光学特性起决定性作用；对沿岸二类水体而言，除叶绿素以外的其他成分，如有色可溶性有机物（CDOM，也称黄色物质）和悬浮无机物等，对水体的光学特征也有很大的贡献。在专用的水色传感器出现之前，国内外许多学者采用 Landsat、SPOT、NOAA 等数据进行水色研究，探究了这类传感器在水色反演中的适用性，并利用这些数据构建了各种区域性的统计模型。

在水质预测方面，Garpenter 等 [5] 利用在澳大利亚三个湖泊所测的地面数据及同步的多光谱扫描仪（MSS）数据进行多元线性回归来模拟并预测湖泊水质，其中叶绿素 a 浓度与 MSS 两个波段的数据呈线性关系。Dekker[6] 基于 TM 数据 6 个波段的定量分析，选择 TM4 对悬浮物及叶绿素进行线性和指数回归分析，指出指数模式要优于线性模式。C. Pattiaratchi 等 [7] 利用大气校正过的多时序 TM 数据进行研究，指出通过线性和对数模式可估算叶绿素的浓度。Niklas Strombeck 等 [8] 基于实验测量数据分析水体内的光学性质及与组分浓度的关系。杨姝 [9] 利用统计回归与主成分模型对渤海湾近岸海域悬浮泥沙进行了遥感反演，Zhang 等 [10] 以太湖为试验区开展了基于高光谱和多源遥感数据反演叶绿素 a 含量的研究，并分析了不同叶绿素反演模型的性能差异，揭示了高光谱和多源遥感数据对叶绿素 a 含量反演的贡献。

另外，人工神经网络也被学者应用于遥感水质反演的研究中，并取得了较好的效果。王旭楠等 [11] 基于 ASTER 数据，构建了石头沟门水库的溶解氧、生化需氧量、氨氮的定量遥感反演模型，结果显示 BP 神经网络的反演结果更加精确。王翔宇等 [12] 利用 GA-BP 神经网络对渭河四种水质参数（高锰酸盐指数、化学需氧量、氨氮、溶解氧）进行了遥感反演建模。杨柳等 [13] 使用 BP 神经网络对温榆河的浊度和溶解氧浓度进行了反演优化。Xiao 等 [14] 利用 HJ1A/1B CCD 数据对汉河的总氮、总磷进行了遥感反演研究，结果表明神经网络模型的反演结果最佳。

当前的水环境水质遥感主要技术存在以下问题。

第一，难以实现生化需氧量、总磷、总氮等非水色水质参数的浓度监测。目前分析法需要在实验室标定不同水色物质的光谱吸收和反射特征，但对于对光谱反射率不明显的生化需氧量、总磷、总氮等参数，只能通过其和其他水色特征的间接关系来建模，难以达到理想的浓度监测精度。

第二，模型难以进行严格的理论分析，同时受环境因素的影响比较大。现有大部分的遥感水质监测模型往往依靠光谱反射理论和实际的参考样本建立半经验模型，因此模型中参数的实际意义通常难以精确分析，同时模型应用于复杂的、发生显著变化的水环境时往往难以取得理想的效果。

7.2
基于多源信息融合的水质指标遥感监测方法

已有的遥感水质指标监测方法大都需要通过大量的样本对模型的参数进行选择，在不同的水体类型和环境条件下难以保证较高的精度，故本节提出一种基于多源信息融合的水质指标遥感监测方法，通过水质指标分布的空间相关性和其与遥感影像中光谱反射率的相关性建立插值模型，从而将监测站点的水质指标扩展到整个流域。基于多源信息融合的水质指标遥感监测方法整体流程如图 7-1 所示，主要可分为水体区域提取和水质指标插值，以及制图和分析三个步骤。

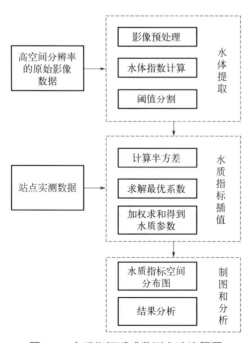

图 7-1　水质指标遥感监测方法流程图

7.2.1　水体区域提取

水体区域提取是地表水环境遥感监测的首要工作，目的是为后续水体污染信息提取提供必需的水体边界。目前遥感水体提取的技术已经较为成熟，根据水体在近红外和短波红外反射率较低的特点，通常利用近红外或短波红外构建水体特征光谱指数，包括归一化水体指数（NDWI）、改进的归一化水体指数（MNDWI）、自动化水体指数（AWEI）等，可通过阈值分割提取水体。

利用归一化水体指数（NDWI）通过设定阈值对水体进行提取是一种简便、易行的方法。对水体区域进行提取，水体在可见光范围内反射率由强到弱的顺序依次为蓝光 > 绿光 > 红光，在近红外及更长的波长时，水体几乎没有反射率，因此 NDWI 可以突显影像中的水体信息。

$$NDWI = (Green - NIR) / (Green + NIR) \qquad (7-1)$$

此外，还可通过人工神经网络、决策树、支持向量机等监督分类算法进行水体区域提取，而 NDWI 可作为光谱特征之外的补充特征输入分类器，以充分利用水体光谱特性上的先验知识，达到更佳的水体提取效果[15]。

7.2.2　多源信息融合水质指标插值

采用基于光谱距离的克里金插值法，将采样点实测水质指标与遥感影像图像中水体光谱反射率相关联，获得水质指标的空间分布。

克里金法（Kriging）依据协方差函数对随机过程 / 随机场进行空间建模和预测（插值）。在特定的随机过程（如固有平稳过程）中，克里金法能够给出样本的最优线性无偏估计，因此在地统计学中也被称为空间最优无偏估计器[16]。对克里金法的研究可以追溯至 20 世纪 60 年代，其算法原型被称为普通克里金（Ordinary Kriging）[16]。若协方差函数的形式等价，且建模对象是平稳高斯过程，普通克里金的输出与高斯过程回归（Gaussian Process Regression）在正态似然下输出的均值和置信区间相同，有稳定的预测效果。常见的改进算法包括泛克里金（Universal Kriging）、协同克里金（Co-Kriging）和析取克里金（Disjunctive Kriging）等。克里金法能够与其他模型组成混合算法，被应用于地理科学、环境科学、大气科学等领域[16]。

假设水质指标与遥感光谱反射率存在关联，光谱反射率相近的采样点之间的水质指标也更为接近，参照地学空间统计分析中的克里金法，将基于空间相关性的插值方法扩展为基于光谱相关性。该方法的具体实现过程如下所述。

① 计算采样点对应的光谱距离与水质指标 z 的半方差。

② 寻找一个拟合曲线拟合光谱距离与半方差的关系，从而能根据任意光谱距离计算出相应的半方差。

③ 计算出所有已知点之间的半方差 r_{ij}。

④ 对于未知点 z_o，计算它到所有已知点 z_i 的半方差 r_{io}，求解下述方程组，得到最优系数 λ_i。

⑤ 使用最优系数对已知点的属性值进行加权求和，得到未知点 z_o 的估计值。
其中，光谱距离可用余弦距离计算：考虑 n 维空间内两点 $A(x_1,x_2,\cdots,x_n)$、$B(y_1,y_2,\cdots,y_n)$ 各自对应的向量 $\overrightarrow{OA}=(x_1,x_2,\cdots,x_n)$、$\overrightarrow{OB}=(y_1,y_2,\cdots,y_n)$，向量 $\overrightarrow{OA}$ 与向量 $\overrightarrow{OB}$ 的余弦相似度为向量夹角的余弦值。

$$similarity = \cos\theta = \frac{\overrightarrow{OA}\cdot\overrightarrow{OB}}{\left|\overrightarrow{OA}\right|\left|\overrightarrow{OB}\right|} \tag{7-2}$$

记 $d_{AB}=1-similarity$ 为两点 A、B 间的余弦距离。

水质指标的半方差：

$$r_{ij} = \frac{1}{2}E\left[\left(z_i-z_j\right)^2\right] \tag{7-3}$$

求解系数的方程组：

$$\begin{cases} r_{11}\lambda_1 + r_{12}\lambda_2 + \cdots + r_{1n}\lambda_n - \phi = r_{1o} \\ r_{21}\lambda_1 + r_{22}\lambda_2 + \cdots + r_{2n}\lambda_n - \phi = r_{2o} \\ \cdots \\ r_{n1}\lambda_1 + r_{n2}\lambda_2 + \cdots + r_{nn}\lambda_n - \phi = r_{no} \\ \lambda_1 + \lambda_2 + \cdots + \lambda_n = 1 \end{cases} \tag{7-4}$$

根据加权求和公式可得水质指标的估计值：

$$\hat{z}_o = \sum_{i=1}^{n}\lambda_i z_i \tag{7-5}$$

7.2.3 方法校验及结果分析

2019 年 11 月 19 日，利用 GF1/PMS 卫星数据对潮白河京冀交界流域进行了水质遥感监测实验。试验区包含潮白河及潮白新河、运潮减河、北运河等支流，河道流经北京通州某镇、河北省某市等行政区划。实验当天天气晴好，卫星遥感影像无云覆盖，影像质量良好。利用本节所介绍的遥感水质反演方法，所得各水质参数反演的空间分布结果如下。

（1）五日生化需氧量（图7-2）

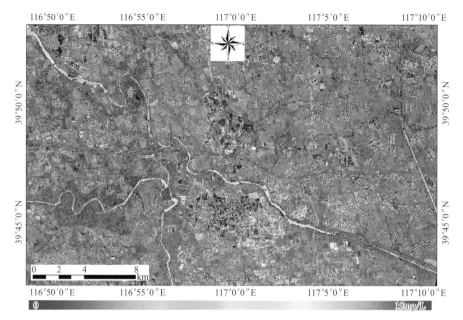

图 **7-2**　五日生化需氧量空间分布

（2）叶绿素 a（图7-3）

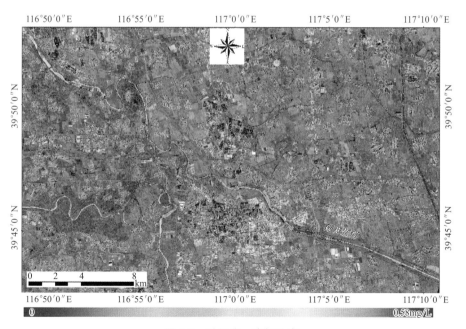

图 **7-3**　叶绿素 a 空间分布

（3）化学需氧量（图 7-4）

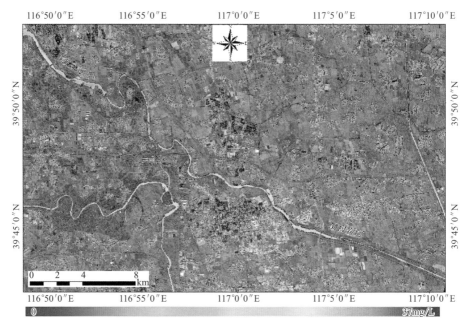

图 7-4　化学需氧量空间分布

（4）高锰酸盐指数（图 7-5）

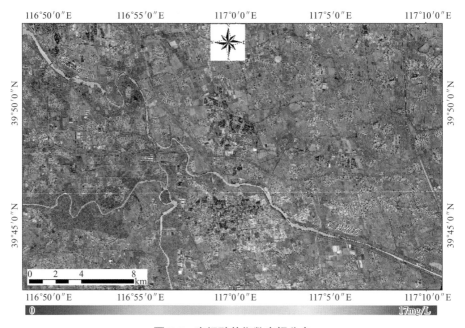

图 7-5　高锰酸盐指数空间分布

（5）溶解氧（图7-6）

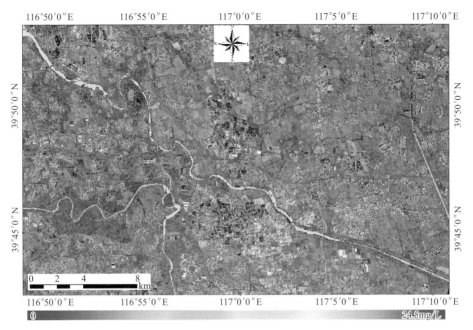

图 7-6 溶解氧空间分布

（6）氨氮（图7-7）

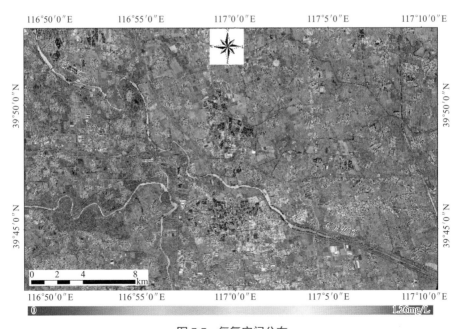

图 7-7 氨氮空间分布

（7）pH值（图7-8）

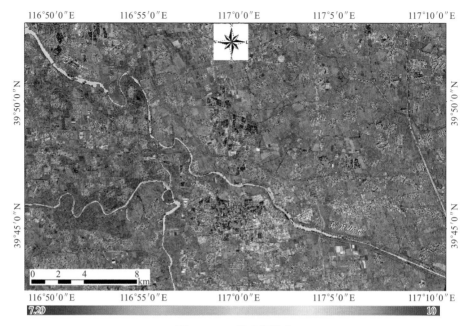

图 7-8　pH 值空间分布

（8）总氮（图7-9）

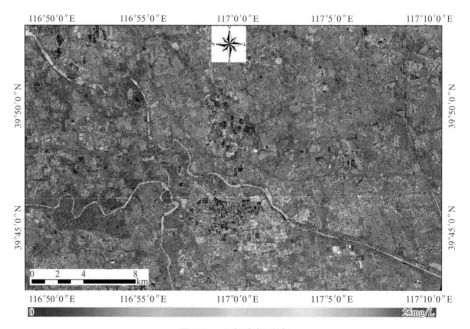

图 7-9　总氮空间分布

（9）总磷（图7-10）

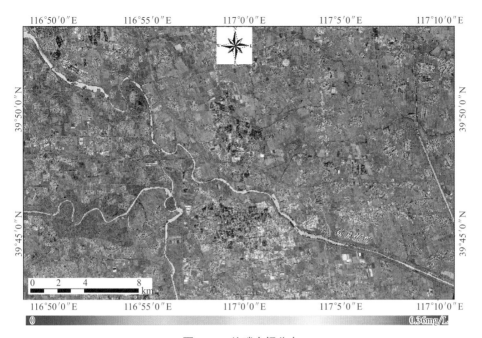

图 7-10 总磷空间分布

（10）悬浮物浓度（图7-11）

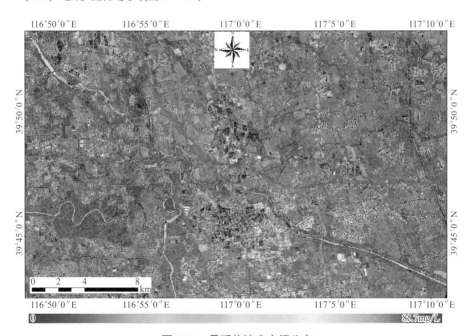

图 7-11 悬浮物浓度空间分布

（11）反演精度分析

各水质参数反演结果总体精度如表 7-1 所示。

表 7-1　水质参数精度评价表

水质参数	实测均值 /(mg/L)	均方根误差 /(mg/L)	平均相对误差 /%	相关系数
五日生化需氧量	7.8	1.85	21.7	0.68
化学需氧量	21.3	1.23	4.1	0.98
高锰酸盐指数	7.3	0.92	10.0	0.91
溶解氧	12.7	1.76	8.3	0.74
氨氮	0.4	0.23	64.3	0.70
pH 值（无量纲）	8.8	0.16	1.39	0.83
悬浮物	19.4	9.13	107.6	0.76
总氮	9.4	2.40	29.2	0.74
总磷	0.15	0.04	33.7	0.87

经分析可知，基于遥感影像获得的水质指标估计值与实测值有较大的相关性，整体上平均相对误差在可接受的范围内，说明所用方法可以将监测站点的数据扩展到更大的流域范围，获取水质指标的空间分布情况。其中，悬浮物、氨氮的平均相对误差相对较大，其原因有待进一步的分析和研究。

7.2.4　水质指标遥感监测系统开发

本节内容主要包括系统功能设计和系统功能开发两部分，涉及数据处理模块和水质结果可视化等功能。

（1）系统功能设计

从用户需求角度出发进行系统功能设计。系统具有筛选水质反演地区、反演结果可视化等功能。首先，实现系统对遥感监测区域的筛选，在筛选区域内实现水质指标的遥感监测；其次，对水质指标遥感监测结果进行可视化处理，更直观地展示水质状况；最后，实现对水质指标的统计，分析该区域水质状况，为用户提供可直观查看水质状况的在线平台。

图 7-12 为水质指标遥感监测系统架构，主要分为数据处理及区域筛选、水质反演与指标统计分析，以及大屏显示三大部分。第一部分是以数据处理以及区域

筛选为主的数据管理系统，能够实现水质遥感数据的区域筛选功能以及预处理；第二部分主要进行水质反演以及水质指标统计分析，基于水质指标分析该地区的水质状况；第三部分对该地区的水质状况进行可视化显示，将水质状况通过上位机实现可视化。

图 7-12　水质指标遥感监测系统架构

第一部分是数据处理模块，保证了遥感数据的有效性，同时利用区域筛选方法，将实地采样数据保存为 .csv 格式，采样水体样本数据包括五日生化需氧量、高锰酸盐指数 、pH 值等各项水质指标；第二部分是水质反演以及指标统计分析模块，首先基于遥感影像进行水质反演，然后对水质反演结果进行统计分析，可以得到该地区的水质状况，利用克里金插值方法，对水质反演结果进行可视化，方便用户直观感受该地区水质状况；第三部分是可视化显示模块，将水质反演结果传输至 Web 界面，实现结果可视化。设计参数输入接口与显示接口，实现窗口界面与底层水质评估结果的双向交互。具体交互过程为：首先将用户输入的时间、地点等参数输入，然后展示相应的水质反演结果。

（2）系统功能开发

首先需要配置 GeoServer 环境，装载 MySQL 数据库，为水质指标遥感监测系统开发提供良好的开发平台，并保证 PC 机的配置可以满足 GeoServer 以及 MySQL 软件的稳定运行。

数据筛选界面如图 7-13 所示。首先选择城市区划与时间，进行水质指标遥感监测区域筛选。然后选择特征污染物。以叶绿素 a 为例，首先下拉"特征污染物"选项，显示多个特征污染物名称，利用 GeoServer 对水质反演结果预处理之后，存储在 MySQL 数据库中，在平台进行调用。

地图上标记了监测站点的位置，用于水质反演结果的精度评价。同时利用 GeoServer 对反演结果进行可视化处理，方便用户直观感受该地区水质状况。用户可以通过左侧窗口，查看不同监测站点特征污染物含量。水质反演可视化结果以及监测站点数据如图 7-14、图 7-15 所示。

图 7-13　数据筛选界面

图 7-14　水质反演可视化结果

图 7-15　监测点数据

7.3

黑臭水体遥感监测概述

城市黑臭水体是指城市建成区内，呈现令人不悦的颜色和（或）散发令人不适气味的水体的统称。城市黑臭水体不仅对城市水环境造成恶劣影响，还影响着居民的身体健康和生活品质。2015 年 4 月 2 日国务院发布《水污染防治行动计划》（"水十条"），明确提出到 2030 年要总体上消除城市建成区的黑臭水体。

目前的黑臭水体主流的分级评价指标包括透明度、溶解氧（DO）、氧化还原位（ORP）和氨氮（NH₃-N），分类标准见表 7-2，其中有一项不达标就可称为黑臭水体[17]。

表 7-2　城市黑臭水体分类标准

特征指标	轻度黑臭	重度黑臭
透明度 /cm	25 ～ 10①	<10①
溶解氮 /(mg/L)	0.2 ～ 2.0	<0.2
氧化还原电位 /mV	−200 ～ 50	<−200
氨氮 /(mg/L)	8.0 ～ 15	>15

① 水深不足 25cm 时，该指标按水深的 40% 取值。

常规的黑臭水体监测手段不能获取整个城市范围内的黑臭水体的空间分布状态，不利于城市黑臭水体的监管和治理。遥感技术的发展与应用给水质监测领域树立了新观念，拓宽了新思路。利用高空间分辨率遥感影像开展城市黑臭水体的识别与监管工作，获取黑臭水体的空间分布、黑臭河段的长度和面积成为当前相关业务的发展趋势。

黑臭状态是水体的一个极端状态，其本身表现出的特征较为独特[17]。河道和坑塘的水深、周边环境等因素也为黑臭水体的准确提取带来挑战。温爽等以南京地区为例，基于高分遥感影像开展了城市黑臭水体识别研究，发现比值算法具有最高的识别精度[18]。李佳琦等从光谱特征上构建了反映水体清洁程度的光谱指数（WCI），并结合解译标志共同进行黑臭水体遥感识别[19]。Shen 等利用色度图中的色彩纯度作为指数提取黑臭水体，并进一步将黑臭水体分为高硫化亚铁和高悬浮物质两类[20]。目前广泛采用的黑臭水体提取方法中，阈值法操作简单快捷，但阈值的选取随不同的实际情况变化较大，准确率难以保证；基于机器学习的方法需要有一定数量的黑臭水体遥感影像样本及标签信息进行训练，这对实地调查验证工作提出了更高的要求，同时模型的泛化性能也易受样本和测试区域特征分布相似度的影响。

典型的黑臭水体遥感监测方法整体流程如图7-16所示，主要包括影像预处理、疑似黑臭水体识别、成果出图等步骤。首先，对原始的高分辨率影像数据进行辐射定标、几何校正、大气校正等预处理；其次，在对黑臭水体遥感反射率特征分析的基础上，通过水体提取、黑臭水体指数计算和阈值分割进行疑似黑臭水体识别；然后，通过野外实验对模型进行验证，调整模型参数，得到满足要求的黑臭水体识别结果；最后，绘制黑臭水体空间分布图，并进行疑似黑臭河道长度和坑塘面积的统计分析。

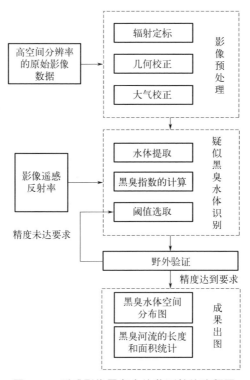

图7-16 遥感影像黑臭水体监测整体流程图

7.4
基于随机森林的黑臭水体遥感监测方法

基于人工设定阈值的黑臭水体提取方法的准确率依赖于水体光学特征和阈值的选取，在实际应用中对现场调研样本的准确度和使用者的经验水平要求较高，难以适应复杂多变的城市水体环境。因此，利用机器学习算法对黑臭水体进行自动提取具有更大的发展前景。

7.4.1 基于随机森林的黑臭水体遥感监测方法设计

在众多分类算法中，随机森林分类器以其良好的复杂函数映射能力、较小的样本要求、出色的泛化性能在许多领域中得到了应用[21-22]。随机森林算法的基本单元是决策树。一个决策树一般可将样本分为两类，其构建方法如下：

① 用 N 来表示训练用例（样本）的个数，M 表示特征（遥感反射率、指数）数目。

② 输入特征数目 m，用于确定决策树上一个节点的决策结果，其中 m 应远小于 M。

③ 从 N 个训练用例（样本）中以有放回抽样（即 bootstrap 取样）的方式，取样 N 次，形成一个训练集，并用未抽到的用例（样本）作预测，评估其误差。

④ 对于每一个节点，随机选择 m 个特征，决策树上每个节点的决定都是基于这些特征确定的。根据这 m 个特征，计算其最佳的分裂方式。

⑤ 递归分裂步骤，直到每棵树完整成长，达到终止条件，得到树叶节点。

由于决策树算法会递归地生成决策树，直到不能生成为止，因此会导致决策树对于训练集的拟合度极高，而对新的样本预测正确率低，即出现过拟合现象。因此在决策树模型中需要依据特征对分类模型的贡献度，对生成的树进行简化处理，简化的过程被称为剪枝（Pruning）[23-25]。有不同的准则衡量特征的贡献程度，常见的决策树算法包括：采用信息增益最大的特征的 ID3 算法、采用信息增益比选择特征的 C4.5 算法、CART 算法等[26]。下面分别进行简要介绍。

ID3 算法采用"信息增益"为度量来选择分裂属性，即哪个属性在分裂中产生的信息增益最大，就选择该属性作为分裂属性，其基本原理是使分裂后各子集的熵尽可能地小。

C4.5 算法的核心思想与 ID3 完全相同，但在实现方法上进行了改进。主要包括：采用"增益比例"来替代"信息增益"选择分裂属性、对连续属性的处理、对样本属性值缺失情况的处理、规则的产生、交叉验证等。

与前面两种决策树算法不同，CART 树算法是通过计算 Gini 系数确定分裂属性的。Gini 系数表示样本集合中随机选中的样本被错分的概率：

$$Gini(p) = \sum_{k=1}^{K} p_k(1-p_k) = 1 - \sum_{k=1}^{K} p_k^2 \qquad (7\text{-}6)$$

其中，p_k 表示选中样本属于类别 k 的概率；K 为样本集合中类别的个数。CART 算法利用 Gini 系数的最小值的划分点作为对样本的最佳划分。由于 CART

树较高的计算分类精度和效率，本节采用 CART 树来进行黑臭水体的提取。

随机森林是一个包含多个决策树的分类器，它通过自助法（bootstrap）重采样技术，从原始训练样本集 N 中有放回地重复随机抽取 k 个样本生成新的训练样本集合，然后根据自助样本集生成 k 个分类树组成随机森林，新数据的分类结果按分类树投票多少形成的分数而订[25,26]。其主要步骤如下所述。

① 输入训练数据集 $D=\{(x_1, y_1), (x_2, y_2), \cdots, (x_n, y_n)\}$，样本子集的个数 T。

② 从原始样本集中随机地抽取 m 个样本点，得到一个训练集 D_t。

③ 用训练集 D_t，训练一个 CART 决策树。这里在训练的过程中，对每个节点的切分规则是先从所有特征中随机地选择 k 个特征，然后再从这 k 个特征中选择最优的切分点进行左右子树的划分。预测的最终类别为该样本点所到叶节点中投票数最多的类别，即疑似黑臭水体或正常水体。

随机森林算法对训练值的随机采样和参数值的随机抽取导致其在树级别和节点级别具有双重随机性。在分类预测部分，决策树将样本输入随机森林训练获得的所有决策树，进行向左或向右的迭代划分，直至到达每个决策树的叶节点为止，最终的分类结果就是这些所有叶节点的划分。此时将叶节点的分布情况进行平均，则获得在该输入样本下的随机森林总体分类结果。

综上，本节提出的黑臭水体提取流程首先对水体覆盖区域进行提取，再在水体覆盖区域范围内对疑似黑臭水体进行提取。在分类器的训练阶段，将多光谱遥感影像不同波段信息作为特征向量，训练上述随机森林分类器。在黑臭水体提取阶段，将样本区域的光谱信息输入随机森林分类器，将决策树的输出结果汇总，将水体判定为投票数最多的类别，实现黑臭水体的提取。

7.4.2 方法校验及结果分析

基于城市黑臭水体遥感监测方法，本节对河北省建成区的水体水质展开分析。由于当前城市黑臭水体治理的成效较为显著，目前城市建成区内的黑臭水体已基本绝迹，因此本案例对分类标准进行了一定的调整，将区域内的水体分类为良好水体和一般水体（有发生黑臭的风险或疑似黑臭）。

（1）试验区简介

本遥感监测案例的实验区域为河北省 A、B、C、D 四个地级市的建成区，主要监测目标为区域内主要河流和坑塘。各实验区域在地图上的四个顶点的坐标如下：

A 市：40°0'38.13"N，117°5'45.42"E；39°57'39.36"N，117°5'44.37"E；39°57'38.18"N，117°2'9.93"E；40°0'37.36"N，117°2'6.30"E。

B 市：38°6'47.746"N，116°31'33.754"E；38°6'48.075"N，116°36'36.68"E；38°2'23.554"N，116°36'36.68"E；38°2'23.884"N，116°31'32.502"E。

C 市：38°23'50.204"N，117°22'52.861"E；38°19'54.672"N，117°22'52.188"E；38°19'56.261"N，117°17'8.665"E；38°23'48.088"N，117°17'8.665"E。

D 市：39°8'36.981"N，116°21'5.023"E；39°8'36.981"N，116°25'30.98"E；39°4'49.922"N，116°25'30.48"E；39°4'49.922"N，116°21'5.523"E。

（2）A市水体水质遥感监测结果

2018 年 11 月 28 日，利用 GF2/PMS 卫星数据对 A 市进行了水体水质遥感监测。经数据处理和制图分析发现：11 月 28 日卫星遥感影像无云覆盖，影像质量良好。遥感监测（图 7-17）共发现一般水体 6 处。其中，一般水体河段 2 段，总长度为 3410m；一般水体坑塘 4 处。2018 年 11 月 28 日 A 市水体水质详细信息如表 7-3 所示。

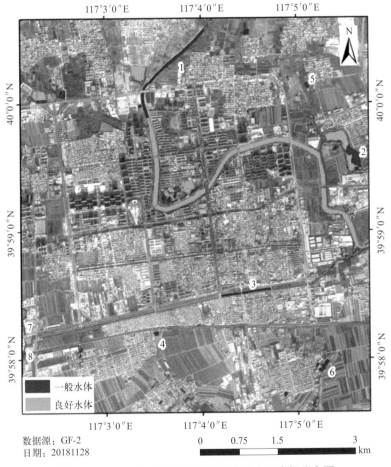

图 7-17　2018 年 11 月 28 日 A 市水体水质空间分布图

表 7-3 2018 年 11 月 28 日 A 市一般水体信息表

河流编号	河流名称	起点经度 /(°)	起点纬度 /(°)	终点经度 /(°)	终点纬度 /(°)	河流长度 /m
1	沟河	117.057526	39.998145	117.068595	40.010968	2416
2	坑塘	117.093472	39.992863			
3	红娘港	117.070072	39.974864	117.078776	39.975798	994
4	坑塘	117.058700	39.970013			
5	坑塘	117.085312	40.002253			
6	坑塘	117.087900	39.965527			

2019 年 12 月 2 日，利用 GF2/PMS 卫星数据对 A 市进行了水体水质遥感监测。经数据处理和制图分析发现：12 月 2 日卫星遥感影像无云覆盖，影像质量良好。遥感监测显示（图 7-18）共发现一般水体 10 处。其中，一般水体河段 3 段，总长度为 5583m；一般水体坑塘 7 处。2019 年 12 月 2 日 A 市水体水质详细信息如表 7-4 所示。

图 7-18 2019 年 12 月 2 日 A 市水体水质空间分布图

表 7-4　2019 年 12 月 2 日 A 市一般水体信息表

河流编号	河流名称	起点经度 /（°）	起点纬度 /（°）	终点经度 /（°）	终点纬度 /（°）	河流长度 /m
1	沟河	117.056669	40.001873	117.068195	40.010607	1846
2	红娘港	117.093770	39.980373	117.088805	39.978160	675
3	红娘港	117.073427	39.975203	117.046575	39.971057	3062
4	坑塘	117.085312	40.002253			
5	坑塘	117.093769	40.000557			
6	坑塘	117.093472	39.992863			
7	坑塘	117.087900	39.965527			
8	坑塘	117.086528	39.960926			
9	坑塘	117.081130	39.962064			
10	坑塘	117.058689	39.970077			

（3）B 市水体水质遥感监测结果

2019 年 8 月 31 日，利用 GF2/PMS 卫星数据对 B 市进行了黑臭水体遥感监测。经数据处理和制图分析发现：8 月 31 日卫星遥感影像无云覆盖，影像质量良好。遥感监测显示（图 7-19）共发现一般水体 11 处。其中，一般水体河段 5 段，总长度为 16225m；一般水体坑塘 6 处。2019 年 8 月 31 日 B 市一般水体详细信息如表 7-5 所示。

（4）C 市水体水质遥感监测结果

2018 年 10 月 4 日，利用 GF2/PMS 卫星数据对 C 市进行了水体水质遥感监测。经数据处理和制图分析发现：10 月 4 日卫星遥感影像无云覆盖，影像质量良好。遥感监测显示（图 7-20）共发现一般水体 38 处。其中，疑是一般水体河段 4 段，总长度为 7282m；一般水体坑塘 34 处。2018 年 10 月 4 日 C 市水体水质详细信息如表 7-6 所示。

（5）D 市水体水质遥感监测结果

2018 年 9 月 10 日，利用 GF2/PMS 卫星数据对 D 市进行了水体水质遥感监测。经数据处理和制图分析发现：9 月 10 日卫星遥感影像无云覆盖，影像质量良好。遥感监测显示（图 7-21）共发现一般水体 17 处。其中，一般水体河段 4 段，总长度为 9409m，影像显示牤牛河主河道截流，处于河道治理施工阶段；一般水体坑塘 13 处。2018 年 9 月 10 日 D 市水体水质详细信息如表 7-7 所示。

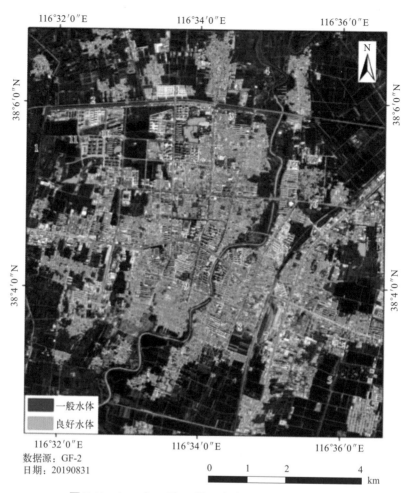

数据源：GF-2
日期：20190831

图 7-19　2019 年 8 月 31 日 B 市水体水质空间分布图

表 7-5　2019 年 8 月 31 日 B 市一般水体信息表

河流编号	河流名称	起点经度 /（°）	起点纬度 /（°）	终点经度 /（°）	终点纬度 /（°）	河流长度 /m
1	河段 1	116.531838	39.105112	116.525695	38.0078457	3736
2	河段 2	116.530215	38.098701	116.554439	38.099892	2715
3	河段 3	116.570202	38.099617	116.584574	38.098243	1640
4	京杭大运河	116.583531	38.102182	116.593846	38.113263	4893
5	河段 4	116.610036	38.053059	116.594594	38.039931	3241
6	坑塘	116.592758	38.080853			

河流编号	河流名称	起点经度 / (°)	起点纬度 / (°)	终点经度 / (°)	终点纬度 / (°)	河流长度 /m
7	坑塘	116.581612	38.059361			
8	坑塘	116.575424	38.058444			
9	坑塘	116.563431	38.068504			
10	坑塘	116.543	38.095516			
11	坑塘	116.537973	38.092004			

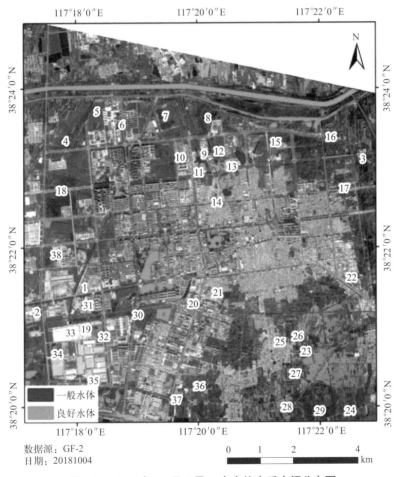

数据源：GF-2
日期：20181004

图 7-20　2018 年 10 月 4 日 C 市水体水质空间分布图

表 7-6 **2018 年 10 月 4 日 C 市一般水体信息表**

河流编号	河流名称	起点经度 /（°）	起点纬度 /（°）	终点经度 /（°）	终点纬度 /（°）	河流长度 /m
1	河段 1	117.305421	38.367924	117.297711	38.352163	1878
2	河段 2	117.316389	38.358635	117.283672	38.354138	2899
3	河段 3	117.376547	38.396986	117.381435	38.357900	1640
4	河段 4	117.302879	38.388098	117.292790	38.387360	865
5	坑塘	117.303594	38.395522			
6	坑塘	117.313985	38.395514			
7	坑塘	117.324307	38.393176			
8	坑塘	117.332613	38.393944			
9	坑塘	117.336724	38.387806			
10	坑塘	117.326323	38.383905			
11	坑塘	117.334473	38.384819			
12	坑塘	117.338642	38.384663			
13	坑塘	117.3452914	38.38550754			
14	坑塘	117.3413202	38.37816532			
15	坑塘	117.3504513	38.38881229			
16	坑塘	117.3689802	38.39299198			
17	坑塘	117.3721115	38.38133295			
18	坑塘	117.2968604	38.37618336			
19	坑塘	117.3060786	38.35218373			
20	坑塘	117.3304966	38.35788346			
21	坑塘	117.3413661	38.35668833			
22	坑塘	117.3781553	38.36157131			
23	坑塘	117.3652923	38.34696396			
24	坑塘	117.3782119	38.33696136			
25	坑塘	117.357786	38.34861573			
26	坑塘	117.3603487	38.34562487			
27	坑塘	117.3573019	38.34216212			
28	坑塘	117.3614171	38.33484904			
29	坑塘	117.3684506	38.33641688			
30	坑塘	117.3152024	38.3565439			

河流编号	河流名称	起点经度 / (°)	起点纬度 / (°)	终点经度 / (°)	终点纬度 / (°)	河流长度 /m
31	坑塘	117.3083199	38.35386454			
32	坑塘	117.3052441	38.34996377			
33	坑塘	117.2968171	38.35128883			
34	坑塘	117.2936662	38.34642803			
35	坑塘	117.306549	38.33668875			
36	坑塘	117.3361966	38.3377191			
37	坑塘	117.3289473	38.33638475			
38	坑塘	117.292108	38.36383713			

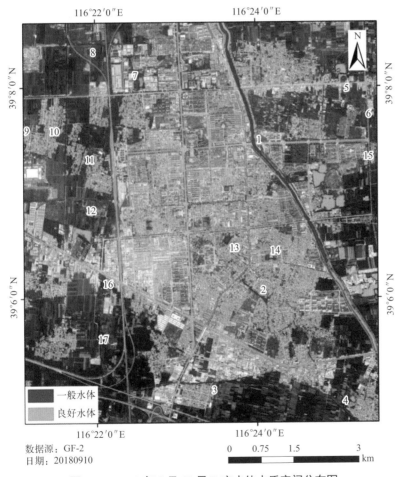

数据源：GF-2
日期：20180910

图 7-21　2018 年 9 月 10 日 D 市水体水质空间分布图

表 7-7 **2018 年 9 月 10 日 D 市一般水体信息表**

河流编号	河流名称	起点经度 / (°)	起点纬度 / (°)	终点经度 / (°)	终点纬度 / (°)	河流长度 /m
1	牤牛河	116.392577	39.143525	116.414835	39.105490	4664
2	河段 1	116.394861	39.104042	116.402109	39.099118	1079
3	河段 2	116.383706	39.086604	116.404818	39.088105	2370
4	河段 3	116.410056	39.086236	116.419639	39.081160	1296
5	坑塘	116.418398	39.134516			
6	坑塘	116.422503	39.128			
7	坑塘	116.37616	39.135251			
8	坑塘	116.365272	39.138976			
9	坑塘	116.352275	39.128029			
10	坑塘	116.359514	39.12543			
11	坑塘	116.36694	39.12309			
12	坑塘	116.364345	39.115176			
13	坑塘	116.39398	39.109221			
14	坑塘	116.402801	39.106238			
15	坑塘	116.42118	39.120987			
16	坑塘	116.367882	39.101207			
17	坑塘	116.369898	39.092856			

2019 年 3 月 31 日，利用 GF2/PMS 卫星数据对 D 市进行了水体水质遥感监测。经数据处理和制图分析发现：3 月 31 日卫星遥感影像无云覆盖，影像质量良好。遥感监测显示（图 7-22）共发现一般水体 17 处。其中，一般水体河段 1 段，总长度为 8889m，影像显示牤牛河主河道截流，处于河道治理施工阶段；一般水体坑塘 16 处。2019 年 3 月 31 日 D 市一般水体详细信息如表 7-8 所示。

7.4.3 黑臭水体遥感监测系统开发

本节内容主要包括黑臭水体遥感监测系统功能设计、系统功能开发两部分，涉及数据处理模块、黑臭水体结果可视化等功能。

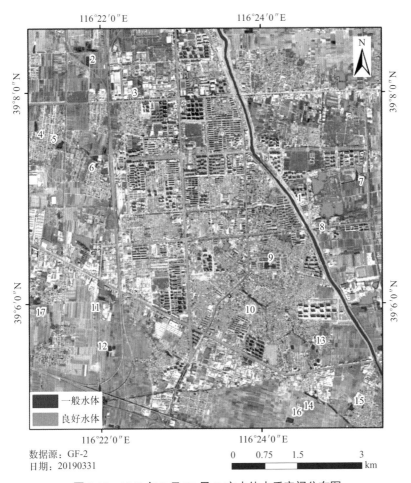

数据源：GF-2
日期：20190331

图 7-22　2019 年 3 月 31 日 D 市水体水质空间分布图

表 7-8　2019 年 3 月 31 日 D 市一般水体信息表

河流编号	河流名称	起点经度 / (°)	起点纬度 / (°)	终点经度 / (°)	终点纬度 / (°)	河流长度 /m
1	牤牛河	116.391389	39.143606	116.425133	39.088867	8889
2	河段 1	116.363863	39.139214			
3	河段 2	116.374864	39.134947			
4	河段 3	116.353116	39.128128			
5	坑塘	116.358255	39.125214			
6	坑塘	116.36561	39.122982			
7	坑塘	116.420009	39.120337			

河流编号	河流名称	起点经度 / (°)	起点纬度 / (°)	终点经度 / (°)	终点纬度 / (°)	河流长度 /m
8	坑塘	116.412429	39.113452			
9	坑塘	116.401669	39.105947			
10	坑塘	116.398399	39.100711			
11	坑塘	116.366735	39.10094			
12	坑塘	116.368565	39.092813			
13	坑塘	116.409969	39.092191			
14	坑塘	116.412667	39.084368			
15	坑塘	116.418655	39.083469			
16	坑塘	116.405853	39.081575			
17	坑塘	116.353082	39.100476			

(1) 系统功能设计

从用户需求角度出发,系统应当实现筛选黑臭水体(一般水体)分布地区、黑臭水体可视化等功能。首先,实现系统对遥感监测区域的筛选,在筛选区域内实现黑臭水体的遥感监测;其次,对黑臭水体遥感监测结果进行可视化处理,正常水体显示蓝色,疑似黑臭(一般)水体部分显示红色,更直观地展示水质状况;最后,对黑臭水体河流长度进行统计,分析该区域黑臭水体分布状况,用户可直观查看黑臭水体分布状况。

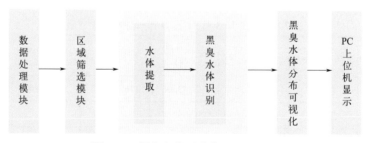

数据处理模块 → 区域筛选模块 → 水体提取 → 黑臭水体识别 → 黑臭水体分布可视化 → PC上位机显示

图 7-23 黑臭水体遥感监测系统架构

图 7-23 为黑臭水体遥感监测系统架构,主要分为数据处理及区域筛选、水体提取与黑臭水体识别,以及大屏显示三大部分。第一部分是以数据处理及区域筛选为主的数据管理系统,能够实现遥感数据的区域筛选功能以及预处理;第二部分主要完成水体提取以及黑臭水体识别,基于黑臭水体识别结果分析该地区的黑

臭水体空间分布情况；第三部分完成该地区的黑臭水体空间分布情况进行可视化显示，再通过上位机实现可视化。

第一部分数据处理模块保证了遥感数据的有效性，同时利用区域筛选方法，对不同河流以及坑塘编号，方便之后对该地区的黑臭水体空间分布情况进行分析；第二部分是水体提取以及黑臭水体识别，首先基于遥感影像进行水体提取，提取地区中的河流以及坑塘，再将河流以及坑塘中黑臭水体部分识别出来，并将正常水体与黑臭水体用不同颜色标记，方便用户直观了解该地区的黑臭水体空间分布情况；第三部分是将黑臭水体空间分布结果传输至 Web 界面，实现结果可视化。设计参数输入接口与显示接口，实现窗口界面与黑臭水体识别结果的双向交互。具体交互过程：首先将用户输入的时间、地点等参数输入，然后展示相应的黑臭水体空间分布结果。

（2）系统功能开发

首先需要配置 GeoServer 环境，装载 MySQL 数据库，为水质指标遥感监测系统开发提供良好的开发平台，并保证硬件配置可以满足 GeoServer 以及 MySQL 软件的稳定运行。平台中首先选择城市区划与时间，进行水质指标遥感监测区域筛选。以 2019 年河北省某市为例。首先利用该地区遥感图像，提取出河流以及坑塘区域，然后利用阈值提取黑臭水体部分，再利用 GeoServer 对该结果进行处理，最后存储在 MySQL 数据库中。

平台还对该地区不同的河段以及坑塘进行了编号，标记了不同河段以及坑塘的经纬度，方便进行后续的实地验证，编号分布结果如图 7-24 所示。

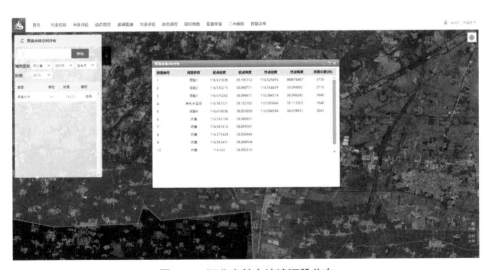

图 7-24　河北省某市坑塘河段分布

参考文献

[1] 项小清. 水质监测的监测对象及技术方法综述 [J]. 低碳世界, 2013 (6):70-71.

[2] Bai Yunkun, Sun Guangmin, Li Yu, et al. Comprehensively analyzing optical and polarimetric SAR features for land-use/land-cover classification and urban vegetation extraction in highly-dense urban area [J]. International Journal of Applied Earth Observation and Geoinformation, 2021, 103: 102496.

[3] 李煜, 陈杰, 张渊智. 合成孔径雷达海面溢油探测研究进展 [J]. 电子与信息学报, 2019, 41 (3): 751-762.

[4] Morel A, Prieur L. Analysis of Variations in Ocean Color. Limnology and Oceanography, 1977, 22 (4):709-722.

[5] Carpenter D J, Carpenter S M. Modeling Inland Water Quality Using Landsat Data [J]. Remote sensing of Environment, 1983, 13 (4): 345-352.

[6] Dekker A G. Detection of optical water quality parameters for eutrophic waters by high resolution remote sensing [D]. The Netherlands: Vrije Universiteit Amsterdam, 1993:22-23.

[7] Pattiaratchi C, Lavery P, Wyllie A, et al.Estimates of water quality in coastal waters using multi-date Landsat Thematic Mapper data [J]. International Journal of Remote Sensing, 1994, 15 (8):1571-1584.

[8] Strömbeck N, Donald C. The effects of Variability in the Inherent Optical Properties on Estimations of Chlorophyll a by Remote Sensing in Swedish Freshwaters [J]. The Science of the Total Environment, 2001, 268 (1/2/3):123-137.

[9] 杨姝. 渤海湾近岸海域悬浮泥沙浓度遥感反演模型建立及适用性分析 [D]. 西安: 长安大学, 2015.

[10] Zhang Yuanzhi, Hallikainen M, Zhang Hongsheng, et al. Chlorophyll-a Estimation in Turbid Waters Using Combined SAR Data With Hyperspectral Reflectance Data: A Case Study in Lake Taihu, China [J]. IEEE Journal of Selected Topics in Applied Earth Observations & Remote Sensing, 2018, 11 (4): 1325-1336.

[11] 王旭楠, 陈圣波, 宁亚灵, 等. 基于ASTER数据的石头口门水库水质参数定量遥感反演 [J]. 世界地质, 2008, 27 (1):105-109.

[12] 王翔宇, 汪西莉. 结合灰色扩充的GA-BP神经网络模型在渭河水质遥感反演中的应用 [J]. 遥感技术与应用, 2010, 25 (2):251-256.

[13] 杨柳, 韩瑜, 汪祖茂, 等. 基于BP神经网络的温榆河水质参数反演模型研究 [J]. 水资源与水工程学报, 2013, 24 (6):25-28.

[14] Xiao Xiao, Xu Jian, Hu Chengfang, et al. Assessment of water quality in natural river based on HJ1A/1B CCD multi-spectral remote sensing data [C]. Proceedings of SPIE-Asia-Pacific Environmental Remote Sensing, 2014.

[15] Mazhar S, Sun G M, Bilal A, et al. AUnet: A Deep Learning Framework for Surface Water Channel Mapping

Using Large-Coverage Remote Sensing Images and Sparse Scribble Annotations from OSM Data [J] . Remote Sensing, 2022, 14 (14): 3283.

[16] Le N D, Zidek J V. Statistical analysis of environmental space-time processes [M] . Berlin. DEU: Springer , 2006: 101-134.

[17] 王桥, 朱利. 城市黑臭水体监测技术与应用示范 [M] . 北京: 中国环境出版集团, 2018.

[18] 温爽, 王桥, 李云梅, 等 . 基于高分影像的城市黑臭水体遥感识别 : 以南京为例 [J] . 环境科学, 2018, 39 (1) :57-67.

[19] 李佳琦, 李家国, 朱利, 等 . 太原市黑臭水体遥感识别与地面验证 [J] . 遥感学报, 2019, 23 (4) :773-784.

[20] Shen Q, Yao Y, Li J S, et al. A CIE Color Purity Algorithm to Detect Black and Odorous Water in Urban Rivers Using High-Resolution Multispectral Remote Sensing Images [J] . IEEE Transactions on Geoscience and Remote Sensing, 2019, 57 (9) :6577-6590.

[21] Breiman Leo.Random Forests [J] .

Machine Learning, 2001, 45 (1): 5-32.

[22] Tang J, Xia H, Zhang J, et al. Deep forest regression based on cross-layer full connection [J] . Neural Computing and Applications, 2021, 33 (15): 9307-9328.

[23] Wang G M, Jia Q S, Zhou M C , et al. Artificial neural networks for water quality soft-sensing in wastewater treatment: a review [J] . Artificial Intelligence Review, 2022, 55 (1): 565-587.

[24] Wang G M, Jia Q S, Qiao J F, et al. Soft-sensing of Wastewater Treatment Process via Deep Belief Network with Event-triggered Learning [J] . Neurocomputing, 2021, 436:103-113.

[25] Yang C L, Qiao J F, Ahmad Z, et al. Online Sequential Echo State Network with Sparse RLS Algorithm for Time Series Prediction [J] . Neural Networks, 2019, 118: 32-42.

[26] Quinlan J R.C4.5: Programs for Machine Learning [M] .San Mateo, California: Morgan Kaufman Publishers, 1993.

Cutting-Edge Technologies in
Smart
Environmental
Protection

第 8 章

水环境重点污染区域识别

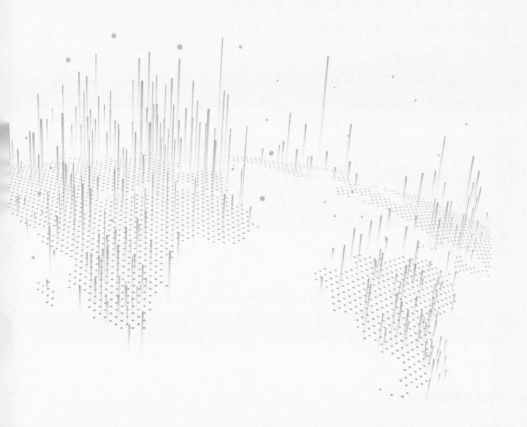

重点污染源是重点监控企业的简称，是国家环境监测和监管的重点对象，也是国家层面上集中控制和管理的对象集合。重点污染源筛选以年度的环境统计数据库为基础，同时参考污染源普查数据库、往年国家重点监控企业名单，以及各地方历年的省控、市控重点污染源名单，通过环境监察等部门对有关企业进行核实和确认，筛选出重点污染源。现有国家重点监控企业是采用以 COD 和 NH_3-N 为筛选因子，由大到小地针对累计污染负荷进行筛选，达到基本控制工业企业排放大户的目的。

8.1
水环境重点污染源筛选概述

重点污染源筛选过程应该遵从以下四类原则。

（1）代表性原则
重点污染源从环统库中筛选后要有一定的代表性，以主要筛选因子进行筛选确定重点污染源名单，筛选企业的排放量要占到总排放量的一定比例。具体表现在其主要筛选因子的累计排放量应占总排放量的一定比例以上，以满足管理部门对主要污染企业的监控和管理需求。除排污量较高之外，排污强度高、对敏感水域水质影响程度大的企业也应纳入重点污染源体系之中。

（2）时效性原则
重点污染源的筛选要体现污染源的动态更新和变化，及时纳入排污风险大的企业并剔除排污少或不排污的企业，实现对重点排污企业的动态监管。具体表现在既要保证存在排污事实、污染风险大的企业被纳入环境统计和国家控制的范围，又要保证排污少或不排污的企业退出重点污染源监测范围。

（3）可控性原则
筛选出的重点污染源，要在国家层面，在技术、资金、时间和人力等允许的范围内，达到对污染物排放的控制。筛选名单不可一味求大求全，不可超出国家实际控制的能力。

（4）可持续性原则
重点污染源名单要具有持续性和稳定性，保证国控重点污染源控制的方向和目的。即重点污染源名单的年际变化不能太大，对产量波动过大的污染源，应在调查清楚其波动原因后，再决定是否纳入重点污染源范围。另外，环境数据申报、汇总的稳定性也是保证重点污染源名单稳定的前提和条件。

我国现行的重点污染源筛选方法主要包括累计污染负荷法[1]、加权污染负荷法[2]、综合指标和一元分布拟合法[3]。

累计污染负荷法[1]是我国目前所使用的重点污染源筛选方法，主要利用筛选因子排放量进行统计和分析筛选，污染源按主要污染物（COD、NH_3-N）排放量由大到小排序，将累计污染负荷达到一定百分数以上的污染源确定为国家级或省、市级重点污染源。

加权污染负荷法[2]在重点污染源筛选时，将排放量、污染物危害程度、污染源位置等因子纳入综合考虑，用加权处理后的污染负荷指标来评价污染源的危害能力，通过对危害能力排序来确定环境管理应优先控制的污染源名单。该方法对降解难度、危害程度不同的污染物设立了不同的加权系数，多参数综合考虑其对环境的危害程度，更具有科学意义。但是污染源种类复杂，对环境影响多样，有关参数制定需要做更为科学的研究和讨论。

综合指标和一元分布拟合法[3]通过筛选排污量离群单位来确定重点污染源。针对污染源所处不同地理位置或不同排放去向可造成不同程度危害的问题，采取对污染源所处地理位置或排放去向进行一元分布拟合法。针对污染源排放污染物种类多、多参数筛选难以综合考虑的问题，则采用综合参数进行筛选的方法。通过污染物排放量的分布、污染源各污染物排放量之间的关系来筛选重点污染源。

在历年国家重点监控企业名单确定过程中，地方环保部门积极参与和认真核定，发挥了巨大的作用。但是现行的重点污染源筛选方法依然存在以下难点。

（1）统计范围不足

根据2010年环境保护部（现名为生态环境部）、国家统计局、农业部（现名为农业农村部）联合发布的《第一次全国污染源普查公报》，面源COD排放量约占排放总量的44%，面源TN排放量约占排放总量的57%。目前，面源尚未纳入国家环境统计的范围，也没有进入国家重点监控企业筛选和控制的范围。

（2）筛选因子不完善

根据水质改善需求，TN、NH_3-N、TP、IMn是总量控制的重点需求指标，应当纳入重点监控企业控制的范围。而现有国家重点监控企业的筛选因子主要是COD和NH_3-N，不能满足环境质量改善的需求。

（3）筛选方法有缺陷

现有国家重点监控企业采取由大到小排序的累计污染负荷法进行筛查，优点是计算简便，能够实现对主要污染物排放大户的控制，缺点是受纳水体的特征、排污者的行业特征及污染物排放强度、污染物排放方式等没有得到体现。

（4）环境统计能力有待提高

环境统计中重点调查单位污染物排放量基本上靠企业自报，缺乏对数据准确性的有效监督和科学审核，污染源在线监测工作刚刚起步，监测数据对统计数据的支撑力度有限。

8.2
基于成本效益均衡分析法的重点污染源动态筛选

8.2.1 算法设计

累计污染负荷法是我国目前所使用的重点污染源筛选方法，主要利用筛选因子排放量进行统计和分析筛选。例如，水环境重点污染源筛选通常使用的筛选因子是 COD 与 NH_3-N。该方法将污染源按主要污染物（COD、NH_3-N）排放量由大到小排序，将累计污染负荷达到一定百分数以上的污染源确定为国家级或省、市级重点污染源。该方法筛选比例缺乏理论依据，筛选因子只有 COD 和氨氮，忽略了磷、农药等其他环境污染因子，未考虑排放地区人口、经济及水质目标差异。

根据国家规定的地表水排放标准，在环境统计数据库的基础上，使用改进的累计污染负荷法分析全国每个排污单位的主要污染物（COD、TN、NH_3-N、TP）的等标污染负荷量（即污染物排放量与排放标准之比），然后分别计算每个排污单位的单位产值等标污染负荷量之和与全国的单位产值等标污染负荷量的比值，并将这个比值由大到小依次排列叠加，当叠加值达 80% 时的所有排污单位，即确定为重点监控企业考察名单。

成本效益均衡分析法是通过比较项目的全部成本和效益评估项目价值的一种方法[1]。使用该方法时，首先需假设筛选库中每个排污企业所需监测成本相同。实际上，每个排污企业的监测成本并不相同。但是，如果考虑到对水体水质影响的未知性，又可将其看作是相同的。其次，将重点监控企业的数量所占比例看作监测成本，将被监测企业的污染排放量占总排放量的比例看作监测获得的效益，并将所有企业按单一筛选因子降序排列。然后，将企业数量均等分份，每增加 1%的监测企业数量，如果这些被监测企业的污染物排放量占比＞1%，则监测是经济、高效的，反之则是亏损、低效的。当监测企业数量及其污染排放量占比均达到 1% 时，即为监测成本与效率的均衡点。在该均衡点上，企业的污染物排放量即为所有企业的平均排放量；高于该均衡点的累计企业数量比例，即为重点污染源的筛选比例[4]。

基于成本效益均衡分析法的重点污染源动态筛选方法的基本原理（图 8-1）为：基于累计污染负荷法，将重点监控企业的数量所占比例看作监测成本，将被监测企业的污染排放量占总排放量的比例看作监测获得的效益。筛选的污染因子种类有 COD、氨氮，筛选指标包括污染排放强度、污染物产生量和污染排放量。筛选的方法采用成本效益均衡法。具体操作步骤（图 8-2）如下：

① 环境统计数据库中的所有工业企业按 COD、氨氮的排放量分别降序排列，排列时需去掉无效数据，即无某类因子排放量的数据。

② 根据有效数据求取全部企业的污染因子排放量平均值，并按单因子排放量排列，将高于平均值（含平均值）的企业作为重点企业的初筛研究对象。

③ 因不同因子的初筛名单会有所重复，故需对初筛名单的重复企业进行剔除，取名单合集，成为成本效益均衡法的筛选名单。

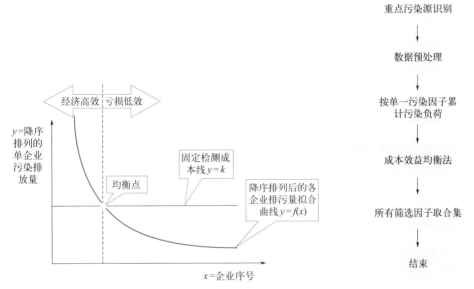

图 8-1　成本效益均衡法原理　　　　图 8-2　成本效益均衡法步骤

8.2.2　方法校验及结果分析

京津冀地区同属京畿重地，是我国开放程度最高、吸纳人口最多的地区之一，也是拉动我国经济发展的重要引擎，战略地位十分重要。由于某些深层次原因，三地生态环境严重恶化，《2021 年中国生态环境状况公报》显示，其所属的海河流域属轻度污染，244 个国考断面中劣 V 类占比 0.4%。

马民涛等[5] 通过对京津冀地区不同城市水污染排放源进行聚类分析，指出北京市以生活排放源为主，天津市兼顾工业排放源与生活排放源，而河北省则以工业污染源为主。陈向等[6] 通过定量研究京津冀地区污染物排放时空特征变化探讨了污染物排放与城市化间亲和关系，结果表明生活废水呈显著增加趋势。对不同地区水体污染物协同控制时应根据其污染特征有所侧重[7]。

本节基于 2015 年京津冀地区受管控的污染源污染排放量数据（单位：t），主要包含重点工业企业的废水排放统计数据，通过物料平衡等手段按区县级行政区折算，应用基于成本效益均衡法的重点污染源筛选步骤进行筛选，分析结果如表 8-1 所示。

表 8-1   成本效益均衡法筛选结果

项目	企业数量 /个	筛选企业数量 / 个	筛选比例 /%	所有企业排放量 /t	筛选企业排放量 /t	筛选企业排放比例 /%
COD	5193	1067	20.5	96380.59	80531.96	83.6
氨氮	4761	1088	22.8	6977.70	6104.46	87.5
合计	10088	1504	14.9	—	—	—

从表 8-1 可知，按成本效益均衡法筛选的重点污染源，其排放量占总排放量的 80% 以上；而企业数量在 10% ~ 25% 之间，属于少量控制。以氨氮为例，2015 年京津冀地区排放氨氮的有效企业数量为 4761，氨氮排放量在均值之上的企业有 1088 家，占筛选企业的 22.8%，而氨氮总量占筛选企业的 87.5%，实现了控制少量企业而控制较多污染排放的目标。

8.3
基于 GIS 核密度分析的重点污染区域识别方法

考虑到京津冀严峻的水环境形势和流域上下游污染影响的现状，明确水污染物空间排放特征，对重点污染区域进行识别，对于划分水污染空间管理分区，设计分区污染物减排方案，推动京津冀水污染协同治理都有着积极的作用[7]。

重点污染区域的识别方法主要通过对重点污染源进行空间分析来实现。空间分析是指分析具有空间坐标或相对位置的数据和过程的理论和方法[8]，是对地理空间现象的定量研究，其目的在于提取并传输空间数据中隐含的空间信息。

水体污染研究中，常用的分析方法为密度分析，即基于空间平滑及空间内插技术的统计分析过程。密度可以作为精确的分析工具对空间特征分布作深层次的特征规律信息挖掘，特别是在完全空间随机的假设模式下，验证聚集或规律的空间分布特征。密度分析可以对某个现象的已知量进行处理，然后将这些量分散到整个地表上，依据是在每个位置测量到的量和这些测量量所在位置的空间关系。常用的点密度计算方法有样方密度法、基于 V 图的密度法和核密度法。

样方分析（Quadratic Analysis，QA）的基本思想最为简单直观，就是由空间上密度的变化探测事件的分布模式。样方密度法是将研究区域分割成一系列均匀的子区域（即样方），计算落入各样方的点数与样方面积的比值，作为样方单元的密度。理论上的标准分布，也就是零假设模型都是采用随机分布，由 QA 计算得到观测模式的事件密度，与零假设模型进行比较，判断是接受还是拒绝零假设，进而分析事件属于何种分布模式：聚集、随机或均匀。

V 图是指 Voronoi 图或者 Dirichlet 图，也被称为泰森多边形[9]。泰森多边形反映了离散观测点的空间控制范围或者是势力范围，它适用于较小区域内、空间变异性不高的情况，距离近的点比距离远的点更相似，比较符合人的逻辑思维。同时，它的实现不需要其他前提条件，效率高，方法简单，但是受样本观测值的影响较大，没有考虑空间因素、变量以及其他某些规律，只考虑距离因素，实际效果不是很理想。

核密度估计（Kernel Density Estimation，KDE）[10]认为区域内任意一个位置都有一个可测量的事件密度（也称强度），该位置的密度可通过周围单位面积区域内的事件点数量来估计。可以把核密度估计想象成一个移动的三维函数（内核），其影响范围内的事件点到 s 的距离视作事件点对 s 影响的权值，进而计算出估计点 s 处的事件密度。KDE 的方法消除了样方分析中由于样方的尺寸和形状等对局部密度的影响，并且具有更好的可视化效果，在探索事件分布热点、测量局部密度概括指标上具有一定的优势。例如，Qiao 等[11-14]提出各类基于密度的聚类算法，能够在线辨识工况数据的空间分布。

8.3.1　GIS 核密度分析原理

地理信息系统（Geographic Information System，GIS）是一种采集、存储、管理、分析和描述整个或部分地球表面、空间和地理分布有关的数据的空间信息系统[15]。GIS 可以将大量的各类空间存储管理并处理，可以将不同来源、不同格式或结构和不同影像或分辨率的空间数据融合，同时在数据统计分析、模型建立和制图方面都具有强大的功能。随着 GIS 的发展和地理空间数据的丰富，基于 GIS 的交互点模式分析工具也不断出现，借助这些分析工具能够进行点模式的探测，从而揭示点数据隐含的结构，建立相应的假设模型，检验事件点相关的空间过程等。

事件在空间上的出现具有一定的随意性，但这种随意性在一定的空间过程作用下会受到影响，从而导致其在不同位置上出现的概率或高或低。如果某一区域出现更多的事件，则可认为事件在受到某种空间作用下在此处出现的概率会更高，反之则更低。因此，这种密度（或者概率）上的变化可用来区分事件在空间上的分布模式。核密度估计方法就反映了这一思想，其认为区域内任意一个位置都有一个可测量的事件密度（也称强度），该位置的密度可通过其周围单位面积区域内的事件点数量来估计。

一维的核密度分析原理如下所示。

对于 n 个数据 $x_1, x_2, \cdots, x_n$，核密度分析的目的就是估计这 n 个数据的概率密度函数，过程如下：

$$F(x_{i-1} < x < x_i) = \int_{x_{i-1}}^{x_i} f(x)\mathrm{d}x \tag{8-1}$$

$$f(x_i) = \lim_{h \to 0} \frac{F(x+h) - F(x-h)}{2h} \tag{8-2}$$

如果不知道分布函数的表达式，可以引入经验分布函数，用 n 次观测中 $x_i \leqslant t$ 出现的次数与 n 的比值来近似描述：

$$F_n(t) = \frac{1}{n} \sum_{i=1}^{n} 1_{x_i \leqslant t} \tag{8-3}$$

将经验分布函数代入式（8-3），有：

$$f(x_i) = \lim_{h \to 0} \frac{\text{Number of } (x-h \leqslant x_i \leqslant x+h)}{2Nh} f(x_i) = \lim_{h \to 0} \frac{\text{Number of } (x-h \leqslant x_i \leqslant x+h)}{2Nh} \tag{8-4}$$

针对上式设计核函数：

$$f(x) = \frac{1}{2Nh} \sum_{i=1}^{N} 1_{x_i - h \leqslant x \leqslant x_i + h} = \frac{1}{2Nh} \sum_{i=1}^{N} K\left(\frac{|x - x_i|}{h}\right) \tag{8-5}$$

其中：

$$t \geqslant 0, \text{且} t \leqslant 1 \text{时}, K(t) = 1 \tag{8-6}$$

$$\int f(x)\mathrm{d}x = \frac{1}{2Nh} \sum_{i=1}^{N} \int K\left(\frac{|x - x_i|}{h}\right)\mathrm{d}x$$
$$= \int \frac{1}{N} \sum_{i=1}^{N} \frac{1}{2} K(t)\mathrm{d}t = \int \frac{1}{2} K(t)\mathrm{d}t \tag{8-7}$$

$$K_0(t) = \frac{K(t)}{2} \tag{8-8}$$

则 $K_0(t)$ 即成为核函数，根据概率密度函数的定义，现在只需要保证下式成立。

$$\int K_0(t)\mathrm{d}t = 1 \tag{8-9}$$

$$t \geqslant 0, \text{且} t \leqslant 1 \text{时}, K_0(t) = \frac{1}{2} \tag{8-10}$$

那么此时 $f(x)$ 的表达式就变为：

$$f(x) = \frac{1}{Nh} \sum_{i=1}^{N} K_0 \left(\frac{|x - x_i|}{h} \right) \tag{8-11}$$

$$t \geqslant 0, \text{且} t \leqslant 1 \text{时}, K_0(t) = \frac{1}{2} \tag{8-12}$$

二维核密度是对一维核密度的扩展，过程分析类似，其中结果（N 个二维点）可以表示为：

$$f(x,y) = \frac{1}{Nh^2} \sum_{i=1}^{N} K_0 \left(\frac{dist_i}{h} \right) \tag{8-13}$$

其他过程和一维核密度分析原理相同。

8.3.2　重点污染区域识别方法设计

基于 GIS 核密度分析的重点污染区域识别方法的流程图如图 8-3 所示，其具体的实现步骤如下所述。

① 数据预处理，即数据的标准化处理。为保证模型能适应各个因子的数值范围，在进行分析前对数据进行归一化，归一数据的范围为 1 ～ 10。

数据标准化（归一化）处理是数据挖掘的一项基础工作，不同评价指标往往具有不同的量纲和量纲单位，这样的情况会影响到数据分析的结果，为了消除指标之间的量纲影响，需要进行数据标准化处理，以解决数据指标之间的可比性。原始数据经过数据标准化处理后，各指标处于同一数量级，适合进行综合对比评价。这里使用最大最小值标准化方法，即 Min-Max 标准化。对于工业排放企业的排放量 $x_1, x_2, \cdots, x_n$ 进行变换：

$$y_i = \frac{x_i - \min\limits_{1 \leqslant i \leqslant n} \{x_j\}}{\max\limits_{1 \leqslant i \leqslant n} \{x_j\} - \min\limits_{1 \leqslant j \leqslant n} \{x_j\}} \tag{8-14}$$

则新序列 $y_1, y_2, \cdots, y_n \in [0,1]$ 且无量纲。再通过将序列做变换将 y_n 转变成合适的范围, $y_n' = 10y_n + 1$, $y_n' \in [1,10]$。

② 将污染源的经纬度坐标与京津冀的地图坐标重合。通过对重点污染源的单个因子的污染排放进行核密度分析,绘制出表示污染区域的热力图。

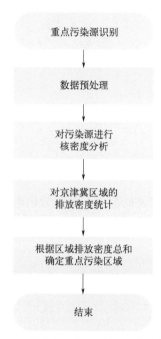

图 8-3　重点污染区域识别方法流程图

核密度分析是使用核函数将各个点或线拟合为光滑锥状表面,并计算其在周围邻域中的密度。即采用空间加权差值方法,对京津冀重点工业的污染排放企业根据空间分布和排放强度进行分析,获得污染因子的工业排放空间分布密度图,假设存在工业排放企业 $x_1, x_2, \cdots, x_n$,则 x 处的核密度估计为:

$$f(x) = \frac{1}{nh} \sum_{i=1}^{n} K\left(\frac{x - x_i}{h}\right) \qquad (8-15)$$

其中, $K\left(\dfrac{x - x_i}{h}\right)$ 为核函数; h 为搜索半径; $x - x_i$ 表示估计点 x 到样本 x_i 处的距离。在核密度分析中,落入搜索区的点具有不同的权重,靠近搜索中心的点或线会被赋予较大的权重。反之,距离搜索中心较远的点或线权重较小。大量的研究表明空间权重函数的选择对点模式分布结果的影响不大,需要注意的是距离衰减阈值的选择。

在实际中,半径 h 的设置主要与分析尺度以及地理现象特点有关。较小的距离半径值可以使密度分布结果中出现较多的高值或低值区域,适合于揭示密度分布的局部特征，而较大的距离半径值可以在全局尺度下使热点区域体现得更加明显。另外，距离半径值应与设施点的离散程度呈正相关，对于稀疏型的点设施分布应采用较大的距离半径值，而对于密集型的点设施则应考虑较小一些的距离半径。距离半径范围内的局部空间属于地理现象空间影响域，在欧氏空间，"影响域"就是二维平面，在网络空间"影响域"是扩散的路径集。

③ 对各区县上的污染源以及热力图各个栅格上的污染排放密度进行统计。使用自然间断分级法针对各区县的统计量进行分级，分级等级为 5 级，并将最高的一级认定为重点污染区域。

8.3.3 模型检验及结果分析

为了验证核密度分析方法的有效性，本节针对北京市 2015 年 COD 重点污染区域进行识别。首先，本实验采集了 2015 年北京市各污染源的 COD 年排放量，并且进行了数据分析，部分数据如图 8-4 所示。

根据北京市污染源的 COD 排放量，使用核密度的方法统计不同区域的 COD 排放量。可以发现，大部分 COD 排放的区域集中在北京市南部。利用密度数据，按区县统计后，以核密度指数的总和为依据，将区县分为五个等级。在 COD 这项单一指标下，房山区、朝阳区为污染较为严重的两个区域，因此这两个区域可以识别为重点污染区域。

年份	公司名	COD排放量	NH排放量	经度	纬度
2015	公司1	2.2212	0.1071	116.388579	39.957835
2015	公司2	0.1613	0.0532	116.390064	39.868222
2015	公司3	0.118	0.0013	116.089403	40.254741
2015	公司4	0.0385	0.027	116.313859	40.185451
2015	公司5	0.0696	0	116.318899	40.178185
2015	公司6	2.628	0.1273	116.515588	39.952777
2015	公司7	0.3808	0.0057	116.133981	40.211987
2015	公司8	0.2688	0.0112	116.356962	39.755104
2015	公司9	0.0064	0.0003	116.471636	39.97698
2015	公司10	0.9692	0.0485	116.446481	39.755972
2015	公司11	0.0973	0.004	116.326244	39.742184
2015	公司12	0.5394	0.0224	116.383906	39.699848
2015	公司13	1.4249	0.1258	116.312635	39.613945
2015	公司14	0.3886	0.0161	116.348395	39.758921
2015	公司15	1.1811	0.1402	116.329831	39.799126
2015	公司16	0.1972	0.0091	116.356086	39.659496
2015	公司17	0.3932	0.0045	116.7512871	39.75248005
2015	公司18	0.2531	0.031	116.299337	39.687189
2015	公司19	0.0816	0.0021	116.328133	39.701355
2015	公司20	1.8675	0.2243	116.277904	39.785021
2015	公司21	0.7234	0.03	116.32803	39.727012
2015	公司22	0.5822	0.0242	116.321489	39.745166
2015	公司23	0.1799	0.002	116.7093375	39.81852959
2015	公司24	3.3239	0.4077	116.309923	39.698956
2015	公司25	3.1237	0.0114	116.390576	39.676111
2015	公司26	0.2983	0.0124	116.419318	39.709648
2015	公司27	2.0178	0.0838	116.357466	39.773897
2015	公司28	1.1905	0.146	116.29447	39.686729
2015	公司29	0.0676	0.0083	116.359278	39.669129

图 8-4　重点污染区域数据（部分）

8.4

水环境重点污染源筛选与重点污染区域识别系统开发

8.2 节和 8.3 节介绍了基于成本效益均衡法的重点污染源筛选方法与基于 GIS 核密度分析的重点污染区域识别方法，实现了重点污染源筛选与重点区域的识别。本节以应用为目标，根据重点污染源筛选和重点污染区域识别功能实现应用需求，基于 SSH 架构和 MySQL 设计开发可视化交互界面。本节内容主要包括了系统功能设计、系统功能开发。

8.4.1 系统功能设计

（1）重点污染源筛选系统

重点污染源筛选系统可以划分为数据处理子系统和前端用户交互界面。结合重点污染源筛选算法和用户需求，设计可视化界面和数据采集处理子系统。首先从用户需求出发，如图 8-5 所示，用户需要根据省、市、控制单元名称级联查询某一年份下企业、污水处理厂、农场的污染物排放量情况，也可根据控制单元名称模糊查询某一年份下的污染物排放量情况。

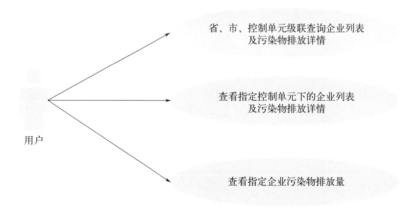

图 8-5　重点污染源识别用例图

根据用户需求，设计前端界面系统，应包含重点污染源的企业数值、控制单元搜索框、省 - 市 - 控制单元 - 年份四级下拉选择框、超标污染物列举（全部、COD、氨氮、总磷、总氮）、查询结果列表、结果分页按钮。

后端数据处理到前端展示的过程以时序图的形式设计，用户查询重点污染源列表整个系统联动过程如图 8-6 所示，用户在重点污染源查询节点进行污染源列表查询后，查询数据库污染源数据集并进行计算，将结果返回到前端界面与用户交互。

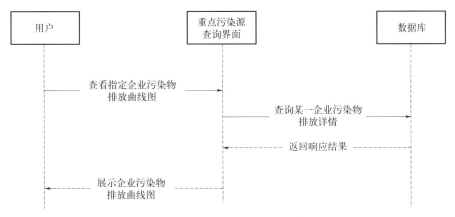

图 8-6　重点污染源列表查询时序图

（2）重点污染区域识别系统

从用户需求的角度出发设计重点污染区域识别系统。首先，建立可视化界面，将重点污染区域识别的结果（核密度热力图）以可视化界面的形式呈现给用户。其次，用户能够自主地选择区域以及核密度方法的参数，可以人为调整核密度热力图的呈现状态，展示热力图中起决定性因素的重点污染企业。最后，以热力图的数据为依托，能够以界面显示并输出重点污染区域的最终结果，为用户提供重点污染区域实时监测结果的界面化展示平台。

图 8-7 为重点污染区域功能用例图，重点污染区域识别模块主要依据重点污染区域，显示污染区域热力图、污染区域重点污染企业、污染区域排放密度排名等信息。后端的数据处理到前端展示的过程以时序图的形式进行设计，主要分为两个部分：重点污染区域的热力图信息，重点污染区域的排放密度的查询。

第一部分是重点污染区域的热力图信息。用户想要在前端看到重点污染区域的热力图，首先需要在数据库中查找对应省市的污染物的排放信息，通过核密度分析生成热力图，将结果显示在前端的 GIS 界面上与用户交互。用户查询重点污染区域热力图的时序图如图 8-8 所示。

第二部分是重点污染区域的排放密度的查询。用户需要在前端看到污染物排放密度排名，首先需要在数据库中查找对应查询各区县的污染物排放密度信息，通过自然间断分级法对排放密度进行排序和分级，将结果显示在前端的 GIS 界面上与用户交互。用户查询重点污染区域的排放密度的时序图如图 8-9 所示。

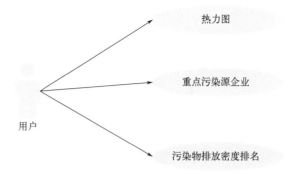

图 8-7　重点污染区域功能用例图

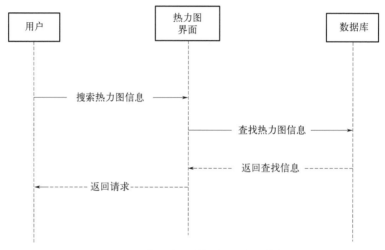

图 8-8　重点污染区域热力图功能时序图

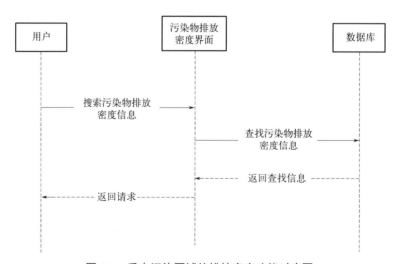

图 8-9　重点污染区域的排放密度功能时序图

8.4.2 系统功能开发

基于 SSH 架构和 MySQL，开发了重点污染源筛选系统与重点污染区域识别系统。这两个系统在 Linux 系统上运行，成本效益均衡与核密度算法均使用 Python 算法开发。

（1）重点污染源筛选系统

重点污染源识别系统包括三部分，第一部分包括重点污染源的企业数值、控制单元搜索框、省 - 市 - 控制单元 - 年份四级下拉选择框、超标污染物列举（全部、COD、氨氮、总磷、总氮）、查询结果列表、结果分页按钮。第二部分展示的"全部企业"和"重点污染源企业"数值随省 - 市 - 控制单元三级联动下拉框的选择而发生变化。在控制单元搜索框输入控制单元名称，点击查询按钮可实现控制单元的模糊查询，第三部分的地图会显示相应的地理范围，并用红色扎点标注重点污染源企业。当鼠标悬浮在扎点上时会出现其代表的企业名称。通过选择省 - 市 - 控制单元 - 年份四级下拉选择框可实现控制单元的精准查询，并且在右侧地图会显示相应的地理范围，并用红色扎点标注重点污染源企业，当鼠标悬浮在扎点上时会出现其代表的企业名称。当模糊查询和精准查询同时选择时，会按照模糊查询进行查询；当有查询结果时，可通过选择列举的超标污染物对查询结果进行筛选；在查询结果列表中，点击"查看"按钮会弹出该企业的详细信息窗口（图 8-10）。

图 8-10　企业详细信息窗口

（2）重点污染区域识别系统

用户点击导航栏的污染识别 - 重点污染区域识别，可进入重点污染区域识别界面。以河北省某市的 COD 数据为例进行说明。首先，选定选点地区为河北省某市，污染物为 COD，选中重点污染源企业；其次，通过在 MySQL 中查询河北省的 COD 污染量，对污染源的 COD 排放数据和位置数据进行调用和预处理，利用核密度分析算法计算热力图图层数据；最后，通过前端调用热力图数据并叠加在前端的 GIS 图层，完成对重点污染区域的热力图分析。

在控制单元搜索框输入控制单元名称，点击查询按钮可实现控制单元的模糊查询；通过选择省 - 市 - 控制单元 - 年份四级下拉选择框，可实现控制单元的精准查询，不但可以查询污染企业，也会加载对应的热力图数据。当模糊查询和精准查询同时选择时，会按照模糊查询进行查询；当有查询结果时，可通过选择列举的超标污染物对查询结果进行筛选；点击"上一页"和"下一页"可实现对查询结果的分页浏览；点击面板右侧紧挨着的左箭头可收缩面板。

用户点击污染物排放密度可以完成从热力图到排放密度图的转换。系统会查询所选区域内污染源的 COD 数值与区县的面积，通过计算生成区县的污染物排放密度，将预测结果保存在 MySQL 数据库中；系统前端会根据区县的排放密度进行排序和分级，并在前端的 GIS 上根据污染等级对区县进行渲染，最终区县的颜色会反映区县的污染等级。

参考文献

[1] 山丹，吴悦颖，叶维丽，等.国家重点水污染源筛选体系的改善 [J].中国给水排水，2015，31（12）：1-6.

[2] 琚志华，罗旭武，王莉芬，等.加权污染负荷法筛选重点污染源探讨 [J].中国科技信息，2009（13）：18.

[3] 华蕾，杨妍妍，金蕾，等.利用综合指标和一元分布拟合筛选重点污染源 [J].中国环境监测，2008，24（6）：61-67.

[4] 叶维丽，林凌，吴悦颖.基于监测成本收益分析的重点污染源筛选方法研究 [J].中国环境监测，2012，28（6）：134-137.

[5] 马民涛，梁增强，杜改芳.京津冀地区典型城市地表水质污染类型划分及驱动力研究 [J].四川环境，2014，33（2）：53-57.

[6] 陈向，周伟奇，韩立建，等.京津冀地区污染物排放与城市化过程的耦合关系 [J].生态学报，2016，36（23）：7814-7825.

[7] 张静，段扬，张伟，等.京津冀区域工业水污染排放空间密度特征研究 [C].2017 中国环境科学学会科学与技术年会论文集（第二卷），2017.

[8] 苑振宇.基于空间点模式方法的城市商业网点空间特征研究 [D].南京：南京大学，2014.

[9] 谢顺平，冯学智，王结臣，等.基于网络加权 Voronoi 图分析的南京市商业中心辐射域研究 [J].地理学报，2009，64（12）：1467-1476.

[10] 蒙西，乔俊飞，李文静.基于快速密度聚类的 RBF 神经网络设计 [J].智能系统学报，

2018，13（3）：331-338.

[11] Qiao J F.An online self-adaptive modular neural network for time-varying systems [J].Neurocomputing，2014，125（3）：7-16.

[12] 张昭昭.动态自适应模块化神经网络结构设计[J].控制与决策，2014，29（1）：64-70.

[13] 张昭昭，乔俊飞，余文.多层自适应模块化神经网络结构设计[J].计算机学报，2017，40（12）：2827-2838.

[14] 孙玉庆.基于密度聚类自组织RBF神经网络的出水氨氮软测量研究[D].北京：北京工业大学，2016.

[15] 冯锦霞.基于GIS与地统计学的土壤重金属元素空间变异分析[D].长沙：中南大学，2007.

Cutting-Edge Technologies in
Smart
Environmental
Protection

第 9 章

水环境投诉举报数据挖掘

投诉举报是公众与政府互动的重要手段，公众通过投诉举报检举身边污染水环境的行为，政府接收到投诉举报后经过考察采取措施。因此，水环境投诉举报有助于水环境的改善。充分利用水环境投诉举报信息，有利于弥补政府监管的不足和漏洞，避免偷排、漏排、倾倒等蓄意污染水环境的行为。通过分析投诉举报数据，可以为决策者进行污染物溯源、水环境管理等提供理论依据。

9.1
水环境投诉举报概述

公众参与环境监督及投诉举报，是公众的权利和义务。《中华人民共和国环境保护法》《中华人民共和国水污染防治法》《环境保护公众参与办法》《关于实施生态环境违法行为举报奖励制度的指导意见》相关条文中都有明确规定，环境保护坚持公众参与的原则，一切单位和个人都有保护环境的义务。公众"依法享有获取环境信息、参与和监督环境保护的权利"，"发现任何单位和个人有污染环境和破坏生态行为的，有权向环境保护主管部门或者其他负有环境保护监督管理职责的部门举报"。

社会网络化和信息化的高速发展，各类智能终端设备的普及和应用，为公众参与投诉举报创造了良好条件。随着国家对环保问题的重视，我国各级部门相继开通了环保公众投诉举报平台，如隶属于生态环境部的 12369 投诉平台等。投诉举报后，受理部门应当在 7 个工作日内，将投诉和举报处理情况向投诉举报人反馈。一般的投诉举报流程如图 9-1 所示。积极引导和鼓励公众参与投诉举报，有利于弥补政府监管的不足和漏洞，建立起一条遍布各地的大众环境监督防线，有效避免偷排、漏排、倾倒等蓄意污染水环境的行为。

随着网络技术的发展、信息化时代的到来，环境类投诉举报平台也纷纷实现与互联网接轨，举报方式变得快捷且便利[1]。在以上这些因素的作用下，环境类投诉举报的数量呈现出逐年递增的趋势。国家出台的相关文件要求各级环保部门要重视对投诉举报的处理工作[2]，但是，工作人员却难以在规定的时间内对海量的投诉举报信息进行分析，从而致使投诉举报处理的效率和精准度均达不到预期。

水环境投诉举报文本分类是投诉举报事件分析的基础。在早期，文本分类完全依赖人工进行，无论是分类规则还是文本处理都由人来完成，可以说费时费力、效率低下。20 世纪 50 年代，工程师 Luhn 提出了词频统计法，利用关键词建立索引，之后与文档中的词进行逐一匹配，实现对文档的自动分类[3]。Luhn 还在国

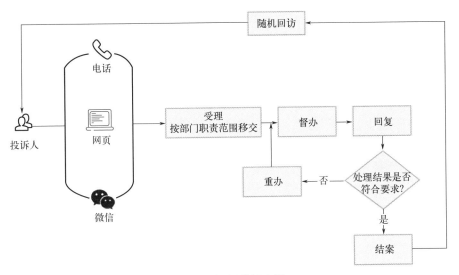

图 9-1　投诉举报流程

际科学信息会议上发表了相关的研究成果，开启了文本自动分类的研究。随后，Salton G 等[4] 提出了文本的数学模型，将词语用向量的形式来表达，从而使文本成为计算机可以识别的对象，开启了利用计算机来研究文本自动分类的时代。文献 [5] 采用文本聚类法以及主题模型法来对病患投诉信息进行自动分类，从而提高了工作效率。文献 [6] 利用长短期记忆神经网络来对医院投诉举报信息进行分类研究，文献 [7] 则采用递归神经网络对投诉举报文本进行分类研究，两者均获得了一定的分类精度。

水环境投诉举报事件是由群体或个人发现污染现象，将其记录下来并向有关部门进行投诉举报而产生的一个事件。因此，需要衡量水环境投诉举报和水环境污染事件之间的整体关联。文献 [8] 提取出事件的话题，对事件之间的话题进行相似度计算并人为确定各个话题相似度的权重，继而得到事件之间的相似度。为了克服人为确定事件要素相似度权重而造成的计算结果不准确问题，许飞翔等[9] 采用 BP 神经网络来建立事件之间的相似度计算模型，实验结果证明了该方法具有一定的准确性与客观性，同时提高了计算的效率；此外，于本海等[10] 针对软件项目案例相似度计算问题当中的特征相似度权重选择问题，同样采用 BP 神经网络来建立计算模型，进而得到了较为准确的结果。

但是，当前的水环境投诉举报数据挖掘与分析仍然存在如下难点。

① 数据的多源、异构、非结构化等。公众参与监督及投诉举报，大多通过微信、网络和电话进行，通过电话或语音描述，部分将拍照图片、视频和位置信息及时上传网络平台，并附有简单文字说明。因此，水环境公众监督和投诉举报数据包括语音、文字和图片、视频等，属于多源、异构、非结构化、多模态数据，

具有多空间尺度、多时间尺度、多用户对象和多专题类型等特性。同时，由于数据采集设备和规范的差异，各类数据在空间尺度、时间尺度、采样频率、采样密度、数据精度、数据格式等方面有显著的差异。

② 部分举报内容表述不清、不完整、不全面。投诉举报人员所处的位置和条件不同，投诉举报来源和途径不同，举报人员的知识水平不同，加上环境污染人员行为隐秘、方式多样，导致一些举报内容存在表述不清、不完整的情况，只是属于"线索"。

③ 数据挖掘不仅是挖掘公众监督和投诉举报本身的数据，还要与区域水环境数据进行关联。区域水环境数据涉及多个流域、区域及行政区划、控制单元、河流水系、数字高程、遥感影像、土地利用等水环境空间数据和水质、水文、气象、社会经济、污染源、饮用水源地等业务数据，数据量大，数据源、数据结构、数据类型庞杂。需要明确各类数据的内涵，研究其在类别、结构、数据源、精度、时空尺度等方面的特点，面向后续数据存储、交换、共享、分析、预测、展示等需求，确定各类数据收集融合技术需求。

9.2
投诉举报 LSTM 分类技术

文本分类就是根据文本内容并按照一定的规则对文本进行归类，是自然语言处理领域的热点研究问题之一。文本分类问题包含了图书馆学、模式识别等众多学科领域，同时也是信息检索、数据挖掘以及信息过滤的基础，因此应用极其广泛[11-12]。

Salton G 等人[4] 提出了文本的数学模型，将词语用向量的形式来表达，从而使文本成为计算机可以识别的对象，开启了利用计算机来研究文本自动分类的时代。麻省理工学院设计的邮件分类系统以及卡耐基集团开发的新闻分类系统均利用知识工程技术来实现文本自动分类[13]。实践表明，该方法具有一定的分类精度，并且其分类效率要高于人工。但是，知识工程法不易制定分类规则，同时泛化性较差，无法大范围推广。

中文不像英文那样具有分隔符号，并且其表达方式复杂多变，因此需要对文本进行预处理，包括词语切分、去除停用词以及文本表示等步骤。中国学者 Zuo等[14] 研究了外文文本分类的相关技术，结合汉语的特点对中文文本自动分类的理论进行了论述。东北大学研究学者根据新闻内容与标题的特征提出了中文文本自动分类模型。

机器学习方法能够自主地学习分类规则，只需要有一定数量的并且标注正确的样本数据，便可利用其来构建相应的分类模型。相比于知识工程方法，机器学习方法更加便捷而准确，同时具有较强的泛化能力，因此被广泛应用至今。例如，邹涛设计的中文科技文献分类系统以及新浪开发的中文垃圾邮件分拣系统等。文献[5]采用文本聚类法、主题模型法分别通过对文本进行聚类以及提取主题的方式进行分类，属于无监督的文本分类方法。但是，无监督文本分类法的精度很大程度上依赖于文本本身，而投诉举报文本往往具有表达不规范、长度短、类别特征不明显等特点。因此，对于投诉举报文本分类问题，无监督分类法并不适用。

针对投诉举报文本普遍存在样本数量少等特点，文献[15]采用支持向量机（Support Vector Machine，SVM）进行投诉举报文本分类研究，实验结果表明SVM能够克服样本数据量少、样本数量分布不平衡等问题；文献[16]与文献[17]也通过大量的实验证明了SVM在复杂文本的分类问题上具有较强的泛化能力与识别能力，其分类精度可以满足实际应用需求；此外，文献[18]同样采用SVM对投诉举报文本进行分类研究，得到了令人满意的分类效果。由此可见，对投诉举报文本进行分类，SVM方法更为适用。

12369投诉举报平台为政府与公众提供了良好的联系手段，全国各地出现环境问题均可通过该平台进行投诉举报。公众进行举报时，可以根据自身的判断对环境污染情况进行分类。在水环境的投诉举报信息中，12369平台将投诉举报分为4类，包括矿山废水、生活废水、工业废水和其他类别，属于比较粗犷的分类，投诉举报内容中的有效信息没有完全提取，并且公众根据自身经验进行分类，分类结果不专业。

本节基于投诉举报数据进行了投诉举报的详细分类技术研究，对投诉举报数据进行分类的依据是中华人民共和国生态环境部2017年6月19日发布的《固定污染源排污许可分类管理名录（2017年版）》，将污染企业按行业类别分成0～33类。

9.2.1 算法设计

水环境投诉举报数据分类的技术路线简单介绍如下：首先，投诉举报数据来源主要包括微信端和其他来源两种。鉴于微信端接收到的数据自带12369平台的分类，筛选出微信端数据。按《固定污染源排污许可分类管理名录（2017年版）》对数据进行标注，数据分类统计图如图9-2所示。其次，数据分类后，针对每一类别进行词频统计，构建关键词词典与停用词词典。关键词词典用于除微信端数据的其他数据匹配标注，停用词词典可以提高最终分类准确率。然后，上述数据进行标注后，还有少量数据未能进行标注。此类数据按12369自带的分类标准（生活废水、工业废水、矿山废水、其他）进行二次标注。最后，分别对上述两种情况构建 LSTM 分类模型，将处理好的数据分为训练集与测试集进行分类实验。投诉举报分类技术路线图如图 9-3 所示。

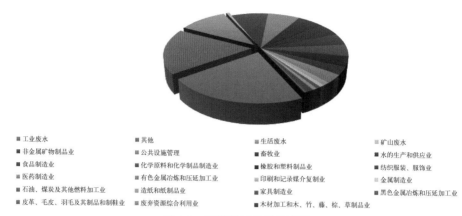

■ 工业废水　　　　　　　　　　■ 其他　　　　　　　　　　　■ 生活废水　　　　　　　　　□ 矿山废水
■ 非金属矿物制品业　　　　　　□ 公共设施管理　　　　　　　■ 畜牧业　　　　　　　　　　■ 水的生产和供应业
■ 食品制造业　　　　　　　　　■ 化学原料和化学制品制造业　■ 橡胶和塑料制品业　　　　　■ 纺织服装、服饰业
■ 医药制造业　　　　　　　　　■ 有色金属冶炼和压延加工业　■ 印刷和记录媒介复制业　　　□ 金属制造业
■ 石油、煤炭及其他燃料加工业　■ 造纸和纸制品业　　　　　　■ 家具制造业　　　　　　　　■ 黑色金属冶炼和压延加工业
■ 皮革、毛皮、羽毛及其制品和制鞋业　■ 废弃资源综合利用业　■ 木材加工和木、竹、藤、棕、草制品业

图 9-2　投诉举报分类统计图

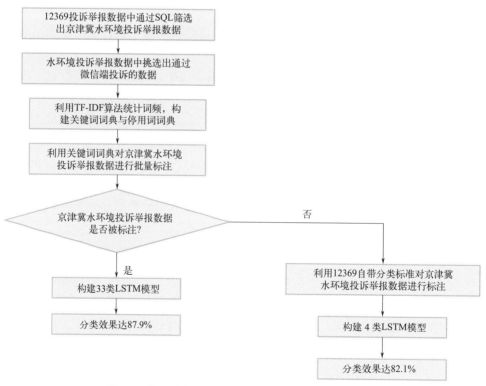

图 9-3　投诉举报分类技术路线（以京津冀地区为例）

长短期记忆神经网络（Long Short-Term Memory，LSTM）[19] 可以用来对自

然语言建模，把任意长度的句子转化为特定维度的浮点数向量，同时"记住"句子中比较重要的单词，让"记忆"保持比较长的时间。因此用 LSTM 进行文本分类，可以获得很好的分类效果。

LSTM 有较复杂的内部结构，通过门控状态对细胞结构上的信息选择记忆或遗忘，记住需要长时记忆的信息，遗忘不重要的信息[20, 21]。LSTM 一个细胞由输入门、遗忘门、输出门和一个细胞单元组成。门使用 sigmoid 激活函数，而输入和细胞状态通常使用 tanh 进行转换。LSTM 网络在处理时序预测问题时，比其他传统的神经网络更快，更容易收敛到最优解。LSTM 神经元结构如图 9-4 所示。

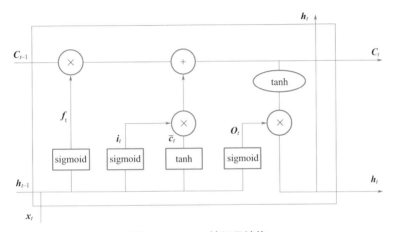

图 9-4　LSTM 神经元结构

LSTM 输入有三个：t 时刻训练样本的输入值 x_t，$t-1$ 时刻的神经元长期记忆状态 C_{t-1}，以及 $t-1$ 时刻神经元输出值 h_{t-1}。输出有两个：t 时刻神经元长期记忆状态 C_t、t 时刻输出 h_t。LSTM 就是通过控制三个门来实现长期记忆功能的。首先，LSTM 通过遗忘门决定舍弃哪些不利于后续任务的信息，根据前一时刻的神经元输出 C_{t-1} 和当前时刻输入 x_t，通过激活函数（一般采用 sigmoid），得到遗忘门的输出 f_t，如式（9-1）所示，其中 W_f 是遗忘门的权重矩阵，U_f 是遗忘门的输入层和隐层间的权重矩阵，b_f 是偏置项。

$$f_t = \mathrm{sigmoid}\left(W_f C_{t-1} + U_f x_t + b_f\right) \tag{9-1}$$

LSTM 通过输入门决定将哪部分新信息存储到长期记忆状态中。首先，利用输入门的 sigmoid 函数选择要存储的新的信息，记作 i_t，如式（9-2）所示；然后根据前一时刻的记忆 C_{t-1} 和当前的输入 x_t，利用 tanh 函数创建新的初始值向量 $\bar{C}_t$，如式（9-3）所示。其中 W 和 U 分别代表各自门控的权重矩阵，b 表示各自门控的偏置项。

$$i_t = \text{sigmoid}\left(\boldsymbol{W}_i \boldsymbol{h}_{t-1} + \boldsymbol{U}_i \boldsymbol{x}_t + \boldsymbol{b}_i\right) \tag{9-2}$$

$$\overline{\boldsymbol{C}}_t = \tanh\left(\boldsymbol{W}_c \boldsymbol{h}_{t-1} + \boldsymbol{U}_c \boldsymbol{x}_t + \boldsymbol{b}_c\right) \tag{9-3}$$

接下来，依据遗忘门和输出门系数，LSTM 会更新当前的长期记忆状态 $\boldsymbol{C}_t$，更新状态的计算过程如式（9-4）所示。

$$\boldsymbol{C}_t = \boldsymbol{f}_t \boldsymbol{C}_{t-1} + \boldsymbol{i}_t \overline{\boldsymbol{C}}_t \tag{9-4}$$

得到新的长期记忆状态 $\boldsymbol{C}_t$，就可以看输出门了。最终输出的信息 $\boldsymbol{h}_t$ 的更新由两部分决定，第一部分是 $\boldsymbol{o}_t$，它由上一时刻的神经元输出 $\boldsymbol{h}_{t-1}$ 和当前时刻的输入 $\boldsymbol{x}_t$，通过激活函数 sigmoid 得到，如式（9-5）所示。第二部分由长期记忆状态 $\boldsymbol{C}_t$ 和 tanh 激活函数组成，如式（9-6）所示。

$$\boldsymbol{o}_t = \text{sigmoid}\left(\boldsymbol{W}_o \boldsymbol{h}_{t-1} + \boldsymbol{U}_o \boldsymbol{x}_t + \boldsymbol{b}_o\right) \tag{9-5}$$

$$\boldsymbol{h}_t = \boldsymbol{o}_t \times \tanh\left(\boldsymbol{C}_t\right) \tag{9-6}$$

基于 LSTM 神经网络的投诉举报智能分类技术的流程图如图 9-5 所示。接收到投诉举报信息后，需要将数据作为输入信息输入到 3 类 LSTM 模型当中。若输出结果为 3 类别中的一种，那么分类完成。若输出结果为"其他"，需要将数据继续作为输入信息输入到 4 类 LSTM 模型当中，其结果为最终分类结果。

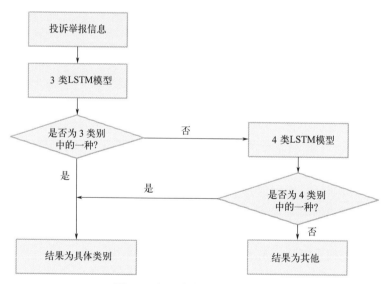

图 9-5　投诉举报数据分类过程

9.2.2　模型检验及结果分析

基于 LSTM 神经网络的投诉举报智能分类技术，可以产生四种分类结果。下面分别举例进行说明。

第一种情况：投诉举报内容为"天津市某县一家塑料厂加工生产废塑料，加工出来的废水直接排到地下，严重影响居民生活"。首先将该文本内容输入至3类LSTM模型中，得出结果为"橡胶和塑料制品业"，由此，该条投诉举报分类成功。

第二种情况：投诉举报内容为"豆腐小作坊机器运作声音巨大，影响身边的人生活，废水直接泼了出来"。首先将该文本内容输入至3类LSTM模型中，得出结果为"食品制造业／农副食品加工业"，由此，该条投诉举报分类成功。

第三种情况：投诉举报内容为"李家村总是有人往水沟里倒废水，还没办法排出去，水变得越来越脏"。该文本内容首先输入到3类LSTM模型中，得出结果为"其他"，说明该条举报信息并未在3类之中，接着将该条举报信息输入至4类LSTM模型之中，得到结果为"生活废水"，由此，该条投诉举报分类成功。

第四种情况：在4类LSTM模型中，有一个类别为"其他"，这个"其他"不同于3类LSTM模型中的其他。这个"其他"表明该条投诉举报内容有效信息过少，不能准确进行分类。

9.3
投诉举报数据多要素关联分析

水环境投诉举报数据统计分析结果能够帮助公众知晓、参与水环境督察工作，帮助水环境管理部门及时组织整改方案，实时跟踪方案落实情况及效果。另一方面，水环境投诉举报数据的来源与区域社会生产生活、人口数量、降雨等多因素相关。水环境投诉举报数据与区域社会生产生活、人口数量、降雨等因素的深度关联分析结果，能够挖掘出大量潜在的有用信息，有助于监管部门提高投诉举报处理反馈速度，为管理部门提供决策支持。

本节选择的投诉举报数据是12369平台2017年1月至2019年5月全国各地用户针对污染情况的投诉举报数据，共206053条，其中涉及京津冀区域的水环境投诉举报数据共27323条。在这27323条数据中，投诉举报来源于微信端的数据有5311条，其他来源的数据有22012条。

环境投诉举报数据深度分析的技术路线如图9-6所示（以京津冀区域水环境为例进行说明）。首先，分析京、津、冀各自水环境投诉举报数据随时间变化的特点；其次，对京津冀水环境投诉举报数据进行时空分析，研究投诉举报数据随时间、空间变化的特点，对重点变化的区域进行深入分析；然后，通过关联分析技术分析投诉举报数据与人口、GDP、降雨量、产业等的关联；最后，进行投诉举报情况的词频展示和热力图展示，直观地显示出群众最为关心的问题以及重点污染区域。

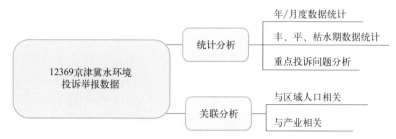

图 9-6　水环境投诉举报数据深度分析的技术路线

9.3.1　算法设计

为了分析京津冀区域水环境投诉举报数据随时间和空间的变化规律，聚焦投诉举报的重点问题和重点区域，寻找污染的原因，本节利用统计分析方法，分别进行了京、津、冀各自和京津冀整体水环境投诉举报数量随年度、季度、丰水期、平水期、枯水期、月份和日期的变化情况以及工业废水、矿山废水、生活废水和其他投诉举报量的时空变化情况及各类污染的占比。根据统计目的定义公式，进行相关统计分析，具体定义公式如下所示。

x：北京市（京）水环境投诉举报；y：天津市（津）水环境投诉举报；z：河北省（冀）水环境投诉举报；W：京津冀水环境投诉举报；i：月份；j：年；d：日期；101：工业废水；102：矿山废水；103：生活废水；199：其他。北京市各辖区编号如表 9-1 所示。

表 9-1　北京市各辖区编号表

市辖区	编号：a
东城区	1
西城区	2
朝阳区	3
丰台区	4
石景山区	5
海淀区	6
门头沟区	7
房山区	8
通州区	9
顺义区	10
昌平区	11

市辖区	编号：a
大兴区	12
怀柔区	13
平谷区	14
密云区	15
延庆区	16

北京市水环境投诉举报量是北京所有区水环境相关投诉举报之和，如式（9-7）所示。

$$x = \sum_{a=1}^{16} x_a \tag{9-7}$$

京津冀区域水环境投诉举报量以及四类水污染投诉举报量计算公式如式（9-8）～式（9-12）所示。

$$W = x + y + z \tag{9-8}$$
$$W_{101} = x_{101} + y_{101} + z_{101} \tag{9-9}$$
$$W_{102} = x_{102} + y_{102} + z_{102} \tag{9-10}$$
$$W_{103} = x_{103} + y_{103} + z_{103} \tag{9-11}$$
$$W_{199} = x_{199} + y_{199} + z_{199} \tag{9-12}$$

北京市 j 年水环境投诉举报量计算公式如式（9-13）所示。

$$x_j = \sum_{i=1}^{12} x_{ji} \tag{9-13}$$

北京市 i 月水环境投诉举报量计算公式如式（9-14）所示。

$$x_i = \sum_{d=1}^{31} x_{id} \tag{9-14}$$

北京市丰水期、平水期、枯水期水环境投诉举报量计算公式如式（9-15）～式（9-17）所示。

$$f_{丰}(x_j) = \sum_{i=5}^{9} x_{ji} \tag{9-15}$$
$$f_{平}(x_j) = x_{j3} + x_{j4} + x_{j10} + x_{j11} \tag{9-16}$$
$$f_{枯}(x_j) = x_{j1} + x_{j2} + x_{j12} \tag{9-17}$$

灰色关联分析（Grey Relation Analysis，GRA），是一种多因素统计分析的方法[22, 23]。对于两个系统之间的因素，其随时间或不同对象而变化的关联性大小的量度，称为关联度。灰色关联分析法被普遍用于灰色系统中分析各因素对系统变化的影响程度。水环境投诉举报事件与人口、GDP、降雨量、产业等是一个典型的灰色系统，用灰色关联分析法能够将多因素间影响程度用明确的数学公式表达，排除了数据之间的模糊关系。灰色关联分析计算步骤如下所示。

① 确定参考数列和比较数列。反映系统行为特征的数据序列，称为参考数列。影响系统行为的因素组成的数据序列，称为比较数列。参考数列（又称母序列），$Y = \{y(k)|k=1,2,\cdots,n\}$，$y(k)$ 为一组数据（n 个）中第 k 个数据；比较数列（又称子序列），$X_i = \{x_i(k)|k=1,2,\cdots,n;\ i=1,2,\cdots,m\}$，$x_i(k)$ 为一组数据（n 个）中第 k 个数据，i 表示第 i 组。

② 对参考数列和比较数列进行无量纲化处理。由于系统中各因素的物理意义不同，数据的量纲也不一定相同，不便于比较，或在比较时难以得到正确的结论。因此在进行灰色关联分析时，一般都要进行无量纲化的数据处理。主要有以下两种方法。

初值化处理：

$$x_i(k) = \frac{x_i(k)}{x_i(1)}, k=1,2,\cdots,n; i=1,2,\cdots,m \tag{9-18}$$

均值化处理：

$$x_i(k) \equiv \frac{x_i(k)}{\overline{x_i}}, k=1,2,\cdots,n; i=1,2,\cdots,m \tag{9-19}$$

③ 求参考数列与比较数列的灰色关联系数 $\xi(X_i)$。所谓关联程度，实质上是曲线间几何形状的差别程度。因此曲线间差值大小，可作为关联程度的衡量尺度。对于一个参考数列 X_0 有若干个比较数列 X_1，X_2，$\cdots$，X_m，各比较数列与参考数列在各个时刻（即曲线中的各点）的关联系数 $\xi(X_i)$ 可由下列公式算出：

$$\xi_i(k) \equiv \frac{\min\limits_{i}\min\limits_{k} \Delta_i(k) + \rho \max\limits_{i}\max\limits_{k} \Delta_i(k)}{\Delta_i(k) + \rho \max\limits_{i}\max\limits_{k} \Delta_i(k)} \tag{9-20}$$

其中，$\Delta_i(k) = |y(k) - x_i(k)|$；$\rho$ 为分辨系数，一般在 0～1 之间，通常取 0.5。

④ 计算关联度。关联系数是比较数列与参考数列在各个时刻（即曲线中的各点）的关联程度值，所以它的值不止一个，而信息过于分散不便于进行整体性比较。因此有必要将各个时刻（即曲线中的各点）的关联系数集中为一个值，即求其平均值，作为比较数列与参考数列间关联程度的数量表示，即关联度。关联度 r_i 公式如下：

$$r_i = \frac{1}{n}\sum_{k=1}^{n}\xi_i(k), k=1,2,\cdots,n \tag{9-21}$$

r_i 值越接近 1，说明相关性越好。

⑤ 关联度排序。因素间的关联程度，主要是用关联度的大小次序描述，而不仅是关联度的大小。将 m 个子序列对同一母序列的关联度按大小顺序排列起来，便组成了关联序列，记为 $\{x\}$，它反映了对于母序列来说各子序列的"优劣"关系。若 $r_1 > r_2$，则对于同一母序列，X_1 优于 X_2。京津冀投诉举报数据与 GDP 数据和常住人口数据关联分析框图如图 9-7 所示。

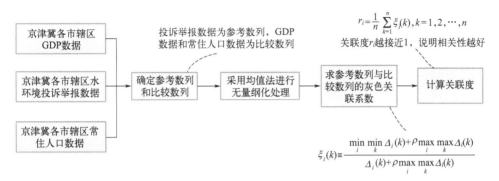

图 9-7　京津冀投诉举报数据关联分析框图

9.3.2　模型检验及结果分析

通过利用灰色关联分析法的投诉举报数据深度分析技术，京津冀地区水环境相关投诉举报量结果如表 9-2 所示。2018 年每月水环境相关投诉举报量统计结果如图 9-8 所示。2018 年京津冀地区水污染问题举报数量相比 2017 年每月普遍有所增加。但是，京津冀地区 2018 年 4 月、5 月、6 月、11 月、12 月水污染问题举报量的全年占比均低于 2017 年同期占比，见图 9-9 ～图 9-11。京津冀丰水期、平水期、枯水期水环境相关投诉举报量如图 9-12 所示。在丰水期水量大，流速也较快，不仅水中的悬浮颗粒杂质难以沉淀，而且雨水会将岸上的污染物带入河流，形成面源污染，因此每年丰水期是水污染投诉举报频发时期。同时，丰水期和平水期气温也较高，人们用水量也相对大，这也是投诉举报量大的原因。

表 9-2　京津冀四类废水 2017—2018 年举报量统计表

举报类型	2017	2018	2018 年占比
工业废水（101）	1379	1679	51.79%
矿山废水（102）	64	128	3.95%
生活废水（103）	10	908	28%
其他（199）	7	527	16.26%
总计	1460	3242	1.0

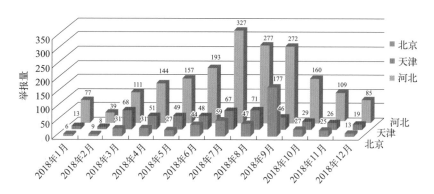

图 9-8　京津冀 2018 年每月举报量统计图

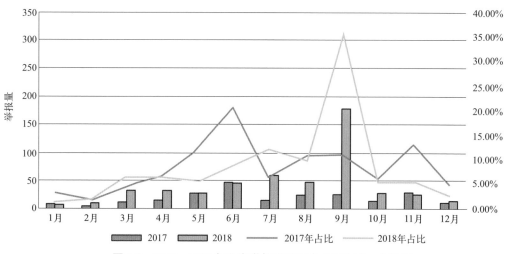

图 9-9　2017—2018 年北京举报量逐月变化对比图、占比图

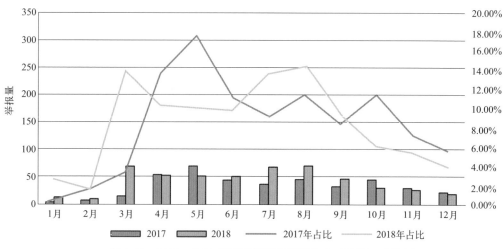

图 9-10　2017—2018 年天津举报量逐月变化对比图、占比图

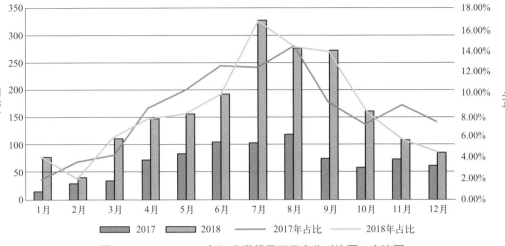

图 9-11　2017—2018 年河北举报量逐月变化对比图、占比图

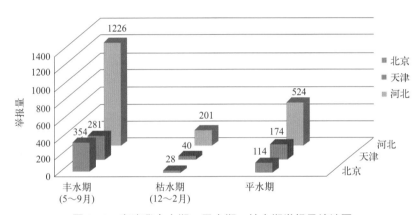

图 9-12　京津冀丰水期、平水期、枯水期举报量统计图

从污染类型来看，工业废水污染仍是群众举报中最突出的问题，但是也呈现出区域上的差异，详见图 9-13 ～图 9-16。北京市群众举报水污染事件中，除矿山废水外，其余三类问题接到的水污染举报占比均在 30% 以上。天津市和河北省群众举报水污染事件中，工业废水是群众举报最突出的问题，占比在 60% 以上。

北京市 2018 年水环境污染投诉举报数据重点投诉问题深度分析过程如图 9-17 所示。接收到水环境投诉举报数据后，对 2018 年北京市水污染举报数据进行年度统计分析，发现大兴区的年举报量占比 1/3，分析结果如图 9-18 所示。通过对大兴区所有水污染投诉举报信息进行分析，能够得到大兴区水污染举报行业分布如图 9-19 所示。

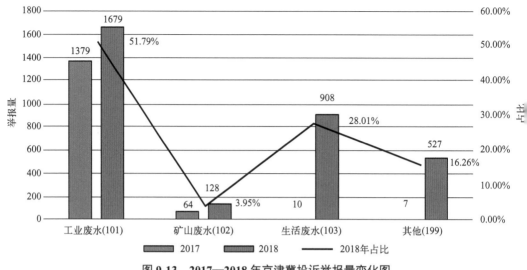

图 9-13 2017—2018 年京津冀投诉举报量变化图

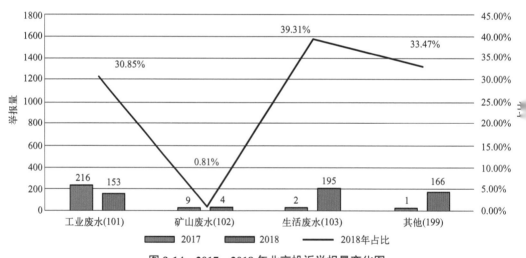

图 9-14 2017—2018 年北京投诉举报量变化图

对北京市 2017—2018 年水污染举报数据分析发现，2018 年仅大兴区一个地区的举报数据量就占北京市举报总量的三分之一。微信举报量较多的五个地区分别为大兴区、昌平区、朝阳区、顺义区、房山区。其中海淀区是少数的举报数有明显减少的地区，同比减少了 47.37%。2018 年北京市各区不同类型污染举报量变化如图 9-20 所示。

同时发现北京市 2017—2018 年大多数地区工业废水举报量都呈减少趋势。其中，2018 年海淀区工业废水举报仅有 4 件，比 2017 年下降了 89.19%。此外，朝阳区和昌平区工业废水举报量分别比 2017 年下降了 51.51% 和 38.89%。详见图 9-21 所示。

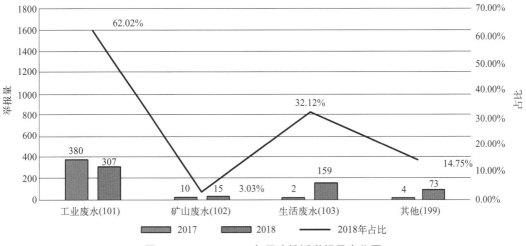

图 9-15　2017—2018 年天津投诉举报量变化图

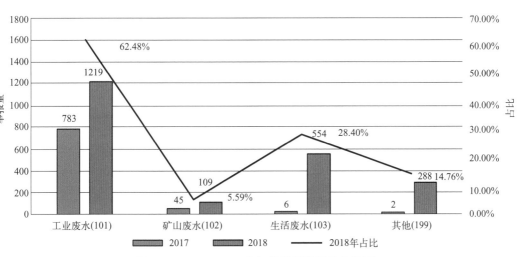

图 9-16　2017—2018 年河北投诉举报量变化图

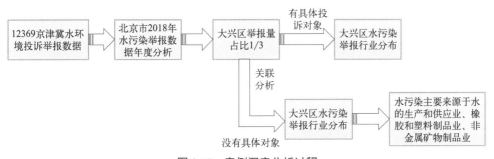

图 9-17　案例深度分析过程

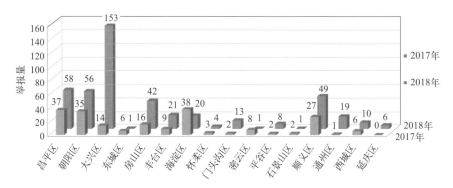

图 9-18 北京市各区 2017—2018 年举报量变化图

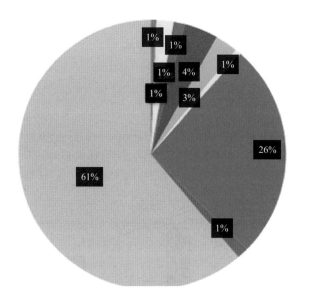

图 9-19 大兴区水污染举报行业分布

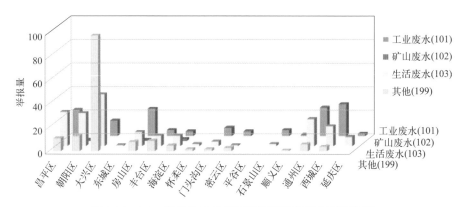

图 9-20 2018 年北京市各区不同类型污染举报量变化图

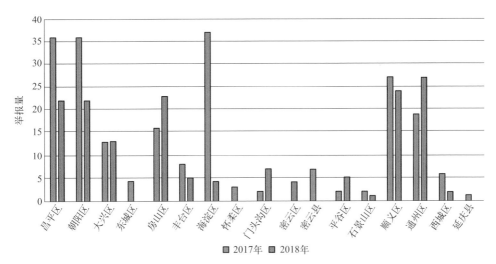

图 9-21　2018 年北京市各市区工业废水年举报量变化图

对于大兴区，从污染行业分布（图 9-19）来看，除去通用工序之外，水污染主要来源于水的生产和供应业、橡胶和塑料制品业、非金属矿物制品业。（注：当投诉举报内容表明有水污染事件发生，而没有具体投诉对象时，举报事件分类为通用工序。下同。）所以大兴区需要加强相应工业和生活废水的治理。

表 9-3 为北京市各辖区 2017 年常住人口统计数据（以万人计）、GDP 统计数据（以亿元计）和 2017 年水环境投诉举报量统计数据，用于分析北京市各地区常住人口和 GDP 哪个因素对水环境投诉举报量影响更大。在此需要分别将常住人口和 GDP 与举报量比较计算其关联程度，故母序列为举报量。然后采用均值化法，即将各个序列各辖区的统计值与整条序列的均值求比值，得到表 9-4。计算每个子序列中各项参数与母序列对应参数的关联系数，最后计算关联度，可以得到 $r_1 = 0.816$，$r_2 = 0.497$。通过比较两个子序列与母序列的关联度可以得出结论：北京市各辖区在 2017 年期间的水环境投诉举报量受到地区常住人口的影响最大。

表 9-3　北京市各辖区 2017 年水环境投诉举报量以及常住人口、GDP 数据表

北京市各辖区	2017 年举报量	常住人口 / 万人	GDP/ 亿元
东城区	4	85.1	560.61
西城区	6	122.0	979.21
朝阳区	33	373.9	1407.35
丰台区	8	218.6	356.51
石景山区	2	61.2	133.03
海淀区	37	348.0	1478.82

北京市各辖区	2017 年举报量	常住人口 / 万人	GDP/ 亿元
门头沟区	2	32.2	43.62
房山区	16	115.4	169.53
通州区	19	150.8	189.53
顺义区	27	112.8	429.33
昌平区	36	206.3	209.77
大兴区	13	176.1	502.51
怀柔区	3	40.5	71.56
平谷区	2	44.8	58.57
密云区	7	49.0	69.54
延庆区	1	34.0	34.39

表 9-4　北京市各辖区 2017 年水环境投诉举报量以及常住人口、GDP 数据均值化处理表

北京市各辖区	2017 年举报量	常住人口	GDP
东城区	0.30	0.63	1.34
西城区	0.44	0.90	2.34
朝阳区	2.44	2.76	3.36
丰台区	0.59	1.61	0.85
石景山区	0.15	0.45	0.32
海淀区	2.74	2.57	3.53
门头沟区	0.15	0.24	0.10
房山区	1.19	0.85	0.41
通州区	1.41	1.11	0.45
顺义区	2.00	0.83	1.03
昌平区	2.67	1.52	0.50
大兴区	0.96	1.30	1.20
怀柔区	0.22	0.30	0.17
平谷区	0.15	0.33	0.14
密云区	0.52	0.36	0.17
延庆区	0.07	0.25	0.08

　　从水污染举报内容（图 9-22）看，京津冀地区"直排""刺鼻""喷漆""养猪场""木业""洗涤"等词出现频次较高，反映了群众高度关注的话题点。北京地区水污染举报内容（图 9-23）中，出现频次较高的热词分别是"直排""刺

鼻""洗车""喷漆""液体""黄白色""处理厂"等。天津地区水污染举报内容（图9-24）中，出现频次较高的热词分别是"洗涤""偷排""下水道""废塑料""直排""车间""喷漆"等。河北地区水污染举报内容（图9-25）中，出现频次较高的热词分别是"镀锌""喷漆""木业""塑料厂""地下""粪便""直排"等。

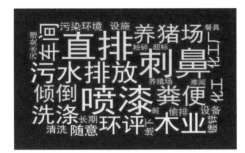

图 9-22　京津冀水污染举报热词

图 9-23　北京市水污染举报热词

图 9-24　天津市水污染举报热词

图 9-25　河北省水污染举报热词

9.4
投诉举报事件相似性神经网络分析技术

随着社会的发展，有关环境污染方面的投诉举报数量迅速增加。然而，环境污染投诉举报受理部门的工作量也与日俱增，工作人员每天都要阅读海量的投诉举报信息，通过分析并研判举报信息，给出相应的任务派单建议，这会导致受理部门的工作效率大大降低。

如果能够分析新的投诉举报与历史投诉举报之间的差异，以相似度较高的历史举报信息所对应的派单建议为指导来制定新的投诉举报派单建议，将会大大地增加工作人员的工作效率，同时提高工作的准确率。所以，设计准确而高效的环境污染投诉举报事件相似度分析方法成为目前亟待解决的问题。

对于事件之间的相似度计算问题，不少学者对此进行过深入的研究。例如，文献 [24] 针对公交火灾事故案例间的相似度计算，提取出火灾事件的特征属性并计算属性之间的相似度，之后人工赋予属性相似度权重并计算出案例之间的相似度。文献 [25] 通过提取事件的情景要素并进行相似度计算，之后同样人为赋予相似度权重并以此计算出事件间的相似度。上述研究对于事件相似度的计算均是通过提取事件的属性或特征等组成要素，对要素进行相似度计算，之后再人工赋予相似度权重并得到事件整体之间的相似度。但是，对于如何选择事件要素相似度的权重，上述研究都是通过人工确定的，效率较低。

为了克服人为确定事件要素相似度权重而造成的计算结果不准确问题，许飞翔等人[9]采用 BP 神经网络来建立事件之间的相似度计算模型，实验结果证明了该方法具有一定的准确性与客观性。径向基函数（RBF）是一种取值仅依赖于与原点之间距离大小的实值函数，而以 RBF 为激活函数的神经网络也称作 RBF 网络。RBF 网络具有映射能力强、泛化能力强等优点，因此应用较为广泛[26-29]。广义回归神经网络（Generalized Regression Neural Network，GRNN）是一种结合数学统计基础的 RBF 网络，相比于 BP 神经网络而言，GRNN 具有一定的非线性拟合能力，其需要确定的参数少、收敛精度高并且网络结构易于确定，同时针对小样本预测问题也拥有较强的学习能力[30]。对于投诉举报事件而言，由于其本身就具有一定的复杂程度，同时样本数量有限，因此采用 GRNN 建立事件的相似度计算模型更为适合。

GRNN 采用核函数作为激活函数，其预测精度与宽度参数（核函数参数）σ 的大小有较强的关联，σ 的取值过大或过小都会影响 GRNN 的性能。由于 GRNN 的参数整定与 SVM 的参数整定同属于优化问题，因此仍可采用搜索算法或优化算法来解决。例如，文献 [31] 与文献 [32] 均采用粒子群算法对 GRNN 的参数进行优化，得到了较为理想的参数值；文献 [33] 则采用经过改进的粒子群算法对 GRNN 的参数进行优化，分析结果更为精准。

9.4.1　文本相似度和短语相似度

为了有效地设计投诉举报事件相似性分析技术，需要计算投诉举报数据文本的相似度和短语相似度。

文本相似度计算步骤如下所示：

① 利用 Python 中的分词工具包 jieba 进行投诉举报文本词语切分。

② 所有的投诉举报事件描述文本都将以一个一个被空格切分的词语的形式所

呈现。目前去除停用词常见的方法是采用现有的停用词词表作为参考，利用词语匹配的方法进行去除。

③ 为了便于计算机识别投诉举报事件描述文本，本节采用向量空间模型（Vector Space Model，VSM）法对文本进行建模。VSM 由 Salton 等在 20 世纪 70 年代末提出，是一种简便、高效的文本表示方法。

④ 为了突出文本的特征、降低空间向量的维度，本节采取词频 - 逆文档频率（Term Frequency-Inverse Document Frequency，TF-IDF）算法对文本模型进行特征提取。

⑤ 通过计算两条文本向量模型之间的余弦相似度来衡量投诉举报文本之间相似度。

$$sim = \frac{D'_{iA} D'_{iB}}{\|D'_{iA}\| \|D'_{iB}\|} = \frac{\sum_{m=1}^{n} D'_{iAm} D'_{iBm}}{\sqrt{\sum_{m=1}^{n} \left(D'_{iAm}\right)^2} \sqrt{\sum_{m=1}^{n} \left(D'_{iBm}\right)^2}} \qquad (9\text{-}22)$$

式中，sim 指的是两条文本之间的相似度；A、B 均为文本的编号；D'_{iA}、D'_{iB} 分别为文本 A、B 所对应的经过降维的空间向量模型；m 为向量模型中的元素标号。

针对短语之间的相似度，本节采用 Levenshtein 编辑距离法来进行计算。Levenshtein 编辑距离是用来计算两个句子或字符之间的相似度，其计算公式如下：

$$sim = \max\left(0, \frac{\min\left(|Object_A|, |Object_B|\right) - ed\left(Object_A, Object_B\right)}{\min\left(|Object_A|, |Object_B|\right)}\right) \qquad (9\text{-}23)$$

式中，sim 指的是两条短语之间的相似度；A、B 均为短语的编号；$Object_A$、$Object_B$ 分别指短语 A、B 所对应的内容；$|Object_A|$、$|Object_B|$ 分别指短语 A、B 的字符；$ed\left(Object_A, Object_B\right)$ 表示将短语 A 转换为短语 B 所需要的最小操作数（包括插入、删除、替换等）。由于 Levenshtein 编辑距离的取值范围在 $[0, +\infty)$ 之间，为了便于后期对数据进行分析以及建立模型，需要对数据进行归一化处理，归一化的计算方式如下：

$$f(x) = \frac{x - x_{min}}{x_{max} - x_{min}} \qquad (9\text{-}24)$$

式中，$f(x)$ 为归一化函数；x 为数据集中的某一个元素；x_{max} 为数据集中的最大值；x_{min} 为数据集中的最小值。

9.4.2 基于 GRNN 的投诉举报事件相似性分析技术

广义回归神经网络（GRNN）具有较好的非线性拟合能力，需要确定的参数少，收敛精度高，因此适用于建立事件的相似度分析模型。

GRNN 具有较强的学习能力、结构简单且收敛速度快、精度高，其结构如图 9-26 所示。其中，GRNN 输入层接收到输入数据，并且其神经元的数目与输入数据的维度大小是一致的。输入数据将通过线性函数直接传递给模式层。隐含层根据输入层传递的输入数据维度来构造模式层结构，其传递函数的表达式如下式所示：

$$P_i = \exp\left[\frac{-(X - X_i)^{\mathrm{T}}(X - X_i)}{2\sigma^2}\right] \quad i = 1, 2, \cdots, n \quad (9\text{-}25)$$

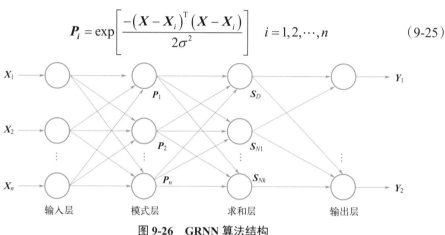

图 9-26　GRNN 算法结构

式中，X 代表 GRNN 的输入数据；X_i 代表第 i 个神经元所对应的数据；σ 代表平滑因子。GRNN 的求和层神经元具有两种类型。第一类即对模式层神经元输出的算数求和，如下式所示：

$$S_D = \sum_{i=1}^{n} P_i \quad i = 1, 2, \cdots, n \quad (9\text{-}26)$$

第二类神经元则是对模式层神经元输出的加权求和，如下式所示：

$$S_{Nj} = \sum_{i=1}^{n} y_{ij} P_i \quad j = 1, 2, \cdots, k \quad (9\text{-}27)$$

式中，S_{Nj} 代表此类神经元的输出；y_{ij} 代表输出样本 Y 当中的第 j 个元素，同时也代表第 i 个神经元与求和层当中第 j 个神经元的权重。GRNN 输出层神经元的个数等于输出数据的维度大小，每个神经元将与求和层的输出相除，如下式所示：

$$Y_j = \frac{S_{Nj}}{S_D} \quad j = 1, 2, \cdots, n \quad (9\text{-}28)$$

式中，Y_j 代表输出层的输出。

基于 GRNN 的京津冀水环境投诉举报事件相似度分析模型的流程图如图 9-27 所示。首先，由相关领域的专家对京津冀水环境投诉举报事件之间的相似度进行判断，给出每两条事件之间的相似度数值；其次，提取组成投诉举报事件的基本要素，即举报事件的发生时间、举报事件发生所在地的地点名称、举报事件所处的处理阶段、举报对象的名称以及举报人对举报事件的描述文本；然后，计算每两条投诉举报事件之间各个要素的相似度，并利用要素相似度的数据来构造事件相似度矩阵，作为相似度样本数据；最后，将相似度样本数据划分为训练集与测试集两个部分，利用训练集来构建 GRNN 相似度分析模型，同时采用测试集来对模型进行测试，根据测试结果来调试模型参数，从而提高模型的预测精度。

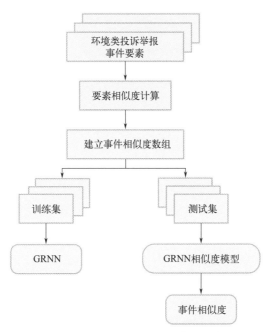

图 9-27 投诉举报相似度模型建立

9.4.3 模型检验及结果分析

对于事件相似度的计算结果，通常模型的实际输出与理论输出越接近、误差越小，则说明模型的精度就越高。因此，本实验采用实际输出与理论输出之间的相关系数和误差作为评价指标。

相关性分析是数据分析的重要手段，它可以计算特征值与目标之间的关联程度。其中，皮尔逊相关系数（Pearson Correlation Coefficient，PCCs）和 Spearman 相关系数所反映出的结果较为准确，被广泛应用。因此，本实验采用皮尔逊相关系数和 Spearman 相关系数来衡量模型的实际输出与测试集标签之间的关联程度，这两个系数越接近 1 则说明两组数据之间的相似程度越高。

假设 X 为模型的实际输出，Y 为理论输出，则皮尔逊相关系数的计算方法如式（9-29）所示：

$$\rho(X,Y) = \frac{\sum_{i=1}^{n}(X_i - \overline{X})(Y_i - \overline{Y})}{\sqrt{\sum_{i=1}^{n}(X_i - \overline{X})^2}\sqrt{\sum_{i=1}^{n}(Y_i - \overline{Y})^2}} \tag{9-29}$$

式中，$\rho(X,Y)$ 为 X 与 Y 之间的皮尔逊相关系数；$\overline{X}$、$\overline{Y}$ 分别为 X、Y 的平均值；i 为数据元素序号。

Spearman 相关系数的计算方法如下：

$$r(X,Y) = 1 - \frac{6\sum_{i=1}^{n}d_i^2}{n(n^2-1)} \tag{9-30}$$

式中，d_i^2 表示 X、Y 当中对应元素的等价差异的平方；n 为数据所包含的元素个数。通过计算，基于 GRNN 的京津冀水环境投诉举报事件相似度分析模型的 PCCs 值达到 0.864，Spearman 值达到了 0.837，说明模型的输出与实际结果之间具有很强的相关性。

误差是反映数据之间差异度的最直接体现，理论输出与实际输出之间的误差越小，则说明模型的精度越高。因此，本节采用较为常见的误差指标，即均方根误差 RMSE 来衡量输出与实际之间的差异度。

假设 X 为模型的实际输出，Y 为理论输出，则均方根误差的计算方法如式（9-31）所示：

$$\text{RMSE} = \sqrt{\frac{\sum_{i=1}^{n}(x_i - y_i)^2}{n}} \tag{9-31}$$

式中，RMSE 为均方根误差的大小；x_i、y_i 分别为 X、Y 的第 i 个元素；n 为数据所包含的元素个数。实验结果 RMSE 为 0.091，说明模型具有较高的预测精度。

9.5
投诉举报事件严重程度分析

为了进一步改善水质，我国开展了一项水体污染控制与治理项目，在此项目中水体污染事件的严重程度判断尤为重要，它是利用 12369 投诉举报平台获得投诉举报数据，再根据一定的算法对这些数据分析得出其严重程度。判断严重程度能够帮助工作人员按照事件的轻重缓急排列处理水污染事件的先后顺序。

这里提出一种多维度分析法，综合评价水污染事件本身和水污染影响范围大小进而做出严重程度等级判断。水污染事件本身是指水污染等级，可参考现有标准《地表水环境质量评价办法（试行）》。水污染事件的影响范围需要考虑三个方面：污染河流等级、同源事件数量、影响人群数量。最后用取最大值的方法综合四个指标对最终的严重程度进行判断。

9.5.1　水体污染多要素

下面介绍水污染等级、污染河流等级、同源事件数量、影响人群数量等级的判断过程。

（1）水污染等级

我国将地表水污染分为六个等级，其中前三类为水源水质较好，后三类分别为轻度污染、中度污染及重度污染。水污染分级依靠在 12369 投诉举报平台获取的投诉举报样本，在水污染的投诉举报文本中，投诉者会针对水污染现象做出描述，如某河流水体发臭或发黑等，这些信息则是判断水污染等级的重要依据。

判断水污染等级的方法为匹配关键词法，经观察投诉举报样本发现绝大多数的水质污染可以概括为以下几类：水体发臭、水体变色、污水造成河流生物死亡。对比水质定性评价标准可以得知此类水为劣 V 类水质。从投诉举报文本中检测此类水质只需在文本中检测是否含有相应关键词以及与关键词高相似度的词即可。所以，本指标计算步骤如下所述：

① 根据污染水质特征设置关键词，如"发黑""发臭"等。

② 使用 Python 工具包对投诉举报文本分词和去停用词。

③ 对剩下的词使用哈工大同义词词林比较词语相似度的方法逐一比较是否含有所设关键词或含有与所设关键词高度相似的词。

④ 当投诉举报文本中包含多个关键词时则认为此投诉的河流为劣 V 类水质。

此方式不仅简单，而且识别出的正确率较高，水污染投诉举报样本共有 5312条，根据此方法识别出 547 条样本，从其中随机抽取 100 份样本数据人工判断正确率为 89%，错判率为 11%。根据投诉举报的文本只能定性地判断这条文本所举报的对象是否出现水体发黑、发臭等相关描述，再查询相关资料可知发黑发臭的水体属于 V 类或者劣 V 类水质。所以一经发现属于此类水质则判断此投诉举报事件为严重，否则判定为一般。

（2）污染河流等级

污染河流的等级越高表明此污染事件的影响范围也就越大。首先，需要一份全国所有河流的名称及等级数据，然后在文本中识别出河流名称，进而即可判断此河流的等级信息。河道等级划分标准如表 9-5 所示。该指标的计算过程如下所述。

表 9-5　河道分级指标表

级别	分级指标					
	流域面积 / 万 km²	影响范围				可能开发的水利资源 / 万 kW
		耕地 / 万亩①	人口 / 万人	城市	交通及工矿企业	
一	>5.0	>500	>500	特大	特别重要	>500
二	1～5	100～500	100～500	大	重要	100～500
三	0.1～1	30～100	30～100	中等	中等	10～100
四	0.01～0.1	<30	<30	小	一般	<10
五	<0.01	—	—	—	—	—

① 1 亩＝ 0.0667 公顷＝ 666.67 平方米。

① 将命名体识别工具包 LAC 导入 Python，LAC 工具包可识别出一段文字中的"人名""地名""机构名""名词""动词""形容词"等。

② 使用 Python 工具包将投诉文本分词并去停用词。

③ 利用 LAC 识别出所有的地名，并将这些词与河流等级信息库对比得出其河流等级。

使用此方式在 5312 条投诉举报样本中总共识别出 210 条数据，污染河流为一级到五级河流，经人工判断其正确率为 85%。当判断出的河流等级为一级或二级时则判断投诉举报严重程度为严重，河流等级为三级或四级时则判断严重程度为较严重，河流等级为五级河流以及小河小溪等较小河流时则判断投诉举报的严重程度为一般。

（3）同源事件数量

同源事件数量指不同的人对同一个水污染事件的投诉数量，同源事件数量越多代表事件严重程度越大。识别同源事件数量采用方法为暹罗神经网络识别，暹罗神经网络又称孪生神经网络，其结构独特，适合解决比较两个文本或图片是否匹配的问题，暹罗神经网络结构如图 9-28 所示。图（a）为共享权值的神经网络，此网络适合比较相差不大的匹配问题，如两个文本或图片。图（b）神经网络拥有各自权值，适合做相差较大的匹配问题，如文字与图片。在本指标中比较对象为两个文本是否匹配，采用共享权值神经网络。

在现有投诉举报样本中大多数的投诉举报都没有同源事件，所以对于一件投诉举报事件，只要有同源的投诉举报就不是一般的事件。当同源事件为三件及三件以上时则判定为严重，当同源事件为两件时则认为事件的严重性为一般，当没有同源事件时则此事件为一般严重程度。

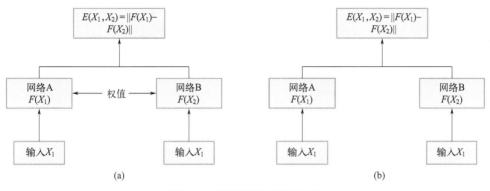

图 9-28　暹罗神经网络结构图

（4）影响人群数量

影响人群数量指此污染事件可能影响人群的数量，评价方式为污染地点所在乡镇 / 街道的人口密度，人口密度越大反映出其影响人群数量越多，其严重程度也就越大。在使用影响人群数量指标时需要我国 2010 年的全国人口普查数据，此数据包含全国各乡镇、街道的人口密度。在投诉举报数据中包含污染事件的经纬度信息，使用此经纬度信息定位污染事件的位置对比全国人口普查数据得出影响人群数量。

通过影响人群数量将投诉举报事件分为三个等级，根据现有的投诉举报分析决定将阈值设定为 617 和 1668。当影响人群数量在 617 以下时认为投诉举报的事件严重性为一般，当影响人群数量在 617 和 1668 之间时判定事件为较严重，影响人群数量大于 1668 时认为是严重事件。

接收到投诉举报信息后，将数据按照上文中的四个指标分别判断出严重程度，最后按照取最大值的方式给出此投诉举报的最终严重程度。严重程度判断流程如图 9-29 所示。

9.5.2　模型检验及结果分析

下面通过两个实例说明算法有效性。

实例 1：投诉举报内容为"某市故仙乡西留庄原老粮站最后面（非常隐蔽）有一个生产塑料颗粒（外国塑料垃圾二次利用）的，废水直接排到河里，河里的水都是黑色的。希望政府管理。他们一直是晚上生产。"由内容可以看出河水成黑色，算法得出严重程度为"2"。符合算法。

实例 2：投诉举报内容为"长沟湿地水污染噪声 2 年以上时间"，投诉举报文本并无有用信息，判断严重程度为"1"。无法判断样本严重度时给出默认严重度。

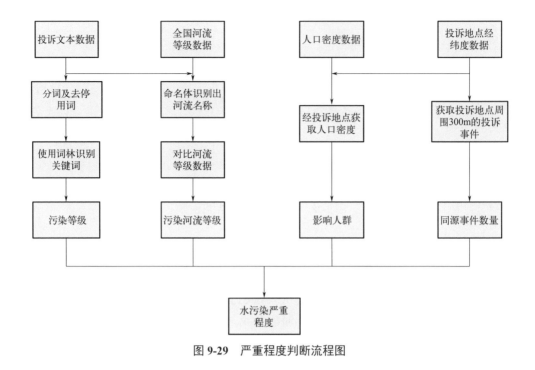

图 9-29　严重程度判断流程图

9.6
基于深度神经网络的投诉事件可信度分析技术

在大数据时代的背景下，随着水环境管理各项工作的推进和相应管理平台的建设，水环境管理部门已经具有了相对成熟的大数据管理平台来处理大量的公民投诉举报数据。在诸多投诉举报中存在虚假恶意举报、故意夸大事实的投诉举报事件，这些投诉举报会直接提高管理部门处理水污染事件的难度，降低行政效率。为提高行政管理效率，避免管理资源浪费，行政管理部门迫切需要对公民投诉举报事件的可信度进行分析判断。因此本节通过对投诉举报数据的研究，实现投诉举报的可信度分类，提高环境管理部门的行政效率。

9.6.1　算法设计

京津冀水环境投诉举报可信度分类的技术路线如图 9-30 所示。首先，通过观察投诉举报数据，发现部分投诉举报数据中带有可信度标签，因此可以直接构建可信度分类模型进行可信度分类；其次，对数据完成清洗后，提取出投诉举报文本数据，并进行文本预处理，例如去停用词、分词等；然后使用 Word2Vec 工具实现文本向量化，将文本数据转化为计算机可以处理的矩阵形式；最后，构建 TextCNN 分类模型，将处理好的数据分为训练集与测试集进行分类实验。

深度迁移网络模型架构如图 9-31 所示。其中，文本卷积神经网络（Text-CNN）[34] 为特征抽取器，用来对自然语言建模，把任意长度的句子转化为特定维度的浮点数向量，同时捕捉到重要的语义信息。因此。利用 TextCNN 进行文本分类有着很好的效果。

图 9-30 投诉举报分类流程

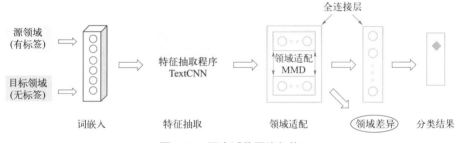

图 9-31 深度迁移网络架构

对于文本来说，局部特征就是由若干单词组成的滑动窗口，类似于 N-gram。卷积神经网络的优势在于能够自动地对 N-gram 特征进行组合和筛选，获得不同抽象层次的语义信息。卷积神经网络结构如图 9-32 所示。

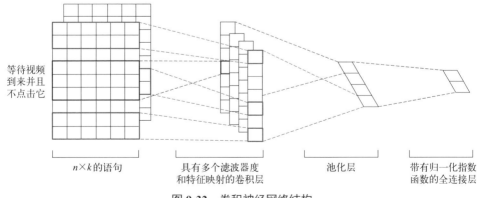

图 9-32 卷积神经网络结构

第一层为输入层，输入层是一个 $n \times k$ 的矩阵，其中 n 为一个句子中的词数，k 是每个词对应的词向量的维度。输入层的每一行就是一个词所对应的 k 维的词向量。另外，这里为了使向量长度一致，对原句子进行了 padding 操作。每个词向量可以是预先在其他语料库中训练好的，也可以作为未知的参数由网络训练得到。这两种方法各有优势，预先训练的词嵌入可以利用其他语料库得到更多的先验知识，而由当前网络训练的词向量能够更好地抓住与当前任务相关联的特征。因此，图中的输入层实际采用了双通道的形式，即有两个 $n \times k$ 的输入矩阵，其中一个用预训练好的词嵌入表达，并且在训练过程中不再发生变化；另外一个也用同样的方式初始化，但是会作为参数，随着网络的训练过程发生改变。

第二层为卷积层，卷积核的宽和该词矩阵的宽相同，该宽度即为词向量大小，且卷积核只会在高度方向移动。因此，每次卷积核滑动过的位置都是完整的单词，不会将几个单词的一部分向量进行卷积，词矩阵的行表示离散的符号，这就保证了词作为语言中最小粒度的合理性。在输入为 $n \times k$ 的矩阵上使用一个窗口进行卷积操作，产生一个特征 c_i：

$$c_i = f\left(\boldsymbol{w} \cdot \boldsymbol{x}_{i:i+h-1} + \boldsymbol{b} \right) \tag{9-32}$$

其中，$\boldsymbol{x}_{i:i+h-1}$ 为卷积窗口，代表由输入矩阵的第 i 行到第 $i+h-1$ 行组成的一个大小为 $h \times k$ 的窗口，由 $\|\boldsymbol{x}_i\| \|\boldsymbol{x}_{i+1}\| \cdots \|\boldsymbol{x}_{i+h-1}\|$ 拼接而成，h 表示窗口中的单词数；$\boldsymbol{w}$ 为 $h \times k$ 的权重矩阵；$\boldsymbol{b}$ 为偏置参数；f 为非线性函数。每一次卷积操作相当于一次特征向量的提取，通过定义不同的窗口，就可以提取出不同的特征向量，构成卷积层的输出。

然后是池化层，图 9-32 中所示的网络采用 1-Max 池化，即为从每个滑动窗口产生的特量中筛选出一个最大的特征，然后将这些特征拼接起来构成向量表示 c：

$$c = \max \left\{ c_1, c_2, \cdots, c_{n-h+1} \right\} \tag{9-33}$$

当然，也可以选用 K-Max 池化（选出每个特征向量中最大的 K 个特征），或者平均池化（将特征向量中的每一维取平均），等等。达到的效果都是将不同长度的句子通过池化得到一个定长的向量表示。

最后接入一个全连接层，并使用 Softmax 激活函数输出每个类别的概率。

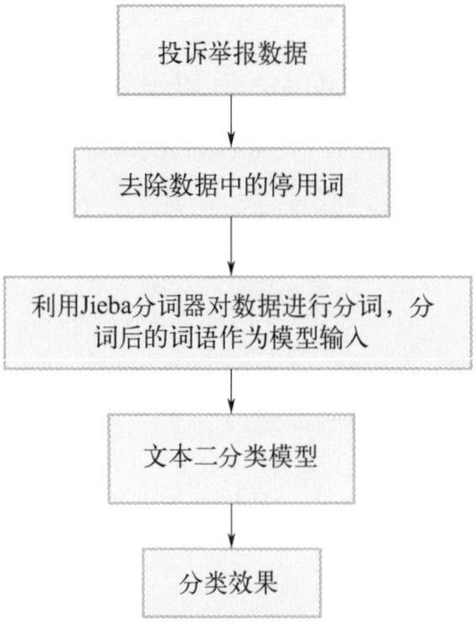

如图 9-33 所示，接收到投诉举报信息，并提取出文本数据之后，需要将数据作为输入信息输入到二分类深度迁移网络模型当中。若输出结果为二类别中的一种，那么分类完成。其

图 9-33　投诉举报文本可信度分类过程

结果为最终分类结果。

9.6.2 模型检验及结果分析

在文本分类任务中，经常使用 AUC（Area Under Curve，曲线下面积）（通常是 ROC 曲线下面积）来衡量模型性能。在水环境投诉举报可信度分类任务中，更加注重于避免出现可信投诉举报误判而造成污染时间处理不及时的情况，即在低假阳性率（FPR）的基础上提高真阳性率（TPR）（低可信度文本为正样本，高可信度文本为负样本）。本实验侧重于考虑当 $FPR \leqslant maxfpr$ 时 ROC 曲线上部分区域的面积（$AUC_{FPR \leqslant maxfpr}$）。当 maxfpr 特别小时，AUC 变化范围很小，不能很好地比较模型性能，所以实验使用标准化 AUC（$SPAUC_{FPR \leqslant fpr}$）：

$$SPAUC_{FPR \leqslant fpr} = \frac{1}{2}\left(1 + \frac{AUC_{FPR \leqslant fpr} - s_{min}}{s_{max} - s_{min}}\right) \tag{9-34}$$

其中，$s_{max} = fpr$，fpr 取 0.05，$s_{min} = \frac{1}{2}s_{max}^2$。所以 $SPAUC_{FPR \leqslant fpr}$ 在 $0.5 \sim 1$ 之间变化。

按照上述的最优超参数训练模型，在投诉举报测试集数据上对模型验证的标准化 AUC 的值为 0.852。

下面利用两个实例验证模型有效性。

第一个实例，假设投诉举报内容为"天津市某县一家塑料厂加工生产废塑料，加工出来的废水直接排到地下，严重影响居民生活"。首先将该文本内容输入至二分类模型中，得出结果为 1，可信度高。由此，该条投诉举报可信度分类成功。

第二个实例，假设投诉举报内容为"反馈的意见我已看，孟宪臣没有执行，还在正常营业，该排污水口还在排放污水"的分类结果为 0，即可信度低。

9.7
水环境公众监督和举报投诉系统开发

公众监督投诉举报与信息公开平台的研究目标是：研发京津冀区域水环境公众监督投诉举报与信息公开平台，构建区域政府与群众沟通桥梁，推进环境治理的群策群力。研究区域水环境管理公众、舆论反馈数据及信息公开数据的获取、加工和存储、分析和挖掘相关技术，搭建京津冀区域水环境公众参与网络平台，实现水质监测、预测和评价等信息，工程项目位置、实施方案、进度、绩效和对水环境影响等信息，以及区域水环境质量排名、污染物排放监控、执法检查结果评价、执法处罚等监督管理信息的公众查询及实时反馈。

9.7.1 系统功能设计

根据公众监督投诉举报与信息公开平台的研究目标，对公众参与网络平台的总体需求和喜好进行了分析，对相关的政策、法律、法规、与公众互动交流的机制、业务流程、内容和方式进行了特征梳理，以建立一个高效、便捷和顺畅的京津冀区域水环境公众参与网络平台，实现公众参与京津冀区域水环境管理，以公众信息服务、监督投诉举报及反馈为原则，开展需求研究。

9.7.2 系统功能开发

这里以京津冀为例说明水环境公众参与网络平台的开发过程。该系统支持大清河、北运河、永定河流域内用户及其他社会公众的访问，可以实现水量、水质、污染源等水环境数据的实时发布，以及社会公众的查询、浏览、监督、投诉举报和实时反馈等服务。水环境数据查询可以实现按用户级别、按地域、按时间、按空间等分层次查询和分析，查询结果可以以指定文档类型（如 Word 或 Excel）或多种图形显示样式（如柱状图、饼状图、曲线图等）进行显示。

支撑体系相关层包含标准规范体系、运维管理体系、安全保障体系和容灾备份体系。安全保障体系侧重于网络平台的立体安全防护，容灾备份体系专注网络平台数据和灾难恢复。

总体数据流主要包括顶级数据流图（图 9-34）和 0 级数据流图（图 9-35）。顶级数据流图展示了用户与系统的交互内容，该软件主要说明与信息公开和投诉举报系统相关联的用户以及对外系统的相互关系。其中，公众用户可以查看公开内容，在页面上进行投诉举报，并可查看投诉举报进度反馈情况；业务人员可以查看举报信息、经过分析后的举报事件、报告等内容，并决策怎样处置举报事件。业务管理者可以宏观和总体上查看总体情况。可以对接 12369 系统数据，也可以将投诉举报数据对接给 12369 系统，并在 12369 系统中获取举报事件的进度节点状态。

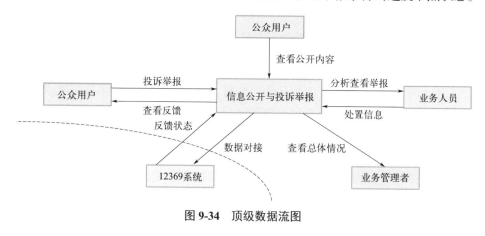

图 9-34　顶级数据流图

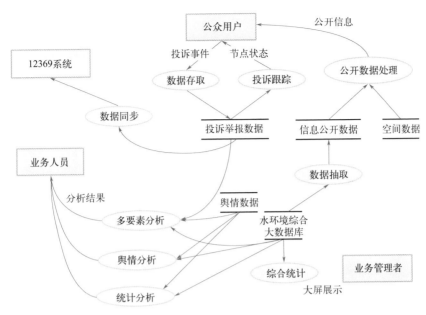

图 9-35　0 级数据流图

参考文献

[1] 曹继元.12369 工程助推环境管理转型升级 [J].中国环境监察，2019（4）：66-68.

[2] 杨颖，王珺，王刚.基于改进的 Random Subspace 的客户投诉分类方法 [J].计算机工程与应用，2020，56（13）：230-235.

[3] Lantow B，Klaus K.Analysis of long-term personal service processes using dictionary-based text classification [C].International KES Conference on Human Centred Intelligent Systems.Singapore：Springer Singapore，2020：77-87.

[4] Salton G，Wong A，Yang C S.A vector space model for automatic indexing [J].Communications of the ACM，1975，18（11）：613-620.

[5] 倪维斌.基于层次主题模型和类属整合的患者投诉分类框架研究 [D].武汉：华中科技大学，2019.

[6] 姜垚松.基于长短期记忆模型的患者评论多值分类研究 [D].武汉：华中科技大学，2019.

[7] Lee S H，Levin D，Finley P.Chief complaint classification with recurrent neural networks [J].Journal of Biomedical Informatics，2019，93（5）：356-368.

[8] 徐建民，张猛，吴树芳.基于话题的事件相似度计算 [J].计算机工程与设计，2014，35（4）：1193-1197.

[9] 许飞翔，叶霞，李琳琳，等.基于 SA-BP 算法的本体概念语义相似度综合计算 [J].计算机科学，2020，47（1）：199-204.

[10] 于本海，张金隆，邵良杉，等.基于神经网络的软件项目案例相似度算法 [J].辽宁工程技术大学学报（自然科学版），2008，27（1）：113-116.

[11] Yang C L, Nie K Z, Qiao J F, et al. Robust echo state network with sparse online learning [J].Information Sciences, 2022, 594: 95-117.

[12] Yang C L, Zhu X X, Qiao J F.Forward and backward input variable selection for polynomial echo state networks [J]. Neurocomputing, 2020, 398: 83-94.

[13] Cole W G, Michael P A, Stewart J G, et al.Automatic classification of medical text: The influence of publication form [C]. Twelfth Annual Symposium on Computer Applications in Medical Care.Institute of Electrical and Electronics Engineers Inc, 1988.

[14] Zuo S, Wu C, Zhou Y, et al. Chinese short-text categorization based on the key classification dictionary words [J].Journal of China Universities of Posts and Telecommunications, 2006, 13: 47-49.

[15] Luo X.Efficient English text classification using selected machine learning techniques [J].Alexandria Engineering Journal, 2021, 60 (3): 3401-3409.

[16] Polpinij J, Kachai T, Nasomboon K, et al.Collecting child psychiatry documents of clinical trials from PubMed by the SVM text classification method with the MATF weighting scheme [C].15th International Conference on Computing and Information Technology.Springer Verlag, 2019: 99-108.

[17] Zheng W, Cheng Y, Sung-Kwun Oh, et al.Multi-radial basis function SVM classifier: design and analysis [J]. Journal of Electrical Engineering and Technology, 2018, 13 (6): 2511-2520.

[18] Kumar B S, Ravi V.Text document classification with PCA and one-class SVM [C].5th International Conference on Frontiers in Intelligent Computing Theory and Applications.Springer Verlag, 2016: 107-115.

[19] Chen Z L, Yang C L, Qiao J F.The optimal design and application of LSTM neural network based on the hybrid coding PSO algorithm [J].Journal of Supercomputing, 2022, 78 (5): 7227-7259.

[20] Chen Z L, Yang C L, Qiao J F.Sparse LSTM neural network with hybrid PSO algorithm [C].2021 China Automation Congress (CAC), 2021: 846-851

[21] 陈中林, 杨翠丽, 乔俊飞. 基于TG-LSTM神经网络的非完整时间序列预测 [J]. 控制理论与应用, 2022, 39 (5): 867-878.

[22] 谭学瑞, 邓聚龙. 灰色关联分析: 多因素统计分析新方法 [J]. 统计研究, 1995, 12 (3): 46-48.

[23] 刘思峰, 蔡华, 杨英杰, 等. 灰色关联分析模型研究进展 [J]. 系统工程理论与实践, 2013, 33 (8): 2041-2046.

[24] 宋英华, 余侃, 吕伟, 等. 城市公交车火灾事件案例相似度匹配研究 [J]. 中国安全科学学报, 2017, 27 (4): 163-168.

[25] 杨峰, 张月琴, 姚乐野. 基于情景相似度的突发事件情报感知实现方法 [J]. 情报学报, 2019, 38 (5): 525-533.

[26] Meng X，Rozycki P，Qiao J F，et al. Nonlinear System Modeling Using RBF Networks for Industrial Application [J] .IEEE Transactions on Industrial Informatics，2018，14（3）：931-940.

[27] Meng X，Zhang Y，Qiao J F.An adaptive task-oriented RBF network for key water quality parameters prediction in wastewater treatment process [J] . Neural Computing and Applications，2021，33（17）：11401-11414.

[28] Qiao J F，Meng X，Li W J，et al.A novel modular RBF neural network based on a brain-like partition method [J] .Neural Computing and Applications，2020，32（3）：899-911.

[29] Qiao J F，Meng X，Li W.An Incremental Neuronal-Activity-based RBF Neural Network for Nonlinear System Modeling [J] .Neurocomputing，2018，302：1-11.

[30] Ding J，Chen G，Huang Y，et al.Short-term wind speed prediction based on CEEMDAN-SE-improved PIO-GRNN model [J] .Measurement and Control，2021，54（12）：73-87.

[31] Zhang H，Wang S.Application of SVM based on FOA optimization in fault diagnosis of rotating machinery [C] .2nd IEEE Advanced Information Technology，Electronic and Automation Control Conference.Institute of Electrical and Electronics Engineers Inc，2017：2468-2474.

[32] Li S，Jiang Z.Prediction of COP value of air-conditioning chillers based on improved FOA-GRNN [C] .31st Chinese Control and Decision Conference.Institute of Electrical and Electronics Engineers Inc，2019：1343-1347.

[33] Wu C，Gong H，Yang J.et al.An improved FOA to optimize GRNN method for wind turbine fault diagnosis [J] .Journal of Information Hiding and Multimedia Signal Processing，2018，9（1）：1-10.

[34] Ye Zhang，Wallace B C.A Sensitivity Analysis of（and Practitioners' Guide to）Convolutional Neural Networks for Sentence Classification [J] .Computer Science，2015：253-263.

投诉举报和水环境网络舆情
关联分析

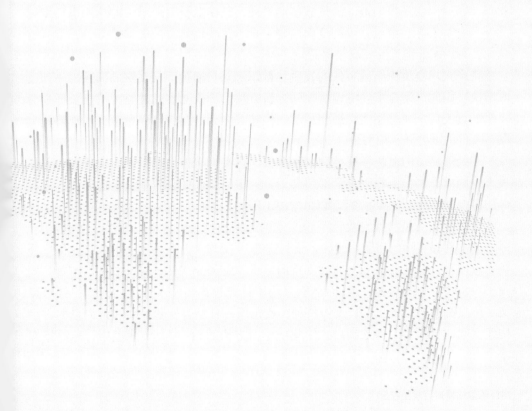

环境类舆情是指公众通过对环境污染的认知而形成的相关的情绪、态度和观点的舆论总和，而投诉举报通常是舆情产生的先导。仅研究单一的数据源无法获知其潜在的影响及其扩散的规律，易导致在投诉举报初期没有给予足够的重视而演化成负面舆情的现象发生。因此，如何高效融合投诉举报与多平台舆情信息数据源，提供投诉举报与舆情关联分析结果的研究具有重要的意义。

10.1
水环境网络舆情分析概述

针对环境污染的监测方法和技术已经得到了迅速发展，诸如 GIS、GPS 等技术的出现令实时动态环境监测成了可能，但是无法做到全区域、全时段、全种类的覆盖[1]。在大数据时代下，新闻网站、微博、微信等网络平台为环境污染信息的发布和传播提供了便捷的途径，为环境污染的及时发现提供了快速的通道。网络舆情为环境污染的发布和传播提供了便捷的途径。因此，各种因素结合，使得环境类相关的投诉举报、网络舆情的信息量不断增大。

为了应对环境类投诉举报，我国生态环境部开设了"12369"环保举报热线、"12345"政府服务热线等官方监督平台，目的是加强环保举报热线工作的规范化管理，畅通群众举报渠道。经过数年的发展，已由监督渠道单一的热线电话发展为网页、微信等多渠道并行的全面监督平台。这些信息分散于多个平台，具有不全面、利用率低但又互相联结等特点。

许多大规模负面舆情事件的发生均源于民众长期投诉与反映的问题得不到及时解决。因此，研究水环境舆情关联分析方法，不仅能够通过舆情信息验证投诉举报的真实性，而且还能帮助相关部门快速关注到潜在的负面舆情，实现环境类舆情事件的早公开、早解决。

涉及环境类的监督举报类型多种多样，将投诉举报经过分类，快速准确定位投诉原因后，再交由相应主管部门会提升一定的事件处理效率。经过调研，相关部门对投诉举报工单的处理流程如图 10-1 所示。

许多研究人员将针对投诉举报文本的数据挖掘归纳为文本分类、文本聚类、命名体识别等实际的问题。例如，梁昕露等[2]提出了一种适用于电信行业信息分类划分体系，并在此基础上通过支持向量机（Support Vector Machine，SVM）构建了投诉文本分类模型。余本功等[3]为了优化投诉短文本分类的问题，针对短文本所具有的弱结构化、长度短特征，提出了一种结合主题模型和词向量的方法构建空间向量模型，输入到融入了集成学习方法的 nBD-SVM 模型中，比原始的

SVM 模型分类准确率有所提高。Dhini 等[4]针对城市规划建设过程中公民们提出的投诉和建议，采用了基于自组织映射神经网络（Self-Organizing Maps，SOM）的文本聚类方式发掘出投诉举报的主题，并以热力图的方式展示公众举报所关注的问题。

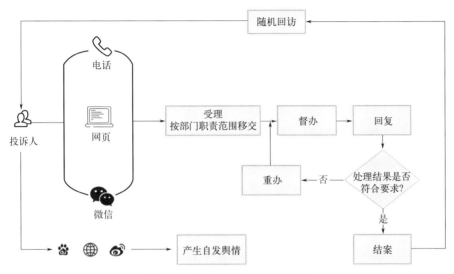

图 10-1　投诉举报工单处理流程

另外，部分学者针对投诉举报与网络舆情关联分析进行了研究。钱爱玲[5]等采用了多时间序列关联规则分析方法对网络论坛中的舆情发展趋势做出了预测，采用时间、参与讨论的人数、赞同和反对人数以及变更频度作为参数，在不同时间序列中计算置信度与支持度，从而发掘同一事件在不同时间序列之间发展趋势的关联程度。辛晨阳[6]利用购物订单文本数据，通过聚类和计算信息熵的方式与仓库库位分配情况进行关联，实现了根据订单信息智能分配仓储位置的功能。Bollen 等[7]通过分析国外社交平台 Twitter 上公众推文的情绪并结合道琼斯指数，预测社会经济活动。Nallapati 等[8]通过研究公共社交平台上用户的情绪来预测股票价值，发掘出两者的关联程度，结果表明用户情绪对未来股票价值关联度较高。Taboada 等[9]则从突发事件的角度指出，在突发事件中，对突发事件的"应对不及时、策略调整不恰当、舆论引导方向不正确"等相关因素会使得网民的负面情绪得到增长，有可能引发更大的社会矛盾。

但是，当前的水环境投诉举报和网络舆情关联分析仍存在如下问题：

第一，绝大多数的投诉数据没有标签，并且投诉举报文本具有口语化严重、表述不清的特点，直接构建分类器面临着诸多困难；通过人工进行标注开销昂贵，费时费力，且容易受到标注者主观的影响。因此，需要研究投诉举报类文本分类技术。

第二，水环境投诉举报与网络舆情缺乏关联性分析。相关工作人员难以尽早地从投诉事件中发现潜在舆情事件的端倪，从而快速做出应对措施，在负面舆情事件发展初期就加以疏导，避免其进一步扩大而对社会造成不良影响。

10.2
投诉举报文本分析技术

针对投诉举报文本挖掘问题，研究者们通常都会挑选某一具体的领域如交通、电力、通信等进行研究，目的在于解决实际工程问题。例如，汪东升等[10]针对电信业的投诉举报分类问题进行了研究，提出通过新词识别和命名体识别算法判断用户投诉文本的内容所属类别。何梦娇等[11]基于多源文本对苏州的交通舆情进行了分析研究。文献中综合了来自网络论坛、热线电话、交通广播与投诉的多源信息，利用 SVM 模型对交通舆情所关注的主题自动分类，并基于 Apriori 算法利用关联规则分析关键词隐含的交通现象，发掘出一批有着较多争议的常见问题，为交管部门提供了很好的辅助决策帮助。但是，这些方法并未针对投诉举报文本特征不明显、缺少标签等本身特有的问题进行研究。

对于文本缺少标签的问题，王科等[12]对于情感倾向性分析问题归纳总结了三种情感词典自动构建方法，分别是基于知识库的方法、基于语料库的方法以及将两者结合的方法。陈思等[13]针对复杂产品设计知识人工标注耗时长、准确率低的问题，提出了通过本体解析、语义匹配来构建语义空间、生成标注结果的解决方案。对于包含较强领域知识的无标签文本挖掘任务，陈文亮等[14]提出可以通过领域词典引入组合词，作为文本的额外特征，加强文本表示能力，达到改善文本分类性能的目的。

而针对分类任务中文本不含标签这一问题，Thomas 等[15]提出了一种通过半监督学习的方式进行文本分类，通过利用少量有标签数据确定聚类轮廓，再进行常规的聚类操作，效果比直接采用无监督分类方式有一定改善。

本节依托水体污染控制与治理科技重大专项项目，以京津冀区域水环境智慧管控大数据平台开发子课题为背景，针对投诉举报文本分类困难且难以与舆情相关联的问题，分析了投诉举报文本的构成特点，以及分类困难的原因，进行了研究对象分析，阐述了文本分析与预处理技术的实现过程与结果。

10.2.1 研究对象分析

本节的研究对象为投诉举报事件文本信息和舆情文本信息。根据目前自然语言处理领域对结构化事件的定义，事件可定义为一个六元组 $e = (A, O, T, V, P, L)$，分别表示动作（A）、对象（O）、时间（T）、环境（V）、断言（P）、语言表现（L）。图 10-2 为两条示例投诉举报文本所包括的元素。由分析结果可知，由于投诉人的表达能力和表达习惯的不同，投诉事件的文本绝大多数都不具备事件六要素的特征，往往只具有 2 ~ 3 个元素，因此具有弱结构化、口语化的特点，其规范程度无法与标准数据集中的数据比拟。

图 10-2　投诉举报文本所包括的元素

除此之外，根据统计结果显示，绝大多数投诉举报文本的篇幅在 150 字以内。较短的文本篇幅意味着更少的文本特征，令各类传统机器学习、深度学习方法难以直接应用。图 10-3 为投诉举报文本字数分布图。

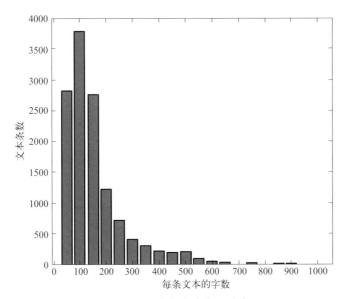

图 10-3　投诉举报文本字数分布图

10.2.2 数据获取

本节中所用到的投诉举报数据均来自某环保相关部门所提供的真实数据。来自微信端、网页端、电话端的水环境相关的投诉举报数据共计 32634 条（如图 10-4 所示）。其中，没有标签的数据共计 24853 条，由生态环境部相关工作人员人工标注的数据共计 5312 条，具有一定的误差。另外，数据集中还包括了由水环境污染治理领域专家建议下进行标注的数据共 2469 条，其准确度高，具有很高的参考价值。舆情数据则主要来源于新浪微博、百度贴吧等多个网站，总量约为 1080 万条。

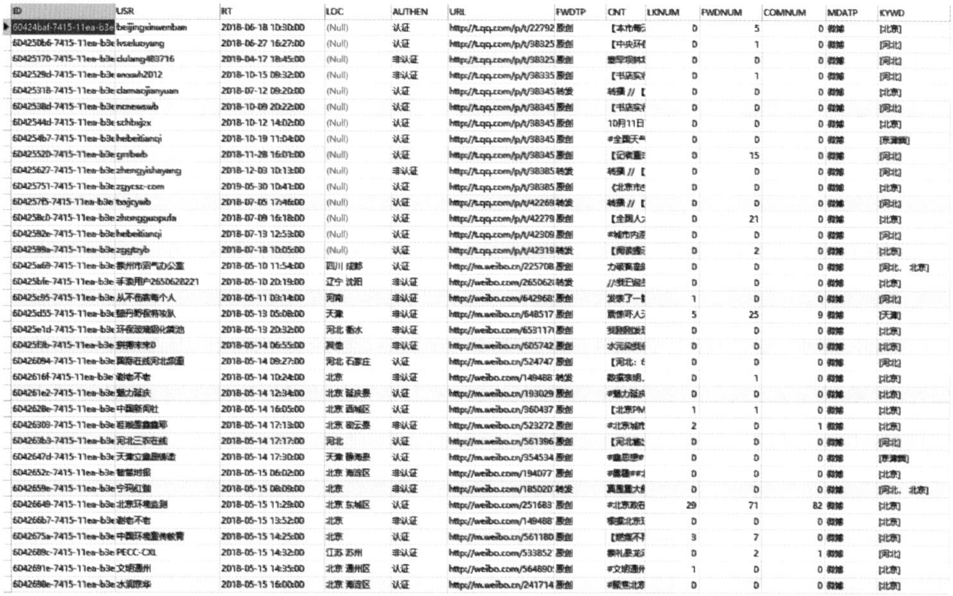

图 10-4　数据库中的部分舆情数据

10.2.3 文本分析与预处理技术

为了让计算机理解文字所表达的含义，需要把文字转换为数字或向量。所以，文本表示过程就是文本向量化的过程。文本表示也是文本预处理过程中最为关键的一步，具有承前启后的作用，常见的处理方式主要有离散型表示和分布式表示。

其离散型文本向量化方法实现起来较为简单，但向量过于稀疏，会面临维度灾难的问题，并且无法表示词语之间的相似程度。引入分布式表示方法不仅可以解决词语相似度问题，而且会将高维词向量映射至低维空间，这个过程称为词嵌入（Word Embedding）。该方法的思想可用"上下文相似的词，其语义也相似"来概括，后来经过众多学者论证，最终表述为"词的语义由其上下文确定"。比较著名的文本分布式表示算法有神经网络语言模型（Neural Network Language Model，NNLM）、连续词袋模型（Continues Bag of Words，CBOW）、跳字模型（Skip-Gram）等。

CBOW 模型的思想是通过上下文来预测当前词语。CBOW 模型为三层神经网络结构（图 10-5），分别是输入层、投影层、输出层。设当前词语为 w，上下文由 w 的前后各 c 个词语构成。输入层的输入为 w 上下文的 $2c$ 个词语，投影层对 $2c$ 个词语的词向量进行累加，输出层是一棵哈夫曼树，其叶子节点的个数为语料库中词语个数，非叶子节点的个数为语料库中单词的个数减去 1。其中，叶子节点是语料库中出现的词语，非叶子节点是一个二分类器。相较于常规神经网络语言模型，CBOW 大幅降低了模型的复杂程度，不仅去掉了隐藏层，在投影层也做出了简化改进，将拼接的方式变成了累加求和的方式，并且将输出层的线性结构变为了树形结构。

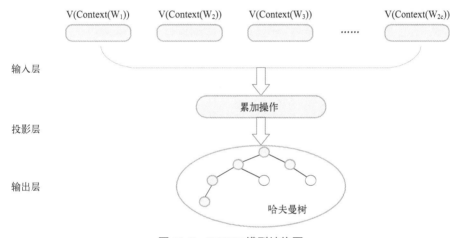

图 10-5　CBOW 模型结构图

Mikolov 等[16] 于 2013 年提出的 Word2Vec 算法是最常用的文本向量化方式之一，该算法通过大量文本来创建高维单词表示，以捕获单词之间的关系。本节采用 Word2Vec 工具，将维基中文百科约 7GB 大小的语料作为预训练语料输入，得到词向量权重矩阵。

为了加速神经网络模型的训练效率，这里选择基于 Hierachical Softmax 的连续词袋模型 CBOW 来训练词向量，其训练过程如下：

① 对 D 中每一个词语进行 one-hot 编码；

② 初始化输入权重矩阵 W 和输出权重矩阵 W'；

③ 将输入权重矩阵 W 与 one-hot 编码表相乘，得到每个词语的唯一向量 V；

④ 将除中心词以外词语的 one-hot 编码与 W 相乘，得到 $2c$ 个向量，相加求平均，得到隐层向量 V'；

⑤ 将 W' 与 V' 相乘，得到输出向量 V_{out}；

⑥ 对 V_{out} 做 softmax 处理，得到输出概率，并根据预测出的中心词与实际中心词比较得到的误差更新权重矩阵。

在经过一定次数的迭代后，最终得到的权重矩阵 W 就是词表，将投诉举报文档中任何一个词语的 one-hot 表示乘以这个矩阵 W 都可以得到其词嵌入表示。图 10-6 展示了利用 Word2Vec 训练后得到的词向量模型来表示"某河"这个词语，其维度为 100 维。

$$\begin{bmatrix}
3.9705918e{-}03 & -1.1110333e{-}03 & -3.9451062e{-}03 & 1.3297519e{-}03 \\
2.9007755e{-}03 & -3.6236404e{-}03 & 1.3226484e{-}03 & 2.7085606e{-}03 \\
-2.6762392e{-}03 & 3.6198397e{-}03 & -4.1071777e{-}03 & -1.7588247e{-}03 \\
3.3727614e{-}03 & -3.4690076e{-}03 & 1.2936759e{-}03 & 1.6732934e{-}03 \\
1.1092902e{-}03 & 2.8215812e{-}03 & 1.5114171e{-}03 & -1.7443124e{-}03 \\
-4.8018196e{-}03 & -2.4882676e{-}03 & -3.0488255e{-}03 & 3.6673000e{-}04 \\
4.4162427e{-}03 & 6.6810776e{-}04 & -4.6852017e{-}03 & 2.6664594e{-}03 \\
4.4706571e{-}03 & -1.9463056e{-}03 & 1.6889938e{-}03 & 9.0144975e{-}05 \\
2.0017384e{-}03 & -1.6253187e{-}03 & -3.1642313e{-}03 & -3.3464643e{-}03 \\
4.4981400e{-}03 & -1.5660143e{-}03 & -2.4406283e{-}03 & -4.7017890e{-}03 \\
-3.4262142e{-}03 & 1.0230935e{-}03 & -4.5391076e{-}04 & 4.6100379e{-}03 \\
-4.1015721e{-}03 & -3.9814198e{-}03 & 3.6597445e{-}03 & 1.2307849e{-}03 \\
-1.4577952e{-}03 & -4.6485194e{-}04 & 3.4288587e{-}03 & 3.2062503e{-}03 \\
4.9650837e{-}03 & 1.9924336e{-}03 & -1.3398030e{-}03 & -2.4211938e{-}03 \\
-1.6536306e{-}03 & -3.2184389e{-}03 & -1.0773484e{-}03 & -3.2385872e{-}03 \\
-1.9171424e{-}03 & 1.4691355e{-}03 & -1.8591762e{-}03 & -3.3249508e{-}03 \\
-1.2658841e{-}03 & 4.7970604e{-}04 & -3.8935265e{-}03 & 1.1611670e{-}03 \\
3.9065089e{-}03 & -4.7162604e{-}03 & 3.8965319e{-}03 & -3.0167359e{-}03 \\
1.9068316e{-}03 & 1.5988601e{-}03 & 4.6656611e{-}03 & -2.2264032e{-}03 \\
-3.8133289e{-}03 & 2.7118104e{-}03 & 2.0837258e{-}03 & -2.9390382e{-}03 \\
2.0979459e{-}03 & 2.6034738e{-}03 & -1.3897275e{-}03 & -8.8648370e{-}04 \\
2.3602995e{-}03 & 3.3504864e{-}06 & 3.3031995e{-}03 & 3.6708696e{-}04 \\
-4.1789790e{-}03 & -7.4639125e{-}04 & 2.2542169e{-}03 & 2.2012482e{-}03 \\
-1.2996468e{-}03 & 7.4885116e{-}04 & -4.9287742e{-}03 & 1.0946059e{-}03 \\
2.8947650e{-}03 & -9.7590679e{-}04 & 3.2529555e{-}04 & -2.1487684e{-}03
\end{bmatrix}$$

图 10-6　100 维向量表示"某河"

10.3
投诉举报文本自动标注及分类技术

投诉文本通常具有口语化强、特征不明显的问题，相关部门只得采用人工的方式对这些文本进行分类处理，浪费了大量人力和成本的同时，也无法保证其分类效率与准确率，经常会导致投诉举报还没来得及处理，其衍生的舆情就已经爆发的现象。因此，实现对环境类舆情精准管控的基础的一步就是快速、准确地对投诉举报文本进行分类处理，使得相关部门可以快速定位到问题所在，及时做出响应，并做好应对该事件所引发舆情的准备。

对于海量无标签文本分类问题，直接构建无监督或半监督深度学习网络会导致网络结构复杂化和算力不足现象的发生。而人工标注又会面临成本高、误差大的问题。在本节中，将对投诉举报文本的自动标注以及分类模型构建问题进行研究，提出一种基于自动标注和 TextCNN 结合的投诉举报文本自动分类方法，如图 10-7 所示。

从大量非结构化、口语化严重的水环境类投诉举报数据中抽取出与污染源类型相关联的原始特征词，以此构建种子词库，并基于语义相似度计算，通过外部语料库对种子词库进行丰富与扩充，从而建立起应用于投诉举报领域的领域词典，实现对人工标注的投诉举报数据进行纠错、对未经标注的数据进行标注的功能。此外，为了能够进一步提取投诉举报文本中的高维特征，提高分类的准确性和泛化能力，利用自动标注得到的有标签数据，通过引入深度神经网络来提取语料的句法和语义特征，最终实现投诉举报自动分类的功能。

10.3.1　文本自动标注技术

（1）文本聚类

聚类算法是指根据一定的规则把数据集合中的数据划分到对应的类别中，进而应用到文本聚类中，可以理解为类内相似度较大，而类间相似度则较小。聚类过程可以理解为一种无监督且类别数量不确定的分类过程[17-20]。所谓无监督就是无需对文本进行类别标注，且在聚类的过程中不需要对样本提前进行训练，因此文本聚类的灵活性较高。

在聚类领域一般有两种策略[21-24]。一种是静态的聚类，指在聚类开始之后所有参与聚类的文本语料不再改变。另一种是增量聚类，和静态聚类相反，在聚类过程中文本语料会不断改变，当有新文本加入后，重新开始聚类。而在聚类过程中只允许把文档归入到已有的类别里的聚类被称为单边聚类。

本节首先通过聚类对样本数据进行归类，较为粗略地将投诉举报文本按照其内在的特征划分为不同的簇。由于投诉举报文本数据随着时间的推移是呈增量式上升的，所以这里采用了 Single-Pass 作为聚类算法。

环境类相关的投诉举报文档用 $D = D(d_1, d_2, \cdots, d_n)$ 进行表示，其中，$d_i (i = 1, 2, \cdots, n)$ 为单条投诉举报文本。文档 D 也可以表示为 $D = D(f_1, f_2, \cdots, f_n)$，其中 $f_j (j = 1, 2, \cdots, n)$ 为特征项。给定一个词语 x，其词频 - 逆文档频率（TF-IDF）的计算公式[25]为：

$$TF\text{-}IDF(x) = TF(x) \cdot IDF(x) \qquad (10\text{-}1)$$

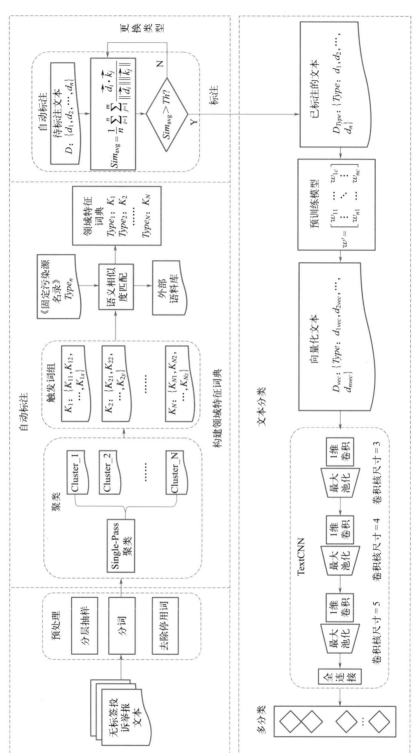

图 10-7 文本自动标注与分类构图

其中，$TF(x)$为词语x在当前文本中的词频，即特征项f_j在文档d_i中出现的次数之和；$IDF(x)$代表的是词语x在所有文档中出现的频率，修正了仅通过词频表达词语重要性的误差，经过平滑处理后其计算公式如下：

$$IDF(x) = \lg \frac{N+1}{N(x)+1} + 1 \qquad (10\text{-}2)$$

其中，N代表语料库中文本的总数；$N(x)$代表包含词语x的文本总数。

对于含有n个特征项的文档$D = (f_1, f_2, \cdots, f_n)$，每一个特征项$f_i$都可以根据其对应的 TF-IDF 值被赋予一个权重w_i来表示它们在文档中的重要程度。文档D可以表示为：$D = D(f_1, w_1; f_2, w_2; \cdots; f_n, w_n)$，简记为$D = D(w_1, w_2, \cdots, w_n)$，其中$w_i$就是特征项$f_i$的 TF-IDF 值。任意两个文档$D_1$和$D_2$文本相似度$S(D_1, D_2)$可以通过以下公式计算得到：

$$S(D_1, D_2) = \frac{\sum_{i=1}^{n} w_{1i} w_{2i}}{\sqrt{\sum_{i=1}^{n} w_{1i}^2 \sum_{i=1}^{n} w_{2i}^2}} \qquad (10\text{-}3)$$

其中，w_{1i}与w_{2i}为分别代表了文档D_1和D_2中的特征项的权重。

综上，基于 Single-Pass 作为聚类算法流程描述如下：

① 输入文本序列$D = D(d_1, d_2, \cdots, d_n)$和相似度阈值$Th$，将$d_1$作为第一个话题簇$c_1$；

② 计算d_2与c_1中所有特征项的相似度值并求平均数，得到$S_{\text{avg}}(d_2, c_1)$；

③ 若$S_{\text{avg}}(d_2, c_1) \geqslant Th$，则将$d_2$归入话题簇$c_1$，跳转至步骤⑤，否则跳转至步骤④；

④ 以d_2为基础创建新的话题簇c_2，跳转至步骤⑥；

⑤ 取d_3，计算d_3与目前所有话题簇（即c_1和c_2中所有文本）的相似度值并求平均数，得到$S_{\text{avg}}(d_3, c_1)$、$S_{\text{avg}}(d_3, c_2)$；

⑥ 若$\max\{S_{\text{avg}}(d_3, c_1), S_{\text{avg}}(d_3, c_2)\} \geqslant Th$，则将$d_3$归入具有最大相似度值的话题簇中，否则以$d_3$创建新的话题簇。

通过聚类步骤可以得到水环境相关投诉举报文本的话题簇，最终得到的每一个话题簇就很明显地代表了某一类污染原因。

（2）构建种子词库

基于话题簇分别进行词频统计，得到第i个簇中所有词语的频次，记作$c_i = c(p_1, p_2, \cdots, p_n)$，其中$p_j (j = 1, 2, \cdots, n)$代表该簇中第$j$个词语出现的频次，也即 TF 值；再根据式（10-2）计算 c_i 中所有词语的 IDF 值，记作 $c_i = c(q_1, q_2, \cdots, q_n)$，其中 q_j $(j = 1, 2, \cdots, n)$ 代表该簇中第 j 个词语的 IDF 值。结合每个词语的词频及 TF-IDF 值，就可筛选出一批词频高、特征清晰的领域特征词，以这些词作为种子词，构建细胞词库。

为了构建完整的领域词典，本节通过维基百科中文词条正文来进行近义词扩展，所用到的语料库条目数为 33 万余条，包含 2 亿多词汇，通过 Word2Vec 将收集到的维基百科中文语料训练成 100 维的词向量，用于领域词典的扩充。根据式（10-3）计算外部词库中与种子词库领域特征词的相似度值。将高于阈值的词汇填充到词典中，使得词典进一步丰富。表 10-1 为从不同话题簇中提取并进行扩充的部分触发词。

表 10-1　部分触发词

簇编号	部分触发词
1	养猪场、养殖场、养殖、养鸡场、饲养……
2	煤炭、焦化厂、煤场、冷却塔、石油、煤矿……
3	水泥、扬尘、搅拌站、水泥、混凝土、砖厂……

（3）构建领域特征词典

在进行自动标注之前，需要将领域特征词与其对应的污染源类型进行匹配。《固定污染源排污许可分类管理名录》中制定好的污染源类型名称为 $T = \{t_1, t_2, \cdots, t_m\}$，其中 t_j $(t = 1, 2, \cdots, m)$ 表示名录中特定的某一污染源类型，其向量形式为 $\boldsymbol{T}_{vec} = \{t_{1vec}, t_{2vec}, \cdots, t_{mvec}\}$。触发词可以表示为 $K = \{k_1, k_2, \cdots, k_n\}$，其中 k_i $(i = 1, 2, \cdots, n)$ 表示特定的一组触发词，其向量化形式为 $\boldsymbol{K}_{vec} = \{k_{1vec}, k_{2vec}, \cdots, k_{nvec}\}$，其中 k_{ivec} $(i = 1, 2, \cdots, n)$ 表示第 i 组触发词组中所有触发词向量的平均值。

将 $\boldsymbol{K}$ 与 $\boldsymbol{T}$ 相对应起来的算法过程如下所述。

遍历 $\boldsymbol{K}_{vec}$，计算 $\boldsymbol{k}_{vec}$ 与 $\boldsymbol{T}_{vec}$ 之间的相似度，公式为：

$$Sim = \frac{\sum_{i=1}^{n} \sum_{j=1}^{m} k_i t_j}{\sqrt{\sum_{i=1}^{n}(k_i)^2} \sqrt{\sum_{i=1}^{m}(t_j)^2}} \tag{10-4}$$

得到相似度值矩阵：

$$\boldsymbol{Sim} = \begin{bmatrix} s_{11} & s_{12} & \cdots & s_{1n} \\ s_{21} & s_{22} & \cdots & s_{2n} \\ \vdots & \vdots & & \vdots \\ s_{m1} & s_{m2} & \cdots & s_{mn} \end{bmatrix} \tag{10-5}$$

其中，$s_{ij}(i=1,2,\cdots,n;j=1,2,\cdots,m)$ 表示第 i 组触发词与第 j 个污染源类型的相似度值。取矩阵每一列的最大值构成新的矩阵：

$$Sim_{\max}=\begin{bmatrix}s_{1\max}\\s_{2\max}\\\vdots\\s_{n\max}\end{bmatrix}^{\mathrm{T}}\qquad(10\text{-}6)$$

$s_{i\max}(i=1,2,\cdots,n)$ 表示第 i 组触发词与其最贴近的污染源类别两者的相似度。若 $s_{i\max}$ 大于阈值 Th，则可以认定触发词组 k_i 属于该类污染源类别。

通过上述步骤，完整的领域词典已经构建完毕。由于触发词数量相对来说并不多，所以将不同污染源类别下的触发词以字典形式进行存储。

（4）投诉举报文本自动标注

基于领域特征词典的文本自动标注过程描述如下：

① 输入备选列表 $R=[]$、未经标注的文本序列 $D=D(d_1,d_2,\cdots,d_n)$、相似度阈值 Th、领域词典 $Dict=\{Type_1:K_1,Type_2:K_2,\cdots,Type_m:K_m\}$。

② 选取文本 d_1，计算 d_1 与触发词组 K_i 中所有触发词的相似度值，得到 $Sim_{\max(1,i)}$，以此代表 d_1 与 K_i 的关联程度。

③ 若 $Sim_{\max(1,i)}\geqslant Th$，则将 K_i 所对应的污染源类别 K_i 添加至备选列表 R 中，否则说明该文本与当前污染源类别没有太大关联。

④ 改变 i 的取值，循环步骤②和③，直至计算结束。

⑤ 若遍历 i 值后，备选列表 R 仍为空，则说明该文本无法通过有限的信息为其进行标注，需要人工处理；若备选列表不为空，选出最大的 $Sim_{\max(1,i)}$ 值，其对应的 $Type_i$ 代表着与 d_1 最具明显关联性的污染类型。

⑥ 将 d_1 标注为 $Type_i$，完成本轮自动标注，进行下一轮循环。

10.3.2　投诉举报文本分类技术

为了能够进一步提取投诉举报文本中的高维特征，提高分类的准确性和泛化能力，本节引入深度神经网络来提取语料的句法和语义特征，建立了基于 TextCNN[26] 的投诉举报文本自动分类模型。

TextCNN 模型主要由输入层、卷积层、池化层、输出层构成，其结构如图 10-8 所示。

输入层输入为 $n\times k$ 的矩阵，其中 n 为投诉举报文本经过预处理后的词语数，k 为每个词语对应的词向量维度。为了使向量长度一致，需要对向量化后的文本进行填充操作，使得每个句子的长度都为 n，对于太长的句子则进行截断。每条投诉举报文本可表示为：

$$\boldsymbol{x}_{1:n} = \boldsymbol{x}_1 \oplus \boldsymbol{x}_2 \oplus \cdots \oplus \boldsymbol{x}_n \tag{10-7}$$

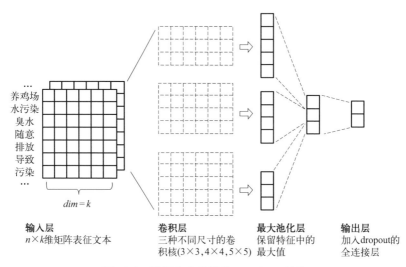

图 10-8　用于文本分类的 TextCNN 结构

其中，$\boldsymbol{x}_i \in \mathbb{R}^k$ 表示句子中的第 i 个词语的 k 维词嵌入；$\oplus$ 运算符表示将每个词向量进行拼接。对于句子词汇量小于 n 的语句，采用 k 维零向量进行补齐；对于词汇量大于 n 的语句，则进行截断，使每个句子都可以表示为一个 $n \times k$ 的矩阵。

输入层后为卷积层，TextCNN 的每一个卷积核的宽度都与词向量维度一致，高度可以变动。设卷积核 $\boldsymbol{w} \in \mathbb{R}^{h \times k}$，其中高度为 h，宽度为 k，该卷积核的每一次卷积操作都会对 h 个词语的词向量进行特征提取。

池化层目的是将经过卷积得到的向量进行特征降维和数据压缩，这样可以减少过拟合，提高模型的容错性。这里采用了最大池化操作，即从卷积操作后产生的特征向量中筛选出最大的特征，然后将特征拼接起来，达到将不同长度的句子通过池化成为定长的向量表示。

最终，在全连接层中加入 dropout 操作来防止过拟合。将全连接层的计算结果接入 softmax 层，即可输出预期分类类别的概率。

10.3.3　方法校验及结果分析

针对聚类实验，评价指标采用的是常用的聚类准确率（ACC）以及归一化互信息（Normalized Mutual Information，NMI）。准确率 ACC 的定义如下：

$$\text{ACC} = \frac{\sum_{i=1}^{N} \delta(y_i = \text{map}(c_i))}{N} \qquad (10\text{-}8)$$

其中，c_i 是经过聚类后样本 x_i 所属类别的标签；y_i 是样本 x_i 原本的标签；map 函数用于将单条样本的标签替换为簇标签。

NMI 的定义如下：

$$\text{NMI}(\Omega, C) = \frac{I(\Omega, C)}{\sqrt{H(\Omega)H(C)}} \qquad (10\text{-}9)$$

其中，I 表示互信息；H 为熵；Ω 为聚类后样本所属簇的簇标签；C 为样本的真实标签。当 Ω 与 C 相同时，NMI 的值为 1，而当两者完全无关时，NMI 的值为 0。

针对分类实验，评价模型性能的指标为精准率（Precision）、召回率（Recall）、F1 值（F1-Score）。其中，TP 为实际是正例且预测结果也为正例；FP 为实际是负例但预测结果为正例；TN 为实际是负例，预测结果也是负例；FN 为实际是正例，预测为负例。即 TP 与 TN 是预测正确的情况，FP 与 FN 为预测错误的情况。因此，各评价指标的计算公式如下：

$$\text{Precision} = \frac{\text{TP}}{\text{TP+FP}} \qquad (10\text{-}10)$$

$$\text{Recall} = \frac{\text{TP}}{\text{TP+FN}} \qquad (10\text{-}11)$$

$$\text{F1-Score} = \frac{2}{\dfrac{1}{\text{Precision}} + \dfrac{1}{\text{Recall}}} \qquad (10\text{-}12)$$

第一部分实验，为了显示不同的聚类算法在投诉举报文本分类问题上的性能，各个聚类算法在相同数据集上运行，其实验结果如表 10-2 所示。

表 10-2　利用专家标注数据进行的聚类实验结果

聚类算法	NMI	ACC
K-Means	0.019688	20.2%
DBSCAN	0.060922	21.0%
LDA	0.032004	26.1%
Single-Pass	0.706401	62.8%

通过实验结果可以看出，K-Means、DBSCAN、LDA 在 NMI 与 ACC 的表现上均较差，无法直接实现投诉举报文本的分类。仅有 Single-Pass 在 NMI 以及 ACC 指标的表现上较为不错，但 ACC 也只有 62.8%，并不能很好地满足具体任

务上的要求。并且由于 Single-Pass 其时间复杂度为 $O(n^2)$，随着文档数量增加，该算法耗费时间将呈指数式增长，所以也不能单独将其作为解决问题的方法。

第二部分实验就是验证 Single-Pass 在专家标注数据集上的性能。表 10-3 为以 Single-Pass 为聚类方法的实验结果。调整 Single-Pass 算法中的阈值，聚类为 9 类时，编号 1～6 的簇占比较高。因此，聚类可以将不同类别文本分别归为不同的簇。聚类是构建领域关键词典的重要步骤。

表 10-3　在专家数据集上 Single-Pass 算法的聚类结果

簇编号	畜牧业	橡胶塑料制品业	纺织服装、纺织业	石油、煤炭加工业	非金属矿物制品业	金属制品业	食品制造业	化学品制造业	餐饮业	主要类别占比
1	0	30	0	22	85	4	673	0	103	73.4%
2	18	0	0	29	1280	0	0	0	0	96.4%
3	33	697	0	8	87	0	0	67	0	78.1%
4	855	0	0	13	78	0	0	0	25	88.0%
5	15	13	76	117	0	0	0	453	0	67.2%
6	19	3	219	11	6	3	0	0	3	82.9%
7	56	0	0	31	65	0	40	0	234	54.9%
8	23	59	13	228	81	0	0	41	0	52.3%
9	51	21	0	4	157	322	41	34	0	51.1%

第三部分实验是分类实验，通过实验验证领域词典标注准确性。将 5312 条工作人员标注的数据作为输入，同时用领域词典对这些数据重新进行标注再次输入。为了避免样本数据划分不均匀的情况，所以采用分层采样的方式将数据集按照 6 : 2 : 2 的比例划分为训练集、验证集、测试集。其中，表 10-4 中实验的输入为经过工作人员标注的投诉举报文本数据，表 10-5 中实验的输入为使用领域词典标注后的投诉举报文本数据。

表 10-4　各分类模型对比实验结果（工作人员标注）

模型	精度 P	召回率 R	$F1$ 值
NB	44.9%	36.7%	40.4%
LR	48.6%	42.9%	45.6%
RF	50.2%	49.3%	49.7%
RNN	54.3%	51.8%	53.0%
LSTM	55.9%	45.2%	49.9%
TextCNN	62.3%	60.7%	61.5%

表 10-5 各分类模型对比实验结果（自动标注数据）

模型	精度 P	召回率 R	$F1$ 值
NB	69.1%	63.7%	66.3%
LR	68.7%	65.2%	66.9%
RF	73.6%	69.3%	71.4%
RNN	83.5%	80.3%	81.9%
LSTM	83.6%	83.9%	83.7%
TextCNN	86.2%	85.7%	85.9%

仿真结果表明，不同模型在人工标注的投诉举报数据集上表现并不好，原因是人工标注具有一定的主观性，标注结果容易受到个体对分类依据的理解的影响。在模型参数不变的情况下，在领域词典标注的投诉举报数据集上，本书中所用到的不同模型的性能指标均提升了 20% 左右，原因是领域词典相比人工标注更加客观，不会受到个体因素的影响，大大降低了标注过程中产生的误差。在标注准确率提升的前提下，TextCNN 可以学习到更为正确的特征，从而使得性能指标大幅改善。

10.4
投诉举报与舆情事件关联识别技术

投诉举报文本和用户在各互联网平台上发布的意见都从一定程度上反映了公众的态度、情绪、诉求。但由于互联网各平台每天产生的信息量巨大、信息之间互通性差，相关部门的工作人员在接到投诉举报时无法关联到目前由该事件派生的舆情信息，从而忽视了该投诉事件可能引发的舆情事件。

王国华等[27]就舆情关联的概念进行了界定，热点事件结合舆情的主体、主题、包含的情绪等多种因素后，导致舆情演化成为舆情簇的现象，就是舆情关联。孙波等[28]针对同一用户在不同社交平台注册账号，使得数据分散在各平台上的问题提出了身份关联技术，通过身份关联评价指标来衡量关联效果，构建出跨平台用户人物画像，辅助进行舆情分析。

此外，还有不少研究者在其他领域实现了关联分析。左笑晨等[29]通过命名体识别技术将微博热门话题与商品品类进行关联，利用"品牌名""热搜词""商品属性"等参数计算关联程度得分，从而得到微博热搜话题与商品品类的关联性。陈乐乐等[30]针对软件测试过程中不同工作人员撰写的测试报告存在重复性的问题，利用 BM25 算法计算不同测试报告的关联性和重复性，提高了去假和去重效率。

从历史经验来看，很多大规模舆情事件最初都是由小部分民众在各平台投诉而没有受到足够重视、事件没有及时处理后，长时间的民怨积累引发了大规模群体性事件。仅研究投诉举报单一的数据源无法获知其潜在的影响及扩散的规律，易导致在投诉举报初期没有给予足够的重视而演化成负面舆情的现象发生。因此，如何提供投诉举报与舆情关联性分析结果的研究具有重要的意义。

本节针对投诉举报与舆情关联性分析进行研究，提出了一种多模型融合的投诉举报与舆情关联性分析模型，如图 10-9 所示。该方法的技术路线为：首先，分别对投诉举报文本、舆情文本进行预处理。然后，通过融合了 TextRank 算法思想的 BM25 概率检索模型对相关性进行评分。最后，将投诉举报的关键词加入生成相关性权重矩阵，得到与投诉举报文本关联性最强的若干条舆情信息。

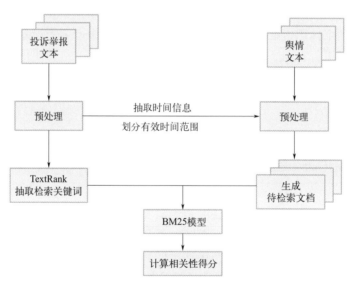

图 10-9　投诉举报与舆情关联性分析流程图

10.4.1　TextRank 算法

TextRank 算法由 PageRank 算法改进而来。TextRank 算法和 PageRank 算法区别在于：PageRank 算法根据网页之间的链接关系构造网络，而 TextRank 算法根据词之间的共现关系构造网络；PageRank 算法构造的网络中的边是有向无权边，而 TextRank 算法构造的网络中的边是无向有权边。

使用 TextRank 算法提取检索需求关键词的步骤如下：

① 将给定的文本 T 按照整句进行分割，即 $T=[S_1,S_2,\cdots,S_m]$；

② 对于每个句子 $S_i \in T$，对其进行分词和词性标注，然后剔除停用词，只保留指定词性的词，如名词、动词、形容词等，即 $S_i=[t_{i,1},t_{i,2},\cdots,t_{i,n}]$，其中 $t_{i,j}$ 为句子 i 中保留下的词；

③ 构建词图 $G=(V,E)$，其中 V 为节点集合，由以上步骤生成的词组成，然后采用共现关系构造任意两个节点之间的边，两个节点之间存在边仅当它们对应的词在长度为 K 的窗口中共现，K 表示窗口大小，即最多共现 K 个单词，一般 K 取 2；

④ 迭代计算各节点的权重，直至收敛；

⑤ 对节点的权重进行倒序排序，从中得到最重要的 t 个单词，作为 top-t 关键词；

⑥ 对于得到的 top-t 关键词，在原始文本中进行标记，若它们之间形成了相邻词组，则作为关键词组提取出来。

10.4.2 BM25 模型

BM25 算法的全称是 OkapiBestMatch25，是一种 BIM 模型的扩展，也是一种用来评价搜索词和文档之间相关性的算法。

对于检索需求 q 和文档 d，BM25 计算两者相关性的做法是先对 q 进行切分，得到单词 q_i，然后单词的分数由 3 部分组成：单词 q_i 和 d 之间的相关性；单词 q_i 和 q 之间的相关性；每个单词 q_i 的权重，一般用 IDF 值来代表。

从数据量来看，舆情数据远比投诉举报数据多而杂。因此，在进行关联分析之前，需要通过一定的数据清洗步骤来构建用于进行关联分析的舆情信息库，减少噪声数据的影响，降低计算机运算负荷。构建舆情关联信息库的步骤描述如下：

① 引入过多的舆情数据会耗费较长的时间运行程序，给系统带来不小的算力负担，因此需要根据投诉事件发生的时间来筛选一定时间范围内的舆情数据。经过实验，该时间范围划分为投诉发生的时间之前 7 天到之后 14 天，称为有效时间范围。例如，某条投诉举报发生于 2018-03-07，则应截取 2018-03-01 至 2018-03-21 时间段内的舆情数据进行实验。早于 2018-03-01 与晚于 2018-03-21 的舆情信息参考价值较低，故剔除。

② 对于舆情文本 $D=[T_1,T_2,\cdots,T_n]$ 逐条进行分割。首先进行第一次分词，目的是将句子切分成词语，即 $T_n=[S_{1n},S_{2n},\cdots,S_{mn}]$，这里为满足关联分析的需要，将长词再次进行切分，当 $S_{mn} \geqslant 4$，其再次进行分词，$S_{mn}=[w_{mn1},w_{mn2},\cdots,w_{mni}]$，最后每条舆情文本分词结果为 $T_n=[S_{1n},S_{2n},\cdots,S_{mn},w_{mn1},w_{mn2},\cdots,w_{mni}]$。

③ 这里对分词后的结果 T_n 进行词性标注与去除停用词，保证与关联词能做正确的关联。

④ 统计库中每条文本中词语出现的次数，构建舆情文本关联库的词袋模型。

搭建起舆情信息的词袋模型后，就可以利用 BM25 模型实现投诉举报与舆情信息的关联功能，其实现过程描述如下：

① 提取出检索需求词汇 $Q_r = [q_1, q_2, \cdots, q_j]$。

② 在舆情文本关联库中逐条提取舆情文本 d，计算单词 q_j 和 d 之间的相关性 $R(q_j, d)$。

$$R(q_i, d) = \frac{f_i \times (k_1 + 1)}{f_i + K} \times \frac{qf_i \times (k_2 + 1)}{qf_i + k_2} \qquad (10\text{-}13)$$

其中：

$$K = k_1 \times \left(1 - b + b \times \frac{dl}{avgdl}\right) \qquad (10\text{-}14)$$

式中，f_i 为 q_i 在文本 d 中出现的频率；qf_i 为 q_i 在 Q 中出现的频率；k_1，k_2，b 都是可调节的参数；dl，$avgdl$ 分别为文本 d 的长度和文本集 D 中所有文本的平均长度。

③ 计算每个单词 q_j 的权重 w_i，一般用 IDF 值来代表，IDF 值计算与 TF-IDF 值中的不同，表达式如下：

$$w_i = IDF(q_i) = \lg \frac{N - n(q_i + 0.5)}{n(q_i + 0.5)} \qquad (10\text{-}15)$$

其中，N 表示文本集合中文本的总数量；$n(q_i)$ 表示包含 q_i 这个词的文本的数量；0.5 主要是做平滑处理。

④ 对每个单词的分数求和，得到文本关联词 Q_r 和文档 d 之间的相关性的分数。

$$Score(Q_r, d) = \sum_i^n w_i \times R(q_j, d) \qquad (10\text{-}16)$$

其中，d 为舆情关联文本库中的一条文本；w_i 是文本关联词 Q_r 第 j 个词语的权重；R 为每个词与文本 d 的相关性。

10.4.3 方法校验及结果分析

本节以"河北省 A 县水污染"事件进行投诉举报与舆情关联性分析实验。表 10-6 中为部分关于该事件的投诉举报的发生时间及内容。由表中投诉发生时间可知，该事件最早的投诉发生在 2018 年 3 月 31 日，因此有效时间范围为 2018 年 3 月

25 日至 2018 年 4 月 14 日。将舆情数据按照该时间段进行截取，所得舆情信息共有 23175 条。将这些舆情信息进行预处理后作为输入，训练 BM25 模型。遍历投诉举报文本，对其进行中文分词、去除停用词、自动纠错等预处理步骤。投诉举报文本分别经过 TextRank 算法抽取出的检索需求关键词语及其对应权重如表 10-7 所示。

表 10-6　部分投诉举报发生时间及内容

编号	投诉发生时间	内容
1	2018/3/31 15：42：07	A 县 B 村村民浇地，发现地下深井抽出来的井水都是红色的，昨天……
2	2018/3/31 21：04：26	浇地地下用水抽上来为红色污染水
3	2018/4/1 15：10：10	4 月 1 日，河北省 A 县 B 村村民从机井中抽取地下水浇麦子，但抽取的井水却呈现深黑色或粉红色……
…	…	…

表 10-7　检索关键词及其权重（TextRank）

关键词	权重	关键词	权重
红色	0.049147	环保	0.035218
化工厂	0.039646	井水	0.034747
A 县	0.039528	昨天	0.029479
刺鼻	0.037938	难闻	0.023188
调查	0.035501	深井	0.020631

然后，分别以表 10-7 所列出的词语作为检索需求关键词，在构建好的 BM25 模型中进行检索，将关联出的舆情按照关联性评分由高到低进行排序，得到的结果分别如图 10-10 所示，其中"score"列表示关联性得分。因此，关联出的舆情信息所描述的问题与投诉举报中所反映的问题一致。

当相关性评分大于 0 时，证明两者具有相关性。在本实验中，检索出相关性大于 0 的舆情文本数共有 1401 条，而经过人工筛查，这 1401 条数据中有 958 条是真正与投诉事件相关的，与投诉事件确实相关但被 BM25 模型检索为不相关的舆情数据共计 32 条。score≥0 时，$P = \dfrac{958}{1401} \times 100\% = 68.4\%$，$R = \dfrac{958}{990} \times 100\% = 96.8\%$，$F1 = 2 \times \dfrac{0.684 \times 0.968}{0.684 + 0.968} \times 100\% = 80.2\%$。在 score≥0 的条件下，查准率 P 值较低，而查全率 R 值较高，两者是具有矛盾的。因此，本实验应该以 $F1$ 值为最重要的评价指标。本实验的 P-R-F1 值如图 10-11 所示。其中，横轴为相关性评分从高到低的样本数占 score>0 总样本数的比例。可以看出，当选择相关性评分前 80% 高的样本作为检索结果时，$F1$ 值最高为 86.3%。

	博文内容	score
3837	深井抽出来的水这样？我的天。⋯⋯//【河北███井水变红 警方：有企业用渗坑排污】近日	15.813833
3277	我的天//:深井抽出来的水这样？我的天。⋯⋯//【河北███井水变红 警方：有企业用渗⋯	15.430986
3021	███████污水强排地下//:深井抽出来的水这样？我的天。⋯⋯//【河北⋯	14.949224
3329	███████:回复这个不重要，重要的是这个是井水████████	14.085331
3140	[挖鼻]//:回复这个不重要，重要的是这个是井水//████████。深井抽⋯	14.085331
⋯		⋯
3090	河北省宁晋县红污水浇地——山西省洪洞县赵城镇的很多村民向记者反映，███████	1.317675
3500	转发微博//【"红水浇地"跟踪：生态环境部发通报 涉事企业4人被刑留】4月21日，生态环⋯	1.317675
3620	████【"红水浇地"跟踪：生态环境部发通报 涉事企业4人被刑留】4月21日，⋯	1.317675
3379	河北河北【河北███"污水浇麦"致小麦大面积枯死 涉事企业渗坑排污3人被抓】在河北⋯	1.317675

图 10-10　经过检索得到的相关舆情数据及其相关性评分（TextRank）

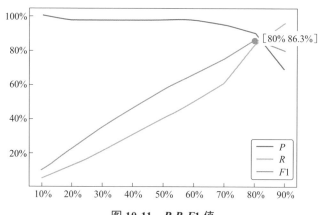

图 10-11　*P-R-F*1 值

　　本节研究的目的是实现从投诉举报关联出潜在的舆情，因此还需要分析当投诉事件发生后"河北省 A 县水污染"事件所引发的舆情情况。最早的投诉事件发生于 2018 年 3 月 31 日的 15：42：07 时刻，因此应当从该时刻前后一定时间段内对相关舆情发展情况进行监测与分析。以关键词组合 {"河北省 A 县" ∥ "井水" ∥ "A 县" ∥ "水污染"} 在新浪微博爬取相关数据，以检索到的微博数量作为民众对该事件关注程度的指标，绘制从 2018 年 3 月 30 日 04：00：00 开始并以每 4 小时为间隔的舆情热度趋势图，结果如图 10-12 所示。

　　从图中可以看到，在 3 月 31 日的 15：42：07 投诉事件发生前，该事件在新浪微博平台上并没有任何舆情信息。在投诉举报发生后，当日 16 时左右，网络上对于该事件的讨论快速增长，形成了一个波峰。可以看出，公众对于水污染事件比较敏感，响应速度很快。从 3 月 31 日 16 时开始到 4 月 2 日 0 时，该事件的舆情数据量一直保持在日均 600 条左右，属于小规模舆情事件。但由于相关部门未给予足够重视，因此在 4 月 2 日 8 时，舆情开始爆发式增长，仅 4 月 2 日一天的相关信息量就达到近 4000 条，大量的转发和评论使得该事件的影响规模不断扩大，如图 10-13 所示，而舆情一直持续到 4 月 5 日后才逐渐消退。

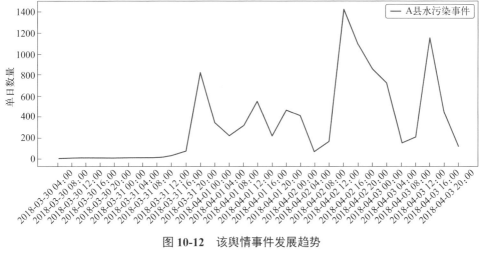

图 10-12　该舆情事件发展趋势

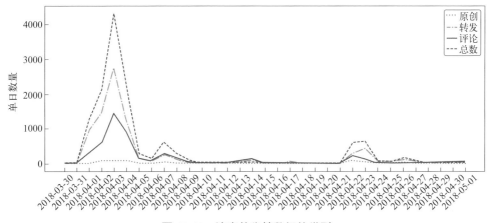

图 10-13　该事件舆情数据的类型

　　综上，相关部门在投诉事件发生最初的一段时间并未做出回应，导致民众在互联网平台表达不满情绪，最终引起新闻媒体的注意，将事件进行曝光，造成了很大的影响。图 10-14 为使用本次舆情事件文本生成的词云图，能够直观地看出针对该事件公众讨论最多的点。

　　因此，通过投诉举报检索关联舆情，可以使相关工作人员根据投诉内容而快速注意到互联网上民众的诉求，尽早处理污染事件，并防止舆论的进一步扩散而成为负面舆情事件。

图 10-14　词云图

10.5
水环境舆情分析系统开发

10.5.1　系统功能设计

水环境舆情分析系统总体技术架构如图 10-15 所示。

图 10-15　系统总体架构设计

资源层：所有硬件资源包含服务器、存储设备、网络以及 GPU 等提供计算服务、数据存储服务以及容器服务的硬件资源。

数据层：按照数据库总体设计构建数据库，并分布式存储在现有的资源层之上，按照主题数据库、元数据库、主数据库、结果数据库、公开数据库以及 GIS 数据库分类将数据归类。

平台层：平台层主要是包含容器云 PAAS 支持平台，利用云杉提供的大数据管理平台，基于 Docker 和 K8S 进行容器的部署，以及算法的管理、资源调度、任务编排等任务。并且平台可以对分布式数据存储进行管理，提供对结构化数据、非结构化数据（图片、视频、文本等）存储以及检索服务。

服务层：为平台层管理的算法提供接口服务，最终应用端通过调用多个微服务接口实现功能开发，同时 GIS 服务也是通过接口方式发布出来，统一调用。

AI 支撑层：该课题主要通过人工智能和大数据的相关算法，解决一些业务问题，包含文本挖掘和处理算法——Word2Vec、textrank，多元多项式回归、波段比值阈值法、RBF 神经网络等算法，以及其他关联挖掘算法、小波分析算法等众多算法——作为机器学习的基础算法，结合业务需求以及数据情况对算法进行有效的调整和优化，最终适合该课题需求。

平台管理层：包含模型管理、配置管理、角色管理、元数据管理、数据管理等。

10.5.2 系统功能开发

水环境舆情分析系统开发环境如表 10-8 所示。水环境舆情分析系统整体分为四大模块：用户权限模块、数据存储模块、核心功能模块以及界面展示模块。其中，用户权限模块用于管理平台用户的数据、权限等信息。数据存储模块主要的功能是存储投诉举报与舆情信息的临时数据以及分析结果数据等。核心功能模块包括了较多的核心算法功能模块，包括文本的处理、文本表示模型的训练与管理、文本相似度计算、文本分类、舆情话题识别与关联等功能。界面展示模块主要是将计算分析的结果进行可视化展示。

表 10-8 开发环境

环境名称	环境介绍
操作系统	Windows 10
编程语言	Java、Python
使用架构	Spring 系列架构、天地图 API、Scrapy 爬虫框架
部署环境	Tomcat、Nginx

（1）用户权限模块的实现

用户权限模块负责对用户进行权限管理。整个系统设有普通用户、管理员用户和决策者用户三种权限。

普通用户主要面向的是公众群体。注册需要进行手机认证，从一定程度上防止虚假用户投诉举报。登录后可在本系统上查看政务数据等公开的数据，也可以进行投诉举报操作。

具有管理员权限的用户可以对通用数据模块、模型、算法进行例如数据修改、增加、配置等所有操作，同时也具有对平台中的三种角色进行管理的权限，可以对平台的用户角色进行增加、删除、修改，也可以通过配置实现三种角色的用户是否有权限查看相应的功能和菜单以及进行相关操作。

决策者用户可以看到平台中关于辅助决策部分的功能和数据展示。

（2）数据存储模块的实现

大数据时代背景下，单一的数据库系统已无法满足海量数据的存储需求，因此，本系统在数据存储模块方面采用了分布式数据库来存储投诉举报、舆情相关的数据。系统功能实现的基础在于快速准确处理大量相关数据资源，整个系统在运作过程中需要保证一定的可靠性与高效性，所以本系统最终选择 MySQL 分布式数据库作为数据存储数据库。相关的数据库表包括用户表、举报信息表、舆情数据表、舆情分析重点事件表、热点话题表、停用词表以及词云图表等。

用户表：用于存储平台用户的信息，例如头像、姓名、角色、所在部门、拥有权限等。其字段设计如表 10-9 所示。

表 10-9　用户表字段设计

字段名	标识符	类型及长度	备注
主键 id	id	varchar（36）	
头像	avatar	int（10，0）	
账号	account	varchar（45）	
密码	password	varchar（45）	
名字	name	varchar（45）	
性别	sex	varchar（11）	
电子邮件	email	varchar（45）	
电话	phone	varchar（45）	
角色	roleid	varchar（36）	
部门	deptid	varchar（36）	用户所在部门
状态	status	varchar（11）	

续表

字段名	标识符	类型及长度	备注
创建时间	createtime	datetime	
保留字段	version	varchar (11)	预留字段
备注	remark	varchar (220)	
允许授权	accredit	varchar (1)	用户权限

举报信息表：用于存储投诉举报的各项信息，包括举报事件的地理位置、当前处理状态、详细举报内容、信息真伪等。举报信息表的字段设计如表 10-10 所示。

表 10-10　举报信息表字段设计

字段名	标识符	类型及长度	备注
主键 ID	ID	varchar (36)	
事件编号	EVTNUM	varchar (50)	
举报事件生成时间	CRTTM	datetime	
纬度	LOCX	varchar (50)	
经度	LOCY	varchar (50)	
地理位置信息	LOCLBL	varchar (256)	
举报人所处地址	PRSADD	varchar (255)	
举报人邮箱	PRSEM	varchar (50)	
省代码	PVCD	varchar (10)	
省名称	PVNM	varchar (100)	
市代码	CTCD	varchar (10)	
市名称	CTNM	varchar (100)	
县代码	DTCD	varchar (10)	
县名称	DTNM	varchar (100)	
举报人姓名	PRSNM	varchar (100)	
举报人电话	PRSTEL	varchar (100)	
举报标题 / 对象	RPTTL	varchar (50)	
其他污染	OTHP	varchar (200)	
举报内容	RPCNT	text (65535)	
举报单位	RPUNT	varchar (100)	
受理状态	PRCSTT	int (10, 0)	0：未开始；1：已开始；2：不受理；3：已办结

第 10 章　投诉举报和水环境网络舆情关联分析　347

字段名	标识符	类型及长度	备注
行政区划代码	PRCARCD	varchar（10）	
备注信息	NT	varchar（5000）	
举报来源	RPFORM	int（10，0）	0：微信；1：电话；2：网络；3：转办
审核状态	AUDSTT	varchar（10）	0：未审核；1：待审核；2：通过；3：不通过
通过或者退回原因	AUDRST	varchar（2000）	
审批意见	APPRVST	int（10，0）	0：没有意见；1：有审批意见未修改；2：有审批意见已修改
办理情况评价	DEALSTT	int（10，0）	1：优秀；2：合格；3：不合格
办理情况评价意见	DEALINF	varchar（2000）	
是否评分	ISSCR	int（10，0）	0：未评分；1：已评分；2：修改过评分
评分分数1	SCR1	decimal（5，0）	
评分分数2	SCR2	decimal（5，0）	
举报事件类型	RPTP	int（10，0）	0：本级办理；1：督办；2：阅办
同步数据标志位	SYNCHRFLAG	int（10，0）	0：同步数据；1：非同步数据
缓急程度	URGLVL	int（10，0）	0：普通；1：紧急
信息真伪	ITF	int（10，0）	1：属实；2：不属实；3：部分属实
首次处理开始时间	FIRSTSTARTTIME	datetime	
处理更新时间	UPDATETIME	datetime	
最终处理开始时间	STARTTIME	datetime	
最终处理结束时间	ENDTIME	datetime	
分析后的可信值	TRUSTVALUE	int（10，0）	
预测后的分类	FORECASTCLASS	varchar（100）	
分类标记	SIGN	int（10，0）	
图片编码	PICCD	varchar（64）	

舆情信息表：用于存储从微博实时爬取回来的舆情信息，其中包括发布者的信息、博文内容以及相关的转发、评论、点赞数，用于后续的舆情热度计算。该表的字段设计如表 10-11 所示。

表 10-11　舆情信息表字段设计

字段名	标识符	类型及长度	备注
主键 id	ID	varchar（36）	
博主	BLGR	varchar（255）	
发布时间	PBLSTM	varchar（255）	
地域信息	PLINF	varchar（255）	
认证博主	CTFCTBLGR	varchar（255）	0：未认证； 1：认证
博文 URL	URL	varchar（255）	
类型	TP	varchar（255）	0：原创； 1：转发
评论数	COMS	varchar（255）	
点赞数	LKES	varchar（255）	
转发数	REPS	varchar（255）	
粉丝数	FANS	varchar（255）	
博文内容	CNTT	long text	

舆情重点事件信息表：用于存储经过话题识别分析出的重点舆情事件的信息，包括事件的名称、简介、起始时间、敏感程度、媒体信息来源占比等。该表的字段设计如表 10-12 所示。

表 10-12　舆情重点事件表字段设计

字段名	标识符	类型及长度	备注
主键 id	ID	varchar（36）	
事件标题	EVTTTL	varchar（100）	
事件简介	EVTBRF	varchar（2000）	
事件内容	EVTCNT	text（65535）	
事件开始时间到结束	STEDTM	varchar（50）	
事件走势	EVTTRD	json	{"date"："日期"， "content"："内容"}
敏感占比	SSTVTRAT	double（4，2）	
境内占比	DMSTSHR	double（4，2）	

字段名	标识符	类型及长度	备注
媒体来源占比	MDSRS	json	{"medianame":"媒体名称", "count":"信息数量"}
媒体活跃度	MDACTVTY	json	{"activity":"媒体名称", "level":"活跃度"}
地域分析	RGNANALS	json	{"region":"地域", "infonum":"信息数"}

（3）核心功能模块的实现

投诉举报数据驱动的环境类舆情系统核心算法包括：文本处理、文本表示、文本相似度计算、文本分类、舆情话题识别、投诉与舆情关联分析。

文本处理模块的功能包括数据存取与读取、文本预处理。在本系统中，投诉举报数据与舆情数据都是统一存储在 MySQL 数据库的不同库表中，而本系统的绝大多数算法功能都是通过 Python 语言编程实现的，因此存取和读取数据需要通过在 Python 语言编写的工程文件中安装并使用 PyMySQL 驱动，并通过 PyMySQL 中的接口功能连接数据库，从数据库中读取数据或向数据库中存储数据。

文本预处理主要包括中文分词及去停用词。现在可用的中文分词工具包括 HanNLP、Jieba 分词、由清华大学开发的 THULAC、中国自然语言开源组织的 Ansj 分词等。本系统中的分词功能是通过调用 Python 第三方库 Jieba 来实现的。

舆情话题识别功能模块的作用是从海量的舆情数据中发现有一定关注度的舆情事件话题，并将与该话题相关的舆情信息进行聚类分析。在本系统中，采用的是基于 Single-Pass 算法实现的话题识别功能。首先读取数据库中的舆情数据，然后通过 Single-Pass 算法对舆情数据进行聚类操作。经过聚类操作的舆情数据会成为若干簇话题，每个簇中的舆情信息描述的话题是相似的。

投诉与舆情关联模块的主要目的是根据每一条投诉举报中所包含的关键词信息检索出相近时间段内对应的舆情信息，并展示出相关性评分、相关舆情数量。本系统通过接口引入了来自生态环境部下属某投诉举报平台官方的投诉举报文本，在经过文本预处理后，通过调用 Python 的机器学习库 Gensim 中封装好的 TextRank 算法实现对投诉举报文本的检索需求关键词抽取。同时，算法会读取该条投诉发生的时间，并划分出有效时间段，再将该时间段内的舆情数据从数据库读入内存中。经过 BM25 模型的评分后，得到与该条投诉举报文本相关的舆情信息，并进行展示。

（4）界面展示模块的实现

系统可以交互地图配合热力值来直观显示京津冀的水质概况。界面右侧会展示一定时间段内的京津冀水质变化幅度以及不同区域投诉举报数的折线图。界面左侧为对应的京津冀区域水环境实时舆情的热点关注话题词云图，以及投诉举报水污染事件类别占比。点击地图后会详细展示所选地区的水质概况，在点击天津市对应的地图区域时，界面周围的统计与分析结果也会相应地转变为该市的情况。

水环境舆情分析系统还包括对投诉举报信息与地图结合的展示界面。该界面可以滚动展示最近的投诉举报详细信息、当前受理状况以及历史信息。同时，也会在右侧地图上以标记气泡的形式来展示投诉所在地。

具有管理员与决策者权限的用户还可以在系统中访问舆情分析模块，其界面如图10-16所示。该模块主要包括当前舆情信息的展示、舆情24小时热度均值展示、舆情热点话题TOP5排名以及对应事件所包含的热点词的展示。

图10-16　舆情分析界面

参考文献

[1] 生态环境部环境与经济政策研究中心课题组. 公民生态环境行为调查报告（2019年）[J]. 环境与可持续发展, 2019, 44（3）: 5-12.

[2] 梁昕露, 李美娟. 电信业投诉分类方法及其应用研究 [J]. 中国管理科学, 2015, 23（S1）: 188-192.

[3] 余本功, 陈杨楠, 杨颖. 基于nBD-SVM模型的投诉短文本分类 [J]. 数据分析与知识发现, 2019, 3（5）: 77-85.

[4] Dhini A, Hardaya I B N S, Surjandari I, et al.Clustering and Visualization of Community Complaints and Proposals

using Text Mining and Geographic Information System [C] .International Conference on Science in Information Technology.IEEE, 2017: 132-137.

[5] 钱爱玲, 瞿彬彬, 卢炎生, 等 . 多时间序列关联规则分析的论坛舆情趋势预测 [J] . 南京航空航天大学学报, 2012, 44 (6): 904-910.

[6] 辛晨阳 . 基于文本聚类和关联分析的仓库库位分配优化算法 [D] . 大连: 大连理工大学, 2020.

[7] Bollen J, Mao H, Zeng X.Twitter mood predicts the stock market [J] .Journal of Computational Science, 2011, 2 (1): 1-8.

[8] Nallapati R, Ahmed A, Cohen W, et al. SOPS: Stock Prediction Using Web Sentiment [C] .Data Mining Workshops, 2007: 21-26.

[9] Taboada M, Brooke J, Tofiloski M, et al. Lexicon-Based Methods for Sentiment Analysis [J] .Computational Linguistics, 2011, 37 (2): 267-307.

[10] 汪东升, 黄传河, 黄晓鹏, 等 . 电信大数据文本挖掘算法及应用 [J] . 计算机科学, 2017, 44 (12): 232-238.

[11] 何梦娇, 吴戈, 梁华, 等 . 基于多源文本挖掘的城市交通舆情分析——以苏州为例 [J] . 交通信息与安全, 2018, 36 (3): 105-111.

[12] 王科, 夏睿 . 情感词典自动构建方法综述 [J] . 自动化学报, 2016, 42 (4): 495-511.

[13] 陈思, 阎艳, 王钊, 等 . 复杂产品设计知识的语义自动标注方法 [J] . 计算机集成制造系统, 2014, 20 (1): 69-78.

[14] 陈文亮, 朱靖波, 朱慕华, 等 . 基于领域词典的文本特征表示 [J] . 计算机研究与发展, 2005, 42 (12): 2155-2160.

[15] Thomas A M. An Efficient Text Classification Scheme Using Clustering [J] .Procedia Technology, 2016, 24: 1220-1225.

[16] Le Q V, Mikolov T.Distributed Representations of Sentences and Documents [C] .31st International Conference on Machine Learning, ICML, 2014: 2931-2939.

[17] 蒙西, 乔俊飞, 李文静 . 基于快速密度聚类的 RBF 神经网络设计 [J] . 智能系统学报, 2018, 13 (3): 331-338.

[18] Qiao J F. An online self-adaptive modular neural network for time-varying systems [J] .Neurocomputing, 2014, 125 (3): 7-16.

[19] 张昭昭 . 动态自适应模块化神经网络结构设计 [J] . 控制与决策, 2014, 29 (1): 64-70.

[20] 张昭昭, 乔俊飞, 余文 . 多层自适应模块化神经网络结构设计 [J] . 计算机学报, 2017, 40 (12): 2827-2838.

[21] 孙玉庆 . 基于密度聚类自组织 RBF 神经网络的出水氨氮软测量研究 [D] . 北京: 北京工业大学, 2016.

[22] Ding H X, Li W J, Qiao J F.A self-organizing recurrent fuzzy neural network based on multivariate time series analysis [J] .Neural Computing and Applications, 2021, 33 (10): 5089-5109.

[23] 乔俊飞, 丁海旭, 李文静 . 基于 WTFMC 算

法的递归模糊神经网络结构设计［J］.自动
化学报，2020，46（11）：2367-2378.

［24］丁海旭，李文静，叶旭东，等.基于自组织
递归模糊神经网络的 BOD 软测量［J］.计
算机与应用化学，2019，36（04）：331-
336.

［25］Zhang W，Yoshida T，Tang X.A com-
parative study of TF*IDF，LSI and multi-
words for text classification［J］.Expert
Systems with Applications，2011，38
（3）：2758-2765.

［26］Zhang Ye，Wallace B C. A Sensitivity
Analysis of（and Practitioners' Guide
to）Convolutional Neural Networks for

Sentence Classification［J］.Computer
Science，2015：253-263.

［27］王国华，曾润喜，方付建.解码网络舆情
［M］.武汉：华中科技大学出版社，2011.

［28］孙波，张伟，司成祥.社交网络用户身份
关联及其分析［J］.北京邮电大学学报，
2020，43（1）：122-128.

［29］左笑晨，窦志成，黄真，等.微博热门话题
关联商品品类挖掘［J］.计算机研究与发
展，2019，56（9）：1927-1938.

［30］陈乐乐，黄松，孙金磊，等.基于BM25算
法的问题报告质量检测方法［J］.清华大
学学报（自然科学版），2020，60（10）：
829-836.

Cutting-Edge Technologies in
**Smart
Environmental
Protection**

第 11 章

水环境污染源溯源

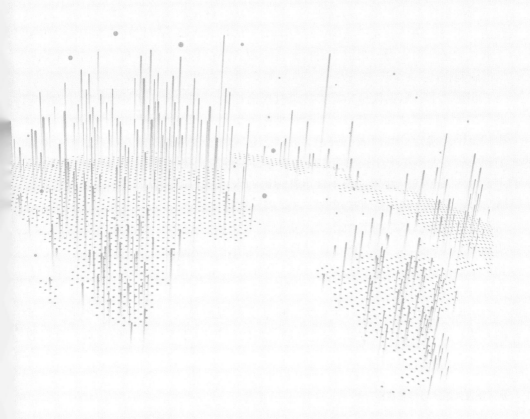

投诉举报是政府与公众互动的重要手段。用户通过投诉举报检举身边污染水环境的行为，政府相关部门接收到投诉举报后经过核查采取相应措施。充分利用投诉举报数据和大数据平台集成的各种数据，在平台丰富的数据信息中，重点关注举报对象、举报信息、地理信息和水质数据，对它们进行多要素分析，实现信息的充分利用，为管理部门污染溯源方面的工作提供有效建议。

11.1
水环境污染源溯源概述

水污染溯源问题是指水污染发生后，分析污染源位置、排放时刻和浓度的一类水力学反问题，具有非线性和不确定性。如何在第一时间快速、准确实现污染源溯源，掌握污染源信息，确定偷排或漏排企业，最大程度防止污染扩散，降低水污染造成的损失，具有重要研究价值。

国内外学者对于溯源问题的研究多集中于模型参数的确定以及扩散过程的模拟。水污染溯源方法从技术手段上可以分为两大类：现场采样和数值模拟仿真[1]。

现场采样方法利用污染源搜索定位的方法来确定污染源的位置，如同位素示踪法、水纹识别法、光谱法等，尽管此类方法具有较高的稳定性和准确性，但由于消耗大量人力物力，难以实时排查污染源各类信息，故无法在第一时间采取有效措施制止污染事故二次发生。

相比之下，数值模拟仿真方法具有灵活性高、时效性强和易操作的优点，有助于决策部门快速深入获取污染物迁移扩散信息，并进行污染路径的预测、污染影响范围的确定，继而做出快速、准确、有效的应急措施判断。目前水污染溯源的相关研究大多集中于模型参数和边界条件的溯源，按照所采用的研究方法不同，主要分为基于确定性理论和不确定性理论的水环境污染溯源。其中，确定性理论方法分为两种，分别是直接求解法以及启发式优化法。

直接求解法是指将参数作为因变量，利用空间域和时间域上的导数信息，应用基于水质 - 水动力模型的反向计算法进行污染源信息求解的一种方法[2, 3]。例如，基于多点源分数阶对流扩散方程，Wei 等[4]采用最佳摄动量正则化的耦合方法进行了污染源溯源。

启发式优化方法是一种考察和衡量实际观测值与模型计算值之间匹配度的方法，这类方法的特点是在获取最优解的过程中涉及初始值的选取、全局收敛性或局部收敛性、收敛效率等方面，其最终目标是寻求合理的污染源相关信息，使得污染物浓度的模拟值与实际观测值吻合度最佳[5]。启发式优化方法可以在目标函数不连续或不可微的情况下，得到多个可行解，并利用不同优化算法实现追踪溯源结果的更新优化，一步步逼近最优解。常用的启发式优化方法有神经网络算法[6]、模拟退火算法[7]、粒子群算法[8]、遗传算法[9]和微分进化算法[10]等。Jha 等[11]采用自适应模拟退火算法对地下水污染进行了溯源研究。

不确定性理论方法常采用随机方法。随机方法用概率分布函数来描述客观事件的随机性，包括统计归纳法[12]、贝叶斯推理法（Bayesian）[13, 14]以及最小相对熵（MRE）等。

统计归纳法的优点在于能基于大量数据作不确定性分析，如 Huang F[15]在收集钱塘江大量监测点数据的基础上，通过统计归纳分析得到钱塘江的污染物来源的重点区域。然而，事件应急处置过程中获取有限污染物浓度数据不足以支撑基于该方法的追踪溯源。

最小相对熵（MRE）的优点在于对待求问题进行不确定性分析，即它能基于待求问题的先验分布获取待求问题的二次估计，如 Newman 等[16]率先将 MRE 应用于追溯地下水污染源信息以及重构大气污染历史。

关于贝叶斯推理方法较多。许多学者在基于传统贝叶斯推理的基础上加入 MCMC 抽样算法，通过以样本频率代替概率的方法，得到污染源信息，通常称这种方法为 Bayesian inference-MCMC 算法[17]。如 Jiang J P 等[18]通过直接 MC 抽样法，在反演污染源信息的基础上和溯源过程中公认的不确定性分析框架下，采用贝叶斯推理方法对扩散系数、流速等不确定性参数进行了敏感度分析及反演；Wai G Z 等[19]、Wang G S 等[20]运用 Bayesian-MCMC 抽样算法，在污染源溯源过程中考虑算法中敏感参数的不确定性，消除了算法中敏感参数所带来的误差，得到了更加准确的污染源溯源结果。

水环境污染源溯源是非常困难的，主要原因是水环境污染多数是人为造成的，具有极强的隐蔽性。当环境部门发现水环境污染时，往往不易确定污染物的来源，这为锁定污染肇事者，判定其责任大小和污染治理带来了巨大的困难，主要包括两个难点：

第一，投诉举报信息的准确性。公众进行投诉举报时，往往根据自身的判断填写举报对象和举报信息。由于受举报人知识水平、对污染事件的了解程度等限制，往往存在判断失误、判断模糊和不能指明具体对象等情况。

第二，污染的复杂程度和隐秘程度。水环境污染事件往往非常复杂，偷排漏排企业的隐秘性很强，很难确定污染的时间、地点和污染的性质，对水环境污染源溯源造成很大困难。

11.2

水环境污染源溯源技术

本节研究主要基于投诉举报的多要素信息，结合京津冀区域水环境智慧管控大数据平台的舆情数据、污染源数据等多种数据，通过时空多要素分析、因子分析和聚类分析等智能分析方法快速定位污染源，并与 GIS 结合，进行溯源的可视化展示，从而探索水环境污染源溯源的新途径。

水环境污染源溯源技术主要包括四部分：利用词袋模型（Bag-of-Words）统计文本词频，设计朴素贝叶斯算法训练举报数据分类器，利用 GIS 技术进行地理信息分析，设计污染源可疑程度算法计算污染企业的可疑程度分数。

本节的投诉举报数据来自京津冀区域水环境智慧管控大数据平台数据库，举报数据是 12369 平台 2017 年 1 月至 2019 年 5 月全国各地用户针对污染情况的投诉举报数据，共 20 万余条。本节在这 20 万余条的投诉举报数据中筛选出有关于京津冀区域水环境的投诉举报数据，共 2 万余条，并针对筛选出的投诉举报内容进行研究。

京津冀水环境投诉举报数据关联和溯源技术路线（图 11-1）简单介绍如下：

首先，通过关键词提取查询方法，把举报信息分为指明工厂或企业的和未指明工厂或企业的。其次，对于指明工厂或企业的这一种情况，直接定位可疑污染源头，即举报对象指明的企业或工厂。然后，对于未指明工厂或企业的情况，需要通过语义分析方法再对举报信息分类，分为与河流水质相关的举报和与河流水质无关的举报两类。其中，针对河流水质相关的举报，先找出该举报对应的河流，再根据上下游水质情况定位到水质开始恶化的流域位置，最后在该位置进行多要素关联分析，找出可疑污染源（分析方法的指标包括：距离指标、类型一致性指标、历史违规次数指标、水质情况指标）。针对河流水质无关的举报，需要定位到举报发出的位置，在该位置进行未结合水质的多要素关联分析，找出可疑污染源（分析方法的指标包括：距离指标、类型一致性指标、历史违规次数指标）。

11.2.1 基于词袋模型的文本词频统计算法

投诉举报数据和舆情文本是典型的非结构化数据，文本原始数据庞大而复杂，存在许多噪声数据、不完整数据，难以直接应用于文本分析中，因此需要对其进行预处理，使得文本转化为相对规范且能反映文档内容的特征表示，减少无用信息对分析结果的影响。因此在进行文本分析之前有必要进行文本数据的预处理。中文文本数据预处理主要包括分词以及去除停用词。

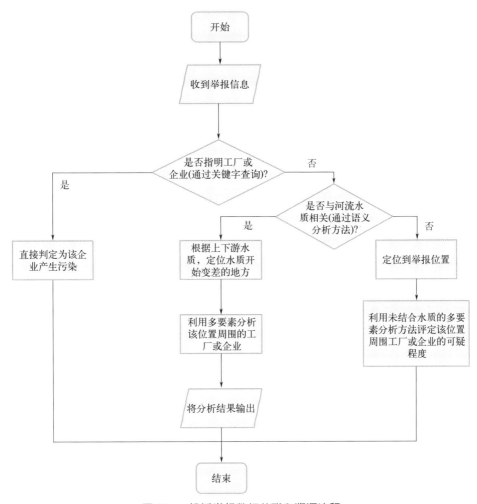

图 11-1 投诉举报数据关联和溯源流程

　　词语是一句话的组成成分中最小的且保留文本意思的个体,对于中文来说,比词语还要更小划分的是单个的汉字,而分析一句话中的每一个汉字是没有意义的,在英文句子中,最小的有意义的组成成分也是每一个单词,但与中文不同的是,英文句子中的单词不是连接在一起的,每个单词之间都有空隙间隔,所以可以直接导入计算机中进行关键词提取等工作,而中文的一句话中虽然有标点符号会划分每个短句所表达的含义,但词与词之间是连接在一起的,所以需要对句子中的每个词进行划分,这就是中文分词。常用的分词技术主要包括基于字符串匹配的方法、基于知识理解的方法、基于词频统计的方法等。

　　本节采用的分词方法首先基于前缀词典构建字典树,并生成语句中汉字所有可能成为词语情况所构成的有向无环图，也即所有可能出现的句子切分情况，再根据动态规划查找出最大概率路径，找出最为可能的切分组合。表 11-1 为示例投诉举报文本分词前后的对比。

表 11-1　中文分词结果

分词前	分词后
通州甘棠镇靠西侧武兴路南侧有水泥混凝土搅拌站，夜间干活，扬沙和灰尘特别大	通州 甘棠镇 西侧 武兴路 南侧 水泥 混凝土 搅拌站 夜间干活 扬沙 灰尘 特别大

停用词是指在信息检索中，为节省存储空间和提高搜索效率，在处理文本数据之前会被过滤掉的某些字或词，例如限定词、介词、副词等。这类字或词在句子中只起到一个语气助词或者连接前后语境，保持语句通畅的作用，在文本分析中，这些对文本分类没有帮助的词一般会予以删除处理。由这些被去除的词构建起的文档就是停用词表。在进行文本处理前通常会将文本内容与停用词表进行匹配，滤除掉待处理文本中出现的停用词。

词袋模型（BOW）是一种基于机器学习的文本特征提取算法。在信息检索中，词袋模型假定对于一个文本，忽略其次序和语法，仅仅当作是该文本中若干个词语的集合。该文本中，每个词语都是互不相关的，每个词语的出现都不依赖于其他词语，即文本中任意一个单词不管出现在任意哪个位置，都不会受到其他因素的影响。

词袋模型从文档的所有单词中提取特征单词，并且用这些特征项矩阵建模。这就使得每一份文档可以描述成一个词袋。而且只需要记录单词的数量，语法和单词的顺序都可以忽略。一个文档的单词矩阵是一个记录出现在文档中的所有单词的次数的矩阵。因此，一份文档能被描述成各种单词权重的组合体。通过设置条件，可以筛选出更有意义的单词。还可以构建出现在文档中所有单词的频率直方图，这就是一个特征向量。这个特征向量被用于文本分类。

词袋（Bag-of-Words）涉及两方面：已知词语的集合；测试已知单词的存在。因为文档中单词是以没有逻辑的顺序放置，所以称为单词的"袋子"。该模型只关注文档中是否出现已知单词，并不关注文档中的出现单词。对于 n 维度词袋向量 $\textbf{\textit{bow}} = \{word_1, word_2, \cdots, word_n\}$ 中任意一个单词 $word_i, i \in [1,n]$ 有 $word_i = value_i \cdot weight_i$。即单词的计算是其值乘以单词的权重，值来源于图片，是变化的，权重与图片无关是恒定的。值有 3 种：二进制，频数，频率（TF）。权重有两种：恒为 1 和 IDF 权重。

$$valuetype\begin{cases}二进制\\ 频数\\ 频率（TF）\end{cases}, \ weighttype\begin{cases}1\\ IDF\end{cases},$$

TF（Term Frequency），即词频，用来衡量字在一篇文档中的重要性，计算公式为：

$$TF(t,d) = \frac{t}{d} \tag{11-1}$$

式中，t 为文档中的某词语出现次数；d 为文档数量。

IDF（Inverse Document Frequency），叫作逆文档频率，衡量某个字在所有文档集合中的常见程度。当包含某个字的文档的篇数越多时，重要性越低。计算公式为：

$$IDF = \lg\frac{n_d}{1+df(d,t)} \tag{11-2}$$

式中，n_d 为文档数量；$df(d,t)$ 为包含词语 t 的文档 d 的数量。对于没有出现在任何训练样本中的词语，为了保证分母不为 0，则加入常数 1。取对数是为了保证文档中出现频率较低的词语不会被赋予过大的权重。

TF-IDF 倾向于过滤掉常见的词语，保留重要的词语，从而达到提取关键词的目标。并且还可以将 TF-IDF 值作为向量值构造向量空间模型。利用 TF-IDF 进行文本向量化的流程图如图 11-2 所示。

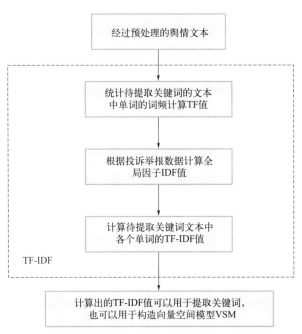

图 11-2　利用 TF-IDF 向量化流程图

11.2.2　朴素贝叶斯分类算法

贝叶斯方法广泛应用在数据挖掘的各个领域，包括分类统计、信息检错、数据集成等。基于假设的先验概率以及给定假设下观察到不同数据的概率，贝叶斯估计法提供了一种计算假设概率的方法。贝叶斯估计法与回归方法的原理非常类似，但其视未知的模型参数为随机估计值。

朴素贝叶斯分类[21]是以贝叶斯定理为基础并且假设特征条件之间相互独立的方法，先通过已给定的训练集，以特征词之间独立作为前提假设，学习从输入到输出的联合概率分布，再基于学习到的模型，输入 X 求出使得后验概率最大的输出 Y。

实际在机器学习的分类问题的应用中，朴素贝叶斯分类器的训练过程就是基于训练集 D 来估计类先验概率 $P(c)$，并为每个属性估计条件概率 $P(x_i|c)$。这里就需要使用极大似然估计（Maximum Likelihood Estimation，简称 MLE）来估计相应的概率。

令 D_c 表示训练集 D 中的第 c 类样本组成的集合，若有充足的独立同分布样本，则可容易地估计出类别的先验概率：$P(c) = \dfrac{|D_c|}{|D|}$。对于离散属性而言，令 D_{c,x_i} 表示 D_c 中在第 i 个属性上取值为 x_i 的样本组成的集合，则条件概率 $P(x_i|c)$ 可估计为：

$$P(x_i|c) = \frac{|D_{c,x_i}|}{|D_c|} \qquad (11\text{-}3)$$

对于连续属性可考虑概率密度函数，假定对于条件概率 $P(x_i|c)$，服从如下的正态分布：

$$P(x_i|c) \sim N\left(\mu_{c,i}, \sigma_{c,i}^2\right) \qquad (11\text{-}4)$$

式中，μ 和 σ 分别是第 c 类样本在第 i 个属性上取值的均值和方差，则有：

$$P(x_i|c) = \frac{1}{\sqrt{2\pi}\sigma_{c,i}} \exp\left(-\frac{(x_i - \mu_{c,i})^2}{2\sigma_{c,i}^2}\right) \qquad (11\text{-}5)$$

朴素贝叶斯分类算法的具体流程图如图 11-3 所示。

当数据呈现不同的特点时，贝叶斯估计法的分类性能不会有太大差异。由于假定了条件独立从而降低了计算复杂度，能够快速、有效地实现数据填补，因此也可以应用到大型数据库中。但是，贝叶斯分类方法通常将先验知识中的各种属性假设为独立关系，摒弃了属性之间的相关性，会对计算结果产生一定的影响。

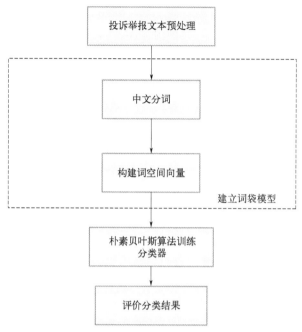

图 11-3　朴素贝叶斯分类流程图

11.2.3　基于 GIS 的地理信息计算算法

ArcMap 是一个用户桌面组件，具有强大的地图制作、空间分析、空间数据建库等功能，是美国环境系统研究所（Environment System Research Institute，ESRI）于 1978 年开发的 GIS 系统[22]。

GeoServer 是 OpenGIS Web 服务器规范的 J2EE 实现，利用 GeoServer 可以方便地发布地图数据，允许用户对特征数据进行更新、删除、插入操作，通过 GeoServer 可以比较容易地在用户之间迅速共享空间地理信息[8]。

Tomcat 服务器是一个免费的开放源代码的 Web 应用服务器，属于轻量级应用服务器，在中小型系统和并发访问用户不是很多的场合下被普遍使用，是开发和调试 Web 程序的首选。Tomcat 技术先进、性能稳定，而且免费，是目前比较流行的 Web 应用服务器。

WFS，即 Web 要素服务，支持对地理要素的插入、更新、删除、检索和发现服务。不同于 WMS（Web 地图服务）的是，WFS 专注于要素的地理信息，而忽略其渲染信息，简化了返回信息。

通过将 ArcMap 的数据应用到 GeoServer 中，统一打包在 Tomcat 下，可通过 Tomcat 启动 WFS 服务，通过相关代码，可以根据举报位置经纬度，通过数据驱动的方式，划定污染源区域。

通过举报位置经纬度信息，可延河流流向，向上游延伸 10km，作一条缓冲带，并获得缓冲区域中相关污染源的数据信息，比如污染源名称、污染源地址、污染源类型、联系人、联系电话等，有助于提高相关人员对可疑污染源的整体把握。

11.2.4 污染源可疑程度分数计算标准

水环境污染发生后，环境部门可以根据投诉举报信息等线索进行溯源。影响污染源溯源的因素众多，主要包括：投诉举报信息的完整性和准确性，与之相关的舆情的准确性，从与投诉举报相关的时空信息中能否确定污染发生的时间、地点、污染源类型、污染水源产生地、污水扩散方式、污水质和量，举报地周边的污染企业等信息的准确性。

本节设计可疑目标评估标准，分析结果返回使用者界面展示，旨在帮助平台使用者更加高效地工作。标准设计的中心思想为：阐述两种不同情况的可疑污染中心，列出中心周围一定范围（10km）内的污染源，对每一个污染源都进行关联分析，得到相应的可疑程度分数，返回给平台。多要素关联分析标准内容如下所示。

类型一：针对与河流水污染相关类型的投诉举报信息，偷排漏排的情况往往出现在河流两岸，划定其待排查区域，以距离举报位置最近的河岸位置开始，沿河流上游方向 10km 为中线，偷排的污染源距离河流不会太远，两岸各展开 5km，构成待排查的带状区域。对于某个分析对象，影响其可疑分数的有距离指标、类型一致性指标、历史违规次数指标和水质情况指标。找出距离该污染源最近的河岸位置和距离举报位置最近的河岸位置，取两位置沿河流的距离为 $x$km，距离指标分数 $= 25 - 2.5x$；若该污染源行业类型与平台计算出的举报对象所属行业类型一致，取类型一致性指标分数为 25，否则为 0；根据三年内该污染源的历史违规记录，查询其违规次数 n，历史违规次数指标分数 $= 5n$，n 大于等于 5 时指标分数取 25；根据举报对象找到其距离最近的河岸位置，查询其下游距离最近的水质监测站在一周内的水质情况，结合生态环境部颁布的《地表水环境质量标准》将水质情况分为 I 类、II 类、III 类、IV 类、V 类、劣 V 类共六类，找出一周内该站点最差的水质类型，六类水质对应水质情况指标分数分别取 0、5、10、15、20 和 25。分数计算标准如图 11-4 所示。

目标对象可疑程度分数 = 距离指标分数 + 类型一致性指标分数 + 历史违规次数指标分数 + 水质情况指标分数，分数越高可疑程度越大（满分 100 分）。

类型二：对于与河流水污染无关类型的投诉举报信息，这类污染往往是小水坑或排污管道等引起的，出现在举报发起位置周围，故划定其待排查区域为圆形区域, 圆心为举报位置, 半径为 10km。

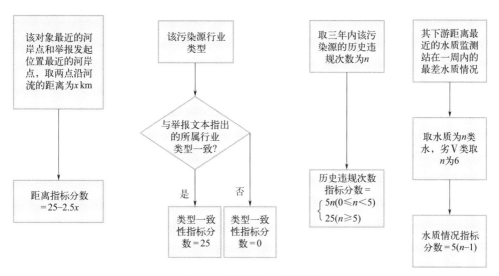

图 11-4　可疑程度计算标准

对于某个分析对象, 影响其可疑分数的有距离指标、类型一致性指标和历史违规次数指标。取距离该污染源举报位置的 d km 范围, 距离指标分数 = 40-4d; 若该污染源行业类型与平台计算出的举报对象所属行业类型一致, 类型一致性指标分数为 30, 否则为 0; 根据三年内该污染源的历史违规记录, 查询其违规次数 n, 历史违规次数指标分数 = 6n, n 大于等于 5 时指标分数取 30。分数计算标准 (未结合水质) 如图 11-5 所示。

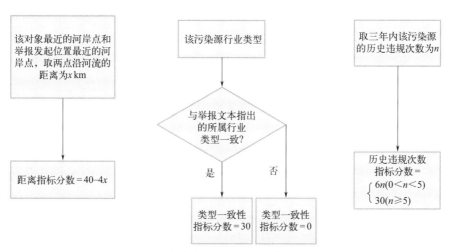

图 11-5　未结合水质的可疑程度计算标准

目标对象可疑程度分数 = 距离指标分数 + 类型一致性指标分数 + 历史违规次数指标分数，分数越高可疑程度越大（满分 100 分）。

11.3
模型检验及结果分析

下面通过三个实例说明所提方法的有效性。

实例 1 投诉举报对象：某市某轮胎有限公司。

投诉举报内容：某轮胎有限公司在某市某镇居民密集区，生产经营过程中大量排放工业废气、废水、有毒硫化氢、粉尘、废渣等严重污染有害物质，是严重污染企业。就此问题，2016 年 8 月 16 日某环保局对某公司做出过停止排污及罚款的行政处罚，但处罚后并无任何改变……

投诉举报位置：北纬 3x 度，东经 11x 度。

将该投诉举报对象文本内容进行关键词提取查询，发现"某市某轮胎有限公司 VOCs，北纬 3x 度，东经 11x 度"在污染源名录中。经过距离检查核对（举报位置和举报对象距离 1.29km<5km），认定该举报信息是指明工厂或企业的类型，直接定位可疑污染源头是某轮胎有限公司，反馈给平台使用者。

实例 2 投诉举报对象（未填写）。

投诉举报内容：【国务院"我为大督查提建议"网民留言】某化工园区的污染企业偷排恶臭化工气体，盗采地下水，向地下排放污水。生产核心区居民为完成搬迁，在安全范围不足、卫生防疫距离不足的情况下默许企业开工生产。拆迁居民安置房、新中学、新医院规划在核心生产区主导风向下 1km 左右位置，一到晚上整个居民区被熏得不能开窗户，多次向管理委员会反映得不到解决。希望中央环保局派驻执法人员能查处污染企业，重新规划我们的生活区或者关闭化工园区，还老百姓一个碧水蓝天。（分类：打好三大攻坚战和实施乡村振兴战略方面）。

投诉举报位置：北纬 3x 度，东经 11x 度。

将该投诉举报对象文本内容进行关键词提取查询，程序将该举报分类为未指明具体工厂或企业的。

对投诉举报文本内容运行语义分析算法，得出是与河流水质无关的举报，故定位到举报发出的位置，在该位置周围划定圆形待排查区域，对域内各污染源进行未结合水质的多要素关联分析。

通过对举报信息中举报对象所属行业分类，得到污染类型为"化学原料和化学制品制造业"，对于周围10km半径内的污染源，逐个进行多要素关联分析：

企业1，某焦化工有限公司，距离3.825km（距离指标分数为24.700分），类型"化学原料和化学制品制造业"与举报类型一致（类型一致性指标分数为30.000分），三年内该污染源的历史违规0次（历史违规次数指标分数为0.000分），总分54.700分。

企业2，某隆化工有限公司，距离0.519km（距离指标分数为37.924分），类型"化学原料和化学制品制造业"与举报类型一致（类型一致性指标分数为30.000分），三年内该污染源的历史违规1次（历史违规次数指标分数为6.000分），总分73.924分。

企业3，某装备有限公司，距离1.300km（距离指标分数为34.800分），类型"金属制品业"与举报类型不一致（类型一致性指标分数为0.000分），三年内该污染源的历史违规0次（历史违规次数指标分数为0.000分），总分34.800分。

企业4，某远化工有限公司，距离3.931km（距离指标分数为24.276分），类型"化学原料和化学制品制造业"与举报类型一致（类型一致性指标分数为30.000分），三年内该污染源的历史违规4次（历史违规次数指标分数为24.000分），总分78.276分。

整理溯源结果情况如表11-2所示。

表11-2　溯源结果情况表-实例2

序号	污染源	污染类型	违规次数	分数
1	某远化工有限公司	化学原料和化学制品制造业	4次	78.276分
2	某隆化工有限公司	化学原料和化学制品制造业	1次	73.924分
3	某焦化工有限公司	化学原料和化学制品制造业	0次	54.700分
4	某装备有限公司	金属制品业	0次	34.800分

通过可疑程度量化分数的排名，执法人员可更快确定需要检查走访的污染源名单，经比对，与人工判断结果一致。

实例3　投诉举报对象（未填写）。

投诉举报内容：河北省某市某县某镇某村村北有一条河流存在恶臭，有垃圾漂浮。

投诉举报位置：北纬 3x 度，东经 11x 度。

对投诉举报文本内容运行语义分析算法，得出是与河流水质相关的举报，需要沿河流两岸进行排查。

通过对举报信息中举报对象所属行业分类，得到污染类型为"公共设施管理业"。

在 ArcMap 中制作地图，将 ArcMap 地图作为服务发布到 GeoServer 站点上，通过网址来查询服务。找到距离最近的河流水流速 0.347m/s，一天巡检河流三次，划定其待排查区域，以距离举报位置最近的河岸位置开始，沿河上游方向 $x=10$km，向两岸各拓宽 5km；对域内各污染源进行结合水质的多要素关联分析。

企业 1，某垃圾填埋有限公司，找出该污染源距离最近的河岸位置和举报位置距离最近的河岸位置，取两位置沿河流的距离为 9.464km，污染源距最近的河岸位置 3.866km（距离指标分数为 1.340 分），类型"公共设施管理业"与举报类型一致（类型一致性指标分数为 25.000 分），三年内该污染源的历史违规 5 次（历史违规次数指标分数为 25.000 分），对应下游监测站点——某桥水质监测站，举报创建日期 2018/11/xx 时间 18：59：01，某桥水质监测站前一周水质最差情况为劣 V 类（水质情况指标 25.000 分），总分 76.340 分。

企业 2，某电源科技有限公司，找出该污染源距离最近的河岸位置和举报位置距离最近的河岸位置，取两位置沿河流的距离为 7.2216km，污染源距最近的河岸位置 2.232km（距离指标分数为 6.946 分），类型"计算机、通信和其他电子设备制造业"与举报类型不一致（类型一致性指标分数为 0.000 分），三年内该污染源的历史违规 2 次（历史违规次数指标分数为 10.000 分），对应下游监测站点——某桥水质监测站，举报创建日期 2018/11/xx 时间 18：59：01，某桥水质监测站前一周水质最差情况为劣 V 类（水质情况指标 25.000 分），总分 41.946 分。

企业 3，某区污水处理厂，找出该污染源距离最近的河岸位置和举报位置距离最近的河岸位置，取两位置沿河流的距离为 5.3352km，污染源距最近的河岸位置 1.327km（距离指标分数为 11.662 分），类型"水的生产和供应业"与举报类型不一致（类型一致性指标分数为 0.00 分），三年内该污染源的历史违规 0 次（历史违规次数指标分数为 0.00 分），对应下游监测站点——某桥水质监测站，举报创建日期 2018/11/xx，时间 18：59：01，某桥水质监测站前一周水质最差情况为劣 V 类，水质情况指标 25.00 分，总分 36.662 分。

整理溯源结果情况如表 11-3 所示。

表 11-3　溯源结果情况表 - 实例 3

序号	污染源	污染类型	违规次数	水质类型	分数
1	某垃圾填埋有限公司	公共设施管理业	5 次	劣 V 类	76.340 分
2	某电源科技有限公司	计算机、通信和其他电子设备制造业	2 次	劣 V 类	41.946 分
3	某区污水处理厂	水的生产和供应业	0 次	劣 V 类	36.662 分

通过可疑程度量化分数的排名，执法人员可更快确定需要检查走访的污染源名单，经比对，与人工判断结果一致。

11.4
水环境污染溯源系统开发

11.2 节中详细介绍了基于词袋模型的文本词频统计算法、朴素贝叶斯分类算法、基于 GIS 的地理信息计算算法和污染源可疑程度分数计算方法，实现了水环境污染源溯源。本节以应用为目标，根据水环境污染源溯源功能实现和应用需求，基于 SSH 架构和 MySQL 设计开发可视化交互界面。本节内容主要包括了系统功能设计、系统开发。

11.4.1　系统功能设计

水环境污染溯源系统开发的目标是：根据公众监督投诉举报的多要素信息，综合京津冀水环境智慧管控大数据平台的污染源数据、舆情数据等，搭建基于数据驱动和时空多要素关联分析的水环境污染源溯源系统，实现信息的充分利用，为管理部门污染溯源方面的工作提供有效建议。

水环境污染源溯源界面展示分两部分：举报发起位置、对应的待排查区域、区域内污染源位置，这些信息将展示在地图上；各个污染源的名称、历史违规信息、所属行业、下游水质情况和总分数，这些信息将展示在图表中。

水环境污染源溯源系统首页包括舆论热点、实时的投诉和处理情况数据统计、按照区域展示投诉举报分布情况、按照时间和区域进行统计分析展示各个区域的投诉举报事件发展趋势和分布几个模块。

水环境污染源溯源系统可以划分为数据处理子系统和前端用户交互界面。结合水环境污染源溯源和用户需求，设计可视化界面和数据采集处理子系统。首先从用户需求出发，如图 11-6 所示，以 GIS 为工具展示投诉举报事件周边的情况，包括投诉举报事件位置、举报人、举报时间、举报事件类型和详细描述等信息，以举报事件为中心，分析周边的污染源分布和污染源的具体情况，如污染物类型、排放量、排放时间、与举报事件的上下游关系等。对空间的相关信息进行分析后，可以为投诉举报事件的处理提供有力的支持。

后端数据处理到前端展示的过程以时序图的形式设计，用户查询水环境污染源列表整个系统联动过程如图 11-7 所示，用户在水环境污染源查询节点进行污染源列表查询后，查询数据库污染源数据集并进行计算，将结果返回到前端界面与用户交互。

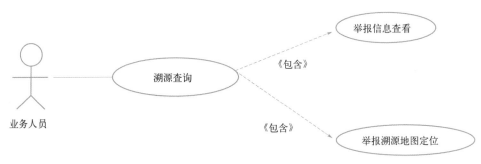

图 11-6 水环境污染源溯源用例图

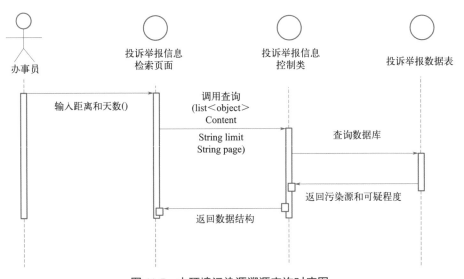

图 11-7 水环境污染源溯源查询时序图

水环境污染源溯源系统具有举报事件地图定位功能，即查询列表中的投诉举报数据，将会在地图上展示位置，每个位置按照气泡渲染。系统具有 GIS 周边影响分析功能，该模块默认查询最近 31 天距离举报点周边 2km 的举报事件。不同颜色的点表示不同的处理状态。同时，该模块支持查询功能，用户可以自定义距离举报点的距离和举报天数，然后进行查询。

11.4.2　系统功能开发

水环境污染源溯源系统基于 SSH 架构和 MySQL 设计开发，运行在 Linux 系统上，基于数据驱动和时空多要素关联分析的水环境污染源溯源技术使用 Python 算法开发。

整个系统可以划分为数据处理子系统和前端用户交互界面。结合基于数据驱动和时空多要素关联分析的水环境污染源溯源技术和用户需求设计可视化界面及数据采集处理子系统。水环境污染源溯源系统界面主要包括两部分：地理位置展示图和可疑分数情况图（图 11-8）。其中，地理位置展示部分可方便查看举报发起位置、举报信息、周围河流分布、附近污染源分布情况等。可疑分数情况展示部分列举了附近企业的名字类型、近三个月受到的举报次数、其周围水质情况和可疑分数。

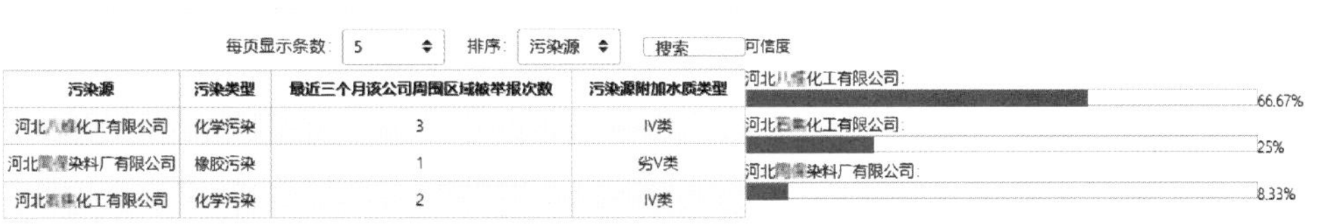

图 11-8　可疑分数情况

参考文献

[1] 沈一凡. 河流突发污染事故溯源关键技术研究[D]. 杭州: 浙江大学, 2016.

[2] Akçelik V, Biros G, Ghattas O, et al. A variational finite element method for source inversion for convective-diffusive transport [J].Finite Elements in Analysis & Design, 2003, 39 (8): 683-705.

[3] Hamdi A, Mahfoudhi I.Inverse source problem in a one-dimensional evolution linear transport equation with spatially varying coefficients: Application to surface water pollution [J].Inverse Problems in Science & Engineering, 2013, 21 (6): 1007-1031.

[4] Wei H, Chen W, Sun H G, et al. A coupled method for inverse source problem of spatial fractional

anomalous diffusion equations [J]. Inverse Problems in Science & Engineering, 2010, 18 (7): 945-956.

[5] 杨海东. 河渠突发水污染追踪溯源理论与方法 [D]. 武汉: 武汉大学, 2014.

[6] Shi Bin, Jiang Jiping, Liu Rentao. Applying high-frequency surrogate measurements and a wavelet-ANN model to provide early warnings of rapid surface water quality anomalies [J]. Science of The Total Environment, 2018 (610/611): 1390–1399.

[7] 江思珉, 张亚力, 蔡奕, 等. 单纯形模拟退火算法反演地下水污染源强度 [J]. 同济大学学报 (自然科学版), 2013, 41 (2): 253-257.

[8] 朱剑. 基于移动平台的水域突发污染溯源研究 [D]. 杭州: 浙江大学, 2014.

[9] Khlaifi A, Ionescu A, Candau Y. Pollution source identification using a coupled diffusion model with a genetic algorithm [J]. Mathematics and Computers in Simulation, 2009, 79 (12): 3500-3510.

[10] 牟行洋. 基于微分进化算法的污染物源项识别反问题研究 [J]. 水动力学研究与进展 A辑, 2011, 26 (1): 24-30.

[11] Jha M, Datta B. Application of simulated annealing in water resources management: Optimal solution of groundwater contamination source characterization problem and monitoring network design problems [C]. Proceedings of the EGU General Assembly Conference, 2012.

[12] Boano F, Revelli R, Ridolfi L. Source identification in river pollution problems: A geostatistical approach [J]. Water Resources Research, 2005, 41 (7): W07023.

[13] 朱嵩, 刘国华, 毛根海, 等. 利用贝叶斯推理估计二维含源对流扩散方程参数 [J]. 四川大学学报 (工程科学版), 2008, 40 (02): 38-43.

[14] 陈海洋, 滕彦国, 王金生, 等. 基于 Bayesian-MCMC 方法的水体污染识别反问题 [J]. 湖南大学学报 (自然科学版), 2012, 39 (6): 74-78.

[15] Huang F, Wang X, Lou L, et al. Spatial variation and source apportionment of water pollution in Qiantang River (China) using statistical techniques [J]. Water Research, 2010, 44 (5): 1562-1572.

[16] Newman M, Hatfield K, Hayworth J, et al. A hybrid method for inverse characterization of subsurface contaminant flux [J]. Journal of Contaminant Hydrology, 2005, 81 (1/2/3/4): 34-62.

[17] Mbalawata I S, Särkkä S, Vihola M, et al. Adaptive Metropolis algorithm using variational Bayesian adaptive Kalman filter [J]. Computational Statistics & Data Analysis, 2015, 83: 101-115.

[18] Jiang J P, Han F, Zheng Y, et al. Inverse uncertainty characteristics of pollution source identification for river chemical spill incidents by stochastic analysis [J]. Frontiers of Environmental Science & Engineering,

2018，12（5）：1-16.

[19] Wei G Z，Zhang C，Li Y，et al.Source identification of sudden contamination based on the parameter uncertainty analysis［J］. Journal of Hydroinformatics，2016，18（6）：919-927.

[20] Wang G S，Chen S.Evaluation of a soil greenhouse gas emission model based on Bayesian inference and MCMC：Model uncertainty［J］.Ecological Modelling，2013，253（4）：97-106.

[21] 王会青，郭芷榕，白莹莹.基于 BP 和朴素贝叶斯的时间序列分类模型［J］.计算机应用研究，2019，36（8）：2271-2274，2278.

[22] 杨泽运，杨金玲，李秀海，等.基于 ArcGIS Server 的网络地图服务系统设计与实现［J］.测绘工程，2015，24（10）：41-44.

第 12 章

京津冀区域水环境智慧管控
大数据平台

当前，水环境管理相关的信息化建设存在部门间、部门内各业务数据接口不一、共享困难等问题，数据的应用和分析不足，难以及时、全面地进行环境数据统计和展示，且数据较为分散不连续，难以实现多业务、多维度的信息集成和关联分析。本章以京津冀区域水环境管理为例，依托"十三五"水专项课题"京津冀区域水环境管理大数据平台开发研究"，设计了京津冀区域水环境智慧管控大数据平台，大力提升了京津冀区域水环境综合管理和治理能力，对推动实现京津冀区域"水资源利用上线、生态空间保护红线、水环境质量安全底线"三大红线空间落地具有重要的意义，并为京津冀区域"十四五"海河流域水生态环境保护规划提供了技术支持。

12.1
水环境智慧管控平台概述

水环境管理系统在 20 世纪 60 年代末开始风靡全球，到了 20 世纪 80 年代末期，GIS 技术被用于地下水环境管理、保护等。步入 21 世纪后，美国研发了"美国陆军工程师团水管理系统（WCMS）"[1]，该系统由数据采集、数据存储、数据可视化、数据发布和流域模型五部分组成，收集流域实时数据和静态信息，存储于 Oracle 数据库中，依托数据库数据，建立流域模型，以表格、图表、断面图和地图等方式快速形象地显示数据，展示模型分析结果，并向有关方面和部门发布信息，调度决策。

随着以计算机技术、网页技术和信息传输技术为代表的新一轮科技大爆炸时代的来临，水资源信息管理系统进入了高速发展的快车道，从此功能更加全面、应用更加广泛的水资源信息管理系统开始应用于自然科学研究、水质监测、水环境管理等。Shahanas 等[2]建设了基于互联网、信息和通信技术的智能水管理信息系统，不仅提高了水环境的管理效率，而且在一定程度上解决了城市水环境的可持续问题。Choi 等[3]提出智能水环境管理系统，利用信息和通信技术实现了水环境的水生产和分配过程。目前国外基于大数据开发的水环境管理平台已具有多种功能，主要包括：点源、面源污染计算，污染源对水质影响的评价，河段水质水量预测，水资源管理和分配，水文过程模拟，水污染控制等功能。

20 世纪 60 年代末，我国开始水环境信息化管理方面的研究，目前已经提出了多个建立水资源优化管理信息系统的方案。例如，耿庆斋等[4]提出了一种可以将 GIS 与 BP 神经网络分析法结合起来的研究方法，并且设计开发了一套水环境管理决策支持系统，系统基本实现了水质模型与 GIS 的高度整合，为今后专业模型的集成方法提供了一定的借鉴作用。肖青等[5]针对滇池流域水环境管理现状及特点整合了流域内的信息资源，根据流域地理水文等特点设计实现了流域信息数据管理维护、数据搜索查询以及可视化决策功能，为滇池流域水环境管理起到了辅助决策作用。Zuo等[6]建立了抚顺市水资源管理信息系统，实现了数据查询、预测功能，满足了不同用户需求。

近年来，国家更加重视生态环境的保护工作，更多的专家学者不断地投入到该领域的研究中来，并且结合最新的信息传输技术、计算机技术、数据库技术构建了一些水环境管理系统并取得了良好的效果。杨荣康[7]提出了融合5G技术、大数据、物联网及AI技术的水环境智慧管控平台，其目标是实时检测水环境的各项指标数据，利用数据挖掘等技术，完成对数据的分析并作出预测；利用5G技术为水环境监测平台提供通信的基础设施，通过GIS、无人机等技术实现水环境信息的可视化。杜娟[8]提出应用先进工程技术、互联网等现代科技建设水环境管理平台，例如大坝"CT"扫描仪、智慧型节水器具、智慧管理节水APP等，该平台可以解决杭州市智慧治水的"三大特点、五个难点"，实现"看水、治水、管水"的智慧治水目标。占军等[9]基于Oracle BIEE平台搭建了水利信息化管理系统，实现了水利普查数据展现系统。目前国内基于大数据开发的水环境管理平台已具有多种功能，主要包括：河流水质评价、河流污染预测、污染物扩散演进模拟、水资源预测预报、水量调度方案编制、污染负荷分析、水环境容量计算、水质模拟可视化显示等功能。

12.2
京津冀区域水环境智慧管控大数据平台构建

12.2.1 京津冀区域水环境简介

京津冀地处全国最缺水的华北平原，是华北经济的主要核心区，也是水资源问题最严峻的地区之一，水资源量仅占全国的1.3%。京津冀地区人均水资源占有量仅为全国水平的1/7，远低于国际水资源紧缺标准，总体的水资源保障形势十分严峻。为保证区域经济社会发展的有序进行，维持水系统的正常运转和加强水资源的安全保障已成为亟待解决的首要问题。

近年来，京津冀区域水环境质量有所改善，水污染防治取得一定成就，但水环境质量改善的形势依然严峻。原因如下：

第一，京津冀区域的快速城镇化与经济发展，给水环境质量改善带来持续性压力，结构性污染短期内难以彻底解决，产业结构和布局仍待优化，部分城市河流沟渠黑臭问题突出。

第二，流域内水资源不足，水资源利用率居高不下，水生态空间挤占严重、生态流量严重不足、部分湖泊富营养化等问题突出，生活和生产用水挤占生态用水的局面将在较长的一段时间内持续存在。

第三，流域污染物排放量远超水环境容量的局面尚未扭转，总磷等非常规因子的污染问题日益凸显，复合型水环境污染问题亟待解决，区域水污染治理的复杂性、紧迫性和长期性的趋势并未得到改变，水污染防治工作任务仍然十分艰巨。

水的天然流域特性决定对水资源实施以流域为单位的统一综合管理。然而，京津冀流域管理是个庞大的系统工程，涉及与水相关的各个部门，同时会产生关于污染源、环境质量、水文等方面的海量数据，但是这些数据分散在水利、环保等不同单位部门，各个部门管理交叉的问题导致水环境信息资源不能充分发挥效力，并且由于重复采集信息导致大量的人力物力等的浪费。因此利用计算机技术、水环境模型技术以及数据库技术等建立京津冀区域水环境智慧管控平台，对水环境进行综合管理，具有以下实际意义：

① 在信息共享交换方面，京津冀区域水环境智慧管控大数据平台面向与流域水环境相关的各行业、各单位，流域各地区通过同一大数据平台进行交流、传递信息，实现跨部门、跨行业、跨区域之间的信息共享，对更加有效地进行京津冀区域水环境管理工作起到一定作用。

② 在数据获取与表示方面，有效利用计算机、物联网等信息技术，实现水环境管理数据的高效获取、海量存储、快速处理和标准化报告的自动生成，这些科学高效的方法避免了数据的重复采集，减少资源浪费；同时通过对水环境质量的现状分析评价，利用定性定量相结合的方法自动分析流域区域和考核断面水质现状及趋势，通过图、表等形式实现水环境各类数据的统一浏览、查询、统计、分析。

③ 在平台时效性方面，京津冀区域水环境智慧管控大数据平台是一个实时的平台，时效性高，使得各部门能够及时了解流域水环境的最新动态，获取最新的水质信息。

④ 在平台的功能方面，京津冀区域水环境智慧管控大数据平台的建设实施，展现了京津冀区域水环境现状，将各市区重要河流、湖库地表水饮用水源地、地下水饮用水水源地的人工、自动监测数据统一到平台管理，并建立了涉水污染源与区域水环境的关联关系，进行流域的水质考核、水质预测分析、污染源预警等可以为流域管理提供决策支持，方便决策者在相关分析后快速、准确地做出最优的决策方案。

12.2.2　平台建设目标

12.2.2.1　平台应用目标

平台以水质监测网络和环境综合信息为载体，采用区域水环境＋智能＋互联网技术模式，利用先进的软件定义网络架构、容器云计算技术、三维可视化展现技术、大数据深度学习技术等，实现重点污染源动态识别、污染排放热点区域识别、监测断面未来水质预测和达标考核、突发性水质断面变化预警、污染排放与水质响应、特征污染物和黑臭水体空间分布展示、河流缓冲带和水体面积变化监测、排污许可证管理、饮用水水源地风险评估、水质水量综合动态分析及模拟、投诉举报深度分析及反馈、污染源溯源、舆情文本数据分析等管理功能。

针对京津冀地区水环境管理业务实际需求，以实现水环境质量综合管理为目标，研究面向京津冀区域水环境智慧管控大数据平台，制定主要业务数据采集入库规范，数据清洗、交换与共享规范和功能服务模块接口规范；研究京津冀区域水环境非结构化大数据收集、异源异构数据融合等技术标准，实现水环境管理空间数据与业务数据间有机融合；实现水质时空耦合预测、水质动态预警、水质实时评价、饮用水水源地风险评估、水质遥感监测、水环境风险预警等水质目标综合管理决策功能；研发设计京津冀区域水环境公众参与网络平台，实现水质、污染物排放、执法处罚等监督管理信息公众查询及实时反馈；基于GIS和遥感数据空间分析，构建水环境空间数据展示，实现京津冀区域"水资源利用上线、生态空间保护红线、水环境质量安全底线"三大红线空间落地，进而有效地支撑京津冀区域水环境智慧管控大数据平台的智能化、高效化的分析和运行，从而为确保该平台在生态环境部的水司、环境规划院和地方环保厅局等单位的业务化运行提供必要的信息化支撑保障，并为京津冀区域"十四五"海河流域水污染防治规划提供技术支撑。

12.2.2.2　平台技术目标

针对区域水质精细化管理智能决策需求，以解决流域社会经济、污染源、水质、水量、治理项目等多要素集成动态采集与管理为目的，研究构建京津冀区域水环境智慧管控大数据平台，在"一张图"上实现区域水环境多要素综合分析与展示，服务于水环境综合预测、预警、评估等水环境精细化管理智能决策支撑。依托水体污染控制与治理科技重大专项"京津冀区域水环境质量综合管理与制度创新研究"之课题"京津冀区域水环境智慧管控大数据平台开发研究"的技术需求，北京工业大学乔俊飞教授团队突破了大数据分布式存储、计算和并行分析处理的相关关键技术，开发了具有自主知识产权的面向京津冀区域水环境智慧管控大数据平台，以支撑京津冀区域水环境质量改善为研究目标，采用软件定义网络（Software Defined Networking，SDN）的架构，以自主创新的网络虚拟化及容器云计算技术为核心，打造了全新的一体化京津冀区域水环境智慧管控大数据平台。研究构建了适用 10000 个用户并发访问的水环境智慧管控大数据平台，该平台每台服务器最大可支持 40 台虚拟机（容器），每台虚拟机的 IOPS3000，吞吐量 150MB/s，并支持 GPU 加速等。具体技术要求如下所述。

（1）云计算与虚拟化/容器技术研究

采用 IP 网络构建大规模计算资源的基础建设，为京津冀区域水环境智慧管控大数据平台提供计算基础支撑服务，并对整个平台设备进行池化处理，支持 KVM 和容器虚拟化环境，实现基础计算资源和任务的统一管理及全面调度；采用 SDN 软件定义网络的思路和技术，实现网络虚拟化管理，支持京津冀区域水环境智慧管控大数据平台构建虚拟专有的运行环境；将所有物理计算节点上的存储磁盘组成大的存储池，在存储池上划分出不同的逻辑存储空间，为平台所需的虚拟主机或容器提供存储服务；该平台因引入虚拟化/容器技术，多种基础支撑资源融合在一起，为提供高品质、高性能数据分析提供支撑服务。

（2）动态弹性扩展分布式并行计算研究

海量水环境数据处理指的是对大规模水环境数据的计算和分析，通常水环境数据要达到 TB 甚至 PB 级别规模。由于数据量非常大，一台计算机不可能满足海量数据处理在性能和可靠性等方面的要求。以往对于海量数据处理的研究通常是基于某种并行计算模型和计算机集群系统。并行计算模型可以支持高吞吐量的分布式批处理计算任务和海量数据，计算机集群系统则在通过互联网连接的机器集群上建立一个可扩展的可靠计算环境。

12.2.3 京津冀区域水环境智慧管控大数据平台功能设计

平台以京津冀地区新型智慧水环境综合管理平台的监测网络和环境综合信息为载体，采用区域水环境+智能+互联网技术模式，利用先进的计算机网络信息系统架构、三维可视化展现技术、大数据深度学习和数据挖掘技术等，开发了水质评估、污染识别、动态管控、遥感监测、联合调控、污染评估、投诉举报、信息公开等模块，实现了重点污染源动态识别、污染排放热点区域识别、监测断面未来水质预测、断面的水质达标考核、突发性水质断面变化预警、基于水质的污染源排放动态管控、排污许可证管理、饮用水水源地风险评估、水质水量综合动态分析及模拟、投诉举报深度分析及反馈、污染源溯源、舆情文本数据的分析等管理功能。

平台基于 GIS 和遥感数据空间分析技术，开发特征污染物空间分布展示、黑臭水体空间分布展示、河湖缓冲带土地利用和水体变化监测等数据分析功能。构建水环境空间数据展示，有效地支撑京津冀区域水环境智慧管控大数据平台的智能化、高效化的分析和运行。

针对京津冀相关区域的公共供水水质、饮用水水质、城市河湖水情、地表水水质、城市水情、大中型水库水情等数据接入、交换、传输、共享需求，采用多源数据获取与共享技术，研发了由跨网段文件汇集软件、网络水雨情数据获取软件、跨平台数据衔接与共享交换平台等组成的数据接入中间件系统，实现了平台、数据库、文件等多数据源的高效、实时交换共享。

跨网段汇集软件针对跨网段分布式文件高效汇集需求，采用集群多线程架构，实现多种类型数据文件的主动汇集和存储。本软件由客户端和服务端组成，客户端与服务端均采用多线程技术，在带宽允许的情况下，客户端可同时发送多个文件至服务器端，实现文件的自主汇集，极大提升了数据传输效率。除 IP 地址外，用户无需配置环境，在服务器端启动的情况下，用户只需双击运行客户端即可。

网络水雨情数据获取软件采用多进程技术，从万维网有效地爬取雨、水、风、墒（即土壤湿度）、台风五种历史与实时监测数据，极大提升了数据爬取效率。跨平台数据衔接与共享交换平台集合多个相关的数据库，实现了数据的共享。通过不同方式所获取到的数据源，包括相关城市河湖水情、地表水水质、城市水情、中大型水库水情等集中数据，可以实现数据接入、交换传输、共享全过程的多维度高效管控，依托数据交换共享服务为多种数据源提供高效可靠的传输通道。

12.3

平台技术现状

12.3.1 云计算数据中心与容器技术

随着云计算的快速普及，大型云服务商需要提供云服务的国家与地区越来越多，云服务商需要在全球不同的区域建立数据中心来提供安全和可靠的云服务[10]。这些分布在全球各地的数据中心，给云服务商在节约能源成本领域带来了新的机遇和挑战。对于传统的单一地域数据中心，常常利用负载均衡策略[11-12]和虚拟机迁移技术来提高物理计算资源的利用率，减少工作服务器的数量，从而实现节约能源，减少用电成本的目标[13]。然而对于分布在不同地域的跨地域数据中心而言，虚拟机在进行云数据中心迁移时，对网络带宽和稳定性的要求很高，迁移过程中数据丢失风险高，迁移耗时较长，因此难以在不同的数据中心之间进行频繁的大规模跨数据中心虚拟机迁移，这给云数据中心间的负载调控提出了挑战[14-17]，也给云数据中心的能耗成本优化留下进一步发展的空间[18-19]。因此，对于云数据中心的云服务商而言，如果能够根据不同地区不同数据中心的物理服务器使用状况，动态灵活地调控不同地区的数据中心之间实时负载和历史负载（即已运行任务），就能够行之有效地缩减数据中心的能源成本[20]。综上所述，如何解决虚拟机迁移在云中心大规模应用时的困难，或提出代替虚拟机迁移的方法，是数据中心节约能源、减少用电成本的重点研究方向[21-24]。

2004 年谷歌开始使用 Borg 大规模集群管理系统来运维管理谷歌在世界各地的分布式服务器集群，其中 Kubernetes 是最为广泛的容器编排系统，也就是 Borg 的开源版本。谷歌在 2007 年向 Linux 内核提交的 Cgroup 模块是容器发展史上的里程碑，该模块能够限制和隔离一系列进程的资源使用，实现操作系统级别的进程资源隔离。2009 年，Twitter 公司开启了 Mesos 项目（也即容器的三大管理平台之一），至此容器时代正式迈入生产[25]。2013 年，Docker 的诞生推动了容器技术在生产应用上的高速发展，Docker 提供的多层镜像构建，解决了 LXC 时代容器缺乏标准化的构建方法以及可移植性差的缺陷。同时 Docker 以应用服务本身为核心，以虚拟化技术替代操作系统实现资源与进程的隔离，也使得容器对计算资源的利用更加高效。目前，容器作为新兴的热门计算服务技术，在国内互联网行业得到了广泛的应用。尽管 Docker 及容器技术因其自身特点在系统安全性、适用场景和隔离性方面仍不及虚拟机[26]，但 Docker 作为一个正在高速革新的现代化平台，它所蕴含的思想已经被更多的开发人员所接受。相比于虚拟机[27]，容器占用资源少、部署快，每个应用可以被打包成一个容器镜像，具有一份镜像随处可用，并且启动快捷、消耗资源少的特点[28]。由于 Docker 引领的以应用服务为核心的观念，Docker 在运行时仅依赖于宿主机操作系统内核，这一观念被采纳于容器运行时标准（OCI）中，Docker 之后各种满足 OCI 标准的容器工具都具有这一特性，所以容器能够在不同云平台、不同版本操作系统和服务器间进行快速的迁移。因此在跨地域数据中心的场景中，容器能够灵活、迅速和可靠地在不同数据中心间进行迁移，通过使用容器云的服务模式能够为跨地域数据中心节能和减少电能成本提供更好的基础支撑，解决传统的虚拟机云在跨数据中心虚拟机迁移时的困境。目前容器技术在大型公有云平台已经得到了大量的使用，例如亚马逊、阿里云和腾讯云等国内外大规模的云计算服务平台都提供了基于 Kubernetes 的容器集群化服务。未来容器技术在学术界和工业界的应用将越来越广泛，越来越多的数据中心资源将为容器化应用提供服务。

12.3.2　虚拟机调度和计算迁移技术

云环境下的虚拟机分配与迁移主要目的是通过合理的调度算法将虚拟机与真实物理机进行匹配,满足实际任务的执行,同时减少工作物理服务器数量,实现节能的效果[29-31]。为了提高数据中心资源利用率,减少数据中心能耗成本,国内外学者对传统虚拟机云模式下的虚拟机分配与迁移技术做出了很多的研究。从虚拟机部署对物理机资源的影响角度考虑,提出一种以减少数据中心资源碎片为目标的云环境虚拟机调度算法,该算法能够有效提高数据中心的资源利用效率[32]。从虚拟机节能调度的优化角度考虑,提出对物理主机的状况以基于阈值检测的方法来进行监控,同时提出最少迁移时间[33]、最大相关性等启发式虚拟机选择策略,取得较好的节能效果[34]。从减少活动服务器主机数量角度出发,对云环境下虚拟机调度进行建模,并分别使用遗传算法和神经网络的方法对模型进行求解[35-37],在数据中心节能方面取得不错的优化效果[38-39]。在对虚拟机动态迁移的原因、条件、过程以及目的主机选择算法的研究基础之上,提出一种基于虚拟机迁移、负载整合和开关策略的能耗优化新颖算法。该算法能够降低虚拟机的能耗,并在一定程度上保证物理机之间的负载均衡[40]。

虚拟机调度算法的研究在数据中心节能优化、负载均衡和提升数据中心资源利用率等方面有着较好的效果,但没有考虑到跨地域数据中心的特点。将虚拟机调度研究与跨地域分布式数据中心进行结合[41-43],并对数据中心间的大数据量数据通信进行优化,但仍没有妥善解决大规模数据中心间虚拟机迁移时的数据丢失风险问题。传统的虚拟机调度研究与目前应用越来越广泛的容器技术相结合,利用容器能够在不同数据中心间快速迁移的优势,通过对实时的容器部署请求的首次调度以及综合考虑不同地域数据中心用电成本的时空性变化情况进行容器二次调度与迁移。综上,以数据中心能耗优化为目标的容器调度和集群服务器选用决策,为跨地域数据中心的节能与能耗成本优化提供一个实际可行的解决方案。

12.3.3　神经网络并行加速处理技术

GPU加速计算已经应用到各行各业,例如自动驾驶、智能机器人和金融等领域[44]。GPU能够用来加速现代科学计算,如神经网络计算[45]。CPU和GPU进行计算时,其中的数学逻辑运算都需要利用核心(Core)来完成,比如加减乘除与或非等。计算核心由算术逻辑单元(Arithmetic and Logic Unit,ALU)和寄存器等电路所构成。一个核心在执行计算任务时只能按照顺序执行,为了让计算任务能够在同一时间被并行处理,一种多核架构的GPU机器被设计出来[46],这种架构的特点是计算核心之间没有相互依赖,每个核心独自完成任务,从而实现了并行计算，将计算时间缩小了几个数量级。

与 CPU 比较来说，GPU 有着更强的计算能力和并行性，能够更加高效地处理一些复杂的算法训练过程。CPU 由多个专为顺序串行处理而优化的内核组成，而 GPU 则有一个大规模并行计算架构，由数千个更小、更高效的内核组成。GPU 的控制逻辑非常简单，并且去除了高速缓存，适合将相同的指令流并行传输到多个计算核心上，来快速处理海量数据。结果表明，在浮点运算和并行计算等方面，GPU 可以提供比 CPU 高几十倍到上百倍的性能。GPU 的使用大大提高了计算的并行性，很多计算任务都能得到大幅的加速，大大加快了计算化学和分子动力学、材料科学、物理学和地震处理等很多计算任务，这给大规模机器学习的难点提供了解决方法。因此，在大规模机器学习，特别是深度学习需求的推动下，GPU 产业得到了快速的发展，英伟达（NVIDIA）等 GPU 厂商推出了很多计算产品。

当前，CPU+GPU 异构平台已经成为一种泛在计算资源。综合利用 CPU、GPU 各自优势，能提供更强大的计算能力并适用于更多更复杂的应用场景，协同并行计算已经成为一个新兴研究方向。由于在硬件架构、编程模型以及计算能力等多方面的巨大差异，研究如何实现高效的 CPU+GPU 协同并行，是最大化发掘异构系统计算能力的关键[47-51]。在 CPU+GPU 异构系统中，CPU 与 GPU 的硬件架构截然不同。一个 CPU 核心中的大部分芯片面积被用作缓存和逻辑控制单元，只留下少部分用于整数和浮点数的算数计算。逻辑控制单元致力于实现分支预测和乱序执行，而大面积的缓存则使数据的存取延迟变得很低。由此可见，CPU 专为串行算法优化设计，适用于对低延迟要求较高的应用。随着 CPU 步入多核化发展道路，现代多核 CPU 可以在单个芯片上集成数十个核心以实现高效的并行计算。对比 CPU 架构，GPU 中绝大多数晶体管被用于计算而不是复杂的指令级并行和大容量缓存。虽然单个 GPU 处理单元的时钟频率较低，且缓存容量更小，但 GPU 包含的处理单元数远超多核 CPU，通常由成百上千个流处理器组成。GPU 通过大量线程并发执行以隐藏访存延迟，非常适用于大规模数据的并行计算。

12.4
平台总体设计

12.4.1　总体技术架构

平台整体功能采用微服务的方式，采用模块化分布式部署，按照平台的整体框架逻辑划分为资源层、平台层、AI 分析层、服务层、展示层。资源层包括硬件资源和数据资源，其中硬件资源具体包括 CPU 和 GPU 服务器、存储设备、安全设备等，数据资源具体包括监测站、污染源、遥感影像和委办局数据等；计算层基于容器云平台，用以衔接资源层和 AI 分析层；AI 分析层用以封装各种大数据模型算法；服务层则提供大数据模型的调用接口；最后通过移动 APP、Web 端和大屏展示水环境大数据分析结果。平台总体技术框架，如图 12-1 所示。

图 12-1 京津冀区域水环境智慧管控大数据平台总体技术框架

按照平台的业务功能主要划分为三层结构，分别是数据层、AI 分析层和业务应用层。具体平台结构如图 12-2 所示。数据层负责存储结构化数据和非结构化数据；AI 分析层基于数据层的多要素数据，利用大数据和机器学习算法构建水质预测、预警模型等，并提供内部接口供业务应用层调用；业务应用层围绕平台具体业务功能，通过 Web 服务和移动 APP 等方式展示平台大数据分析结果。

其中，数据层将数据分为空间信息数据、自然基础数据、监测数据、排污企业管理数据、对象关系数据、网络数据、业务数据等七大类数据。实时更新水质自动站、污染源在线监控和水文实时数据，每月更新水质监测数据和气象数据，每年更新社会经济、环境统计污染源、行政区划、土地利用等数据。数据采取人工导入、网络采集、实时接口等多种接入方式，结构化数据存储于平台 MySQL 数据库，空间数据存储于 PostgreSQL 数据库。针对数据汇聚过程中数据质量问题以及数据重复、空缺值、格式不统一、异常数据混杂问题，对数据进行分步清洗、数据去重、填补缺失值、数据规范化和异常值检测。

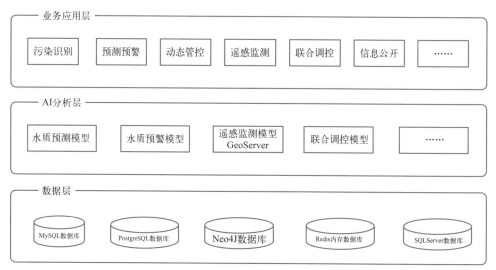

图 12-2　按照业务功能划分的平台结构

AI 分析层主要由水质预测模块、水质预警模块、遥感模块、联合调控模块等构成，水质预测预警基于数据层多要素时空数据，构建了基于图卷积的时空多要素综合水质预测分析方法，实现了对河流断面监测点未来 2 ～ 3 天水质监测指标的预测模型，构建了水质异常检测的动态预警高效分析方法，实现了对突发性水质断面变化的预警模型，并提出了污染排放与水质响应关联分析方法，实现了基于水质的污染源排放动态管控模型。以上模型经过封装，并暴露出内部接口供业务应用层调用。

业务应用层构建了水质预测预警、污染识别、动态管控、遥感监测、联合调控、投诉举报、信息公开等模块，实现了重点污染源动态识别、污染排放热点区域识别、监测断面未来水质预测、断面的水质达标考核、突发性水质断面变化预警、基于水质的污染源排放动态管控、排污许可证管理、饮用水水源地风险评估、水质水量综合动态分析及模拟、投诉举报深度分析及反馈、污染源溯源、舆情文本数据的分析等管理功能。平台基于 GIS 和遥感数据空间分析技术，开发了特征污染物空间分布展示、黑臭水体空间分布展示、河湖缓冲带土地利用和水体变化监测等数据分析功能。

12.4.2　平台服务器架构

平台服务器主要分为管理节点、存储服务节点和计算节点。其中，管理节点负责对不同类型和作用的节点进行调度，存储服务节点对计算节点生成的数据进行存储，计算节点进行任务处理。在节点之上，由数据交换机实现不同节点之间的通信，最终通过校园网汇聚交换机与互联网进行通信，如图 12-3 所示。

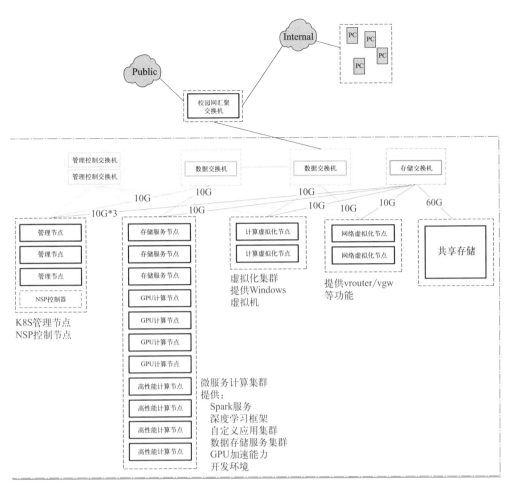

图 12-3　平台服务器架构

12.5
平台功能开发

12.5.1　水环境监控预警

　　水环境监控预警包含综合展示、水质在线监测、水质预测、水质预警、水环境多要素分析、污染源排放量分析、污染源入河量分析、京津冀区域水质分析等功能[52,53]，如图 12-4 所示。

图 12-4　水环境监控预警界面

　　综合展示与水质在线监测功能主要基于 GIS 地图展示区域概况[54]、河流水质状况、水质预警信息、重点污染源、重点污染区域、污染源列表等信息。水质预测和水质预警基于深度学习的水环境水质预测平台[55]，通过获取高频海量水质数据，结合上下游空间地理信息和多要素特征，利用大数据和人工智能算法，支撑预测河流未来几小时到几天的水质变化情况，分析水质的类别超标预警、指标突变预警，为水环境的精细化管理提供帮助。此外，平台针对污染源的排放量和入河量进行分析，并对京津冀地区不同省市、控制单元、饮用水水源地进行分析。其中，水源地风险评估功能主要展示京津冀地区的水源地名字及其标记，并显示距水源地 20 公里内的企业、养殖业的数量以及水源地风险等级。

12.5.2　水环境模拟分析

　　水环境模拟分析包含流域水环境分析、水环境管理与评估等功能，如图 12-5 所示。在流域水环境分析功能中，流域径流模拟和水质模拟加载 DEM、土地利用、土壤、气象数据和水库泄流量等数据，基于 SWAT 模型模拟大清河流域河道径流随气象及水库泄流量的变化情况，进而为水质水量联合调控提供模型基础。在径流模拟的基础上，增加点源和面源排放强度，模拟大清河流域水质情况，进一步分析联合调控措施对大清河流域污染控制的效果。基于大清河流域点源和面源污染物排放量，考虑河道的上下游关系，分析各子流域对下游子流域的影响，从而识别重点污染子流域，为污染排放控制提供数据支持。在水环境管理与评估功能中，排污许可管理功能主要结合现有排污许可管理要求，支撑排污许可证的查询管理。治理项目效益评估功能主要以水环境质量达标为目标，判断各项工程措施是否有效以及各项工作进度如何。

图 12-5　水环境模拟分析界面

12.5.3　水环境管理支持

水环境管理支持包含水环境遥感监测、监督举报与信息公开等功能，如图 12-6 所示。在水环境遥感监测功能中，将遥感图像与实测数据进行综合分析，

图 12-6　水环境管理支持界面

结合污染物的辐射传输模型和机器学习算法，实现水质参数的遥感反演[56-58]；针对难以对城市黑臭水体准确提取等问题，构建全组合子空间法，并基于能量最小化剪枝算法、线性约束的集成模型等对遥感影像进行分析，实现空天地一体化监测，为京津冀地区水环境生态发展与保护助力。在公众监督与信息公开功能中，平台通过对 12369 和新浪微博等数据信息的提取，研究构建基于灰色关联分析法的投诉举报深度分析功能，用深度学习技术对投诉举报事件进行相似性分析，向社会大众公示京津冀地区所有投诉举报相关的信息情况，并通过对舆情信息进行分析、统计等操作，使用户可以在短时间内掌握舆论导向。

12.5.4　水环境数据中心

水环境数据中心包含基础数据管理、空间信息分析以及文件数据的管理等功能，如图 12-7 所示，并可对数据进行增、删、改、查、导入、导出等操作。部分数据来自国家水文信息网、国控监测站、气象部门等，并通过互联网等技术定时抓取，丰富平台数据内容，保证数据质量。系统管理主要包括权限管理、系统设置、系统监控三部分功能。在权限管理中，通过对用户信息、登录角色、机构等的管理，让经过授权的用户可以正常合法地使用已授权的功能，而将那些未授权的非法用户拒之门外，对不同的用户角色或机构分配不同的系统操作权限并具有扩展性。此外，平台提供系统监控功能，通过日志、连接池监控、定时任务等方式对平台的运行情况进行记录，可使开发者充分了解平台环境，对于平台故障等问题也能在最短时间内发现。

图 12-7　水环境数据中心界面

参考文献

[1] 王禹杰 . 互联网"智慧河长"信息管理系统设计与实现[D].合肥: 合肥工业大学, 2019.

[2] Shahanas K M, Sivakumar P B. Framework for a Smart Water Management System in the Context of Smart City Initiatives in India[J].Procedia Computer Science, 2016, 92 (1): 142-147.

[3] Choi G W, Chong K Y, Kim S J, et al. SWMI: new paradigm of water resources management for SDGs[J].Smart Water, 2016, 1 (1): 34-51.

[4] 耿庆斋, 张行南, 郭亨波, 等 . 地理信息系统与一维水质模型的集成开发[J].环境科学与技术, 2003, 26 (S2): 35-36, 110.

[5] 肖青, 马蔚纯, 张超 . 基于 ArcView 的空间型苏州河环境信息系统原型研究[J].环境科学研究, 1998, 12 (2).

[6] Zuo Q, Ma J, Tan G, et al.Application of RS and GIS in the Calculation of Ecological Water Use[J]. GIS&RS in Hydrology Water Resources and Environment 2003, 42 (6): 180-186.

[7] 杨荣康 . 物联网时代的"大禹治水"——5G 智慧治水[J].计算机产品与流通, 2020 (03): 98.

[8] 杜娟 . 杭州智慧治水的实践与思考[J].杭州(周刊), 2018, (48): 32-33.

[9] 占军, 万定生, 李宇 . 基于 Oracle BIEE 水利普查数据展现系统研究[J].舰船电子工程, 2012, 32 (4): 104-109.

[10] Zhou Z, Liu F, Li Z.Bilateral Electricity Trade Between Smart Grids and Green Datacenters: Pricing Models and Performance Evaluation[J]. IEEE Journal on Selected Areas in Communications, 2016, 34 (12): 3993-4007.

[11] Bakhoda A, Yuan G L, Fung W W L, et al.Analyzing CUDA workloads using a detailed GPU simulator[C]//2009 IEEE international symposium on performance analysis of systems and software.IEEE, 2009: 163-174.

[12] 毕敬, 程煜东, 乔俊飞 . 一种基于混合元启发式算法的 Hadoop 负载均衡任务调度方法: ZL201711433347.5[P].2021-08.

[13] 钟潇柔, 翟健宏 . 基于动态遗传算法的云计算任务节能调度策略研究[J].智能计算机与应用, 2015, 5 (3): 37-39.

[14] 张正龙 . 云数据中心混合资源动态分配与优化方法研究[D].北京: 北京工业大学, 2019.

[15] 张立波 . 云数据中心环境下集成工作负载预测方法研究[D].北京: 北京工业大学, 2019.

[16] 刘恒 . 基于混合供电方式的云数据中心利润最大化方法研究[D].北京: 北京工业大学, 2020.

[17] 程煜东 . 混合粒子群算法在云数据中心节能的应用研究[D].北京: 北京工业大学, 2020.

[18] 李磊, 薛洋, 吕念玲, 等 . 基于李雅普诺夫优化的容器云队列在线任务和资源调度设计[J].计算机应用, 2019, 39 (2): 494-500.

[19] 端木帅飞 . 异构环境下低能耗计算卸载与成本

优化方法 [D] . 北京：北京工业大学，2021.

[20] Zhang P Y, Zhou M C.Dynamic Cloud Task Scheduling Based on a Two-stage Strategy [J] .IEEE Transactions on Automation Science and Engineering, 2018, 15 (2): 772-783.

[21] 李爽 . 基于改进 Transformer 的云数据中心资源预测方法研究 [D] . 北京：北京工业大学，2021.

[22] 毕敬，李琛，乔俊飞 . 一种基于深度信念网络的云数据中心请求流调度方法：ZL201711434894.5 [P] .2021-07.

[23] 毕敬，刘恒，张晓芬 . 一种云数据中心应用可感知的分布式多资源组合路径最优选取方法：ZL201910050829.5 [P] .2021-11.

[24] 毕敬，张正龙，田武 . 一种面向多层服务的容器云资源调度优化方法：ZL201910161937.X [P] .2021-06.

[25] 施超，谢在鹏，柳晗，等 . 基于稳定匹配的容器部署策略的优化 [J] . 计算机科学，2018, 45 (04): 131-136.

[26] Combe T, Martin A, Di Pietro R.To Docker or Not to Docker: A Security Perspective [J] .IEEE Cloud Computing, 2016, 3 (5): 54-62.

[27] 张智俊，李敬兆 . 基于 LP&GR 算法的多优先级虚拟机迁移策略研究 [J] . 计算机应用研究，2018, 35 (12): 3777-3780.

[28] Kozhirbayev Z, Sinnott R O.A performance comparison of container-based technologies for the cloud [J] .Future Generation Computer Systems, 2017, 68: 175-182.

[29] Fulpagare Y, Bhargav A.Advances in data center thermal management [J] .Renewable & Sustainable Energy Reviews, 2015, 43: 981-996.

[30] Yuan H T, Bi J, Zhou M C.Energy-Efficient and QoS-Optimized Adaptive Task Scheduling and Management in Clouds.IEEE Trans Autom.Sci.Eng., 2022, 19 (2): 1233-1244.

[31] Bi J, Li S, Yuan H T, et al.Integrated deep learning method for workload and resource prediction in cloud systems [J] .Neurocomputing, 2021, 424: 35-48.

[32] 张笑燕，王敏讷，杜晓峰 . 云计算虚拟机部署方案的研究 [J] . 通信学报，2015, 36 (3): 245-252.

[33] Yuan H T, Bi J, Zhou M C.Temporal Task Scheduling of Multiple Delay-Constrained Applications in Green Hybrid Cloud.IEEE Trans.Serv.Comput, 2021, 14 (5): 1558-1570.

[34] Lu X, Kong F, Liu X, et al.Bulk savings for bulk transfers: Minimizing the energy-cost for geo-distributed data centers [J] .IEEE Transactions on Cloud Computing, 2020, 8 (1): 73-85.

[35] 张翔，基于 ST-LSTM 神经网络的网络流量预测方法研究 [D] . 北京：北京工业大学，2021.

[36] 毕敬，张翔 . 基于时间卷积神经网络的访问流量预测方法：ZL202011258625.X [P] .2022-11.

[37] Bi J, Yuan H T, Duanmu S F, et al. Energy-Optimized Partial Computation Offloading in Mobile-Edge Computing With Genetic Simulated-Annealing-

Based Particle Swarm Optimization. IEEE Internet Things J., 2021, 8 (5): 3774-3785.

[38] Tran N H, Dai H T, Ren S, et al.How Geo-Distributed Data Centers Do Demand Response: A Game-Theoretic Approach [J] .IEEE Transactions on Smart Grid, 2016, 7 (2): 937-947.

[39] Gao Y, Wei H. Profit-Aware Workload Management for Geo-Distributed Data Centers [C] // International Conference on Parallel and Distributed Computing, Applications and Technologies.IEEE Computer Society, 2017: 60-66.

[40] 童俊杰, 赫罡, 符刚 .虚拟机放置问题的研究综述 [J] .计算机学报, 2016, 43 (S1): 249-254.

[41] Yuan H T, Bi J, Zhou M C, et al. Ahmed Chiheb Ammari: Biobjective Task Scheduling for Distributed Green Data Centers.IEEE Trans Autom.Sci.Eng., 2021, 18 (2): 731-742.

[42] Yuan H T, Liu H, Bi J, et al.Revenue and Energy Cost-Optimized Biobjective Task Scheduling for Green Cloud Data Centers.IEEE Trans Autom.Sci.Eng., 2021, 18 (2): 817-830.

[43] Bi J, Yuan H T, Zhang L B, et al. SGW-SCN: An integrated machine learning approach for workload forecasting in geo-distributed cloud data centers.Inf.Sci., 2019, 481: 57-68.

[44] Nickolls J, Dally W J.The GPU computing era [J] .IEEE micro, 2010, 30 (2): 56-69.

[45] Appleyard J, Kocisky T, Blunsom P. Optimizing performance of recurrent neural networks on gpus [EB/OL] .2016: Xiv: 1604.01946 [cs.LG] .

[46] Broquedis F, Aumage O, Goglin B, et al.Structuring the execution of OpenMP applications for multicore architectures [C] //2010 IEEE International Symposium on Parallel & Distributed Processing (IPDPS) .IEEE, 2010: 1-10.

[47] 卢风顺, 宋君强, 银福康, 等 .CPU/GPU 协同并行计算研究综述 [J] .计算机科学, 2011, 38 (3): 5-9, 46.

[48] Mittal S, Vetter J S.A survey of CPU-GPU heterogeneous computing techniques [J] .ACM Computing Surveys (CSUR), 2015, 47 (4): 1-35.

[49] 王鸿琰 .基于 CPU_GPU 协同的矢量点_栅格大数据并行邻域计算研究 [D] .武汉: 武汉大学, 2019.

[50] 朱紫钰, 汤小春, 赵全 .面向 CPU_GPU 集群的分布式机器学习资源调度框架研究 [J] .西北工业大学学报, 2021, 39 (3): 10.

[51] 彭磊 .基于 GPU 的并行循环神经网络模型优化加速方法研究 [D] .北京: 北京工业大学, 2020.

[52] 许博文, 林永泽, 毕敬, 等 .京津冀区域水环境大数据展示平台 1.0. 软件著作权, 2021SR0795920 [P] .2021-05-31.

[53] 许博文, 毕敬, 乔俊飞 .京津冀水质大数据管理平台 1.0. 软件著作权, 2021SR0319259 [P] .2021-03-02.

[54] 许博文, 毕敬, 乔俊飞 .基于 GIS 的河

流上下游关系构建平台 1.0. 软件著作权，2021SR0319275，[P].2021-03-02.

[55] 许博文，林永泽，毕敬，等.深度学习模型自动化训练平台 1.0. 软件著作权，2021SR0319260[P].2021-03-02.

[56] 许博文，林永泽，毕敬，等.基于遥感的水质反演监测平台 1.0. 软件著作权，2021SR0795922[P].2021-05-31.

[57] 许博文，毕敬，乔俊飞.基于 GeoServer 的遥感影像批量发布软件 1.0. 软件著作权，2021SR0319276[P].2021-03-02.

[58] 许博文，毕敬，乔俊飞.知识图谱自动化构建软件 1.0. 软件著作权，2021SR0319246[P].2021-03-02.